21世纪高等学校规划教材｜计算机科学与技术

计算机网络原理及应用

王辉 雷聚超 主编

洪波 田鹏辉 赵宇峰 编著

U0304036

清华大学出版社

北京

内 容 简 介

本书面向新经济产业需求,从工程实践的角度出发,按照教育部关于全面推进新工科建设的要求对计算机网络教材进行改革,结合当前网络技术的发展变化而编写,主要讲述计算机网络的基本原理和实践应用,注重创新和前沿技术。全书共分为10章,内容包括计算机网络概述、数据通信基础与物理层、数据链路层、局域网技术、网络层、网络互联与互联设备、传输层、应用层、计算机网络安全以及综合网络实验。内容组织上注重基础知识与新技术的结合,在清楚地阐述计算机网络原理基础知识的基础上,同时介绍计算机网络新技术的发展和应用。

本书适合作为应用型高等院校本科计算机专业、信息技术及电子信息等相关专业的网络课程教材或参考资料,也可作为相关专业工程技术人员继续教育的培训教材,还可以作为广大网络管理人员或工程技术人员学习网络知识的技术参考书。

图书在版编目(CIP)数据

计算机网络原理及应用/王辉,雷聚超主编. —北京:清华大学出版社,2019(2024.7重印)
(21世纪高等学校规划教材·计算机科学与技术)
ISBN 978-7-302-51999-7

Ⅰ.①计… Ⅱ.①王… ②雷… Ⅲ.①计算机网络—高等学校—教材 Ⅳ.①TP393

中国版本图书馆 CIP 数据核字(2019)第 000177 号

责任编辑:郑寅堃 薛 阳
封面设计:傅瑞学
责任校对:焦丽丽
责任印制:丛怀宇

出版发行:清华大学出版社
      网 址:https://www.tup.com.cn,https://www.wqxuetang.com
      地 址:北京清华大学学研大厦 A 座 邮 编:100084
      社 总 机:010-83470000 邮 购:010-62786544
      投稿与读者服务:010-62776969,c-service@tup.tsinghua.edu.cn
      质量反馈:010-62772015,zhiliang@tup.tsinghua.edu.cn
      课件下载:https://www.tup.com.cn,010-83470236
印 装 者:三河市铭诚印务有限公司
经 销:全国新华书店
开 本:185mm×260mm 印 张:23.25 字 数:566 千字
版 次:2019 年 2 月第 1 版 印 次:2024 年 7 月第 7 次印刷
印 数:7001~7800
定 价:69.00 元

产品编号:080395-01

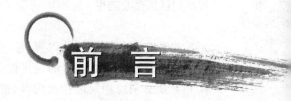

前　言

随着计算机技术、信息技术和通信技术的飞速发展,网络应用的普及程度已经成为衡量国家发展程度的一个重要标志。计算机网络技术已经渗透到国家的各个领域,可以说,计算机网络正在迅速改变着人们的工作和生活方式,成为一个国家重要的基础设施。然而,与迅速发展的网络技术相比,计算机网络技术方面的人才仍然比较匮乏。为了满足社会对计算机网络技术人才的需求,适应新经济快速发展的要求,立足于培养 21 世纪具有创新精神的工程应用型高级专门人才,我们组织多名常年讲授计算机网络课程的一线教师,编写了这本适合在校学生和广大计算机网络爱好者使用的教材。

本书的特色是理论与实践相结合,在清楚地阐述计算机网络基本原理的基础上,介绍网络新技术的发展,突出网络的创新应用,根据工程实际需要,将计算机网络中常用的技术进行深入的剖析并且设计了经典的实验,主要配置命令都结合技术要点和理论进行分析,对读者的知识和能力起到了巩固、拓宽和提高的作用。综合网络实验的所有配置过程和命令均结合理论,分步骤、分批次进行讲解,且全部在实际设备中通过调试。不仅能使读者知道相关的配置命令,还能帮助读者从更深层次理解网络工程中使用的理论与技术,达到举一反三、触类旁通的效果。

此外,支持重点内容知识点的可视化是本书的另一主要特色。本书支持通过动画对"计算机网络原理"课程中的重要知识点可视化学习,在计算机网络原理及应用纸质教材的基础上加入视频、音频、动画等多媒体元素,实现"纸质＋"教材,即建设计算机网络原理及应用的多媒体数字教材。本书旨在培养学生对网络基本原理的理解,更重要的是帮助学生运用所学基本知识进行中小型局域网的组建、管理和维护,培养学生根据任务需求分析问题和解决问题的能力,重点培养学生的创造能力和开发能力。

全书共分为 10 章,各章讨论内容如下。

第 1 章是计算机网络概述,包括计算机网络的产生与发展、计算机网络的定义和功能、分类和应用以及计算机网络的体系结构。

第 2 章介绍数据通信基础与物理层知识,如数据通信模型、数据传输技术、信道复用技术、物理层基本功能、传输介质等,重点介绍双绞线、光纤和同轴电缆等传输介质的制作和布线规则。

第 3 章以数据链路层的帧为核心,重点介绍了帧定界、差错检测技术、点对点协议。

第 4 章介绍局域网的有关知识,包括 IEEE 802 模型体系结构、介质访问控制方法、各种类型以太网、无线局域网以及虚拟局域网等。

第 5 章介绍网络层相关内容,包括网络层功能、拥塞控制以及新技术 IPv6,重点介绍 IP 协议和路由协议。

第 6 章介绍网络互联和互联设备的主要内容,包括中继器、集线器、交换机以及路由器等。

第 7 章介绍传输层相关内容,包括传输层的功能、UDP 和 TCP,重点介绍 TCP 连接的建立、滑动窗口协议和 TCP 的流量控制。

第 8 章介绍应用层的相关内容,重点介绍 DNS 域名机制、Web 服务以及 FTP。

第 9 章介绍计算机网络安全方面的知识。

第 10 章介绍典型的交换机和路由器配置实验,给出详细的实验目的、实验要求、实验环境、实验内容以及步骤。

本书适合作为应用型高等院校本科计算机专业、信息技术及电子信息等相关专业的网络课程教材或参考资料,也可作为相关专业工程技术人员继续教育的培训教材,还可以作为广大网络管理人员或工程技术人员学习网络知识的技术参考书。

本书第 1 章、第 6 章、第 7 章、第 10 章由王辉编著,第 2 章、第 3 章由洪波编著,第 4 章、第 8 章由田鹏辉编著,第 5 章、第 9 章由赵宇峰编著,全书由王辉、雷聚超主编并负责统稿和定稿。本书配套的所有动画由雷聚超负责完成。所有电子课件、动画视频均可以通过网站 http://222.25.4.124/免费浏览学习。

本书在编写过程中,得到许多应用型本科计算机教研室老师的指导和审阅,他们提出了许多宝贵的修改意见,在此表示衷心的感谢!尽管在编写本书的过程中尽了最大努力,但由于编者水平有限、时间仓促,书中不足和疏漏之处在所难免,恳请广大专家和读者批评指正。

编　者

2018 年 9 月

目 录

第1章

计算机网络概述

计算机网络是计算机技术与通信技术相结合的产物,是目前计算机应用技术中最为活跃的分支。计算机技术与通信技术的快速发展为计算机网络的产生和进一步发展奠定了坚实的技术基础,使计算机网络成为 21 世纪信息时代集信息存储、传播、共享、协同合作和管理的强有力应用平台,其发展水平成为衡量一个国家国力和现代化程度的重要标志,在社会各个领域中日益发挥着越来越重要的作用,甚至影响和改变着人们的工作、生活和学习方式。

本章从计算机网络的基本知识和基本概念入手,介绍计算机网络的产生和发展,阐述了计算机网络的定义、基本功能,从不同的角度对计算机网络进行分类,讨论不同类型网络的特点。在简单介绍 Internet 在我国的发展以及 Internet 的组成后,讨论计算机网络的性能指标。最后,讲解计算机网络的体系结构,描述 ISO/OSI 的参考模型、TCP/IP 网络体系结构等。

1.1 计算机网络的产生与发展

本节将讨论计算机网络产生的背景,回顾计算机网络发展所经历的几个阶段。通过对计算机网络产生和发展过程的介绍,一方面可以对计算机网络本身有概要的了解,另一方面可以引入一些计算机网络常见的名词和术语,从而为后面的学习提供帮助。

1.1.1 网络的网络

计算机网络(简称为网络)由若干节点(Node)和连接这些节点的链路(Link)组成。网络中的节点可以是计算机、集线器、交换机或路由器等。图 1-1(a)给出了一个具有四个节点和三条链路的网络。有三台计算机通过三条链路连到一个集线器上,构成了一个简单的计算机网络(简称为网络)。

通常用一朵云表示一个网络。这样做的好处是可以不去关心网络中相当复杂的细节问题。网络之间还可以通过路由器互联起来,这就构成了一个覆盖范围更大的计算机网络,即网络的网络(Network of Networks),如图 1-1(b)所示。

网络把许多计算机连接在一起,而网络的网络则把许多网络通过路由器连接在一起。与网络相连的计算机常称为主机。

还有一点要注意,就是网络互联并不是把计算机简单地在物理上连接起来,因为这样做

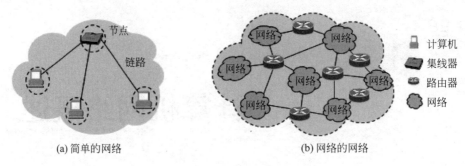

图 1-1　简单的网络和网络的网络

并不能达到计算机之间能够相互交换信息的目的。还必须在计算机上安装许多使计算机能够交换信息的软件才行。因此当我们谈到网络互联时,就隐含地表示在这些计算机上已经安装了适当的软件,因而在计算机之间可以通过网络交换信息。

现在使用智能手机上网已非常普遍。由于智能手机中有中央处理器 CPU,因此也可以把连接在计算机网络上的智能手机称为主机。实际上,智能手机已经不是个单一功能的设备,它既是电话,也是计算机、照相机、摄像机、电视机、导航仪等综合多种功能于一体的智能机器。

Internet 起源于美国,现已发展成为世界上最大的、覆盖全球的计算机网络。

1.1.2　计算机网络的产生

人们相互传递信息的最原始、最基本的方法是通过人类的听觉和视觉来实现的。1838 年,Samuel Morse 发明了电报,使人们可以通过外界的通信介质(铜线)来传递文本信息。1876 年,Alexander Graham Bell 发明了电话,使人们可以通过一对导线来传递语音信息。这些技术的发展和应用推动了通信技术的飞速发展。

从 20 世纪 30 年代开始,电子技术的发展加速了计算机技术的发展。1946 年,世界上第一台电子计算机(Electronic Numerical Integrator And Calculator,ENIAC)诞生,但当时很少有人考虑在计算机技术和通信技术之间建立联系。当时,计算机价格昂贵,功能十分有限,为了充分利用计算机宝贵的计算、存储等资源,需要将若干远程终端连接到一台计算机上,如何使远程终端与计算机相互通信,将远程终端的信息发送到计算机上处理,是首先需要解决的问题。直到 1954 年,随着一种叫做收发器(Transceiver)的终端研制成功,人们实现了将穿孔卡片上的数据通过电话线路发送到远地计算机上的梦想。后来,用户可以从终端设备(不具备数据的存储和处理能力)发送信息到远地计算机,经运算处理后,其结果又传回本地终端。从此,开始了计算机技术与通信技术相结合的历程。

计算机网络就是在计算机技术和通信技术得到快速发展的时候,二者相互结合的产物。1951 年,美国麻省理工学院林肯实验室就开始设计半自动化地面环境(Semi-Automatic Ground Environment,SAGE)防空系统。该系统通过通信线路将边防区内各雷达、机场、防空导弹和高射炮阵地等测量控制设备的信息汇集到 IBM 公司的 AN/FSQ-7 计算机里进行集中处理和控制,由计算机程序辅助指挥员决策,自动控制飞机和导弹进行拦截。SAGE 系统制定了 1.6kb/s 的数据通信规程,并提供了高可靠的多路径选择算法。这个系统最终于

1963 年建成,被认为是计算机技术与通信技术结合的先驱。后来,许多系统都将地理位置上分散的多个终端通过通信线路连接到一台中心计算机上。用户可以在自己办公室内的终端上输入程序,通过通信线路传输到中心计算机,进行分时访问并使用中心计算机的资源进行处理,处理结果再通过通信线路传回用户终端进行显示或打印。这样,就出现了第一代计算机网络。

20 世纪 60 年代初,美国国防部领导的高级计划研究署(Advanced Research Projects Agency,ARPA),现在称为 DARPA(Defense ARPA),提出了研究一种崭新的、能够适应现代战争的网络。该网络系统构建了一种类似于蜘蛛网的网状结构,该网络系统中的某一个交换节点被破坏后,系统仍然能够自动寻找另外的路径保证通信畅通。1968 年,该项目由加州大学洛杉矶分校的研究小组承担,于 1968 年 8 月推出了由 4 个交换节点组成的分组交换式计算机网络系统 ARPAnet,该网络系统的研究成功,是网络发展的一个里程碑,开创了现代计算机网络的先河,从此进入了计算机网络技术发展的新时代。

1.1.3　计算机网络的发展

计算机网络出现在 20 世纪 50 年代,它的历史虽然不长,但发展很快,整个过程经历了一个从简单到复杂、从单机到多机、从终端与计算机之间通信到计算机与计算机之间直接通信的发展过程。大致可以归纳为 4 代:第一代是面向终端的计算机网络;第二代是计算机到计算机的简单网络;第三代是开放式标准化的网络;第四代是网络的高速化发展阶段。

第一代(20 世纪 50 年代):以单台计算机为中心的面向终端的远程连机系统。其典型结构如图 1-2 所示。此连机系统除一台中心计算机外,其余的终端都没有存储和处理功能,因而严格地说,还不能称为计算机网络,但这种系统将计算机技术和通信技术相结合,构成了计算机网络的雏形。图 1-2 中,主机负责信息的处理;前端处理机(Front End Processor,FEP)专门负责与终端通信,以减轻主机的负担;调制解调器是利用模拟通信线路远程传输数字信号必须附加的设备;集中器负责将相对集中的低速终端通过低速通信线路汇集,然后通过高速线路连接到远程中心计算机的 FEP;低速终端是指用户终端,该终端没有存储和处理能力。

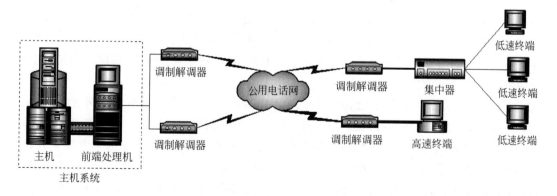

图 1-2　面向终端的远程连机系统

这种系统的优点是结构简单。其缺点如下。

(1)主机的负担重,如果主机的处理负荷较重,会导致系统的响应时间过长。

（2）FEP 的负担重，随着终端用户的增多，许多终端同时与 FEP 通信，FEP 可能会成为系统的通信"瓶颈"。

（3）可靠性低，一旦主机或前端机发生故障，将导致整个系统的瘫痪。

第二代（20 世纪 60 年代）：多台计算机通过通信线路互连而成的网络，即计算机-计算机网络。这类网络是 20 世纪 60 年代后期开始兴起的，它与以单台计算机为中心的面向终端的远程连机系统的显著区别在于：这里的多台计算机都具有自主处理能力，它们之间不存在主从关系。ARPAnet 是该网络系统的典型代表。ARPAnet 中运行用户应用程序的计算机称为主机（Host），但主机之间并不是通过通信线路直接相连接，而是通过接口报文处理机（Interface Message Processor，IMP）转接后互连，其典型结构如图 1-3 所示。

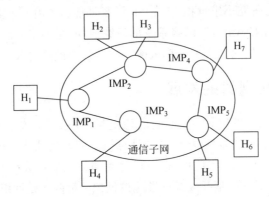

图 1-3　计算机-计算机网络

ARPAnet 的主要特点如下。

（1）提出了存储转发（Store and Forward）的工作模式。当某台主机上的用户需要与网络上远地另一台主机通信时，主机首先将信息发送到本地直接与其相连的 IMP，通过通信线路沿着适当的路径经若干 IMP 中途转发，最终传送到远地目标 IMP，并送入与其直接相连的目标主机。例如，若图 1-3 中主机 H_1 上的某个用户需要将信息发送到主机 H_7，假设信息经过的路径是：$H_1 \rightarrow IMP_1 \rightarrow IMP_2 \rightarrow IMP_4 \rightarrow H_7$，则首先 H_1 将信息发送给 IMP_1，IMP_1 接收并存储该信息；当 IMP_1 与 IMP_2 之间的通信线路空闲时，IMP_1 将信息发送给 IMP_2，IMP_2 接收并存储该信息；当 IMP_2 与 IMP_4 之间的通信线路空闲时，IMP_2 将信息发送给 IMP_4，IMP_4 接收信息后发送给目的主机 H_7。这种工作模式类似于邮政信件的传送，称为存储转发。存储转发可以大大提高通信线路的利用率，直到今天，分组交换网络仍然采用存储转发的方式传输信息。

（2）将网络划分为通信子网和资源子网。由 IMP 以及通信线路构成了网络的内层子网，该子网称为通信子网，专门负责各主机之间的通信控制和通信处理。各主机是计算机网络资源的拥有者，它们构成了网络的外层子网，该子网称为资源子网，专门负责信息处理。通信子网与资源子网具有明确的分工，各负其责，同时又相互合作。通信子网为资源子网提供信息传输服务，资源子网上用户间的通信建立在通信子网的基础上，二者构成了统一的资源共享的两层网络。

第二代的计算机-计算机网络强调了网络的整体性，用户不仅可以共享主机的资源，还可以共享其他用户的软、硬件资源。第二代计算机网络的工作模式一直延续到了现在。但是,第二代计算机网络也存在一些弊端:一是网络只能接入同一厂商的计算机,其他厂商的计算机无法接入,二是不同的计算机网络互联互通很困难。

第三代(20世纪80年代):开放式标准化网络。它具有统一的网络体系结构,遵循国际标准化协议。标准化能够实现将不同厂家生产的计算机互连成网。1977年前后,国际标准化组织(International Standards Organization,ISO)成立了一个专门机构,专门研究标准化问题,经过多年研究,于1984年正式提出了一个各种计算机能够在世界范围内互连成网的标准框架,即著名的开放系统互连基本参考模型(Open System Interconnection/ Reference Model,OSI/RM),简称为OSI参考模型。OSI参考模型的提出,为计算机网络技术的发展开创了一个新纪元。

在计算机网络发展的进程中,另一个重要的里程碑就是出现了局域网络。局域网络可以将一个单位或一个校园的微型计算机互联在一起,互相交换信息和共享资源。局域网络在20世纪80年代得到了很大的发展,尤其是1980年2月,美国电气与电子工程师学会组织(Institute of Electrical & Electronic Engineers,IEEE)颁布的IEEE 802系列标准,对局域网络的发展和普及起到了巨大的推动作用。

第四代(20世纪90年代):网络互联与高速网络。进入20世纪90年代后,计算机网络进入了一个高速化发展的阶段,取得的成绩引人注目、令人惊叹。首先,计算机网络向高速化、宽带化方向发展,以太网(Ethernet)的传输速率从早期的10Mb/s到100Mb/s的普及,到现在的千兆(Gb/s),数据传输速率得到了极大的提高。其次,计算机网络向多媒介方向发展。随着网络应用的发展,计算机网络从早期的字符信息传输到现在的图形、图像、声音和影像等多媒介信息的传输。多媒介的传输,不但要求网络具有较高的传输速率(高带宽),而且对延迟时间(实时性)、时间抖动(等时性)和服务质量等方面都提出了更高的要求。随着电子商务的出现,网络交易正在改变人们传统的生活模式,网上书店、网上购物、网络银行、网络大学、虚拟社区等新名词层出不穷,电子数据交换、电子订单系统、电子资金转移、网络炒股等应用使计算机网络的能力得到更加充分的发挥。

目前,计算机网络正在向三网(电视网、电话网和计算机网络)融合方向发展,今后,只要一台多媒体个人计算机就能实现录音机、可视电话机、图文传真机、立体声音响设备、电视机和录像机等设备的功能。同时,高速无线接入技术是计算机网络的另一个热门研究领域,将来的计算机网络在任何时间、任何地点都可以快速安全地运行,计算机网络有着广阔的发展前景。

1.2　计算机网络的定义和功能

本节将介绍计算机网络的定义、计算机网络的基本功能以及计算机网络的主要应用。

1.2.1　计算机网络的定义

计算机网络就是将分散在不同地理位置上的具有自主处理能力的多台计算机经过传输媒介和通信设备相互连接起来,在网络操作系统和网络通信软件的控制下,按照统一的协议进行协同工作,达到资源共享目的的计算机系统。计算机网络首先是包括计算机的一个集合体,是由多台计算机及互连设备组成的。

其次,这些计算机之间的互连是指它们彼此之间能够交换信息。通常互连是指通过有形的通信介质或通过卫星等无形的通信介质互相连接。

自主处理能力是指每台计算机都能独立工作,任何一台计算机均具有较完善的软硬件配置,能独立地执行程序,具有计算和存储能力。

协议可理解成通信的各个方面之间所达成的一致的、共同遵守和执行的约定。概括地讲,在相互通信的不同计算机进程之间,存在有一定次序、相互理解和相互作用的过程,协议规定了这一过程应能实现的功能和应满足的要求。

计算机网络的最基本的目的是为了资源共享和信息共享。

1.2.2　计算机网络的功能

(1) 资源共享:充分利用计算机系统软、硬件是组建计算机网络的主要目的之一。接入网络的用户可以方便地使用网络中的共享资源,包括硬件资源、软件资源和信息资源。网络用户可以访问或共享计算机网络上分散在不同区域、不同部门的各种信息,也可以访问或共享网络上的计算机、外围设备、通信线路、系统软件、应用软件等软件和硬件资源。

(2) 数据通信:分布在不同区域的计算机系统通过网络进行数据传输是网络最基本的功能。本地计算机要访问网络上另一台计算机的资源就是通过数据传输来实现的。

(3) 信息的集中和综合处理:通过网络系统可以将分散在各地计算机系统中的各种数据进行集中或分级管理,经过综合处理形成各种图表、情报,提供给各种用户使用。通过计算机网络向全社会提供各种科技、经济和社会情报及各种咨询服务,在国内外越来越普及。

(4) 负载均衡:对于许多综合性的大问题,可以采用适当的算法,通过计算机网络,将任务分散到网络上不同的计算机进行分布式处理。通过计算机网络可以合理调节网络中各种资源的负荷,以均衡负荷,减轻局部负担,缓解用户资源缺乏与工作任务过重的矛盾,从而提高设备的利用率。

(5) 提高系统可靠性和性能价格比:在计算机网络中,即使一台计算机发生故障,并不会影响网络中其他计算机的运行,这样只要将网络中的多台计算机互为备份,就可以提高计算机系统的可靠性。另外,由多台廉价的个人计算机组成计算机网络系统,采用适当的算法,运行速度可以得到很大的提高,速度可以远远超过一般的小型计算机,又比大型计算机的价格便宜很多,因此性能价格比高。

1.2.3　计算机网络的应用

如今计算机网络已经广泛应用到经济、文化、教育、科学等各个领域,对人们的生活、工作产生越来越大的影响,下面列举出主要的几方面。

(1) 网络通信。通过 Internet 收发电子邮件 E-mail 已经相当普遍。通过网络电话(即IP 电话)进行长途通话,特别是国际城市之间的通话,可以大大降低通话费用。而且随着宽带、高速网络技术结合多媒体技术的发展,将给传统的电信业务带来耳目一新的变化。

(2) 电子商务。计算机网络在现代商务活动中也起着举足轻重的作用。电子商务就是以计算机网络为基础,通过网络完成产品订货、产品营销、产品宣传、产品交易及货币支付等的贸易方式。电子商务和传统的商务活动不同,它不受时间和空间的限制,而且电子商务节省时间,也大大降低了成本。它具体包括网上管理、网上订货、网上银行、网上市场、网上竞拍、网上购物等。

(3)办公自动化及企业信息管理。办公自动化的真正实现还是在计算机网络建立之后。通过网络可以非常方便地访问和管理各种办公信息,管理效果成倍增加,而管理成本却大幅度下降。企业可以通过网络及时全面地了解和掌握市场动态、生产、财务等信息,这样才能在竞争激烈的市场中立于不败之地。

(4)信息检索。随着全球 Internet 迅速扩展,网上的信息越来越多,也越来越全面。用户可以通过网络轻松地访问这些信息,真正做到"足不出户,也知天下事"。

(5)远程教育。远程异地授课是计算机网络在教育方面带来的巨大变化。通过网络,学生在家中就可以听到、看到几千米之外的老师授课。网上大学也给许多没有机会进入大学校园或想继续深造的人们提供了学习大学本专科或研究生课程的机会。

(6)金融管理。在金融领域,证券交易、期货交易及信用卡等业务也是寸步不离计算机网络。而且随着电子商务的发展,金融业和计算机网络结合愈加紧密,许多金融业务都纷纷移植到了网络上。人们通过 Internet 在家中就可以办理储蓄和股票交易业务。

此外,计算机网络在军事、娱乐等方面也影响巨大。上网已经成为人们休闲消遣的一种方式。

1.3　计算机网络的分类

计算机网络的分类方法很多,按照不同的分类标准,可以将计算机网络分为多种不同的类型。常见的分类方法有以下几种。

1.3.1　按照地理覆盖范围分类

计算机网络按照地理覆盖范围的大小,可以划分为局域网(Local Area Network,LAN)、城域网(Metropolitan Area Network,MAN)和广域网(Wide Area Network,WAN)三种。

1. 局域网

局域网指位于相对有限区域内的一组计算机、打印机和其他设备连接起来的通信网络。物理连接的范围较小,一般为几米到几千米,常用于办公大楼或者邻近的建筑群之间,也可以小到一间办公室或者几间办公室,甚至一个家庭。

2. 城域网

城域网就是一个城市或者地区的主干网络。城域网的地理覆盖范围为几千米至几十千米,是介于广域网和局域网之间的网络系统。

3. 广域网

广域网是一种可跨越国家及地区的遍布全球的计算机网络。网络距离可以达到几万千米,网络可以跨越国界、洲界甚至全球,如 Internet。

1.3.2　按传输介质分类

根据传输介质的不同,将网络划分为以下两种类型。

1. 有线网

有线网指采用同轴电缆、双绞线、光纤等物理介质来传输数据的网络。

同轴电缆在早期的计算机局域网中使用较多。但是,由于同轴电缆抗干扰能力较差,传输速率有限,只能达到 10Mb/s,目前基本退出了计算机网络,但在有线电视(CATV)中得到普遍使用。

双绞线网是目前最常见的传输介质,它价格便宜,安装方便,支持的带宽较大,如目前的超五类双绞线可支持千兆以太网,但易受干扰,传输率较低,传输距离短(每个网段只能达到100m)。

光纤网采用光导纤维作传输介质。光纤传输距离长,支持的传输速率高,抗干扰性强,不会受到电子监听设备的监听,是高安全性网络的理想选择。与双绞线相比较,光纤价格较高,安装要求较为严格,现在正在逐渐普及。

2. 无线网

无线局域网的出现,让随时随地需要访问网络的人们充分感受到无线带来的魅力和自由。随着无线网络成本的不断下降、配套技术的不断完善、覆盖范围的不断增大,无线网络的应用将会成为未来网络的技术主流。

1) 无线通信技术

无线局域网采用的是 IEEE 802.11 标准。该标准规定了 4 种发送和接收技术,即扩频(Spread Speetrum)技术、红外技术、窄带技术和蓝牙技术。

(1) 扩频技术。扩频技术利用开放的 ISM 2.4GHz 频段。该频段无须申请许可证,因此使用较为自由,但是也正是因为无须申请许可证,使该频段很拥挤,噪声很大,可用的带宽较少,所以必须采用扩频技术。扩频技术是目前无线局域网络中普遍采用的技术。

扩频技术又分为直接序列(Direct Sequence,DS)扩频技术和跳频(Frequency Hopping,FH)扩频技术。所谓直接序列扩频,是使用具有高码率的扩频码序列,在发射端扩展信号的频谱,而在接收端用相同的扩频码序列进行解扩,把信号还原。跳频扩频技术是间断跳跃使用多个频点,当跳跃至某个频点时,判断该频点是否有噪声干扰,若无则传输信号;若有则依据算法跳至下一频点继续判断。

(2) 红外技术。红外技术采用小于 $1\mu m$ 波长的红外线作为传输媒介。使用红外线具有较强的方向性、不受无线电管理部门限制、对周围类似系统不会产生干扰等优点。但其缺点是受日光、环境照明等影响较大,背景噪声很大,通常要求发射功率较高。在笔记本电脑中通常采用红外线传输技术。

(3) 窄带技术。窄带技术是指在比较窄的频率范围(速率小于 2Mb/s)内传输数据的技术。在使用窄带技术时,数据基带信号的频谱不做任何扩展,直接用射频发送出去。

(4) 蓝牙技术(Bluetooth)。蓝牙技术也是常用的无线局域网技术。该技术可用于短距离的无线网络的连接,实现移动电话、便携式计算机和其他电子装置间的无缝连接。该技术具有成本低、功耗低、体积小的特点。蓝牙技术使用无线个人局域网(PAN)标准,虽然在用途上它与红外技术类似,但这种新型射频(RF)技术可用于更长的距离,可使通信范围达到近100m。

2)无线通信技术的特点

无线通信技术具有如下优点。

(1)移动性。无线局域网用户,可以在无线网信号覆盖区域内的任何位置接入网络,使用户真正实现随时、随地、随意地接入网络。

(2)安装简单、建设周期短。无线局域网只需在主机上安装无线网卡及一个或多个接入点设备,就可以解决一个区域的上网问题。

(3)易扩展、易管理。无线局域网在初期规划时,可以根据当时的需求,布置少量的点。以后随着用户的增加再增加几个接入点,而不需要重新布线。这使得网络运营初期的投资比较少。

(4)能集成到已有的宽带网络。由于无线局域网在OSI模型第二层上的技术与以太网完全一致,所以能够很方便地将无线局域网集成到已有的宽带网络中,也能将有线网已有的宽带业务应用到无线局域网中。这样可以利用已有的宽带有线接入资源,使无线局域网迅速地发展起来。

(5)容易将移动业务扩展到无线局域网平台上。

(6)无线局域网传输的信号可以跨越很宽的频段,而且数据不容易被窃取。

无线通信技术的缺点如下。

(1)虽然无线局域网IEEE 802.11a标准工作在5GHz U-NII频带时,物理层速率可达54Mb/s,传输层速率可达25Mb/s,但目前无线局域网还无法达到有线局域网的高带宽。

(2)无线信号在空气中传输会受到其他电信号的干扰,使无线局域网的稳定性不够理想。

有线网络和无线网络之间的差异主要体现在传输带宽、传输距离、抗干扰能力、安全性能等方面。总的来说,无线局域网具有安装便捷、使用灵活、经济节约、易于扩展等优点,但同时存在传输速率低、通信盲点等缺点。无线局域网更便于移动特征较明显的网络系统,而有线网络则更适用于固定的、对带宽需求较高的网络系统。

1.3.3 按网络的拓扑结构来分

网络拓扑结构是指:将计算机网络中的主机、网络设备等简化为节点,不考虑节点的功能、大小、形状,只考虑节点间的连接关系,这种节点间的连接结构称为网络的拓扑结构。根据拓扑结构的不同,计算机网络可以分为:星状结构、环状结构、树状结构、网状结构和总线型结构,如图1-4所示。

1. 星状结构

星状结构是以中央节点为中心,把若干外围节点连接起来的网络。如图1-4(a)所示,在星状结构中,中央节点对各外围节点间的通信和信息交换进行集中控制和管理。星状结构的特点是:建网容易,扩充性好,控制简单;但可靠性较差,存在单点故障。一旦中央节点出现故障,将导致整个网络瘫痪。

2. 环状网络

它由通信线路与各节点连接成一个闭合的环,如图 1-4(b)所示。环状网络的结构简单,环中各节点地位相等,建网容易,能实现数据传送的实时控制,在工业控制中是理想的组网方式,如 IEEE 802.5 局域网采用环状拓扑。

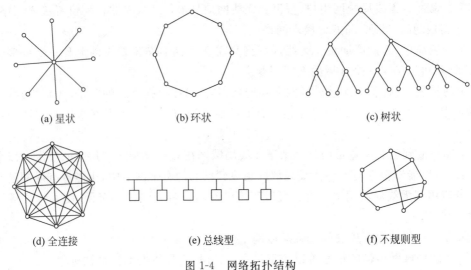

| (a) 星状 | (b) 环状 | (c) 树状 |

| (d) 全连接 | (e) 总线型 | (f) 不规则型 |

图 1-4 网络拓扑结构

3. 树状结构

联网的各计算机按树状结构组成,树的每个节点都是计算机,如图 1-4(c)所示。在树状结构的网络中有多个中心节点,形成一种分级管理的集中式网络,适用于各种管理部门需要进行分级数据传送的场合。其优点是连接容易,管理简单,维护方便。缺点是共享能力差,可靠性低。

4. 网状结构

这种结构又可分为全连接型和不规则型。其中,全连接型如图 1-4(d)所示。全连接型要求任何两个节点之间有通信线路直接相连,所以它具有较高的可靠性,但其实现起来成本高(尤其当网络节点较多时,假设网络由 N 个节点组成,则总共需要 $N(N-1)/2$ 条线路)、结构复杂、不容易管理和维护。而不规则型结构,如图 1-4(f)所示,是为了在可靠性与建设、管理和维护成本之间进行一定的折中,只是在一些关键的节点之间通过通信线路直接相连。

5. 总线型结构

总线型结构是由一条总线连接若干个节点所形成的网络。如图 1-4(e)所示,总线型网络采用广播通信方式,即由一个节点发出的信息可被网络上的多个节点接收。总线型结构的特点是:结构简单,可扩充,性能好;网络的可靠性高,节点间响应速度快,共享资源能力强；网络的成本低，设备投入量少，安装使用方便；总线的性能和可靠性对网络有很大影响。

从上面的介绍可知，每一种拓扑结构都有自己的优缺点。一般来说，一个较大的网络都不是单一的网络拓扑结构，而是由多种拓扑结构混合而成，充分发挥各种拓扑结构的特长，这就是所谓的混合型拓扑结构。例如，一个环状网络中包含若干个树状网或总线型网。在局域网中常用的拓扑结构有总线型、星状、树状、环状和混合型等。

1.3.4 按服务方式来分

1. 客户机/服务器网络

服务器是指专门提供服务的高性能计算机或专用设备，客户机是用户计算机。这是客户机向服务器发出请求并获得服务的一种网络形式，多台客户机可以共享服务器提供的各种资源，这是最常用、最重要的一种网络类型。不仅适合于同类计算机联网，也适合于不同类型的计算机联网，如 PC、Mac 机的混合联网。

2. 对等网

对等网不要求文件服务器，每台客户机都可以与其他客户机对话，共享彼此的信息资源和硬件资源，组网的计算机一般类型相同，这种网络方式灵活方便，但是较难实现集中管理与监控，安全性也低，适合用于部门内部协同工作的小型网络。

1.3.5 其他分类方法

在实际生活中，还可以见到其他一些分类方法。如按信息传输模式的特点来分类的ATM网，网内数据采用异步传输模式，数据以 53 字节单元进行传输，提供高达 1.2Gb/s 的传输率，有预测网络延时的能力。可以传输语音、视频等实时信息，是最有发展前途的网络类型之一。

另外还有一些非正规的分类方法，如企业网、校园网，根据名称便可理解。

从不同的角度对网络有不同的分类方法，每种网络名称都有特殊的含义。几种名称的组合或名称加参数便可以看出网络的特征。千兆以太网表示传输率高达千兆的总线型网络，了解网络的分类方法和类型特征，是熟悉网络技术的重要基础。

1.4 Internet 概述

Internet 是一个全球性的巨大的计算机网络体系，它把全球数万个计算机网络，数千万台主机连接起来，包含难以计数的信息资源，向全世界提供信息服务。从网络通信技术的观点来看，Internet 是一个以 TCP/IP 通信协议为基础，连接各个国家、各个部门、各个机构计算机网络的数据通信网。从信息资源的观点来看，Internet 是一个集各个领域、各个学科的各种信息资源为一体的、供网上用户共享的数据资源网。

一般认为，Internet 的定义至少包含以下三个方面的内容。

(1) Internet 是一个基于 TCP/IP 协议簇的国际互联网络。

(2) Internet 是一个网络用户的团体,用户使用网络资源,同时也为该网络的发展壮大贡献力量。

(3) Internet 是所有可被访问和利用的信息资源的集合。

Internet 起源于美国,1969 年实现的 ARPAnet(Advanced Research Project Agency Network)是 Internet 的前身。1986 年,在美国国家科学基金会(NSF)的资助下,使用 TCP/IP 的 NSFnet 开始建设,它鼓励各地区网络吸收非学术的商业用户,并最终取代了 ARPAnet 成为 Internet 的骨干网。

随着万维网 WWW(World Wide Web)在 Internet 上被广泛使用,使广大非网络专业人员也能方便地使用网络,这成为 Internet 指数级增长的主要驱动力。

1987 年 9 月 14 日,北京计算机应用技术研究所发出了中国第一封电子邮件:"Across the Great Wall we can reach every corner in the world."(越过长城,走向世界),揭开了中国人使用 Internet 的序幕。

1.4.1 Internet 在我国的发展

在我国,早在 1980 年,铁道部就开始进行计算机联网实验。20 世纪 80 年代起,国内的许多单位都陆续安装了大量的局域网。局域网的价格便宜,其所有权和使用权都属于本单位,因此便于开发、管理和维护。局域网的发展很快,对各行各业的管理现代化和办公自动化也起到了积极的作用。在 20 世纪 80 年代后期,公安、银行、军队以及其他一些部门也相继建立了各自的专用计算机广域网。这对迅速传递重要的数据信息起着重要的作用。

1988 年 7 月,中国科学院高能物理研究所采用 X.25 协议使该单位的 DECnet 成为西欧中心 DECnet 的延伸,实现了计算机国际远程联网以及与欧洲和北美地区的电子邮件通信。

1989 年 11 月,我国第 1 个公用分组交换网 CNPAC 建成运行。CNPAC 分组交换网由 3 个分组节点交换机、8 个集中器和 1 个双机组成的网络管理中心组成。

1990 年 11 月 28 日,钱天白教授代表中国正式在 SRI-NIC(Standford Research Institute's Network Information Center)注册了中国的顶级域名 CN,从此中国的网络有了自己的身份。

1993 年 3 月 2 日,中国科学院高能物理研究所接入美国斯坦福线性加速器中心(SLAC)的 64kb/s 专线正式开通。这条专线是中国部分连入 Internet 的第一根专线。

1993 年 9 月,建成新的中国公用分组交换网,并改称为 CHINAPAC,由国家主干网和各省、区、市的省内网组成。在北京、上海设有国际出入口。

1994 年 4 月初,美国国家科学基金会(NSF)同意了 NCFC(The National Computing and Network Facility of China,中国国家计算与网络设施)正式接入 Internet 的要求。

1994 年 4 月 20 日,NCFC 工程连入 Internet 的 64kb/s 国际专线开通,实现了与 Internet 的全功能连接。从此中国被国际上正式承认为真正拥有全功能 Internet 的第 77 个国家。

1994 年 5 月 21 日,中国科学院高能物理研究所设立了我国的第一个万维网服务器。中国科学院计算机网络信息中心完成了中国国家顶级域名 CN 服务器的设置,改变了中国的 CN 顶级域名服务器一直放在国外的历史。从此,我国的 Internet 开始了迅速发展的时期,在此期间相继建设了四大 Internet 骨干网,开启了铺设中国信息高速公路的历程。这四大骨干网分别是中国科技网、中国金桥信息网、中国公用计算机互联网、中国教育和科研计算机网。

1994 年 9 月,中国公用计算机互联网(CHINANET)正式启动。到目前为止,我国陆续建造了基于 Internet 技术的并可以和 Internet 互联的 10 个全国范围的公用计算机网络,分别如下。

(1) 中国公用计算机互联网(CHINANET);

(2) 中国教育和科研计算机网(CERNET);

(3) 中国科学技术网(CSTNET);

(4) 中国金桥信息网(CHINAGBN);

(5) 中国移动互联网(CMNET);

(6) 中国联通互联网(UNINET);

(7) 中国国际经济贸易互联网(CIETNET);

(8) 中国长城互联网(CGWNET);

(9) 中国网通公用互联网(CNCNET);

(10) 中国卫星集团互联网(CSNET)。

这十大公用网络中非盈利的有四家,即:中国科技网、中国教育和科研网、中国国际经济贸易互联网和中国长城互联网。

此外,还有一个中国高速互联研究实验网(NSFnet),是由中国科学院、北京大学、清华大学等单位在北京中关村地区建造的为研究 Internet 新技术而建立的高速网络。

现在人们的生活、工作、学习和社交好多都已离不开 Internet。设想一下,某一天我们所在城市的 Internet 突然瘫痪不能工作了,这会出现什么结果呢? 这时,我们将无法购买机票或火车票,因为在售票处无法通过 Internet 得知目前还有多少余票可供出售;我们也无法到银行存钱或取钱,无法缴纳水电费和煤气费等;股市交易都将停顿;在图书馆我们也无法检索所需要的图书和资料。Internet 瘫痪后,我们既不能上网查询有关的资料,也无法使用电子邮件和朋友及时交流信息,网上购物也将完全停顿。总之,这样的城市将会是一片混乱。由此还可看出,人们的生活越是依赖 Internet,Internet 的可靠性也就越重要。现在 Internet 已经成为社会最为重要的基础设施。

Internet 现在可以向广大用户提供休闲娱乐的服务,如各种音频和视频节目。上网的用户可以利用鼠标随时单击各种在线节目。Internet 还可进行一对一或多对多的网上聊天(文字的、声音的或包括视频的交流),使人们的社交方式发生了重大的变化。

现在常常可以看到一种新的提法,即“互联网＋”。它的意思是“互联网＋各个传统行业”,因此可以利用信息通信技术和互联网平台来创造新的发展生态。实际上“互联网＋”代表一种新的经济形态,其特点就是把互联网的创新成果深度融合于经济社会领域之中,这就大大提升了实体经济的创新力和生产力。我们必须看到 Internet 的各种应用对各行各业的巨大冲击。例如,电子邮件迫使传统的电报业务退出市场。网络电话的普及使得传统的长途电话(尤其是国际长途电话)的通信量急剧下降。对日用商品快捷方便的网购造成了不少实体商店的停业。原来必须排长队购买火车票的网店已被非常方便的网购所替代。网约车的问世对出租车行业产生了巨大的冲击。这些例子说明了 Internet 应用已对整个社会各领域产生了很大的影响。

Internet 也给人们带来一些负面影响。有人肆意利用 Internet 传播计算机病毒,破坏 Internet 上数据的正常传送和交换;有的犯罪分子甚至利用互联网窃取国家机密和盗窃银行或储户的钱财;网上欺诈或在网上肆意散布谣言、不良信息和播放不健康的视频节目也时有发生;有的青少年弃学而沉溺于网吧的网络游戏中,等等。

虽然如此,Internet 的负面影响毕竟还是次要的。随着对 Internet 的管理和加强,Internet 给社会带来的正面积极的作用已成为 Internet 的主流。

1.4.2　Internet 的组成

Internet 的拓扑结构虽然非常复杂,并且在地理上覆盖全球,但从其工作方式上看,可以划分为以下两大部分,如图 1-5 所示。

(1) 边缘部分:由所有连接在 Internet 上的主机组成。这部分是用户直接使用的,用来进行通信(传送数据、音频或视频)和资源共享。

(2) 核心部分:由大量网络和连接这些网络的路由器组成。这部分是为边缘部分提供服务的(提供连通性和交换)。

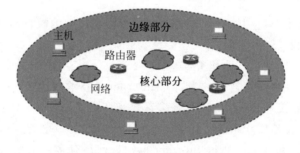

图 1-5　Internet 的组成

网络核心部分是 Internet 中最复杂的部分,因为网络中的核心部分要向网络边缘中的大量主机提供连通性,使边缘部分中的任何一台主机都能够向其他主机通信。

在网络核心部分起特殊作用的是路由器(Router),它是一种专用计算机。路由器是实现分组交换(Packet Switching)的关键构件,其任务是转发收到的分组,这是网络核心部分最重要的功能。

两个远距离终端设备要进行通信,可以在它们之间架设一条专用的点到点通信线路。但是,这条通信线路的利用率很低。而且当终端数目很多时,要在所有终端之间都建立专用的点到点通信线路(全连接拓扑结构),则几乎是不可能的。在实际的广域网中,拓扑结构为部分连接,当两个终端之间没有直连线路时,就必须经过中间节点的转接才能实现通信。这种由中间节点进行转接的通信称为交换。中间节点又称为交换节点,当交换节点转接的终端数很多时,则称该节点为转接中心(或交换中心)。当网络规模很大时,多个转接中心又可互联成交换网络。这样,终端间的通信不必使用点到点的专线,而是由交换网络提供一条临时的通信路径,既节省了线路建设投资,又提高了线路利用率。

交换技术主要有三种:电路交换、报文交换和分组交换。为了弄清分组交换,下面先介绍电路交换的概念。

1. 电路交换

使用电路交换的通信意味着在通信的两个站之间首先需要存在一条专用的通信通路，如图 1-6(a)所示。通常，电路交换的通信要经历三个阶段：电路建立阶段、数据传输和电路释放阶段。图 1-6(a)示意了电路建立和数据传输等三个阶段，站 A 需要将数据传输到站 D，首先 A 呼叫请求建立一条从站 A 到站 D 的专用通路，只有当 B、C 和 D 都同意建立该通信通道，并发回同意信息(即呼叫接收信号)后，才真正建立了一条从站 A 到站 D 的专用通路 A→B→C→D；然后进入数据传输阶段，所有数据沿着相同的路径(即 A→B→C→D)向前传输；当数据传输完毕后，进入电路释放阶段，由通信的某一方(A 或 D)发出电路释放请求，该释放请求传递给中间节点(B、C)以释放占用的逻辑信道资源。电话通信就是电路交换的典型例子。

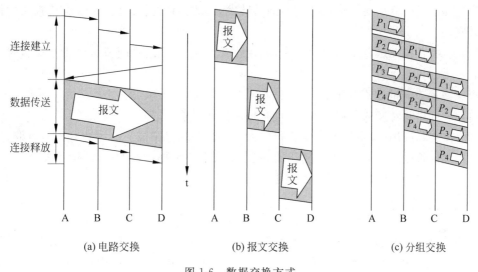

图 1-6　数据交换方式

电路交换技术的优点是：传输延迟小，通常只有传播延迟；数据传输的可靠性高；实时性好。缺点是：网络忙时建立线路所需时间长，有时需 10～20s 或更长时间；线路利用率低；不具备差错控制的能力，无法纠正传输过程中的错误；它不具有数据存储能力，不能改变数据的内容，因此很难适应具有不同类型、规格、速率和编码格式的计算机之间通信。

电路交换适用于模拟信息的传输以及批量的持续通信和实时性要求强的场合，尤其适于会话式通信、语言、图像等交互式通信，不适合传输突发性、间断型数据与信号的计算机间通信。

2. 报文交换

当端点间交换的数据具有随机性和突发性时，采用电路交换方法的缺点是信道容量和有效时间的浪费。采用报文交换则不存在这种问题。

在报文交换方式中，当发送方有数据要发送时，它把数据块加上目的地址，源地址与控制信息作为一个整体，按照一定的格式打包组成报文，交给交换设备。交换设备根据报文中的目的地址,选择一条合适的空闲输出线,将报文传送出去。在传输过程中,报文可能经过若干个交换设备。在每一个交换设备处,报文首先被存储起来,并且在待发报文登记表中进行登记,等待报文前往的目的地址的路径空闲下来再选择合适的路径转发出去,直到到达目的地,因此这种交换方式也称为"存储转发"(Store-and-Forward Exchanging),如图 1-6(b)所示。

报文交换方式的优点如下。

(1)与电路交换相比,报文交换无须事先建立传输通路,因此,没有建立连接和拆除连接所需要的时间开销。

(2)相对于电路交换,线路利用率高,因为节点之间的信道可被报文共享。

(3)具有灵活的路径选择功能,因此可以动态选择报文的最佳路径,同时可以平滑通信量,提高信道效率。

(4)具有差错检查和纠错功能,因此提高了系统的可靠性。

(5)对于任一节点均是将报文先存储后转发,因此存在着排队问题,这就使报文的优先权容易实现。

(6)接收者和发送者无须同时工作,当接收者处于"忙"时,中间节点可将报文暂时存储起来。

报文交换方式的缺点如下。

(1)节点存储转发的延迟较大,并且有延迟抖动现象。

(2)在实际应用中,报文的大小变化较大,因此,分配存储报文的缓冲器较为困难。

(3)对于长报文,一旦出现传输错误,整个报文需要全部重新发送,开销太大。

由于上述缺点,报文交换现在基本上不再使用。

3. 分组交换

分组交换综合了报文交换和电路交换的优点,并使两者的缺点能够相互弥补。分组交换与报文交换十分相似。形式上的主要差别在于:在分组交换网络中,限制了所传输数据单元的长度,典型的报文长度限制在一千到数千比特。因此,对于分组交换,如果报文长度超过最大长度的限制,则必须将报文分成若干较小的数据单元(分组 Packet)分别进行发送,其传输过程与报文交换方式相类似,如图 1-6(c)所示。

在分组交换技术中,将大报文分成若干个报文分组包,并以报文分组为单位,在网络中传输,每一报文分组均含有源地址、目的地址等信息,这些分组逐个由各中间节点采用存储-转发方式进行传输,最终到达目的端。由于分组长度有限,可以比报文更加方便地在中间节点的内存中进行存储处理,其转发速度大大提高。信息以分组为单位进行存储转发。源节点把报文分为分组,在中间节点存储转发,目的节点把分组合成报文。

分组交换的特点是其固定的、短的分组对交换节点的存储缓冲区要求不高。由于各分组独自传播,所以传播时延减小,提高了吞吐率。分组交换也意味着按分组纠错,只对有错的分组重发,因而通信效率得到提高。

但是,由于报文分组方式将报文分成许多分组,每个分组分别需要报头等控制信息,到达目的地需要重新组装,因此无形中增加了系统开销。

以下对这三种交换方式进行简单的比较,若要连续传送大量的数据,且其传输时间远远大于连接建立时间,则电路交换具有传输效率较快的优点。报文交换和分组交换不需要预先分配传输带宽,在传送突发数据时可提高整个网络的信道利用率。分组交换比报文交换的时延小,但其节点交换机必须具有更强的处理能力。

1.5　网络性能指标

计算机网络的性能一般是指它的几个重要的性能指标。但除了这些重要的性能指标外,还有一些非性能特征也对计算机网络的性能有很大的影响。本节将讨论这两个方面的问题。

1.5.1　计算机网络的性能指标

通信的任务是传输数据信息,希望达到传输速度快、出错率低、信息量大、可靠性高,并且既经济又便于使用维护。这些要求可以用下列技术指标加以描述。

在计算机网络中,为了描述数据传输速率的大小和传输质量的好坏等,常用速率、带宽等性能指标来度量。

1. 速率

计算机发送出的信号都是数字形式的。网络技术中的速率指的是数据的传送速率,它也被称为数据率(Data Rate)或比特率(Bit Rate)。速率是计算机网络中最重要的一个性能指标。速率的单位是 b/s(比特每秒)。常见的速率有 b/s、kb/s(千比特每秒)、Mb/s(兆比特每秒)、Gb/s(吉比特每秒)、Tb/s(太比特每秒)等。它们之间的关系如下所示。

$1kb/s=1\times10^3\ b/s$,　$1Mb/s=1\times10^6\ b/s$,　$1Gb/s=1\times10^9\ b/s$,　$1Tb/s=1\times10^{12}\ b/s$

$1Tb/s=1\times10^3\ Gb/s=1\times10^6\ Mb/s=1\times10^9\ kb/s=1\times10^{12}\ b/s$

计算机中数据量常用字节为单位,1Byte = 8bit,表示的是容量的单位,常用大写字母“B”表示字节,小写字母“b”表示位。此时的关系为:

$1KB=2^{10}B=1024B$,　$1MB=2^{20}B$,　$1GB=2^{30}B$,　$1TB=2^{40}B$

例如,$4\times10^{10}b/s$ 的数据率就记为40Gb/s。现在人们谈到网络速率时,常省略了速率单位中应有的 b/s,而使用不太正确的说法,如“40G 的速率”。另外还要注意的是,当提到网络的速率时,往往指的是额定速率或标称速率,而并非网络实际上运行的速率。

2. 带宽

“带宽”(Bandwidth)有以下两种不同的意义。

(1) 带宽本来是指信号具有的频带宽度,其单位是 Hz(或 kHz、MHz、GHz 等)。信号的宽度是指该信号所包含的各种不同频率成分所占据的频率范围。例如,在传统的通信线路上传送的电话信号的标准带宽是 3.1kHz(从 300Hz 到 3.4kHz,即话音的主要成分的频率范围)。在过去很长的一段时间,通信的主干线路传送的是模拟信号。因此,表示某信道允许通过的信号频带范围就称为该信道的带宽。

(2) 在计算机网络中,带宽用来表示网络中某通道传送数据的能力,因此网络带宽表示在单位时间内网络中的某信道所能通过的"最高数据率"。单位是 b/s，即"比特每秒"。

在"带宽"的上述两种表述中，前者为频域称谓，而后者为时域称谓，其本质是相同的。也就是说，一条通信链路的"带宽"越宽，其所能传输的"最高数据率"也越高。

3. 吞吐量

吞吐量(Throughput)表示在单位时间内通过某个网络(或信道、接口)的实际的数据量。吞吐量更经常地用于对现实世界中的网络的一种测量，以便知道实际上到底有多少数据量能够通过网络。显然，吞吐量受网络的带宽或网络的额定速率的限制。例如，对于一个 1Gb/s 的以太网，就是说其额定速率是 1Gb/s，那么这个数值也是该以太网的吞吐量的绝对上限值。因此，对于 1Gb/s 的以太网，其实际的吞吐量可能也只有 100Mb/s，或者甚至更低，并没有达到其额定速率。有时吞吐量还用每秒传送的字节数或帧数来表示。

4. 时延

时延(Delay)，或称为延迟，是一个很重要的性能指标，是指数据(一个报文或分组，甚至比特)从网络(或链路)的一端传送到另一端所需的时间。网络中的时延由以下几个不同的部分组成。

1) 发送时延

发送时延(Transmission Delay)是主机或路由器发送数据帧所需要的时间，也就是从发送数据帧的第一个比特算起，到最后一个比特发送完毕所需要的时间。因此发送时延也叫做传输时延，即数据块进入传输介质所需要的时间。发送时延的计算公式为：

$$发送时延 = 数据长度(b) / 带宽(b/s)$$
$$= 数据长度(b) / 发送速率(b/s)$$

例如，有一个 1000MB 的数据块，在带宽为 10Mb/s 的信道上传输，其发送时延约为 800s。

由此可见，对于一定的网络，发送时延并非固定不变，而是与发送的帧长成正比，与发送速率成反比。

2) 传播时延

传播时延(Propagation Delay)是电磁波在信道中传播一定的距离所花的时间。传播时延的计算公式是：

$$传播时延 = 传播距离 / 传播速率$$
$$= 信道长度 / 电磁波在信道上的传播速率$$

电磁波在自由空间的传播速率是光速，即 3.0×10^5 km/s。电磁波在网络传输媒体中的传播速率比在自由空间要略低一些：在铜线电缆中的传播速率约为 2.3×10^5 km/s，在光纤中的传播速率约为 2.0×10^5 km/s。例如，2000km 长的光纤线路产生的传播时延约为 10ms。

以上两种时延有本质的不同。但只要理解这两种时延发生的地方就不会把它们弄混。发送时延发生在机器内部的发送器中(一般就是发生在网络适配器中)，与传输信道的长度(或信号传送的距离)没有任何关系。但传播时延则发生在机器外部的传输信道媒体上，而与信号的发送速率无关。信号传送的距离越远,传播时延就越大。假定有 10 辆车按顺序从公路收费站入口出发到相距 50km 的目的地。再假定每一辆车过收费站要花费 6s,而车速是 100km/h。现在可以算出这 10 辆车从收费站到目的地总共要花费的时间:发车时间共需 60s(相当于网络中的发送时延),在公路上的行车时间需要 30min(相当于网络中的传播时延)。因此从第一辆车到收费站开始计算,到最后一辆车到达目的地为止,总共花费的时间是二者之和,即 31min。

3)处理时延

主机或路由器在收到分组时要花费一定的时间进行处理所需的时间。例如,分析分组的首部、从分组中提取数据部分、进行差错检验或查找适当的路由器等,这就产生了处理时延。

4)排队时延

分组在经过网络传输时,要经过许多路由器。但分组在进入路由器后要先在输入队列中排队等待处理。在路由器确定了转发接口后,还要在输出队列中排队等待转发。这就产生了排队等待时延。排队时延的长短往往取决于网络当时的通信量。当网络的通信量很大时会发生队列溢出,使分组丢失,这时排队时延为无穷大。

这样,数据在网络中经历的总时延就是以上 4 种时延之和。

总时延 = 发送时延 + 传播时延 + 处理时延 + 排队时延

一般说来,小时延的网络要优于大时延的网络。在某些情况下,一个低速率、小时延的网络很可能要优于一个高速率但大时延的网络。

必须指出,在总时延中,究竟哪一种时延占主导地位,必须具体分析。现在暂时忽略处理时延和排队时延。假定有一个长度为 100MB 的数据块。在带宽为 1Mb/s 的信道上连续发送(即发送速率为 1Mb/s),其发送时延是:

$$100 \times 2^{20} \times 8 \div 10^6 = 838.9s$$

现在把这个数据块用于光纤传送到 1000km 远的计算机。由于在 1000km 长的光纤上的传播时延约为 5ms,因此在这种情况下,发送 100MB 的数据块的总时延 = 838.9 + 0.005 = 838.9s。可见对于这种情况,发送时延决定了总时延的数据。

如果把发送速率提高到 100 倍,即提高到 100Mb/s,那么总时延就变为 8.389 + 0.005 = 8.394s,缩小到原有数值的 1/100。

但是,并非在任何情况下,提高发送速率就能减小总时延。例如,要传送的数据仅有 1 个字节。当发送速率为 1Mb/s 时,发送时延是 $8 \div 10^6 = 8\mu s$。

若传播时延仍为 5ms,则总时延为 5.008ms。在这种情况下,传播时延决定了总时延。如果把数据率提高 1000 倍,即将数据的发送速率提高到 1Gb/s,不难算出,总时延基本上仍是 5ms,并没有明显减小。因此,不能笼统地认为:"数据的发送速率越高,其传送的总时延就越小"。总时延中,究竟哪种占主导,要具体分析。

以上概念如果没弄清楚,就很容易产生这样错误的概念:"在高速链路(或高带宽链路)上,比特会传送得更快些"。但这是不对的。我们知道,汽车在路面质量很好的高速公路上可明显地提高行驶速率。然而对于高速网络链路,我们提高的仅仅是数据的发送速率而不是比特在链路上的传播速率。荷载信息的电磁波在通信线路上的传播速率取决于通信线路的介质材料,而与数据的发送速率并无关系。提高数据的发送速率只是减小了数据的发送时延。还有一点也应当注意，就是数据的发送速率的单位是每秒发送多少比特，这是指在某个点或某个接口上的发送速率。因此，通常所说的"光纤信道的传输速率高"是指可以用很高的速率向光纤信道发送数据，而光纤信道的传播速率实际上还要比铜线的传播速率略低一些。光在光纤中的传播速率约为每秒 20.5 万千米，它比电磁波在铜线中的传播速率略低一些。

结合数据传输采用不同的数据交换方式，通过下面这道例题理解以上性能指标。

【例 1-1】 计算在下列条件下，电路交换和分组交换完成数据传送所需要的时间。

要传送 $X(b)$ 的报文，从源端到目的端之间共有 K 段链路，每段链路的传播时延为 $D(s)$，数据速率为 $B(b/s)$。电路交换时，建立链路的时间为 $S(s)$，分组交换时，分组的首部长度为 $H(b)$，数据部分长度为 $P(b)$。在各个节点的排队等待时间忽略不计。

解： 首先理解电路交换需要三个阶段，分别是电路建立、数据传输和电路拆除，因此数据传输的时间就要围绕这三个阶段完成。

（1）$t=S$ 时建立连接；

（2）$t=S+X/B$ 时数据块的最后一位发送完毕；

（3）$t=S+X/B+D×K$ 时数据块到达目的地。

因此，电路交换方式中，数据传输总时间的计算公式如下：

数据传输总时间＝链路建立延时＋链路延迟时间（链路数×每个链路延迟时间）＋

数据传输时间（数据总长/数据传输率）

$$=S+D×K+X/B$$

其次，计算在分组交换方式下，数据传输总时间。

（1）分组数：X/P；总通信量：$(H+P)X/P$ 位。

（2）源端发送所需时间：$(H+P)X/(PB)$。此时，得到发送完最后一位所需的时间。

（3）中间节点重发最后一个分组耗时：$(K-1)×(H+P)/B$。为到达目的地，每一个分组还要经过 $K-1$ 个交换机的转发，每次转发的时间为 $(H+P)/B$。

因此，分组交换方式中，数据传输总时间的计算公式如下：

数据传输总时间＝链路延迟时间＋分组传输时间×分组数＋

中间节点延迟时间（中间节点数×每个节点延迟时间）

$$=D×K+[X/P]×[(H+P)/B]+(K-1)×(H+P)/B$$

5. 时延带宽积

将传播时延和带宽相乘就得到传播时延带宽积，即

时延带宽积＝传播时延×带宽

（传播）时延

图 1-7 时延带宽积

用图 1-7 的示意图来表示时延带宽积。圆柱形管道代表链路，管道的长度是链路的传播时延，而管道的截面积是链路的带宽。因此，时延带宽积就表示这个管道的体积，表示这样的链路可容纳多少个比特。例如，设某段链路的传播时延为 20ms，带宽为 10Mb/s。算出：

时延带宽积 $= 200×10^{-3}×10×10^{6}=2×10^{5}\,b$

表明若发送端连续发送数据,则在发送的第一个比特即将到达终点时,发送端就已经发送了 20 万比特,而这 20 万比特都正在链路上向前移动。因此,链路的时延带宽积又称为以比特为单位的链路长度。管道中的比特数表示从发送端发出的但尚未到达接收端的比特。对于一条正在传送数据的链路,只有在代表链路的管道都充满比特时,链路才得到充分的利用。

6. 往返时延

在计算机网络中,往返时延(Round-Trip Time,RTT)也是一个重要的性能指标。因为在许多情况下,Internet 上的信息不仅单方向传输,也是双向交互的。因此,有时很需要知道双向交互一次所需的时间。例如,A 向 B 发送数据,如果数据长度是 100MB,发送速率是 100Mb/s,那么

$$发送时间=数据长度/发送速率=(100\times2^{30}\times8)/(100\times10^6)\approx8.39s$$

如果 B 正确收完 100MB 的数据后,就立即向 A 发送确认。再假定 A 只有在收到 B 的确认信息后,才能继续向 B 发送数据。显然,这需要等待一个往返时间(这里假定确认信息很短,可忽略 B 发送确认的时间)。如果 RTT=2s,那么可以算出 A 向 B 发送数据的有效数据率。

$$有效数据率=数据长度/(发送时间+RTT)$$
$$=(100\times2^{30}\times8)/(8.39+2)\approx80.7Mb/s$$

比原来的数据率 100Mb/s 小很多。在 Internet 中,往返时间还包括各中间节点的处理时延、排队时延以及转发数据时的发送时延。当使用卫星通信,往返时间相对较长,是很重要的一个性能指标。

7. 利用率

利用率分信道利用率和网络利用率两种。信道利用率指出某信道有百分之几的时间是被利用的。完全空闲的信道的利用率是零。网络利用率则是全网络的信道利用率的加权平均值。信道利用率并非越高越好。这是因为,根据排队论的理论,当某信道的利用率增大时,该信道引起的时延也就迅速增加。这和高速公路的情况有些相似。当高速公路上的车流量很大时,由于在公路上的某些地方会出现堵塞,因此行车所需的时间就会变长。网络也有类似的情况。当网络的通信量很少时,网络产生的时延并不大。但在网络通信量不断增大的情况下,由于分组在网络节点(路由器或节点交换机)进行处理时需要排队等候,因此网络引起的时延就会增大。

1.5.2 计算机网络的非性能指标

计算机网络还有一些非性能特征也很重要。这些非性能特征与前面介绍的性能指标有很大的关系。

1. 费用

网络的价格(包括设计和实现的费用)总是必须考虑的,因为网络的性能与其价格密切相关。一般说来,网络的速率越高,其价格也越高。

2．质量

网络的质量取决于网络中所有构件的质量，以及这些构件是怎么组成网络的。网络的质量影响到很多方面，如网络的可靠性、网络管理的简易性，以及网络的一些性能。但网络的性能与网络的质量并不是一回事。例如，有些性能一般的网络，运行一段时间后就出现了故障，变得无法再继续工作，说明其质量不好。高质量的网络往往价格也较高。

3．标准化

网络的硬件和软件的设计既可以按照通用的国际标准，也可以遵循特定的专用网络标准。最好采用国际标准的设计，这样可以得到更好的互操作性，更易于升级换代和维修，也更容易得到技术上的支持。

4．可靠性

可靠性与网络的质量和性能都有密切关系。高速网络的可靠性不一定很差。但高速网络要可靠地运行，则往往更加困难，同时所需的费用也会较高。

5．可扩展性和可升级性

在构造网络时就应当考虑到今后可能会需要扩展和升级。网络的性能越高，其扩展费用往往也就越高，难度也会相应增加。

6．易于管理和维护

网络如果没有良好的管理和维护，就很难达到和保持所设计的性能。

1.6　计算机网络的体系结构

计算机网络的体系结构是从功能的角度描述计算机网络的层次结构，是对计算机网络及其组成部分所完成功能的抽象定义，即从功能的角度描述计算机网络的体系组成，是层次和协议的集合。本节开始介绍网络体系结构以及三种典型的体系结构标准。

1.6.1　网络体系结构的含义

现代计算机网络都采用层次化的体系结构，其层次结构如图 1-8 所示。将计算机网络中的每台主机抽象为若干层(Layer)，每层实现一些相对独立的功能。层次结构中涉及很多重要的术语。

1．重要术语

1) 实体与对等实体

每一层中，用于实现该层功能的活动元素被称为实体(Entity)，包括该层上实际存在的所有硬件与软件，如终端、电子邮件系统、应用程序、进程等。

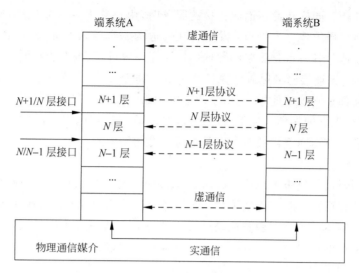

图 1-8　计算机网络的层次结构

不同机器上位于同一水平层次就叫做对等层。不同机器上位于同一层次，即对等层中完成相同功能的实体被称为对等实体（Peer to Peer Entity）。

2）协议

为了使两个对等实体之间能够有效地通信，需要对对等实体交换什么信息、如何交换信息等问题制定相应的规则或进行某种约定。这种对等实体之间交换数据或通信时所必须遵守的规则或标准的集合称为协议（Protocol）。

协议由语法、语义和语序三大要素构成。语法包括数据格式、信号电平等；语义指协议语法成分的含义，包括协调用的控制信息和差错管理；语序包括时序控制和速度匹配关系。

3）服务与接口

在网络分层结构模型中，每一层为相邻的上一层所提供的功能称为服务。N 层使用 $N-1$ 层所提供的服务，向 $N+1$ 层提供功能更强大的服务。N 层使用 $N-1$ 层所提供的服务时并不需要知道 $N-1$ 层所提供的服务是如何实现的，而只需要知道下一层可以为自己提供什么样的服务，以及通过什么形式提供。N 层向 $N+1$ 层提供的服务通过 N 层和 $N+1$ 层之间的接口来实现。接口定义下一层向其相邻的上一层提供的服务及原语操作，并使下一层服务的实现细节对上一层是透明的。服务是在服务访问点（Service Access Point，SAP）提供给上层使用的。N 层 SAP 就是 $N+1$ 层可以访问 N 层服务的地方。每个 SAP 都有一个能够唯一地标识它的地址。

4）协议数据单元

对等层之间传送的数据单位称为该层的协议数据单元（Protocol Data Unit，PDU）。

5）服务类型

在计算机网络协议的层次结构中，层与层之间具有服务与被服务的单向依赖关系，下层向上层提供服务，而上层调用下层的服务。因此可称任意相邻两层的下层为服务提供者，上层为服务调用者。下层为上层提供的服务可分为两类：面向连接服务（Connection Oriented Service）和无连接服务（Connectionless Service）。

面向连接服务：面向连接服务以电话系统为模式。要和某个人通话，先拿起电话，拨号码,通话,然后挂断。同样在使用面向连接的服务时,用户首先要建立连接,使用连接,然后释放连接。连接本质上像一个管道:发送者在管道的一端放入物体,接收者在另一端按同样的次序取出物体。其特点是收发的数据不仅顺序一致,而且内容也相同。

无连接服务:无连接服务以邮政系统为模式。每个报文(信件)带有完整的目的地址,并且每一个报文都独立于其他报文,由系统选定的路线传递。在正常情况下,当两个报文发往同一目的地时,先发的先到。但是,也有可能先发的报文在途中延误了,后发的报文反而先收到。这种情况在面向连接的服务中是绝对不可能发生的。

6) 服务原语

相邻层之间通过一组服务原语(Service Primitive)建立相互作用,完成服务与被服务的过程。这些原语提供用户和其他实体访问该服务。这些原语通知服务提供者采取某些行动或报告某个对等实体的活动。服务原语可被划分为4类,如表1-1所示。4类服务原语分别是请求(Request)、指示(Indication)、响应(Response)和确认(Confirm)。由不同层发出的每条原语各完成确定的功能。

表 1-1　4 类服务原语

原　　语	功能(含义)
请求	服务调用者请求服务提供者提供某种服务
指示	服务提供者告知服务调用者某事件发生
响应	服务调用者通知服务提供者响应某事件
确认	服务提供者告知服务调用者关于它的请求的答复

实体发出连接请求(Connection. Request)以后,一个分组就被发送出去。接收方就收到一个连接指示(Connection. Indication),被告之某处的一个实体希望和它建立连接。收到连接指示的实体就使用连接响应(Connection. Response)表示它是否愿意建立连接。但无论是哪一种情况,请求建立连接的一方都可以通过接收连接确认(Connection. Confirm)获知接收方的态度。

2. 计算机网络体系结构

为了更好地理解层次化的体系结构,我们可以举一个生活中的实例来说明。例如,两个不同国家的外交官要对话,但不懂对方的语言。我们可以将两位外交官看成是体系结构中的最高层,例如第三层。他们由于使用不同的语言而不能直接通话。于是,他们各自请来一位翻译员,将他们各自的语言翻译成两位翻译员都懂的第三国语言。在这里,翻译员就处在下一层,例如第二层,他们为第三层(外交官)提供翻译服务。两位翻译可以使用共同懂得的语言交流,但是由于他们处于不同的国家,还是不能直接对话。于是,两位翻译需要有一个工程技术人员,按照事先约定的方式(如电话)将交谈的内容转换成电信号在物理媒介上传送到对方。在这里,工程技术人员就处于最下一层,即第一层,他们为上一层的翻译员提供传输服务。

这个例子中有三个不同的层次,从下到上我们不妨依次称之为传输层、语言层和认识层。认识层上的两个实体,即两个外交官,只意识到他们之间需要通信,该通信的前提条件是他们所交谈的内容是双方乐意接受的,抽象地说,是他们遵循着共同的认识层(即对等层)的协议。他们之间的交谈并不能直接进行,所以我们称之为虚通信。这个虚通信需要通过语言层接口处翻译员提供的语言翻译以及翻译员之间的交谈来实现。抽象地说,就是上一层的虚通信需要通过下一层接口处提供的服务以及下一层的通信来实现。语言层的两位翻译员必须将通信内容翻译成共同懂得的第三国语言,这个第三国语言可以看作是语言层的通信协议。抽象地说,就是对等层的通信必须遵循通信协议。语言层的翻译员不必关心外交官的交谈内容,只需将其准确地翻译成第三国语言即可。两个翻译员之间的通信也是虚通信,该虚通信通过传输层的工程技术人员提供的服务以及传输层的通信来实现。传输层的工程技术人员只负责按照共同的约定将语言转换成电信号,即不管是什么语言,更不关心交谈的是什么问题。传输层的工程技术人员之间仍然遵循它们之间的通信协议进行虚通信。真正的实通信是由电信号在物理媒介即电话线上进行的。

通过上述例子,我们可以较为通俗地理解计算机网络体系结构的含义。我们将要点归纳如下。

(1) 除在物理媒介上进行实通信外,其余各对等层实体间都是进行虚通信。

(2) 对等层之间的通信必须遵循该层的通信协议。

(3) N 层的虚通信是通过 $N-1/N$ 层间接口处 $N-1$ 层提供的服务以及 $N-1$ 层的通信(通常也是虚通信)来实现的。

(4) 下层不用关心上层的通信内容。

将计算机网络按照功能划分层次,规定相邻层间的接口和提供的服务,以及对等层之间的通信协议,这些层次、接口、服务和通信协议称为层次化的网络体系结构。简单说就是,将计算机网络的各层以及其协议的结合,称为网络的体系结构。计算机网络的体系结构即指这个计算机网络及其部件所应该完成功能的精确定义。需要强调的是,这些功能究竟由何种硬件或软件完成,则是一个遵循这种体系结构的实现问题。可见体系结构是抽象的,是存在于纸上的,而实现是具体的,是运行在计算机软件和硬件之上的。

网络体系结构是从体系结构的角度来研究和设计计算机网络体系的,其核心是网络系统的逻辑结构和功能分配定义,即描述实现不同计算机系统之间互连和通信的方法和结构,是层和协议的集合。通常采用结构化设计方法,将计算机网络系统划分成若干功能模块,形成层次分明的网络体系结构。

世界上第一个网络体系结构是美国 IBM 公司于 1974 年提出的,它取名为系统网络体系结构(System Network Architecture,SNA)。凡是遵循 SNA 的设备就称为 SNA 设备。这些 SNA 设备可以很方便地进行互连。在此之后,很多公司也纷纷建立自己的网络体系结构,这些体系结构大同小异,都采用了层次技术,但各有其特点以适合本公司生产的计算机组成网络,这些体系结构也有其特殊的名称。如 20 世纪 70 年代末有美国数字网络设备公司 DEC 公司发布的数字网络体系结构(Digital Network Architecture,DNA)。但使用不同体系结构的厂家设备是不可以相互连接的。

20 世纪 70 年代末至 20 世纪 80 年代初,一方面是计算机网络规模与数量的急剧增长,另一方面是许多按不同体系结构实现的网络产品之间难以进行互操作,严重阻碍了计算机网络的发展。于是关于计算机网络体系结构的标准化工作被提上了有关国际标准组织的议事日程。

1.6.2　ISO/OSI 体系结构标准

国际标准化组织(ISO)于 1981 年正式提出了一个网络系统结构,即 ISO/OSI 七层参考模型。由于这个标准模型的建立,使得各种计算机网络向它靠拢,大大推动了网络通信的发展。

1. OSI 参考模型

OSI 参考模型如图 1-9 所示。它采用分层结构化技术,将整个网络按照功能划分为 7 层。由低至高分别是:物理层、数据链路层、网络层、运输层、会话层、表示层、应用层。每一层都有特定的功能,并且上一层利用下一层的功能所提供的服务。

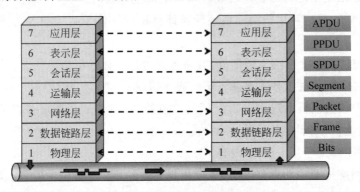

图 1-9　OSI 参考模型

在 OSI 参考模型中,各层的数据并不是从一端的第 N 层直接送到另一端的,第 N 层的数据在垂直的层次中自上而下地逐层传递直至物理层,在物理媒介上进行物理实通信,而在其他的对等层上进行的是虚通信。

OSI-RM 只是提供了一个抽象的体系结构,从而根据它研究各项标准,并在这些标准的基础上设计系统。开放系统的外部特性必须符合 OSI 参考模型,而各个系统的内部功能是不受限制的。

2. 各层主要功能

1) 物理层

物理层主要涉及通信线路上比特流的传输问题。该层协议描述传输媒介的电气、机械、功能和过程的特性。其典型的设计问题有:信号的发送电平、码元宽度、线路码型、物理连接器引脚的数量、引脚的功能、物理拓扑结构、物理连接的建立和终止、传输方式等。

2) 数据链路层

数据链路层主要涉及在数据链路上帧(通常将数据链路层传输的数据单元称为帧)流的传输问题。该层协议的内容包括:帧的格式,帧的类型,比特填充技术,数据链路的建立和终止信息流量控制,差错控制等。该层协议的目的是保障在相邻的站与节点或节点与节点之间正确地传输数据帧。

3) 网络层

网络层主要处理分组(通常将网络层传输的数据单元称为分组)在网络中的传输。该层协议的功能是：路由选择，数据交换，网络连接的建立和终止一个给定的数据链路上网络连接的复用，根据从数据链路层来的错误报告而进行的错误检测和恢复，分组的排序，信息流的控制等。网络层的典型例子是 ITU-T 的 X. 25 建议的第三层标准。

4）运输层

运输层是第一个端到端的层次，也就是计算机-计算机的层次。OSI 的前三层可组成通信子网，它可被很多设备共享，并且计算机-节点机、节点机-节点机是按照"存储-转发"方式传送的，为了防止传送途中报文的丢失，两个计算机之间可实现端到端控制。这一层的功能是：把运输层的地址变换为网络层的地址，运输连接的建立和终止，在网络连接上对运输连接进行多路复用，端-端的次序控制，信息流控制，错误的检测和恢复等。

5）会话层

会话层是指用户与用户的连接，它通过在两台计算机间建立、管理和终止通信来完成对话。会话层的主要功能：在建立会话时核实双方身份是否有权参加会话；确定何方支付通信费用；双方在各种选择功能方面（如全双工还是半双工通信）取得一致；在会话建立以后，需要对进程间的对话进行管理与控制，例如，对话过程中某个环节出了故障，会话层在可能条件下必须保存这个对话的数据，以使其不丢失数据，如不能保留，那么终止这个对话，并重新开始。

6）表示层

表示层主要处理应用实体间交换数据的语法，其目的是解决格式和数据表示的差别，从而为应用层提供一个一致的数据格式，如文本压缩、数据加密、字符编码的转换，从而使字符、格式等有差异的设备之间相互通信。

7）应用层

应用层与提供网络服务相关，这些服务包括文件传送、打印服务、数据库服务、电子邮件等。应用层提供了一个应用网络通信的接口。

从 7 层的功能可见，1～3 层主要完成数据交换和数据传输，称为网络低层，即通信子网；5～7 层主要完成信息处理服务的功能，称为网络高层，即资源子网；低层与高层之间由第 4 层衔接。

1.6.3 TCP/IP 体系结构标准

虽然 ISO 提出了开放式系统互连参考模型 OSI/RM，但它只是一个理论上的模型，由于其结构的复杂性和过多地从电信角度考虑，一直未能在市场上得到较好的应用，而 TCP/IP 却获得了广泛的实际应用。TCP/IP 是由美国国防部高级研究计划局（DARPA）开发，在ARPAnet 上采用的一个协议。后来随着 ARPAnet 发展成为 Internet，TCP/IP 也就成了事实上的工业标准。TCP/IP 实际上是由以传输控制协议（Transmission Control Protocol，TCP）和网际协议（Internet Protocol，IP）为代表的许多协议组成的协议集，简称 TCP/IP。

1. TCP/IP 体系结构

TCP/IP 体系结构分为 4 个层次。为便于理解，图 1-10 给出了 TCP/IP 的分层结构及其与 OSI 7 层协议模型的对应关系。

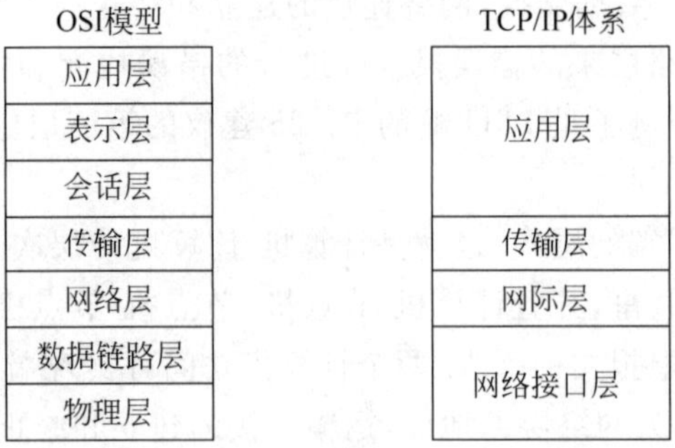

OSI模型　　　　　　TCP/IP体系

OSI模型
应用层
表示层
会话层
传输层
网络层
数据链路层
物理层

TCP/IP体系
应用层
传输层
网际层
网络接口层

图 1-10　OSI 模型与 TCP/IP 体系结构的对应关系

2. 各层主要功能

1) 网络接口层

网络接口层(又叫网络访问层)负责把 IP 包发送到网络传输介质上,以及从网络传输介质上接收 IP 包。TCP/IP 的设计独立于网络访问方法、帧格式和传输介质。通过这种方法,TCP/IP 可以用来连接不同类型的网络,包括局域网和广域网,并可独立于任何特定网络。网络接口层包括 OSI 模型中的数据链路层和物理层。

2) 网际层

网际层是整个体系结构的关键部分,它的功能是使主机可以把分组发往任何网络,并使分组独立地传向目的地。这些分组到达的顺序和发送的顺序可能不同,因此如需要按顺序发送及接收时,高层必须对分组排序。网际层定义了标准的分组格式和协议,即 IP 协议。网际层的功能就是把 IP 分组发送到应该去的地方。选择分组路由和避免阻塞是这里主要的设计问题。由于这些原因,我们有理由说 TCP/IP 网际层和 OSI 网络层在功能上非常相似。

3) 传输层

传输层(又称运输层)在 TCP/IP 模型中位于网际层之上,它的功能是使源端和目的端主机上的对等实体可以进行会话(和 OSI 的传输层一样)。但在 TCP/IP 的传输层中定义了两个协议:TCP 和 UDP。其中,TCP 是一个面向连接的协议,允许从一台机器发出的字节流无差错地发往 Internet 上的其他机器。它把输入的字节流分成报文段,并传给网际层。在接收端,TCP 接收进程把收到的报文再组装成输出流。TCP 还要处理流量控制,以避免快速发送方向低速接收方发送过多报文而使接收方无法处理。用户数据报协议(User Datagram Protocol,UDP)是一个不可靠的、无连接协议。它被广泛地应用于只有一次的客户-服务器模式的请求-应答查询,以及快速递交比准确递交更重要的应用程序,如传输语音或影像。IP、TCP 和 UDP 之间的关系如图 1-11 所示。自从这个协议体系出现以来,IP 已经在很多其他网络上实现了。

4) 应用层

应用层是一个面向用户的层次,为用户提供服务。应用层的功能相当于 OSI 的会话层、表示层、应用层三层所提供的服务。它包含所有的高层协议,如虚拟终端协议(Telnet)、文件传输协议(FTP)和电子邮件协议(SMTP)。虚拟终端协议允许一台机器上的用户登录

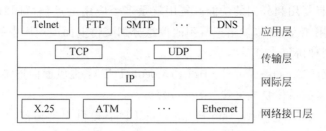

图 1-11 IP、TCP 和 UDP 之间的关系

到远程机器上进行工作,文件传输协议提供了有效地把数据从一台机器移动到另一台机器的方法。电子邮件最初仅是一种文件传输,但是后来为它提出了专门的协议。这些年来又增加了不少协议,例如,域名系统服务(Domain Name Service,DNS)用于把主机名映射到网络地址;NNTP,用于传递新闻文章;还有 HTTP,用于在 WWW 上获取主页等。此外,还有些应用层协议有助于简化 TCP/IP 网络的使用和管理。例如,域名系统(DNS)用于把主机名解析成 IP 地址;路由选择信息协议(RIP)是一种路由选择协议,路由器用它在 IP 网络上交换路由选择信息;简单网络管理协议(SNMP)用于在网络管理控制台和网络设备(路由器、网桥、智能集线器)之间选择和交换网络管理信息。

1.6.4 5 层协议的体系结构

OSI 的 7 层协议体系结构的概念清楚,理论也较完整,但它既复杂又不实用。TCP/IP 体系结构则不同,但它现在却得到了非常广泛的应用。TCP/IP 是一个 4 层的体系结构,它包含应用层、传输层、网际层和网络接口层。但从实质上讲,TCP/IP 只有最上面的三层,因为最下面的网络接口层并没有什么具体内容。因此在学习计算机网络的原理时往往采取折中的办法,即综合 OSI 和 TCP/IP 的优点,采用一种只有 5 层协议的体系结构,如图 1-12 所示,这样既简洁又能将概念阐述清楚。有时为了方便,也可把最底下两层称为网络接口层。

图 1-12 5 层协议的
体系结构

下面自上而下简要地介绍各层的主要功能及各层间的通信。

1. 各层功能

1)应用层

应用层(Application Layer)是体系结构中的最高层。应用层的任务是通过应用进程间的交互来完成特定网络应用。应用层协议定义的是应用进程间通信和交互的规则。这里的进程就是指主机中正在运行的程序。对于不同的网络应用需要有不同的应用层协议。在互联网中的应用层协议很多,如域名系统,支持万维网应用的 HTTP,支持电子邮件的SMTP,等等。把应用层交互的数据单元称为报文(Message)。

2)传输层

传输层(Transport Layer)的任务就是负责向两台主机中进程之间的通信提供通用的数据传输服务。应用进程利用该服务传送应用层报文。所谓"通用的",是指并不针对某个特定网络应用,而是多种应用可以使用同一个传输层服务。由于一台主机可同时运行多个进程,因此传输层有复用和分用的功能。复用就是多个应用层进程可同时使用下面传输层的服务,分用和复用相反,是传输层把收到的信息分别交付上面应用层中的相应进程。传输层主要使用以下两种协议。

传输控制协议(Transmission Control Protocol,TCP):提供面向连接的、可靠的数据传输服务,其数据传输的单位是报文段(Segment)。

用户数据报协议(User Datagram Protocol,UDP):提供无连接的、尽最大努力的数据传输服务,即不保证数据传输的可靠性,其数据传输的单位是用户数据报。

3) 网络层

网络层(Network Layer)负责为分组交换网上的不同主机提供通信服务。在发送数据时,网络层把传输层产生的报文段或用户数据报封装成分组或包进行传送。在 TCP/IP 体系中,由于网络层使用 IP 协议,因此分组也叫 IP 数据报,或简称为数据报。本书把“分组”和“数据报”作为同义词使用。

网络层的重要任务就是要选择合适的路由,使源主机传输层所传下来的分组,能够通过网络中的路由器找到目的主机。

需要强调的是,网络层中的“网络”二字,已不是我们通常谈到的具体网络,而是在计算机网络体系结构模型中的第三层的名称。

Internet 是由大量的异构网络通过路由器相互连接起来的。Internet 使用的网络层协议是无连接的网际协议(Internet Protocol,IP)和许多种路由选择协议,因此 Internet 的网络层也叫网际层或 IP 层。

4) 数据链路层

数据链路层(Data Link Layer)常简称为链路层。两台主机之间的数据传输,总是在一段一段的链路上传送的,这就需要使用专门的链路层的协议。在两个相邻节点之间传送数据时,数据链路层将网络层交下来的 IP 数据报组装成帧,在两个相邻节点间的链路上传送帧。每一帧包括数据和必要的控制信息(如同步信息、地址信息、差错控制等)。

在接收数据时,控制信息使接收端能够知道一个帧从哪个比特开始和到哪个比特结束。这样,数据链路层在收到一个帧后,就可从中提取出数据部分,上交给网络层。

控制信息还使接收端能够检测到所收到的帧中有无差错。如发现有差错,数据链路层就简单地丢弃这个出了差错的帧,以免继续在网络中传送下去白白浪费网络资源。如果需要改正数据在数据链路层传输时出现的差错(数据链路层不仅要检错,而且要纠错),那么就要采用可靠传输协议来纠正出现的差错。这种方法会使数据链路层的协议复杂些。

5) 物理层

在物理层(Physical Layer)上所传数据的单位是比特。发送方发送 1(或 0)时,接收方应当收到 1(或 0),而不是 0(或 1)。因此物理层要考虑用多大的电压代表“1”或“0”,以及接收方如何识别出发送方所发送的比特。物理层还要确定连接电缆的插头应当有多少根引脚以及各引脚应如何连接。当然,解释比特代表的意思,就不是物理层的任务。传递信息所利用的一些物理媒体,如双绞线、同轴电缆、光缆、无线信道等,并不在物理层协议之内,而是在物理层协议的下面,因此也有人把物理层下面的物理媒体当作第 0 层。

Internet 所使用的各种协议中,最重要的和最著名的就是 TCP 和 IP 两个协议。现在人们经常提到的 TCP/IP 并不一定是单指 TCP 和 IP 这两个具体的协议,而是表示 Internet

所使用的整个 TCP/IP 协议族。

2. 对等实体间的数据传输

对等实体间所传输的数据被称为协议数据单元 PDU。在图 1-13 中,假定两台主机通过一个路由器相连,主机 A 上的某个应用进程 AP_1 要发送数据给主机 B 的 AP_2,数据在对等层之间的传递过程中所经历的变化如图 1-13 所示。

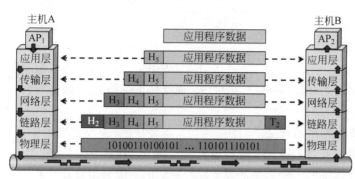

图 1-13　对等实体间的数据通信

AP_1 先将其数据交给本主机的应用层。在应用层,将应用程序数据加上必要的控制信息(应用层的报头)H_5 就变成了应用层的协议数据单元(数据包),向下传给传输层。报头(Header)及报尾(Tailer)是对等实体间为了实现有效的相互通信所需加上的控制信息,增加报头、报尾等控制信息的过程称为封装。封装后得到的应用层数据包被称为应用层协议数据单元(APDU)。

传输层收到这个数据单元后,加上本层的控制信息 H_4 变成了传输层的协议数据单元,即分段(Segment),向下交给网络层。网络层收到这个分段后,加上本层的控制信息 H_3 就变成了网络层的 IP 分组,并向下交给数据链路层。在数据链路层,控制信息被分成两部分,分别加到收到的 IP 分组的首部(H_2)和尾部(T_2),变成数据链路层的帧(Frame)。帧再向下传到物理层,由于物理层是比特流的传送,所以不再加控制信息。此时比特流传送从首部开始。再往下,将其转换为电信号或光信号通过传输介质传送到接收端。

在接收端,当数据逐层向上传递时,各种报头及报尾将被一层一层地剥去,这样的过程称为拆封。例如,数据链路层在将数据交给网络层之前要去掉相应的帧头和帧尾,还原成网络层的 IP 分组,网络层则在将数据交给传输层之前要去掉分组报头,以此类推,最后数据以 APDU 的形式到达接收方的应用层。

在数据发送方,数据从高层往低层传,依次封装,最后转换为电信号或光信号传到接收方后,数据从低层往高层传,依次拆封。

可以用一个简单例子来比喻上述过程。有一封信从最高层向下传。每经过一层就包上一个新的信封,写上必要的地址信息。包有多个信封的信件传送到目的站后,从第一层起,每层拆开一个信封后就把信封中的信交给它的上一层。传到最高层后,取出发信人所发的信交给收信人。

虽然应用进程数据要经过如图 1-13 所示的复杂过程才能送到终点的应用进程,但这些复杂过程对用户来说,却都被屏蔽掉了,以致应用进程 AP_1 觉得好像是直接把数据交给了

应用进程 AP_2。同理,任何两个同样的层次之间,也好像如同图 1-13 中的水平虚线所示的那样,把数据(即数据单元加上控制信息)通过水平虚线直接传递给对方。这就是所谓的"对等层"之间的通信。前面提到的各层协议,实际上就是在各个对等层之间传递数据时的各项规定。

习题

一、术语解释

1. 协议栈　　　　2. 实体　　　　3. 对等层　　　　4. 协议数据单元

5. 服务访问点　　6. 客户　　　　7. 网络体系结构　8. 数据封装

二、简答题

1. 阐述计算机网络的含义。

2. 计算机网络经过了哪几个阶段的发展? 每个阶段各有何特点?

3. 什么是通信资源? 什么是资源子网? 它们的功能分别是什么?

4. 存储转发的含义是什么? 阐述存储转发的工作原理。存储转发有何优点?

5. 请阐述计算机网络的主要功能。

6. 什么叫计算机网络的体系结构?

7. 在计算机网络中为什么要制定有关的标准? 其意义何在?

8. OSI 7 层参考模型分为哪 7 层? 请阐述每层的主要功能。

9. 以 5 层结构的网络体系结构为例说明同等层之间怎样进行通信,相邻层之间如何进行数据交换。

10. 请阐述计算机网络在你的生活、学习中的主要应用。

11. TCP/IP 协议集主要包含哪些协议?

12. 什么是计算机网络的拓扑结构? 局域网主要采用哪几种拓扑结构? 请阐述各种拓扑结构的优缺点。

13. 按照地理范围划分,计算机网络可以划分为哪几种网络?

14. 试从多个方面比较电路交换、报文交换和分组交换的主要优缺点。

15. 请画出一个简单的网络拓扑图,该网络包含 10 台客户机,一台共享打印机,两台文件服务器。

(1) 该网络使用总线型结构。

(2) 该网络使用星状结构。

16. 请讨论计算机网络给社会带来的好处以及负面的社会影响。

17. 试在下列条件下比较电路交换和分组交换。要传送的报文共 x 位。从源点到终点共经过 k 段链路,每段链路的传播时延为 ds,数据率为 bb/s。在电路交换时电路的建立时间为 ss。在分组交换时分组长度为 pb,且各节点的排队等待时间可忽略不计。在怎样的条件下,分组交换的时延比电路交换的要小?

18. 收发两端的传输距离为 $1000km$,信号在媒体上的传播速率为 $2×10^8 m/s$。计算以下两种情况的发送时延和传播时延。

（1）数据长度为 10^7 位，数据发送速率为 100kb/s。

（2）数据长度为 10^3 位，数据发送速率为 1Gb/s。

从以上计算结果可得出什么结论？

19. 协议和服务有何区别？有何关系？

20. 网络协议的三个要素是什么？各有什么含义？

21. 网络体系结构为什么要采用分层次的结构？举出一些与分层体系结构的思想相似的日常生活中的例子。

第2章
数据通信基础与物理层

通过一些设备将信息从一个地方传送到另一个地方叫做通信。计算机网络中的数据通信特指计算机与计算机之间或计算机与数据终端之间信息的传输。它传送数据的目的不仅是为了交换数据，更是为了利用计算机来处理数据。它是将快速传输数据的通信技术和数据处理、加工及存储的计算机技术相结合，从而给用户提供及时准确的数据。物理层考虑的是怎样才能连接各种计算机的传输媒体上传输的数据比特流，而不是指具体的传输媒体。物理层必须解决好与比特流的物理传输有关的一系列问题，包括传输介质、信道类型、数据与信号间的转换、信号传输中的衰减和噪声，以及设备之间的物理接口等。进一步就是，物理层的作用是要尽可能地屏蔽掉计算机网络中的硬件设备和传输媒体的差异，使数据链路层只需要考虑如何完成本层次的协议和服务，而不必考虑网络具体的传输媒体是什么。用于物理层的协议通常也称为规程。

本章首先介绍有关数据通信的重要概念，以及各种传输媒体的主要特点，然后讨论物理层的基本概念。在讨论几种常用的数据编码技术后，对数据传输方式和信道复用技术进行简单介绍。

2.1 数据通信的基础知识

计算机网络的主要功能是为了实现信息资源的共享与交换，而信息是以数据形式来表示的，因此计算机网络首先要从基于数据通信系统之上的资源共享系统这个角度，解决好数据通信的问题。

本节首先介绍数据通信的一些基本概念，为后面的学习奠定一定的基础，然后介绍数据通信系统的基本模型；数据通信的主要技术指标；两种数据通信技术：数字通信和模拟通信的区别；数字传输与模拟传输；数据传输方式和信道复用技术；通过这些知识的学习，读者能够了解数据通信的一些原理和方法，同时为后面的学习奠定一定的理论基础。

2.1.1 数据通信基本概念

1. 信息

信息（Information）是客观事物属性和相互联系特性的表征，它反映了客观事物的存在形式和运动状态。信息是传送的内容，信息的载体是数字、文字、语言、图形和图像等。计算机及其外围设备产生和交换的信息都是由二进制编码表示的字母、数字或控制符号的组合。为了传送信息,必须将信息中所包含的每一个字符进行编码。因此,用二进制代码来表示信息中的每一个字符就是编码,目前最常用的二进制编码标准为美国标准信息交换码(American Standard Code for Information Interchange,ASCII 码)。

2. 数据

数据(Data)一般可以理解为"信息的数字化形式"。在计算机网络系统中,数据通常被广义地理解为在网络中存储、处理和传输的二进制数字编码。数据被定义为有意义的实体,是表征事物的形式,例如文字、声音和图像等。数据可分为模拟数据和数字数据两类。模拟数据是指在某个区间连续变化的物理量,例如,声音的大小和温度的变化等。

3. 信号

信号(Signal)是携带信息的载体。在通信系统中常常使用的电信号、电磁信号、光信号、载波信号、脉冲信号、调制信号等术语就是指携带某种信息的具有不同形式或特性的载体。信号是数据的电磁或电子编码。信号在通信系统中可分为模拟信号和数字信号。其中,模拟信号是指一种连续变化的电信号,例如,电话线上传送的按照话音强弱幅度连续变化的电波信号,如图 2-1(a)所示。数字信号是指一种离散变化的电信号,例如,计算机产生的电信号就是"0"和"1"的电压脉冲序列串,如图 2-1(b)所示。

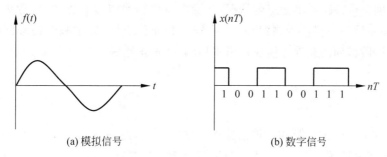

(a) 模拟信号　　　　　　　(b) 数字信号

图 2-1　模拟信号与数字信号

信息、数据与信号之间的关系是:数据仅涉及事物的表示形式,而信息则涉及这些数据的内容和解释,信号是携带信息的数据的载体。对于计算机系统来说,它关心的是信息用什么样的编码体制表示出来,例如,如何用 ASCII 表示字符、符号、汉字等;而对于数据通信系统来说,它关心的是数据的表示方式和方法,例如,如何将各类信息的二进制比特序列通过传输介质,在计算机和计算机之间进行传递。对数据的表示有数字信号和模拟信号两种。模拟信号是一种连续变换的电信号,它的取值可以是无限多个,例如语音信号。数字信号是一种离散信号,它的取值是有限多个。

4. 信道

信道是信号传输的通道,包括通信设备和传输媒体。一般来说,一条通信线路至少包含两条信道,一条用于发送的信道,一条用于接收的信道。信道可以按不同的方法分类。信道按传输媒介可以分为有线信道和无线信道;按传输信号类型可以分为模拟信道和数字信道；按使用权可以分为专用信道和公用信道等。对于不同的信道，其特性和使用方法也不同。目前，常用的传输媒介可以是有线媒介（如同轴电缆、双绞线、光纤等）或无线媒介（如微波、扩频无线电、红外线、激光等）。

5. 基带信号与载波信号

未经调制的电脉冲信号呈现方波形式，所占据的频带通常从直流和低频开始，因而称为基带信号。

在远程传输过程中，特别是通过无线信道或光信道进行的数据传输过程中，将由编码表示的数字基带信号通过高频调制后能在信道中进行传输的信号称为载波信号。这种传输载波信号的方式就叫做频带传输。

6. 宽带信号与宽带传输

如果在信道上不能直接传输数字信号，这时就要利用调制和解调技术，即利用基带信号对载波信号的某些参数进行调控，从而得到易于在通道上传输的被调波形，在通道中传输的被调制后的数字信号，被称为宽带信号，该种传输方式称为宽带传输。

7. 基带传输与载波传输

数字信号以原来的 0 和 1 的形式直接在通道中传输，就被称为"基带传输"。在某些有线信道中，特别是传输距离不太远的情况下，数字基带信号可以直接传送，称为数字信号的基带传输。而在另外一些信道，特别是无线信道和光信道中，数字基带信号则必须经过调制，将信号频谱搬移到高频处才能在信道中传输，我们把这种传输称为数字信号的调制传输（或载波传输）。

8. 带宽

带宽（Bandwidth）最初是在模拟信道中用来表示信道传输信息的能力。带宽即传输信号的最高频率与最低频率之差，即信号的频谱范围。带宽的单位是 Hz，但在数字传输信道中，通常用作描述信道的容量，单位是 b/s。信道的带宽是由传输媒介和有关的附加设备以及电路的频率特性综合决定的。理论分析表明，模拟信道的带宽或信噪比越大，信道的极限传输速率也越高。这也是为什么在计算机网络中总是努力提高通信信道带宽的原因。

2.1.2　数据通信系统模型

在人类社会中，人与人之间经常需要交换信息。用任何方法，通过任何媒介将信息从一地送到另一地，从广义上讲均可称为通信。今天，随着社会生产力的发展，人类对通信的要求也越来越高。许多远地信息都是用电信号通过电信道来传递的，这种利用"电"来传递信息的通信方式称为电通信，获得了非常广泛的应用和迅速发展。如今，在自然科学中，"通信"一词几乎变成了电通信的同义词。

一般点到点的通信系统都可由图 2-2 加以描述。该图反映了通信系统的共性，称为通信系统模型。在图 2-2 中，发送端信源的作用是把各种可能信息转换成原始电信号，为了使这个原始电信号适合在信道上传输，就要通过变换器转换成适合于在信道上传输的信号。

信道是信号的传输媒介及有关的设备(如中继器等)。通过信道传输到远地的电信号先由接收端的反变换器转换复原成原始的信号,再送给接收者(信宿),而后由信宿将其转换成各种信息。噪声源是信道中噪声(即对信号的干扰)以及分散在通信系统其他各处的噪声的集中表示。图 2-2 给出的是一个单向通信系统的模型,实际生活中的通信系统大多为双向的,信道可进行双向传输,信源与信宿合为一体,变换器与反变换器也合为一体。

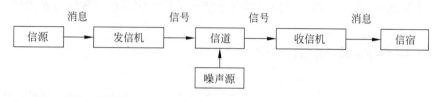

图 2-2 通信系统的模型

通信系统中传输的信号可以是模拟信号,也可以是数字信号。因此,根据传输的是模拟信号还是数字信号,通信系统中的信道可以是模拟信道,也可以是数字信道。

2.1.3 数据通信的主要技术指标

人们借助各种通信系统进行通信的目的是为了传递信息,而且我们总是希望信息能够被快速而准确地送到目的地,这就是说人们希望通信系统具有尽可能高的传输速率和准确性,因此数据传输速率和出错率被普遍作为衡量通信系统性能的主要指标。

1. 信息传输速率

信息传输速率(R_b),又称信息速率、比特率,它表示单位时间(每秒)内传输实际信息的比特数,单位为比特/秒,记为 b/s(或 bps)。比特是信息量的度量单位。一般在数据通信中,如使用"1"和"0"的概率是相同的,则每个"1"和"0"就是一个比特的信息量。例如,一个数据通信系统每秒内传输 9600bit,则它的比特率为 $R_b = 9600\text{b/s}$。

2. 码元传输速率

码元传输速率(RB)简称传码率,又称波特率或调制速率。它表示单位时间内(每秒)信道上实际传输码元的个数,单位是波特(Baud),用符号"B"来表示。码元速率仅表征单位时间内传送的码元数目而没有限定码元是何种进制。例如,某系统每秒传送 9600 个码元,则该系统的传码率为 9600B,如果码元是二进制的,它的比特率为 9600b/s;如果系统是八进制的,则每个码元携带 3b 信息量,则它的比特率是 28.8kb/s。即信息传输率 R_b 与码元传输率 R_B 之间的关系为:

$$R_b = R_B \log_2 N$$

式中,N 为码元的进制数。

3. 误码率

误码率是指二进制码元在数据正常传输过程中出错的概率,也称为"出错率",常用 P_e 表示。P_e 的定义公式如下:

$$P_e = \frac{n_e}{n}$$

其中，n 为传输的二进制代码总数；n_e 表示接收中传错的码元数。

误码率 P_e 是数据通信系统在正常工作状态下传输的可靠性指标。在计算机网络通信系统中，对平均误码率的最低要求是低于 10^{-6}，即平均传送 1Mb 二进制位只能错一位，因此，在计算机网络中，必须采取差错控制技术才能满足计算机通信系统的可靠指标。

2.2 数字传输与模拟传输

模拟传输是一种不考虑其内容的模拟信号传输方式。在传输过程中，信号由于噪声的干扰和能量的损失总会发生畸变和衰减。在模拟传输中，每隔一定的距离就要通过放大器来放大信号的强度，但在放大信号强度的同时也放大了由噪声引起的信号失真。随着传输距离的增大，多级放大器的串联会引起失真的叠加，从而使信号的失真越来越大。如果模拟信号所代表的原本就是模拟的信息，如声音，只要失真在一定范围内还是允许的，接收方仍可识别原来的模拟信息(声音)。

数字传输则不一样，关心的是信号的内容。相对于模拟传输而言，数字通信具有如下优点。

(1) 数字传输的抗干扰能力强。数字信号在传输过程中除了会衰减外，也会发生失真。但是在数字传输中，一般每隔一定距离不是采用放大器来放大衰减和失真的信号，而是采用转发器来代替。转发器可以通过阈值判别等手段，识别并恢复其原来的 0 和 1 变化的模式，并重新产生一个新的完全消除了衰减和畸变的信号传输出去。这样多级的转发不会累积噪声引起的失真。

(2) 数字传输提高了通信的可靠性。可以在发送端方便地在源数据中编入一定长度的冗余码，可通过差错控制技术检测传输数据是否出错，并可以在一定程度上纠正错误(具体检错方法将在 3.4 节中详细讲述)。

(3) 数字传输提高了信息安全度。由于在数字信号中容易实现各种加密算法，从而保证数据不被盗窃、篡改。

(4) 数字传输灵活性好，通用性强。数字传输技术可以传递各种信息(模拟信号和离散信号)。数字传输技术也能传输模拟信号，只要这种模拟信号包括数字数据的内容。

(5) 数字传输适合进行长距离传输。长距离传输中，作为中继的转发器也是首先识别出数字数据的内容，而后重新生成一个新的已消除了衰减与失真的模拟信号重新传输出去。因此，在长距离传输中，数字传输技术逐步取代模拟传输技术已是一种必然趋势。但是在诸如局域网这种近距离的通信中，由于衰减和失真不太严重，甚至不必经过放大器中继，模拟传输技术仍有一席之地。

(6) 数字传输便于利用计算机技术对数字信息进行处理。计算机本身只能直接处理数字信息，而模拟信息必须首先转换成数字信息后才能处理。

注意：信号的传输技术与信道的类型之间没有必然的联系，即并不是模拟信道只能用来模拟信号，数字信道只能用来数字信号。实际上，数字信号在经过了数模(Digital/Analog, D/A)转换后可在模拟信道上传输；模拟信号在经过了模数(Analog/Digital, A/D)转换后也可在数字信道上传输。在各种通信网发展的初期，所采用的数据通信通道都是模拟信道,随着数字技术的发展,以及数字信道突出的优点,过去的模拟信道逐渐被数字信道取代,典型的代表是固定电话网络和移动通信网络。

如前所述,由于数据信号包括模拟数据信号和数字数据信号,而信道又分为模拟信道和数字信道,这样在实际的网络传输上就组合成了 4 种数据的传输形式:模拟数据在模拟信道上传输;模拟数据在数字信道上传输;数字数据在模拟信道上传输;数字数据在数字信道上传输。下面就这 4 种传输形式进行介绍。

2.2.1 模拟数据在模拟信道上传输

典型的例子是话音信号在普通的电话系统中传输。一般人的语音频率范围是 $300 \sim 3400\mathrm{Hz}$,为了进行传输,在线路上给它分配一定的带宽,国际标准取 $4\mathrm{kHz}$ 为一个标准话路所占用的频带宽度。在这个传输过程中,语音信号以 $300 \sim 3400\mathrm{Hz}$ 频率输入,发送方的电话机把这个语音信号转变成模拟信号,这个模拟信号经过模拟信道(电话线)被传输,到达接收端后由接收方电话机把模拟信号恢复成语音信号。

2.2.2 模拟数据在数字信道上传输

用数字信道传输模拟数据时,通常需要对模拟数据进行脉冲编码调制(Pulse Code Modulation,PCM)。PCM 通过取样、量化和编码三个步骤将模拟信号转变为数字信号。所谓取样,就是从模拟信号中提取样本信息,即按照一定的时间间隔采样模拟信号的幅值。根据取样定理,只要取样频率不低于模拟信号带宽的二倍,就可以从取样的脉冲信号中无失真地恢复出原来的模拟信号。例如,普通话音信号的带宽为 $4\mathrm{kHz}$,那么取样频率可取每秒 8000 次,即每 $125\mu s$ 取样一次。所谓量化就是将取样点处取得的信号幅值分级取整的过程,即将取得的模拟信号的最大幅值等分为若干等级(为了编码方便,通常为 2^n 级)。例如,若模拟信号的最大幅值为 256,而将其量化为 $128(2^7)$ 级,则将幅值在 $[0,2]$ 内量化为 0;幅值在 $[2,4]$ 内量化为 1;……;幅值在 $[254,256]$ 内量化为 127。若量化为 $32(2^5)$ 级,则将幅值在 $[0,8]$ 内量化为 0;幅值在 $[8,16]$ 内量化为 1;……;幅值在 $[248,256]$ 内量化为 31。在量化为 128 级时,量化后得到的整数值与实际幅值之间的误差小于 2;而当量化为 32 级时,量化后得到的整数值与实际幅值之间的误差小于 8。可见,量化分级越高,误差就越小,因此信号还原时产生的失真也就越小,但是分级越高,每个样本点所需要的编码比特数也就越多,网络上需要传输的数据量也就越大。所谓编码就是将量化后的整数值使用二进制数来表示。例如,如果量化为 128 级,量化后的整数值有 8,16,29,110,91,25,2,则每个量化后的整数值需要用 7 位表示,它们相应的编码为 0001000,0010000,0011101,01101110,01011011,0011001,0000010。

模拟信号通过 PCM 转换为数字信号后就可以进行传输了,为了提高传输质量,还可以进行一些编码优化。在接收端进行解码的过程与发送端编码的过程相反。只要数字信号在传输过程中不发生差错,解码后就可以得到发送端所发送出的数据。

2.2.3 数字数据在模拟信道上传输

计算机和终端设备都是数字设备,它们只能接收和发送数字数据,而电话系统只能传输模拟信号,所以这个数字数据进入到模拟信道以前要有一个转换设备进行数字信号到模拟信号的转换,以便它能在模拟信道上传输,这个变换过程叫调制。这个转换设备叫做调制器。而当调制后的模拟信号传到接收端以后,在接收端也有一个转换设备再对这个信号进行反变换,即又把它变回数字信号,这样的一个变换过程叫解调。这个转换设备叫做解调器。由于计算机和终端设备之间的数据通信一般是双向的,因此在数据通信的双方既有用于发送信号的调制器又有用于接收信号的解调器,所以把这两个设备合在一起形成人们通常所说的调制解调器(Modem)。调制解调器就是使用一条标准话路提供全双工的数字信道。

由于正弦交流信号的载波可以用 $A\sin(wt+\varPhi)$ 表示,即参数振幅 A、频率 f 和相位 $\varPhi$ 的变化均会影响信号波形,故振幅 A、频率 f 和相位 $\varPhi$ 都可以作为控制载波特性的参数,即调制参数,并由此产生出幅度调制、频率调制和相位调制三种基本的调制形式。图 2-3 中给出了这几种波形传输数据的波形示意图。

(1) 调幅(AM)也叫幅移键控,即载波的振幅随基带数字信号而变化。例如,0 对应于无载波输出,而 1 对应于有载波输出。

(2) 调频(FM)也叫频移键控,即载波的频率随基带数字信号而变化。例如,0 对应于频率 f_1,而 1 对应于频率 f_2。

(3) 调相(PM)也叫相移键控,即载波的初始相位随基带数字信号而变化。例如,0 对应于相位 $0°$,而 1 对应于 $180°$。

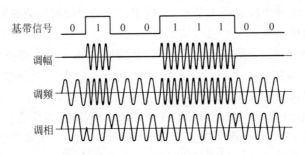

图 2-3　三种基本的调制方法比较

2.2.4　数字数据在数字信道上传输

数字数据在数字信道上传输,最典型的例子是在两个装有 Windows 操作系统的计算机上,利用 Windows 中自带的"直接电缆连接"功能把两个计算机通过串行口或并行口直接相连。在这种情况下通信的双方发出的数据和接收的数据以及在信道上所传输的全部都是数字信号。

由于原始的基带信号所具有的一些特征使它们并不适合直接在信道上进行传输,因此未来要更好地传输这些信号,需要对它们进行一些改变,这种改变又称为编码。在基带传输系统中要解决的关键问题是数字数据的编解码问题,即在发送端,要解决如何将二进制数据序列通过某种编码(Encoding)方式转换为适合在数字信道上传送的基带信号;而在接收端,则要解决如何将接收到的基带信号通过解码(Decoding)恢复为与发送端相同的二进制数据序列。下面着重介绍几种常见的数字数据编码。

1. 不归零编码

对于数字数据在数字信道上传输来说,最普遍而且最容易的办法是用两个不同的电压电平来表示两个二进制数字。例如,无电压常用来表示 0,而恒定的正电压用来表示 1。另外,使用负电压(低)表示 0,使用正电压(高)表示 1 也是很普遍的。后一种技术称为不归零编码(Non Return to Zero,NRZ),如图 2-4 所示。

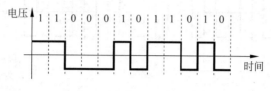

图 2-4　不归零制 NRZ 编码

这种不归零编码 NRZ 信号的优点是简单,但它最大的问题就是难以确定每个比特从什么时候开始,在什么时候结束(或者说,每个比特信号持续的时间是多长),即无法同步,因此,无法正确读出比特串。例如,表示 1011010 的矩形波,若将比特持续时间缩短一半,则接收端读出的数据为 11001111001100。其次,这种信号传输会产生直流分量的积累问题,这将导致信号的失真与畸变,使传输的可靠性降低。

2. 曼彻斯特编码

曼彻斯特编码(Manchester Encoding)则可解决这一问题。它的编码方法是将每个比特再分成两个相等的间隔,在每个比特信号的中间发生电平跳变,其中,“1”由高至低电平跳变,即其前半个比特的电平为高电平,后半个比特的电平为低电平。比特“0”则正好相反,从低电平到高电平跳变,即其前半个比特的电平为低电平,后半个比特的电平为高电平,但也可以反过来定义。这种编码的好处是位中间的电平跳变既表示了数据代码,也作为定时信号使用。接收端可以方便地利用它作为位同步时钟,因此这种编码也称为自同步编码。曼彻斯特编码的波形如图 2-5 所示。从图中可以看出其缺点,就是它所占的频带宽度比原始的基带信号增加了一倍。目前,10Mb/s 以太网(Ethernet)采用的是这种曼彻斯特编码。

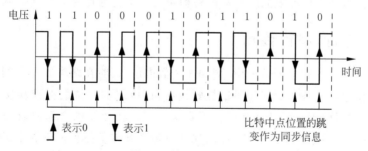

图 2-5　曼彻斯特编码

3. 差分曼彻斯特编码

差分曼彻斯特编码(Differential Manchester Encoding)是曼彻斯特编码的变形,如图 2-6 所示。差分曼彻斯特编码与基本曼彻斯特编码有着共同的特点,即在每一个比特的正中间有一次电平的跳变。与基本曼彻斯特编码不同的是：比特中间的电平转换只作为定时信号，不表示数据。数据的表示在于每一位开始处是否有电平跳变：有电平跳变表示 0，无电平跳变表示 1。差分曼彻斯特编码需要较复杂的技术，但可以获得较好的抗干扰性能。目前，令牌环(Token Ring)网采用的是这种差分曼彻斯特编码。

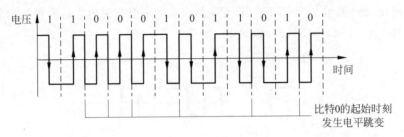

图 2-6　差分曼彻斯特编码

数字信号常用的几种编码方式比较如图 2-7 所示。

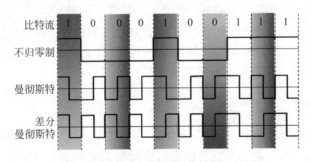

图 2-7　数字信号常用的编码方式比较

2.3　数据传输方式

数据传输方式，按照数据在信道上的传输方向，可分为单工通信、半双工通信和全双工通信三种。按照数据在信道上同时传输的位数可分为串行通信和并行通信两类。

2.3.1　并行、串行传输

在并行通信方式中有多个数据位，例如 8 个数据位，同时在两个设备之间传输。发送设备将 8 个数据位通过 8 条数据线传送给接收设备，还可附加一位数据校验位。接收设备可同时接收到这些数据，无须做任何变换就可直接使用。在计算机内部的数据通信通常以并行方式进行，并行的数据传送线也叫总线，如并行传送 8 位数据就叫 8 位总线，并行传送 16 位数据就叫 16 位总线。并行传输时，需要一根至少有 8 条数据线(因一个字节是 8 位)的电缆，将两个通信设备连接起来。当进行近距离传输时，这种方法的优点是传输速度快，处理简单；但进行远距离数据传输时，这种方法的线路费用就难以容忍了。

在串行通信方式中，数据一位一位地在通信线路上传输，与同时可传输好几位数据的并行传输相比，串行数据传输的速度要比并行传输慢得多。但由于公用电话系统，已形成了一个覆盖面极其广阔的网络,所以,使用现成的电话网以串行传输方式通信,对于计算机网络来说具有更大的现实意义。

串行数据传输时,先由具有 8 位总线的计算机内的发送设备,将 8 位并行数据,经并/串转换硬件转换成串行方式,再逐位经传输线路到达接收站的设备中,并在接收端将数据从串行方式重新转换成并行方式。

通常情况下,并行方式用于近距离通信,串行方式用于距离较远的通信。在计算机网络中,串行通信方式更具有普遍意义。

2.3.2　单工、半双工与全双工

单工、双工和半双工概念源于电话通信系统,表示通信双方信息交换的方式,20 世纪 90年代初引入到了局域网中。

单工(Simplex)即单向通信,是指在一条通信线路上只能存在单方向的通信,反向无法进行。在图 2-8 (a)中,数据只能由 A 站传输到 B 站,而 B 站无法传输数据到 A 站。单工通信多用于无线广播,有线广播和电视广播,在局域网中并不采用。

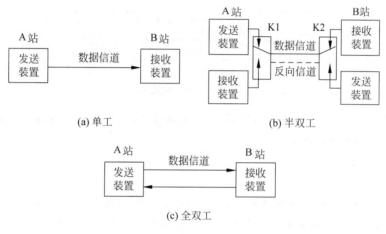

图 2-8　单工、半双工、全双工

半双工(Half Duplex)通信方式是指:两个数据之间可以在两个方向上进行数据传输,但不能同时进行,即在同一时间内,通信双方中只能有一方发送或接收信息,双向交替通信。该方式要求 A 站、B 站两端都有发送装置和接收装置,如图 2-8(b)所示。若想改变信息的传输方向,需要由开关 K1 和 K2 进行切换。像这种虽然具有收、发两种功能(可以"双工"),却不能"同时"接收与发送信号(不能两"全")的方式,特称它为"半双工"。市面上常见的无线电对讲机就是典型的半双工通信方式。通常没按任何按钮时处于收话方式,可以接收消息;一旦按下发话按钮,便立刻转成发话方式,此时就不能接收来话,只能发送消息出去,直到放开发话按钮才能恢复收话方式,继续接收消息。网卡的半双工传输方式也和无线电对讲机类似,但不必由人工手动切换收发方式,而是自动检测并切换。

全双工(Full Duplex)通信方式是指:数据传输是在两个数据站之间,可以两个方向同时进行数据传输,如图 2-8(c)所示。全双工通信方式在同一时间内,通信双方既可以发送信息,也可以接收信息。譬如电话就是一种全双工传输设备:我们在听对方讲话的同时,也可

以发话给对方。全双工工作模式在局域网中的应用,提高了网络的通信能力。与半双工通信方式相比较,全双工可以在两对电缆上同时发送和接收信息,不会发生冲突,在理论上可以使传输速率加倍。在10Base网络中可以将传输速率由10Mb/s提高为20Mb/s;同理,对于100Base网络,传输速率也从100Mb/s跃升为200Mb/s。全双工通信效率高,但组成系统的造价高,适用于计算机之间高速数据通信系统。计算机网络通常采用全双工通信。

2.3.3　异步传输与同步传输

1. 异步传输方式

在异步传输中,被传输的单位是字符,每个字符可由5~8位码元组成。每个字符前需加一位起始位"0",以表示一个字符的开始。在字符后加上一位校验位,以便接收方进行错误校验。然后再加1.5或2位停止位"1",以表示一个字符的结束。当不发送信号时一直发送停止位"1"(即高电平状态,使线路处于"空"),接收方根据1至0的跳变来辨别一个新字符的开始。如图2-9所示,采用异步传输方式传输ASCII字符E(1000101)。传输的信号包含起始位1位,码元7位,校验位1位,停止位1.5位。

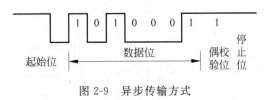

图 2-9　异步传输方式

异步传输方式的特点是设备简单且费用低,但其辅助开销大且浪费时间,它适于低速(10~1500字符/秒)通信场合。

2. 同步传输方式

在同步传输过程中,大的数据块一起发送,在它的前后使用一些特殊字符进行标识,这些字符在发送端和接收端建立起一个同步的传输过程,如图2-10所示。

图 2-10　同步传输方式

同步传输方式用在较高传输速率的场合。在同步传输方式中,常用的有两种:面向字符的同步方式和面向比特的同步方式。

面向字符的同步方式一次可以传送由若干个字符组成的数据块(帧),而不是像异步传输那样只传输一个字符。与异步传输一样,需要一些特殊字符(即特殊字符集)作为数据块的起始和结束标志以及整个传输过程的控制信息。这就引起了新的问题:如果所传输的字符信息中恰好包含特殊字符,如果不做任何处理,在接收端会按照特殊字符(实际上它是常规的信息字符)来处理,从而引起错误。通常在面向字符的同步方式中,解决这个问题的方法是:使用转义字符(DLE)来填充。面向字符同步方式的缺点是:只能支持字符型数据的通信;实现较为复杂;与特殊字符集相关联,兼容性差。在面向比特的同步方式中,所有信息帧必须由一个标志(F：01111110)开始和结束，从开始标志到结束标志构成一个完整的信息单位，称为一帧。接收端可以通过检索 F 来确定帧的开始和结束，以此建立帧同步。它与面向字符的同步方式相类似，也出现了一个需要解决的问题：如果所传输的信息中恰好包含比特流 01111110，即与标志 F 相同的比特流，如果不做处理，同样在接收端会认为信息帧在此结束，从而引起错误。通常在面向比特的同步方式中，解决这个问题的方法是：采用"0"比特插入法。其基本原理是：发送方在发送数据时，每当连续出现 5 个"1"时，就自动插入一个"0"；接收方在接收信息时进行检测，每当连续出现 5 个"1"时，若后面是"0"，则删除该"0"，若后面是"1"，则判定为 F。与面向字符的同步方式相互比较，面向比特的同步方式的优点是：较好地解决了同步问题；可支持任意长度数据的通信；易于实现。

2.4　多路复用技术

在点-点通信方式中，两点间的通信线路是专用的，其利用率很低。一种提高线路利用率的卓有成效的办法是使多个数据源共用一条传输线。为此在通信系统中引入了多路复用技术。从电信的角度看，多路复用技术就是把多路用户信息用单一的传输设备在单一的传输线路上进行传输的技术。实际上，经常要求通信系统同时将某一地区许多信息源的信息用一个长距离线路传送到另一地区用户。多路复用系统将来自若干信息源的信息进行合并，然后将这一合成的信息群经单一的线路和传输设备进行传输。在接收方，则使用能将信息群分离成各个单独信息的设备对信号群进行分离。这样就极大地节省了传输线路，从而提高了线路利用率。

多路复用技术也就是在一条物理线路上，建立多条通信信道的技术。这种技术要用到两个设备：多路复合器(Multiplexer)在发送端根据某种约定的规则把多个低带宽的信号复合成一个高带宽的信号，多路分配器(Demultiplexer)在接收端根据同一规则把高带宽信号分解成多个低带宽信号。由于计算机网络双方采用全双工通信，既需要使用多路复合器也需要使用多路分配器，因此，通常将二者制作在一起统称多路复用器，简写为 MUX。其工作原理如图 2-11 所示。

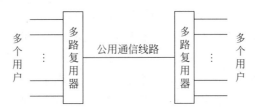

图 2-11　多路复用技术原理图

采用多路复用技术主要有以下优点。

(1) 只需一条通信线路，所需的传输介质较少，且传输介质的容量可以得到充分利用。

(2) 由于节省了不必要的传输线路投资，大大地降低了设备费用。

(3) 多路复用系统对用户是透明的，提高了通信系统的工作效率。

常用的多路复用技术有 4 种：频分复用(Frequency Division Multiplexing，FDM)、时分多路复用（Time Division Multiplexing，TDM）、波分多路复用（Wavelength Division

Multiplexing，WDM）和码分多路复用（Time Division Multiplexing Address，CDMA）。此外，复用技术还有：空分复用（Space Division Multiplexing，SDM）以及动态时分多路复用等。

2.4.1　频分多路复用

在采用频分多路复用技术时，将信道按频率划分为多个子信道，每个信道可以传送一路信号，如图 2-12 所示。

FDM 将具有较大带宽的线路划分为若干个频率范围，每个频率之间应当留出适当的频率范围作为保护频带，以减少各段信号的相互干扰。在实际应用时，FDM 技术通过调制将多路信号分别调制到各自不同的正弦载波频率上，并在各自的频段范围内进行传输。图 2-12 中，假定有 6 个输入源，于是将信道划分为 6 个子信道，6 个子信道可以分别用来传输数据、语音和图像等不同信息，因此，需要将它们分配到 6 个不同的频率段 f_1 到 f_6 中，在发送时，分别将它们调制到各自频段的中心频率上，然后在各自的信道中被传送至接收端，由解调器恢复成原来的波形。这种技术适用于宽带局域网中。其中，专用于某路信号的频率段称为该信道的逻辑信道，因此，图 2-12 中所示系统共有 6 条逻辑信道，对于 FDM 技术而言，频带越宽，则在频带宽度内所能分的子信道就越多。

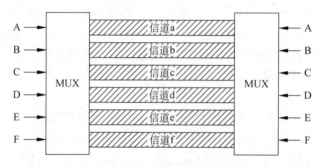

图 2-12　频分多路复用

FDM 的前提条件是：传输介质的可用带宽必须大于各路给定信号所需带宽的总和。在实际通信中，物理信道的"可用带宽"往往大于单个给定信号的带宽。

FDM 技术是公用电话网中传输语音信息时常用的电话线复用技术，它也常被用在宽带计算机网络中。例如，载波电话通信系统就是频分多路复用技术应用的典型示例，一般传输每一路电话需要的频带带宽在 4kHz 以下，而电缆、双绞线和微波等介质允许的带宽则远远大于 4kHz。采用频分多路复用技术可以使通话的路数提高。又例如，采用多路复用技术，并且使用光缆作为传输介质时，可同时传输上千路电话和数十路信号。

2.4.2　时分多路复用

传输信道的带宽资源有一定的限度，随着通信用户的大量增加，将有限的带宽资源划分子信道的 FDM 技术就限制了通信系统的进一步扩大和发展。人们研究出了一种新的技术：时分多路复用技术。

时分多路复用是将一条物理信道按时间分成若干时间片（即时隙）轮流地分配给每个用户，每个时间片由复用的一个用户占用，即按照时间片划分子信道。TDM 要求各个子通道按时间片轮流地占用整个带宽。时间片的大小可以按一次传送一位,一个字节或一个固定大小的数据块所需的时间来确定。

TDM 的前提条件是:信道允许的传输速率大大超过每路信号需要的传输速率。在实际通信中,信道的传输速率往往大于单个给定信号的传输速率。

TDM 可细分为同步时分复用(Synchronous Time Division Multiplexing,STDM)和异步时分复用(Asynchronous Time Division Multiplexing,ATDM)两种形式。

1. 同步时分复用

同步时分复用是指复用器将各路传输信号按时间进行分割,即将每个单位传输时间划分为许多长度相等的时间片(时隙);其次,每个周期内各个通道都在固定的位置占有一个时隙。这样,就可以使多路输入信号在不同的时隙内轮流、交替地使用物理信道进行传输,如图 2-13 所示。

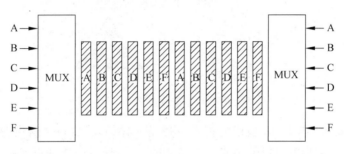

图 2-13 同步时分多路复用

注意:STDM 不像 FDM 那样可同时传送多路信号,而用每个"时分复用帧"的某一固定序号的时隙组成一个子信道,每个子信道占用的带宽都是一样的(通信介质的全部可用带宽),每个"时分复用帧"所占用的时间也是相同的。

2. 异步时分复用

在同步时分复用技术中,时隙预先分配且固定不变,无论时间片拥有者是否有信息传输都占有一定时隙,因此对某个子通道而言,当时隙到来时没有信息发送,这一部分带宽就浪费了,时隙的利用率很低。

异步时分复用技术又称为统计时分复用(Statistical Time Division Multiplexing),它是对同步时分技术的改进。同步时分下的多路复合器称为集中器,在发送端集中器依次循环扫描各个通道。若某个子通道有信息要发送,则为它分配一个时隙;若没有,就跳过,这样就没有空闲时隙在线路上传播了。然而,在接收端分配器的工作就难了,因此需要在每个时隙加入一个控制域,以指示该时隙是属于哪个子通道的。例如,线路传输速率为 9600b/s,4个用户的平均速率为 2400b/s,当用同步时分复用时,每个用户的最高速率为 2400b/s,而在异步时分复用方式下,每个用户最高速率可达 9600b/s。同步时分复用和异步时分复用在数据通信网中均有使用,如 DDN 采用同步时分复用,X.25、ATM 采用异步时分复用。

对于 TDM 来说,"时隙"越短,则每个"时分复用帧"内可以包含的"时隙"数目就越多,因而可以划分的子信道也就越多。由于在 TDM 中,每路信号可以使用信道的全部可用带宽,因此,时分多路复用技术更加适用于传输占用信道带宽较宽的数字基带信号,故 TDM 技术常用于基带局域网中。

2.4.3　波分多路复用

对于使用光纤通道(Fiber Optic Channel)的网络来说,波分多路复用技术是其适用的多路复用技术。实际上,波分多路复用技术所用的技术原理,与前面介绍的频分多路复用技术相同,其工作原理如图 2-14 所示。通过光纤 1 和光纤 2 传输的两束光的频率(波长)是不同的,它们的波长分别为 λ_1 和 λ_2。当这两束光进入光栅(或棱柱)后,经处理、合成,就可以使用一条共享光纤进行传输;合成光束到达目的后,经过接收方光栅的处理,重新分离为两束光,并能经过光纤 3 和光纤 4 传送给用户。在图示的波分多路复用系统中,由光纤 1 进入的光波信号传送到光纤 3,而从光纤 2 进入的光波信号被传送到光纤 4。

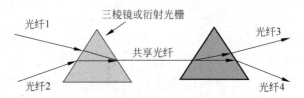

图 2-14　波分多路复用

综上所述,WDM 与 FDM 使用的技术原理是一样的,只要每个信道使用的频率(即波长)范围各不相同,它们就可以使用波分多路复用技术,通过一条共享光纤进行远距离的传输。与电信号使用的 FDM 技术不同的是,在 WDM 技术中,是利用光纤系统中的衍射光栅来实现多路不同频率光波信号的合成与分解的。

2.4.4　码分多路复用

根据码型结构的不同来实现信号分割的多路复用称为码分多路复用(Code Division Multiplexing,CDM)或码分多址复用(Code Division Multiple Access,CDMA)。在 CDMA 通信系统中,每个用户可以在同样的时间使用同样的频带进行通信。由于各用户使用经过特殊挑选的不同码型,因此各用户之间不会造成干扰。码分复用最初是用于军事通信,因为这种系统发送的信号有很强的抗干扰能力,其频谱类似于白噪声,不易被敌人发现。随着技术的进步,CDMA 设备的价格和体积都大幅度下降,因而现在已广泛使用在民用的移动通信中,特别是在无线局域网中。

为了实现 CDMA,必须要解决以下三个关键的技术问题。

(1)要达到复用的目的就要有足够多的地址码,而这些地址码又要有良好的自相关的特性和互相关的特性。地址码产生技术是 CDMA 的基础。

(2)在系统的接收端产生的本地地址码(简称本地码)不但在码型的结构上应与对方发来的地址码一致,而且在相位上也要完全同步,只有用这种完全同步的本地码对收到的信号进行相关检测,才能正确地提取能用的信号。地址码同步技术是 CDMA 最主要的环节。

(3)系统内所有用户使用同一频率的载波,各用户可以同时发送或接收信号。为了把各用户之间的相互干扰降到最低限度,并且使各个用户的信号占用相同的带宽,CDMA 必须与扩展频谱(简称扩频)技术相结合。最常见的 CDMA 通信系统有两种:直接序列(Direct Sequence),简称 DS-CDMA;跳频(Frequency Hopping),简称 FH-CDMA。

如图 2-15 所示是采用直接扩频 CDMA 通信系统的例子。在该系统中,要经过两次调制过程。一次叫做基础调制,另一次叫做多路调制。在如图 2-15 所示的系统,如果有 N 个站,并要求任意两个站之间能同时进行通信,则所需要的地址码数为 $N(N-1)$。地址码通过伪随机码发生器产生。为了避免 N 个伪随机地址码中任意两个码之间的相互干扰,要求它们必须两两相互正交(把地址码当作一个向量看待),即内积为 0。直接扩频多址通信系统性能的好坏与伪随机地址码的选择有着密切的关系。

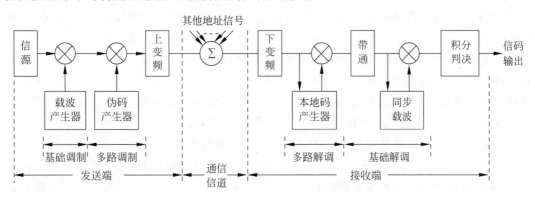

图 2-15　采用直序扩频的 CDMA 通信系统

下面简述 CDMA 的工作原理。

在 CDMA 中,假定每个信息位的宽度为 T,每个 T 时间再被划分为 m 个短的间隔,称为码片(Chip)。通常 m 的值是 64 或 128。在下面的原理性说明中,为了简单起见,我们设 m 为 8。每个间隔的长度为 T/m。CDMA 中的每一个站点都分配有一个 m 位的码片序列(Chip Sequence)(或称码片向量),每个码片序列的长度正好等于 T。这个码片序列就是上面提到的地址码。这种通信方式是扩频(Spread Spectrum)通信中的一种,前面讲的使用码片序列属于 DS-CDMA。CDMA 系统的一个重要特点就是这种体制给每一个站分配的码片序列不仅必须各不相同,并且必须互相正交(Orthogonal)。在实用的系统中是使用伪随机码序列。

站点发送数据时,是用对方的码片序列来调制要发送的信息。若要发送的信息是比特 1,则发送它自己的 m 位码片序列。如果要发送比特 0,则发送该码片序列的二进制反码系列。例如,指派给 S 站的 8 位码片序列是 00011011。当 S 发送比特 1 时,它就发送序列 00011011,而当 S 发送比特 0 时,就发送 11100100。可以看出,假定 S 站要发送信息的数据率为 bb/s。由于每一个比特要转换成 m 个比特的码片,因此 S 站实际上发送的数据率提高到 mb b/s,同时 S 站可利用的宽度也提高到原来数值的 m 倍。

接收端接收数据后,计算自己的码片序列与收到的信号的内积,根据计算的内积判断所接收的信息是否是发送给自己的。由于任意两个站点的码片序列都是正交的,所以虽然各站点使用同一频率通信,它们之间也不会互相干扰。例如,站点 A 要发送信息给站点 B,A 就用 B 的码片序列调制所发送的信息,B 在接收时,就计算自己的码片序列与收到的信号的内积,虽然 B 站同时也会收到其他各站点的信息,但只有 A 站发来信息的内积计算结果不为 0,而与其他站发来信息的内积计算结果都为 0,所以最终 B 只收到 A 站发来的信息。

CDMA 有着鲜明的特点:可以节省带宽资源,所有用户使用同一频率,占用相同的带宽;减少干扰对通信的影响,可提高通信的话音质量和数据传输的可靠性;增大通信系统的容量(是 GSM 的 4～5 倍);降低手机的平均发射功率;保密性好;灵活机动。

Computer Network 一书中举出了一个例子对 FDM、CDM 和 CDMA 三种复用技术之间的区别进行了较为形象的阐述。假设有一群哲学家在一个大会议室内讨论问题,如何使他们能够相互通信,而又不相互干扰?FDM 技术相当于将大会议室分隔成若干个小的会议室,需要交流的两个哲学家被分派到一个空闲的小会议室,他们之间可以通信而且不会干扰其他的哲学家。交流完后,退出小会议室,让别的哲学家能够进入讨论。由于将大会议室可以分隔成若干个小的会议室,因此许多哲学家能够同时进行讨论,但是大会议室的面积是有限的,因此可分割的小会议室也是有限的,如果需要讨论的哲学家很多,则可供进入的小会议室将供不应求。TDM 技术相当于,需要讨论的哲学家都坐在该大会议室内,但将需要讨论的哲学家两两分成若干组并排序,给每个组分配一个时间片,每个组按顺序在相应的时间片内交流,时间片到不管是否交流完毕,必须中止,等到轮转到下一个属于该组的时间片时再继续交流。可见,TDM 在任一时刻,只能有两个哲学家能够交流,其他的哲学家只能等待,如果需要讨论的哲学家越多,时间片轮转的周期就越长。CDMA 相当于所有需要讨论的哲学家在相同的大会议室内同时进行交流,但是为了互不干扰,事先制定规则让每对哲学家采用不同的语言,如让第一对哲学家采用中文,第二对哲学家采用英文,第三对哲学家采用法文……这样所有的哲学家能够同时进行交流,不受时间和空间的限制。

2.5 传输介质

传输介质即传送信息的媒体,也称为通信线路。数据通信中的传输介质包括有线传输介质和无线传输介质。有线传输介质常见的有双绞线、同轴电缆和光纤。无线传输介质包括无线电波、微波、红外线和激光。

2.5.1 双绞线

双绞线(Twisted Pair)是计算机网络布线中最常用的一种传输介质,它是由许多对线组成的数据传输线。双绞线电缆中封装有一对或一对以上的双绞线,为了降低信号的干扰程度,每一对双绞线一般由两根绝缘铜导线相互缠绕而成,每根铜导线的绝缘层上分别涂有不同的颜色,以示区别。

双绞线可分为非屏蔽双绞线(Unshielded Twisted Pair,UTP)和屏蔽双绞线(Shielded Twisted Pair,STP)两大类。屏蔽双绞线最大的特点在于双绞线与外层绝缘胶皮之间有一层铜网或其他金属材料,这种结构能减小辐射,防止信息被窃听,同时还具有较高的数据传输率(5 类 STP 在 100m 内可达到 155Mb/s,而 UTP 只能达到 100Mb/s)。但屏蔽双绞线电缆的价格相对较高,安装时要比非屏蔽双绞线困难,必须使用特殊的连接器,技术要求也比非屏蔽双绞线电缆高。与屏蔽双绞线相比,非屏蔽双绞线电缆外面只有一层绝缘胶皮,内部就是 4 对双绞线的铜线所组成,没有了金属层,因而重量轻、易弯曲、易安装,组网灵活,非常适用于结构化布线,但是防干扰的能力就要差一些。所以,在无特殊要求的计算机网络布线中,常使用非屏蔽双绞线电缆。通常连接双绞线的接头是 RJ-45 头(也称为水晶头),如图 2-16 所示。这种双绞线与普通电线的最大差别就是它可以减少噪声造成的影响,并抑制电线内信号衰减。

图 2-16 双绞线与 RJ-45 水晶头

目前,计算机网络中使用最多的是 5 类非屏蔽双绞线,它的传输速率可达 100Mb/s。超 5 类非屏蔽双绞线的传输速率可达 1000Mb/s。如果是标准类型则按"cat"方式标注,如常用的 5 类线,则在线的外包皮上标注为"cat5"。而如果是改进版,就按"xe"进行标注。

在 5 类非屏蔽双绞线中有 8 根电线,每根电线用 1、2、3、4、5、6、7、8 进行编号,其颜色顺序分别为棕色、棕白色、橙色、橙白色、蓝色、蓝白色、绿色、绿白色,每种颜色和与之配套的白色线对缠绕在一起。这种相互缠绕改变了电缆原有的电子特性,既可以减少自身串扰,也可以最大程度地防止其他电缆上的信号对这对线缆上信号的干扰。

双绞线的线序有两种,即 EIA/TIA 568A 和 EIA/TIA 568B。

EIA/TIA 568A:绿白-1、绿-2、橙白-3、蓝-4、蓝白-5、橙-6、棕白-7、棕-8。

EIA/TIA 568B:橙白-1、橙-2、绿白-3、蓝-4、蓝白-5、绿-6、棕白-7、棕-8。

其中,1-2 脚和 3-6 脚是对绞的两对芯线。对绞的电线因为其中传输的信号方向相反,从而使彼此的电磁辐射相互抵消,因此使接收、发送数据之间的干扰降到最低。

在制作双绞线时,按照线序不同可以分为三类:直通线、交叉线和全反线。

1. 直通线

直通线根据做法不同可以分为两种,一种是两边都用标准 EIA/TIA 568A 作水晶头;另一种是两边都用标准 EIA/TIA 568B 作水晶头。使用 EIA/TIA 568B 的比较多,因为标准 568B 对电磁干扰的屏蔽更好。直通线一般用来连接两个不同性质的接口。例如,计算机连交换机、交换机连路由器、集线器的 uplink 口与交换机相连。

2. 交叉线

双绞线的一头做成标准 568A,一头做成标准 568B。交叉线一般用来连接两个性质相同的端口。例如,计算机连计算机、路由器连路由器、集线器连集线器、交换机连交换机、PC连路由器,因为互连设备相同,所以使用交叉线。

3. 全反线

全反线线序一般是一头为 568B,另外一头的颜色全反过来。做法就是一端的顺序是 1~8,另一端则是 8~1 的顺序。不用于以太网的连接,主要连接计算机的串口和交换机、路由器的 Console 口,也称为配置线(直接连接,非远程访问)。

对于直通线和交叉线而言,只有 1、2、3、6 这 4 根线在起作用,1、2 用于接收,3、6 用于发送,其余线用作未来功能的扩展。这 4 根线的作用如图 2-17 所示。

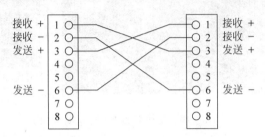

图 2-17 双绞线中 4 根线的作用

2.5.2 同轴电缆

同轴电缆(Coaxial Cable),又称 RG-58 线缆,它以硬铜线为芯,外包一层绝缘材料。这层绝缘材料外用密织的网状屏蔽导体环绕,网外又覆盖一层保护性材料,如图 2-18 所示。同轴电缆的网状屏蔽层可防止中心导体向外辐射电磁场,也可用来防止外界电磁场干扰中心导体的信号,它比双绞线有更高的传输速度和更长的使用距离。

图 2-18 同轴电缆

同轴电缆可以用于长距离的电话网络、有线电视信号的传输通道以及计算机局域网络。50Ω 的同轴电缆称为基带电缆,可用于数字信号的直接发送;75Ω 的同轴电缆常用于频分多路转换的模拟信号发送,称为宽带电缆。基带同轴电缆根据直径的不同又可分为粗缆(10Base-5)和细缆(10Base-2)两种。其中,粗缆以前主要应用于较大型局域网的布线,如连接两个在 500m 以下的局域网或计算机,粗缆可通过网卡或集线器上的 AUI 接口进行连接;细缆多使用在总线型的网络中,单根细缆的有效连接距离可达到 185m,比双绞线要远。在所有的网线中,同轴电缆的传输速度最低,一般只用于 10M 网络的连接。

目前,由于受到双绞线的冲击,同轴电缆基本上退出了计算机网络。

2.5.3 光纤

光纤(Fiber Optics)即光导纤维,是一种细小、柔韧并能传输光信号的介质,一根光缆中包含多条光纤。20 世纪 80 年代初期,光缆开始进入网络布线。与铜缆(双绞线和同轴电缆)相比较,光缆适应了目前利用网络长距离传输大容量信息的要求,在计算机网络中发挥着十分重要的作用,成为传输介质中的佼佼者,适用于主干网的连接。

1. 光纤的结构

光纤的构造与同轴电缆相似,只是没有网状屏蔽层,如图 2-19 所示。它是由许多根细如发丝的玻璃纤维外加绝缘套组成的。

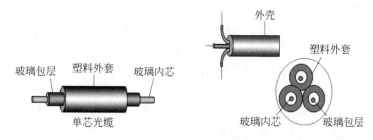

图 2-19　光纤和光缆的结构

2. 光纤的通信原理

光纤通信的主要组成部件有光发送机、光接收机和光纤,当进行长距离信息传输时还需要中继机。光纤的工作原理图 2-20 所示。通信中,由光发送机产生光束,将表示数字代码的电信号转变成光信号;并将光信号导入光纤,光信号在光纤中传播,在另一端由光接收机负责接收光纤上传出的光信号,并进一步将其还原成为发送前的电信号。为了防止长距离传输而引起的光能衰减,在大容量、远距离的光纤通信中每隔一定的距离需设置一个中继机。在实际应用中,光缆的两端都应安装有光纤收发器,光纤收发器集合了光发送机和光接收机的功能,既负责光的发送,也负责光的接收。

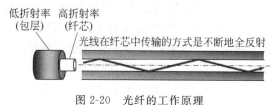

图 2-20　光纤的工作原理

3. 光纤的分类

光纤的分类方法较多,目前在计算机网络中常根据传输点模数的不同来分类。根据传输点模数的不同,光纤分为单模光纤(Single Mode Fiber)和多模光纤(Multi Mode Fiber)两种。所谓"模"是指以一定角速度进入光纤的一束光。单模光纤采用激光二极管 LD 作为光源,而多模光纤采用发光二极管 LED 为光源。多模光纤的芯线粗,传输速度低,传输距离短,整体的传输性能差,但成本低,一般用于建筑物内或地理位置相邻的环境中;单模光纤的纤芯相应较细,传输频带宽,容量大,传输距离长,但需激光源,成本较高,通常在建筑物之间或地域分散的环境中使用。一般在局域网布线中,当连接距离较长时(如达到几千米、几十千米)多使用单模光纤。单模光纤是当前计算机网络研究和应用中的重点。

4. 光纤的特点

与铜质电缆相比较,光纤通信明显具有其他传输介质所无法比拟的优点。

(1) 传输信号的频带宽,通信容量大;

(2) 信号衰减小,传输距离长;

(3) 抗干扰能力强,保密性好,无串音干扰;

(4) 抗化学腐蚀能力强,适用于一些特殊环境下的布线;

(5) 原材料资源丰富。

正是由于光纤的数据传输率高(目前已达到 1Gb/s),传输距离远(无中继传输距离达几十至上百千米)的特点,所以在计算机网络布线中得到了广泛的应用。目前光缆主要是用于交换机之间、集线器之间的连接,但随着千兆局域网络应用的不断普及和光纤产品及其设备价格的不断下降,光纤连接到桌面也将成为网络发展的一个趋势。

当然,光纤也存在着一些缺点,如质地脆,机械强度低,切断和连接技术要求较高,价格相对较贵等,这些缺点也限制了目前光纤的广泛应用。

2.5.4　无线传输媒介

在一些电缆、光纤难以通过或施工困难的场合,即使在城市中挖开马路敷设电缆有时也很不划算,特别是通信距离很远,对通信安全性要求不高,敷设电缆或光纤既昂贵又费时,若利用无线电波等无线传输介质在自由空间传播,就会有较大的机动灵活性,可以轻松实现多种通信,抗自然灾害能力和可靠性也较高。无线电数字微波通信系统在长途大容量的数据通信中占有极其重要的地位,其频率范围为 300MHz～300GHz。微波通信主要有两种方式:地面微波接力通信和卫星通信。微波在空间主要是直线传播,并且能穿透电离层进入宇宙空间,它不像短波那样经电离层反射传播到地面上其他很远的地方,由于地球表面是个曲面,因此其传播距离受到限制且与天线的高度有关,一般只有 50km 左右,长途通信时必须建立多个中继站,中继站把前一站发来的信号经过放大后再发往下一站,类似于"接力",如果中继站采用 100m 高的天线塔,则接力距离可增大到 100km。

红外线的工作频率为 $10^{11}\sim10^{14}$ Hz。在视野范围内的两个互相对准的红外线收发器之间通过将电信号调制成非相干红外线而形成通信链路,可以准确地进行数据通信。红外线的优点是方向性很强,不易受电磁波干扰;其缺点是由于红外线的穿透能力较差,易受障碍物的阻隔。比较适合于近距离的楼宇之间数据通信。

激光的工作频率为 $10^{14}\sim10^{15}$ Hz。激光通信系统由视野范围内的两个互相对准的激光调制解调器组成,激光调制解调器通过对激光的调制和解调,实现激光通信。激光的优点是方向性很强,不易受电磁波干扰。其缺点是外界气候条件对激光通信的影响较大,如在空气污染、雨雾天气以及能见度较差的情况下可能导致通信的中断。

2.6　物理层的基本概念

在 OSI 参考模型中,物理层(Physical Layer)是参考模型的最低层,也是 OSI 模型的第一层。物理层的主要功能是利用传输介质为通信的主机之间建立,管理和释放物理连接,实现比特流的透明传输,保证比特流通过传输介质的正确传输。物理层的作用是实现相邻计算机节点之间比特流的透明传送,尽可能屏蔽掉具体传输介质和物理设备的差异,使其上面的数据链路层不必考虑网络的具体传输介质是什么。"透明传送比特流"表示经实际电路传送后的比特流没有发生变化,对传送的比特流来说,这个电路好像是看不见的。

物理层的主要任务就是确定与传输媒体的接口有关的特性。

(1)机械特性:指明接口所用接线器的形状和尺寸、引脚的数目和排列、固定和锁定装置等。平时常见的各种规格的接插件都有严格的标准化的规定。由于连接器一般都是插接式的,因此还要规定插头与插座的芯数及各芯线的排列方式。

(2)电气特性:指明在接口电缆的各条线上出现的电压范围。例如,位信号1和0电压的大小,1比特占多少微秒等。电气特性决定了传送速率和传输距离。

(3)功能特性:指明某条线上出现的某一电平的电压表示何种意义,即定义接口电路的功能。接口信号大体上可以分为数据行、控制信号和时钟信号。功能特性要对各信号分配确定的信号含义,即定义 DTE 和 DCE 之间各电路的功能和操作要求。

(4)过程特性:指明对于不同功能的各种可能事件出现的过程和顺序,它涉及 DTE 和 DCE 双方在各线路上的动作规程及执行的先后顺序,如怎样建立和拆除物理线路的连接,信号的传输采用单工、半双工还是全双工方式等。

只有遵循相同物理层标准的设备之间才能有效地进行物理连接的建立、维持和拆除,已完成原始比特流的传送。

习题

一、术语解释

1. 数据　　　　2. 信号　　　　3. 模拟数据　　4. 模拟信号　　　5. 基带信号
6. 数字数据　　7. 数字信号　　8. 单工通信　　9. 半双工通信
10. 全双工通信　11. 串行传输　　12. 并行传输　　13. 调制与解调

二、单项选择题

1. 通过分割线路的传输时间来实现多路复用的技术被称为(　　)。
   A. 频分多路复用　　　　　　　　　B. 码分多路复用
   C. 波分多路复用　　　　　　　　　D. 时分多路复用
2. 下面属于不含时钟编码的编码方式是(　　)。
   A. NRZ　　　　　　　　　　　　　B. RZ
   C. 差分曼彻斯特编码　　　　　　　D. 曼彻斯特编码
3. 目前,计算机网络的远程通信通常采用(　　)。
   A. 频带传输　　　B. 基带传输　　　C. 并行传输　　　D. 数字传输
4. 信息是(　　)。
   A. 消息　　　　　　　　　　　　　B. 可以辨别的符号
   C. 数据　　　　　　　　　　　　　D. 经过加工处理的数据
5. 目前,在光缆传输中主要采用的复用方式是(　　)。
   A. 波分复用　　　B. 时分复用　　　C. 码分复用　　　D. 频分复用

三、简答题

1. 物理层要解决哪些问题？物理层的主要特点是什么？

2. 物理层的接口有哪几个方面的特性？又包含些什么内容？

3. 请阐述信息、数据与信号之间的关系。

4. 试给出数据通信系统的模型并说明其主要组成构件的作用。

5. 模拟信号只能在模拟信道上传输吗？请阐述理由。

6. 与模拟传输相比较，数字传输具有哪些优点？

7. 请阐述编码调制 PCM 技术的原理。

8. 试画出比特流 011000110101 的不归零制、曼彻斯特码及差分曼彻斯特码的波形图。

9. 引起信道传输差错的主要原因是什么？

10. 单工、双工和全双工通信的各自特点是什么？试举出几个这些通信方式在现实社会中应用的例子。

11. 请阐述异步通信与同步通信的特点以及各自使用的场所。

12. 数据通信的主要技术指标有哪些？

13. 为什么要采用多路复用技术？常用的多路复用技术有哪些形式？各自有何特点？

14. 请简述时分复用技术的基本原理。

15. 计算机网络中的传输介质主要有哪几类？各类的特点是什么？

16. 什么是曼彻斯特编码和差分曼彻斯特编码？其特点如何？

第3章

数据链路层

数据链路层是物理层的上层,仍属于计算机网络的低层。物理层是把计算机连接起来的物理手段,它主要规定了网络的一些电气属性,其作用是负责传送0和1的电信号,数据链路层的作用就是确定0和1的分组方式。本章就详细介绍数据链路层的相关知识,包括数据链路层的功能以及实现这些功能的相应机制。

3.1 数据链路层概述

3.1.1 数据链路层的必要性

首先要明确链路和数据链路是两个不同的概念。链路(Link)是指从一个节点到相邻节点的一段物理线路(有线或无线),而中间没有任何其他的交换节点。在进行数据通信时,两台计算机之间的通信路径往往要经过许多段这样的链路,可见链路只是一条路径的组成部分。数据链路(Data Link)则是另一个概念。这是因为当需要在一条线路上传送数据时,除了一条物理链路外,还需要加上一些必要的通信协议来控制这些数据的传输。若把这些实现协议的硬件和软件加到链路上,就构成了数据链路。现在最常用的方法是使用网络适配器(既有硬件,也包括软件)来实现这些协议的硬件和软件,一般的适配器都包括数据链路层和物理层这两层功能。

也有人采用另外的术语,把链路分为物理链路和逻辑链路。物理链路就是上面说的链路,而逻辑链路就是上面说的数据链路,是物理链路加上必要的通信协议。早期的数据通信协议曾叫做通信规程(Procedure)。因此,在数据链路层,规程和协议是同义语。

至少有两个理由可用来说明数据链路层存在的必要性。首先是数据传输过程中的损坏与丢失问题,尽管物理层采取了一些必要的措施来减少信号传输过程中的噪声,但是,数据在物理传输过程中仍然可能被损坏或丢失。由于物理层只关心原始比特流的传送,不考虑也不可能考虑所传输信号的意义和信息结构,所以物理层不可能识别或判断数据在传输过程中是否出现了损坏或丢失,从而也谈不上采取相应的机制或方法进行补救。其次是收发双方的接收和发送速率不匹配引发的数据丢失问题。当数据发送方的发送能力大于接收方的数据接收能力时,接收方会因为来不及接收处理而产生数据溢出导致数据丢失。然而,物理层并不考虑发送站点与接收站点速度不匹配问题,必然要采取一些策略来控制发送站点的发送速度,避免接收站点来不及处理而丢失数据。可见只有物理层的功能是不够的,位于物理层之上的数据链路层就是为了克服物理层的这些不足而建立的。

数据链路层旨在实现网络上两个相邻节点之间的无差错传输。它利用了物理层提供的原始比特流传输服务,检测并校正物理层的传输差错,控制数据的传输流量,使在相邻节点之间构成一条无差错的链路,从而向网络层提供可靠的数据传输服务。

下面通过图 3-1 介绍两台主机通过 Internet 进行通信时数据链路层所处的地位。

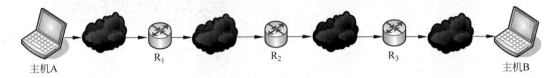

图 3-1　主机 A 向主机 B 发送数据

图 3-1 表示用户主机 A 通过电话线上网,中间经过三个路由器(R$_1$,R$_2$ 和 R$_3$)连接到远程主机 B。经过的网络可以是多种多样的,如电话网、局域网和广域网。

当主机 A 向 B 发送数据时,从协议的层次上看,数据的流动如图 3-2 所示。

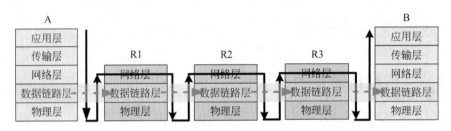

图 3-2　数据链路层 A 向 B 数据的流动

主机 A 和 B 都有完整的 5 层协议栈,但路由器在转发分组时使用的协议栈只有下面三层。数据进入路由器后要先从物理层上到网络层,在转发表中找到下一跳的地址后,再下到物理层转发出去。因此,数据从主机 A 传送到主机 B 需要在路径中的各节点的协议栈向上和向下流动多次,如图中的实线箭头所示。然而,当我们专门研究数据链路层的问题时,在许多情况下我们可以只关心在协议栈中水平方向的各数据链路层。于是,当主机 A 向主机 B 发送数据时,我们可以想象数据就是在数据链路层从左向右沿水平方向传送的,如图 3-2 中从左到右的虚线箭头所示,即通过以下这样的链路:

主机 A 的链路层→R$_1$ 的链路层→R$_2$ 的链路层→R$_3$ 的链路层→B 的链路层

从图 3-2 中的数据链路层来看,A 到 B 的通信可以看成由 4 段不同的链路层通信组成,即:A→R$_1$,R$_1$→R$_2$,R$_2$→R$_3$,R$_3$→B。这 4 段不同的数据链路层可能采用不同的数据链路层协议。

3.1.2　数据链路层的功能

数据链路层肩负着上接网络层,下连物理层的中介作用,还需要处理其间的数据传输故障等。数据链路层主要有三个目的:为 IP 模块发送和接收 IP 数据报;为 ARP 模块发送 ARP 请求和接收 ARP 应答;为 RARP 发送 RARP 请求和接收 RARP 应答。事实上,数据链路层在不可靠的物理介质上提供可靠的传输,该层的作用包括:物理地址寻址,数据的成帧,流量控制,数据的检错重发等。

1. 成帧

为了向网络层提供服务,数据链路层必须使用物理层提供的服务。而物理层是以比特流进行传输的,这种比特流并不保证在数据传输过程中没有错误,接收到的位数量可能少于、等于或者多于发送的位数量。而且它们还可能有不同的值。这时数据链路层为了能实现有效的差错控制,就采用了一种"帧"的数据块进行传输。而要采用帧格式传输,就必须有相应的帧同步技术,这就是数据链路层的"成帧"功能。

采用帧传输方式的好处是在发现有数据传送错误时,只需将有差错的帧再次传送,而不需要将全部数据的比特流进行重传,这在传送效率上将大大提高。

然而,采用帧传输方式带来了以下两方面的问题。

(1) 如何识别帧的开始与结束?

(2) 在夹杂着重传的数据帧中,接收方在接收到重传的数据帧时是识别成新的数据帧,还是识别成重传帧呢? 这就要靠数据链路层的各种"帧同步"技术来识别了。"帧同步"技术既可使接收方能从并不是完全有序的比特流中准确地区分出每一帧的开始和结束,同时还可识别重传帧。

2. 差错控制

在数据通信过程中可能会因物理链路性能和网络通信环境等因素,出现一些传送错误,但为了确保数据通信的准确,又必须使得这些错误发生的概率尽可能低,就需要"差错控制"功能。

在数字或数据通信系统中,通常利用抗干扰编码进行差错控制。一般分为 4 类: 前向纠错(FEC)、反馈检测(ARQ)、混合纠错(HEC)和信息反馈(IRQ)。

FEC 方式是在信息码序列中,以特定结构加入足够的冗余位——称为"监督元"(或"校验元")。接收端解码器可以按照双方约定的这种特定的监督规则,自动识别出少量差错,并能予以纠正。FEC 最适合于实时的高速数据传输的情况。

在非实时数据传输中,常用 ARQ 差错控制方式。解码器对接收码组逐一按编码规则检测其错误。如果无误,向发送端反馈"确认"ACK 信息;如果有错,则反馈 ANK 信息,以表示请求发送端重复发送刚刚发送过的这一信息。ARQ 方式的优点在于编码冗余位较少,可以有较强的检错能力,同时编解码简单。由于检错与信道特征关系不大,在非实时通信中具有广泛应用价值。

HEC 方式是上述两种方式的有机结合,即在纠错能力内,实行自动纠错;而当超出纠错能力的错误位数时,可以通过检测而发现错码,不论错码多少都可以利用 ARQ 方式进行纠错。

IRQ 方式是一种全回执式最简单差错控制方式。在该检错方式中,接收端将收到的信码原样转发回发送端,并与原发送信码相比较,若发现错误,则发送端再进行重发。IRQ 只适于低速非实时数据通信,是一种较原始的做法。

3. 流量控制

在双方的数据通信中,如何控制数据通信的流量同样非常重要。它既可以确保数据通信的有序进行,还可避免通信过程中不会出现因为接收方来不及接收而造成的数据丢失。这就是数据链路层的"流量控制"功能。

数据的发送与接收必须遵循一定的传送速率规则,可以使得接收方能及时地接收发送方发送的数据。并且当接收方来不及接收时,就必须及时控制发送方数据的发送速率,使两方面的速率基本匹配。

4. 链路控制

数据链路层的"链路管理"功能包括数据链路的建立、维持和释放三个主要方面。

当网络中的两个节点要进行通信时,数据的发送方必须确知接收方是否已处在准备接收的状态。为此通信双方必须先要交换一些必要的信息,以建立一条基本的数据链路。在传输数据时要维持数据链路,而在通信完毕时要释放数据链路。

5. MAC 寻址

这是数据链路层中的 MAC 子层主要功能。这里所说的"寻址"与"IP 地址寻址"是完全不一样的,因为此处所寻找的地址是计算机网卡的 MAC 地址,也称"物理地址""硬件地址",而不是 IP 地址。

在以太网中,采用媒体访问控制(Media Access Control,MAC)地址进行寻址,MAC地址被烧入每个以太网网卡中。这在多点连接的情况下非常必需,因为在这种多点连接的网络通信中,必须保证每一帧都能准确地送到正确的地址,接收方也应知道发送方是哪一个站。

6. 区分数据和控制信息

由于数据和控制信息都是在同一信道中传输,在许多情况下,数据和控制信息处于同一帧中,因此一定要有相应的措施使接收方能够将它们区分开来,以便向上传送仅是真正需要的数据信息。

7. 帧定界

帧定界就是标识帧的开始与结束,目的是让接收方能从接收到的二进制比特流中区分出帧的起始与终止。

在以上 7 大功能中,主要的还是前面的 5 项,后面两项功能是在前 5 项功能中附带实现的,无需另外的技术,所以在此仅介绍前面 5 项功能。

3.1.3　数据链路层所提供的服务

数据链路层的设计目标就是为网络层提供各种需要的服务。实际的服务随系统的不同而不同,但是一般情况下,数据链路层会向网络层提供以下三种类型的服务。

1. 无确认的无连接服务

"无确认的无连接服务"是指源计算机向目标计算机发送独立的帧,目标计算机并不对这些帧进行确认。这种服务,事先无须建立逻辑连接,事后也不用解释逻辑连接。正因如此,如果由于线路上的原因造成某一帧的数据丢失,则数据链路层并不会检测到这样的丢失帧,也不会恢复这些帧。出现这种情况的后果是可想而知的,当然在错误率很低,或者对数据的完整性要求不高的情况下(如话音数据),这样的服务还是非常有用的,因为这样简单的错误可以交给 OSI 上面的各层来恢复。如大多数局域网在数据链路层所采用的服务也是无确认的无连接服务。

2. 有确认的无连接服务

为了解决以上"无确认的无连接服务"的不足,提高数据传输的可靠性,引入了"有确认的无连接服务"。在这种连接服务中,源主机数据链路层必须对每个发送的数据帧进行编号,目的主机数据链路层也必须对每个接收的数据帧进行确认。如果源主机数据链路层在规定的时间内未接收到所发送的数据帧的确认,那么它需要重发该帧。这样发送方知道每一帧是否正确地到达对方。这类服务主要用于不可靠信道,如无线通信系统。它与下面将要介绍的"有确认的面向连接服务"的不同之处在于它不需要在帧传输之前建立数据链路,也不需要在帧传输结束后释放数据链路。

3. 有确认的面向连接服务

大多数数据链路层都采用向网络层提供面向连接确认服务。利用这种服务,源计算机和目标计算机在传输数据之前需要先建立一个连接,该连接上发送的每一帧也都被编号,数据链路层保证每一帧都会被接收到,而且它还保证每一帧只被按正常顺序接收一次。这也正是面向连接服务与前面介绍的"有确认无连接服务"的区别,在无连接有确认的服务中,在没有检测到确认时,系统会认为对方没收到,于是会重发数据,而由于是无连接的,所以这样的数据可能会复发多次,对方也可能接收多次,造成数据错误。这种服务类型存在三个阶段,即:数据链路建立、数据传输、数据链路释放阶段。每个被传输的帧都被编号,以确保帧传输的内容与顺序的正确性。大多数广域网的通信子网的数据链路层采用面向连接确认服务。

3.2 帧与成帧

为了实现上述数据链路层的一系列功能,数据链路层必须要使自己所看到的数据是有意义的,其中要传送的用户数据,还要提供关于物理寻址、差错控制和流量控制所必需的信息,而不再是物理层所谓的原始比特流。为此,数据链路层采用了被称为帧(Frame)的协议数据单元作为数据链路层的数据传送逻辑单元。不同的数据链路层协议的核心任务就是根据它所要实现的数据链路层功能来规定帧的格式。

3.2.1 帧的基本格式

尽管不同的数据链路层协议给出的帧格式存在一定的差异,但它们的基本格式都大同小异。图 3-3 给出了帧的基本格式,组成帧的那些具有特定意义的部分被称为域或字段(Field)。

帧开始	地址	长度/类型/控制	数据	FCS	帧结束

图 3-3　帧的基本格式

（1）帧开始：指示一个帧的开始。

（2）地址：即设备或机器的物理地址，也就是 MAC 地址，只有 MAC 地址网络接口才能识别，通过 MAC 地址能够在多个相邻节点中确定一个接收目标。地址字段包括目的地址（Destination Address，DA）和源地址（Source Address，SA）。目的地址和源地址分别为 6B。

（3）帧的长度（Length）/类型（Type）/控制（Control）：该字段在不同的数据链路层协议中有不同的规定，或给出帧的长度信息，或给出帧的类型信息，或表明该帧为控制帧。长度通常以字节为单位；帧的类型主要包括提供数据传输的数据帧和提供链路控制与传输管理功能的控制帧。

（4）数据：承载从高层（网络层）来的数据分组（Packet）。

（5）FCS：帧校验序列（Frame Check Sequence，FCS）是位于帧尾的字段，该字段用来提供与差错检测有关的信息。

（6）帧结束：用以指示一个帧的结束。该字段与帧开始字段一起提供了数据流的定界，使得接收方可以正确识别数据流的开始与结束。

通常，"数据"字段之前的那些字段被统称为帧头（Head）部分，而"数据"字段之后的所有字段被称为帧尾（Trailer）。从图 3-3 中帧的基本结构可以看出，帧浓缩了与数据链路层功能实现相关的各种机制，如寻址、差错检测、透明传输等。可以说，数据链路层协议将其要实现的数据链路层功能集中体现在其所规定的帧格式中。

3.2.2　封装成帧

封装成帧（Framing）就是在一段数据的前后分别添加首部和尾部，这样就构成了一个帧。接收端在收到物理层上交的比特流后，就能根据首部和尾部的标记，从比特流中识别帧的开始和结束。图 3-4 表示用帧首部和帧尾部封装成帧的一般概念。

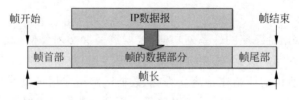

图 3-4　封装成帧

所有在 Internet 上传送的数据都是以 IP 数据报为传送单位。网络层的 IP 数据报传送到数据链路层就成为帧的数据部分，在帧的数据部分的前面和后面分别添加上首部和尾部，构成一个完整的帧。帧就是数据链路层的数据传送单元。一个帧的长度等于帧的数据部分长度加上帧首部和帧尾部的长度。首部和尾部的一个重要作用就是进行帧定界（即确定帧的界限）。此外，首部和尾部还包括许多必要的控制信息。在发送帧时，是从帧首部开始发送。

各种数据链路层协议都对帧首部和帧尾部的格式有明确的规定。为了提高帧的传输效率，应当使帧的数据部分长度尽量大于首部和尾部的长度。每一种数据链路层协议都规定了所能传送的帧的数据部分长度上限——最大传输单元（Maximum Transfer Unit，MTU）。图 3-4 给出了帧的首部和尾部的位置。

当数据是由可打印的 ASCII 码组成的文本文件时，帧定界可以使用特殊的帧定界符。ASCII 码是 7 位编码，一共可以组合成 128 个不同的 ASCII 码，其中可打印的有 95 个，而不可打印的控制字符有 33 个（可打印的字符就是可以在键盘上输入的字符，我们使用的标准键盘有 47 个键，可输入 94 个字符，包括使用 Shift 键，加上空格键，一共可以输入 95 个可打印字符）。

控制字符 SOH（Start of Header）放在一帧的最前面，表示帧的首部开始。另一个控制字符 EOT（End of Transmission）表示帧的结束。

注意：SOH 和 EOT 都只是控制字符的名称，它们的十六进制编码分别是 01（二进制是 00000001）和 04（二进制是 00000100）。SOH、EOT 并不是 SOHEOT 这几个字符，而是名称。

当传输中出现差错时，帧定界符的作用更加明显。假设未发送完一个帧而发生故障，接收端就知道收到的数据是不完整的帧（只有首部），必须丢弃。

帧在发送端和接收端数据链路层之间的传输过程大致如下：发送端的数据链路层接收到网络层的发送请求之后，便从网络层与数据链路层之间的接口处取下待发送的分组，并封装成帧，然后经过下面的物理层送入物理信道，这样不断地将帧送入物理传输信道就形成了连续的比特流。接收端的数据链路层通过自己与物理层的接口，接收来自物理层的原始比特流，并从中识别出一个个的独立帧，确认自己是帧的正确接收者后，利用帧中的 FCS 字段对每一个帧进行校验，判断是否有错误。如果有错误，就采取收发双方约定的差错控制方法进行处理。如果没有错误，就对所接收的帧实施拆封，并将其中的数据部分通过数据链路层与网络层之间的接口上交给网络层，从而完成了相邻节点之间的帧传输任务。

3.3　帧定界

数据链路层除了数据封装成帧之外，还必须提供关于帧边界的识别功能，即帧定界（Frame Boundary）。帧定界就是使接收方能够明确地从物理层收到的比特流中对帧进行识别，也即能从比特流中区分出帧的开始和结束，也叫帧同步。帧同步的目的就是要使接收端的数据链路层对从物理层传输而来的一串串比特流以帧为单位进行区分，根据帧头和帧尾来区分一个完整帧。有 4 种常见的帧定界方法，即字节计数法、带字符填充的首尾定界符法、比特填充的首尾定界符法和物理层编码违例法。

1. 字符计数法

字符计数帧同步方法是一种面向字节的同步规程，是利用帧头部中的一个域来指定该帧中的字符数，以一个特殊字符表征一帧的起始，并以一个专门字段来标明帧内的字符数。

接收方可以通过对该特殊字符的识别从比特流中区分出帧的起始，并从专门字段中获知该帧中随后跟随的数据字符数，从而可确定出帧的终止位置。如图 3-5 所示就是标识了

4 个数据帧的帧格式,它们的大小依次为 5、5、8、8 个字符。

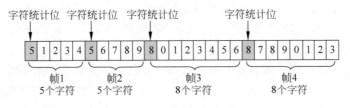

图 3-5　字符计数法

这种方法最大的问题在于如果标识帧大小的字段出错,即失去了帧边界划分的依据,将造成灾难性的后果。如第二帧中的计数字符由"5"变为"7",则接收方就会失去帧同步的可能,从而不可能再找到下一帧正确的起始位置。由于第二帧的校验和出现了错误,所以接收方虽然知道该帧已经被损坏,但仍然无法知道下一帧正确的起始位置。在这种情况下,给发送方请示重传都无济于事,因为接收方根本不知道应该跳过多少个字符才能到达重传的开始处。由于这种原因,这种字符计数法目前已很少用。

2. 带字符填充的首尾界符法

字符填充的首尾界符同步方法是用一些特定的字符来定界一帧的起始与终止,充分解决了错误发生之后重新同步的问题。在这种帧同步方式中,为了不使数据信息位中与特定字符相同的字符被误判为帧的首尾定界符,可以在这种数据帧的帧头填充一个转义控制字符 DLE STX(Data Link Escape-Start of Text),在帧的结尾则以 DLE ETX(Data Link Escape-End of Text)结束,从而达到数据的透明性,如图 3-6 所示。

图 3-6　字符填充的帧定界

在以前这种同步方式中,起始和结束字符是不同的(如起始字符为 DLE,而结束字符是 DLE ETX),但是近几年,绝大多数协议倾向于使用相同的字符来标识起始和结束位置。按这样的做法,在接收方丢失了同步,则只需搜索一下标志符就能找到当前帧的结束位置。两个连接的标志符代表了当前帧的结束和下一帧的开始。

但这种同步方式也不是完美的,也会发生严重的问题。当标志符的位模式出现在数据中时,这时不同步问题就可能发生了,这种位模式往往会干扰正常的帧分界。解决这一问题的办法是在发送方的数据链路层传输的数据中,在与分界标志符位模式一样的字符中插入一个转义字符(如 ESC)。接收方的数据链路层在将数据送给网络层前删除这种转义字符。因此,成帧用的标志字符与数据中出现的相同位模式字符就可以分开了,只要看它前面有没有转义字符即可。

例如,帧的数据中出现 DLE 字符,如现在要发送一个如图 3-7 所示的字符帧,在帧中间有一个"DLE"字符数据,恰好和控制字符一样,数据链路层就会错误地"找到帧的边界"把部分帧误认为是个完整的帧而将其收下，而剩余的那部分数据因为找不到帧定界的控制字符被当作无效帧丢弃。

图 3-7　数据部分出现控制字符 DLE

　　为了解决这个问题，就必须使数据中出现的控制字符 DLE 在接收端不被解释为控制字符。具体方法是：发送端的数据链路层在数据中出现控制字符 DLE 的前面插入一个 DLE，而在接收端的数据链路层在把数据送往网络层之前删除这个插入的 DLE。因此，当接收端收到两个连续的 DLE 时，就删除其中前面的一个。

　　发送方则插入一个 DLE 字符，接收方会删除这个 DLE 字符。如现在要发送一个如图 3-8(a)所示的字符帧，在帧中间有一个 DLE 字符数据，所以发送时会在其前面插入一个 DLE 字符，如图 3-8(a)所示。在接收方接收到数据后会自己删除这个插入的 DLE 字符，结果仍得到原来的数据，但帧头和帧尾仍在，予以区别，如图 3-8(b)的所示。

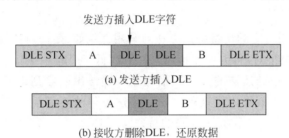

(a) 发送方插入 DLE

(b) 接收方删除 DLE，还原数据

图 3-8　用字符填充法解决数据传输

3. 比特填充的首尾定界符法

　　在前面介绍的字符分界法中存在一个大的不足，那就是它仅依靠 8 位模式。事实上，并不是所有的字符编码都使用 8 位模式，如 UNICODE 编码就使用了 16 位编码方式。而且随着网络技术的发展，在成帧机制中内含字符码长度的缺点越来越明显，所以有必要开发一种新的同步技术，以便允许任意长度的字符编码方式。

　　比特填充的首尾界定符法是以一组特定的比特模式（如 01111110）来标识一帧的起始与终止，它允许任意长度的位码，也允许任意每个字符有任意长度的位。它的工作原理是在每一帧的开始和结束位置都加上一个特殊的位模式，如 01111110。当发送方的数据链路层传到数据中 5 个"1"（因为特定模式中是有 5 个连续"1"）时，自动在输出位流中填充一个"0"。在接收方，当收到连续 5 个"1"，并且后面位是"0"时，自动删除该"0"位，以此恢复原始信息，实现数据传输的透明性，如图 3-9 所示。

　　如要传输的数据帧为"0110111110011111001"，采用比特填充后，在网络中传送时表示为"011111100110111110101111000101111110"。上述结果是在原信息（"01101111110101111001"）的基础上两端各加一个特定模式来标识数据帧的起始与终止，另外，因为在原信息中，有一段比特流与特定模式类似，为了与用于标识帧头和帧尾的特定模式字符区别，在有

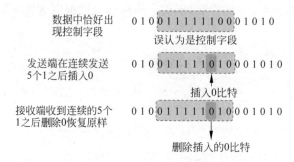

图 3-9　比特填充的首尾定界符

5 个连续"1"的比特位后面加插入一个"0"。而接收方在收到上述最终数据后进行发送方的逆操作，首先去掉两端的特定模式字符，然后在每收到连续 5 个"1"的比特位后自动删去其后所跟的"0"。

　　比特填充帧同步方式很容易由硬件来实现，性能优于字符填充方式。所有面向比特的同步控制协议采用统一的帧格式，不论是数据还是单独的控制信息均以帧为单位传送。

4. 物理层编码违例法

　　该法在物理层采用特定的比特编码方法时采用。例如，曼彻斯特编码方法，是将数据比特"1"编码成"高-低"电平对，将数据比特"0"编码成"低-高"电平 对。"高-高"电平对和"低-低"电平对在数据比特中是违法的。可以借用这些违法编码序列来界定帧的起始与终止。局域网 IEEE 802 标准中就采用了这种方法。违法编码法不需要任何填充技术，便能实现数据的透明性，但它只适于采用冗余编码的特殊编码环境。"曼彻斯特编码方法"已进行了详细介绍，在此不再赘述。

　　由于字节计数法中 Count 字段的脆弱性（其值若有差错将导致灾难性后果）及字符填充实现上的复杂性和不兼容性，目前较普遍使用的帧同步法是比特填充法和违法编码法。

3.4　差错检测

　　现实的通信链路都不会是理想的。传输过程中，1 可能变成 0，0 可能变成 1，这就叫比特差错。比特差错是传输差错中的一种。在一段时间内，传输错误的位数占所传输总位数的比率称为误码率（Bit Error Rate，BER）。误码率和信噪比有很大的关系。如果设法提高信噪比就可以减小误码率。实际的通信链路并非是理想的，不可能使误码率下降到零。因此，为了保证数据传输的可靠性，在计算机网络传输数据时，必须采用各种差错控制技术。常见的差错检测有奇偶校验码（PCC）和循环冗余校验（CRC），目前在数据链路层广泛使用了循环冗余检验（Cyclic Redundancy Check，CRC）的检错技术。

3.4.1　奇偶校验码

　　奇偶校验码是对数据传输正确性的一种校验方法。在数据传输前附加一位奇校验位，用来表示传输的数据中"1"的个数是奇数还是偶数，为奇数时，校验位置为"0"，否则置为

"1"，用以保持数据的奇偶性不变。例如，需要传输"11001110"，数据中含 5 个"1"，所以其奇校验位为"0"，同时把"110011100"传输给接收方，接收方收到数据后再一次计算奇偶性，"110011100"中仍然含有 5 个"1"，所以接收方计算出的奇校验位还是"0"，与发送方一致，表示在此次传输过程中未发生错误。奇偶校验就是接收方用来验证发送方在传输过程中所传数据是否由于某些原因造成破坏。

奇偶校验原理是，通过计算数据中"1"的个数是奇数还是偶数来判断数据的正确性。在被校验的数据后加一位校验位或校验字符用作校验码实现校验。

奇偶校验包含奇校验和偶校验两种校验。奇校验（Odd Parity）是这样一种校验：它所约定的编码规律是，让整个校验码（包含有效信息和校验位）中"1"的个数为奇数。而偶校验（Even Parity）约定的编码规律是，让整个校验码中"1"的个数为偶数。有效信息（被校验的信息）部分可能是奇性（"1"的个数为奇数）的，也可能是偶性的，所以奇、偶两种校验都只需配一个校验码，就可以使整个校验码满足指定的奇偶性要求。这个校验位取"0"还是"1"的原则是：若是奇校验，则连同校验位在内编码里含"1"的个数共有奇数个；若是偶校验，则连同校验位在内编码里含"1"的个数是偶数个。

校验处理过程简单，但如果数据中发生多位数据错误就可能检测不出来，更检测不到错误发生在哪一位；主要应用于低速数字通信系统中，一般异步传输模式选用偶校验，同步传输模式选用奇校验。

【例 3-1】 有效信息为 10001101，分别求奇校验编码和偶校验编码。

解：有效信息中有 4 个"1"，所以奇校验的校验位去"1"才能使"1"的总数为奇数个；偶校验的校验位去"0"才能使"1"的总数为偶数个。所以，奇校验编码为 110001101；偶校验编码为 010001101。

按校验的数据量和生成校验码的方式将奇偶检验码分为三类：水平奇偶校验、垂直奇偶校验和水平垂直冗余校验。下面以奇检验为例进行介绍。

水平奇偶校验码是指在面向字符的数据传输中，在每个字符的 7 位信息码后附加一个校验位 0 或 1，使整个字符中二进制位 1 的个数为奇数。例如，设待传送字符的比特序列为 1100001，则采用奇校验码后的比特序列形式为 11000010。接收方在收到所传送的比特序列后，通过检查序列中的 1 的个数是否仍为奇数来判断传输是否发生了错误。若比特序列在传送过程中发生错误，就可能会出现 1 的个数不为奇数的情况。

例如，发送序列 1100001 采用水平奇校验后可能会出现的三种典型情况为：第一，接收方收到 1100001，接收的编码无差错，正确接收；第二，接收方收到 11001010，接收的编码中 1 的个数为偶数，因此出现差错；第三，接收方收到 11011010，接收的编码中 1 的个数为奇数，因此判断为无差错，但实际上出现了差错，因此不能检测出偶数个错。显然，水平奇校验只能发现字符传输中的奇数位出错，而不能发现偶数位出错。同理，水平偶校验也存在同样的问题。

垂直奇偶校验码也称为组校验，是将所发送的若干个字符组成字符组或字符块，形式上相当于一个矩阵，每行为一个字符，每列为所有字符对应的相同位，如图 3-10 所示。在这一组字符的末尾即最后一行附加上一个校验字符，该校验字符中的第 i 位分别是对应组中所有字符第 i 位的校验位。显然，如果单独采用垂直奇偶校验，则只能检验出字符块中某一列中的 1 位或奇数位出错。

为了提高奇偶校验码的检错能力,引入水平垂直奇偶校验,即由水平奇偶校验和垂直奇偶校验综合构成。水平垂直奇偶校验码即对每个字符做水平校验,同时也对整个字符块做垂直校验,则奇偶校验码的检错能力可以明显提高。如图 3-11 所示为一个水平垂直奇校验的例子。但是从总体上讲,虽然奇偶校验方法实现起来较简单,但检错能力仍然较差,故这种校验一般只用于通信质量要求较低的环境。

字母	前 7 行为对应字母的 ASCII 码, 最后一行是垂直奇校验编码
a	1100001
b	1100010
c	1100011
d	1100100
e	1100101
f	1100110
g	1100111
校验位	0011111

图 3-10　垂直奇偶校验

字母	最后一行是垂直奇校验编码,最 后一列是水平奇校验编码
a	11000010
b	11000100
c	11000111
d	11001000
e	11001011
f	11001101
g	11001110
校验位	00111110

图 3-11　水平垂直奇偶校验

3.4.2　循环冗余校验码

循环冗余校验码(Cyclic Redundancy Check,CRC)是一种被广泛采用的多项式编码。CRC 由两部分组成,前一部分是 $k+1$ 个比特的待发送信息,后一部分是 r 个比特的冗余码。由于前一部分是实际要传送的内容,因此是固定不变的,CRC 的产生关键在于后一部分冗余码的计算。

冗余码的计算中要用到两个多项式:$f(x)$ 和 $G(x)$。其中,$f(x)$ 是一个 k 阶多项式,其系数是待发送的 $k+1$ 位比特序列;$G(x)$ 是一个 r 阶的生成多项式,由收发双方预先约定。例如,设实际要发送的信息序列是 1010001101(10 个比特,$k=9$),则以它们作为 $f(x)$ 的系数,得到对应的 9 阶多项式为:

$$f(x) = 1 \times x^9 + 0 \times x^8 + 1 \times x^7 + 0 \times x^6 + 0 \times x^5 + 0 \times x^4 + 1 \times x^3 + 1 \times x^2 + 0 \times x + 1 = x^9 + x^7 + x^3 + x^2 + 1$$

再假设收发双方预先约定了一个 5 阶($r=5$)的生成多项式为:$G(x) = x^{32} + x^{26} + x^{23} + x^{22} + x^{16} + x^{12} + x^{11} + x^{10} + x^8 + x^7 + x^5 + x^4 + x^2 + x + 1$,则其系数为 110101。

生成多项式是接收方和发送方的一个约定,也就是一个二进制数,在整个传输过程中,这个数始终保持不变。

下面介绍模 2 除法(按位除)。模 2 除法与算术除法类似,但每一位除(减)的结果不影响其他位,即不向上一位借位,所以实际上就是异或。然后再移位做下一位的模 2 减。步骤如下。

(1) 用除数对被除数最高几位做模 2 减,没有借位。

(2) 除数右移一位,若余数最高位为 1,商为 1,并对余数做模 2 减。若余数最高位为 0,商为 0,除数继续右移一位。

（3）一直做到余数的位数小于除数时，该余数就是最终余数。

有了 $f(x)$，$G(x)$ 和模 2 除法做基础，CRC 的计算过程介绍如下。

（1）r 个比特的冗余码：用模 2 除法进行 $x^r f(x)/G(x)$ 运算，得余式 $R(x)$，其系数即是冗余码。

例如，$x^5 f(x) = x^{14} + x^{12} + x^8 + x^7 + x^5$，对应的二进制序列为 101000110100000，也就是 $f(x)$ 信息序列向左移动 $r=5$ 位，低位补 0。

$x^r f(x)/G(x) = (101000110100000)/(110101)$，得余数为 01110，也就是冗余码，对应的余式 $R(x) = 0 \times x^4 + x^3 + x^2 + 0 \times x^0$（注意：$G(x)$ 为 r 阶，则 $R(x)$ 对应的比特序列长度为 r）。

（2）得到带 CRC 校验的发送序列：在接收端，把收到的每一帧都除以同样的生成多项式 $G(x)$（模 2 运算），然后检查得到的余数 R，如果在传输过程中无差错，那么经过 CRC 检验后得出的余数 R 肯定是 0。总之，在接收端对收到的每一帧数据进行检测后，有以下两种情况：若余数 $R=0$，则判定这个帧没有错，就接受；若余数 $R \neq 0$，则判定这个帧有错，就丢弃。

例如，若收到的序列是 101000110101110，则用它除以同样的生成多项式 $G(x) = x^5 + x^4 + x^2 + 1$（即 110101）。因为所得余数为 0，所以收到的序列无差错。

CRC 检验方法是由多个数学公式、定理和推论得出的，尤其是 CRC 中的生成多项式对于 CRC 的检错能力会产生很大的影响，生成多项式 $G(x)$ 的结构及检错效果是在经过严格的数学分析和实验后才确定的。常见的标准生成多项式如下。

CRC-12：$G(x) = x^{12} + x^{11} + x^3 + x^2 + 1$

CRC-16：$G(x) = x^{16} + x^{15} + x^2 + 1$

CRC-32：$G(x) = x^{32} + x^{26} + x^{23} + x^{22} + x^{16} + x^{12} + x^{11} + x^{10} + x^8 + x^7 + x^5 + x^4 + x^2 + x + 1$

理论上，幂次越高校验效果越好。只要选择足够的冗余位，就可以使漏检率减少到任意小的程度。CRC 能够检验出下列差错。

（1）全部奇数个错。

（2）全部两位错。

（3）全部长度小于或等于 r 位的突发错。其中，r 是冗余码的长度。

【例 3-2】 求 CRC 的校验序列码以及实际发送的比特序列。

已知要传输的比特序列为 101001，生成多项式 $G(x) = x^3 + x^2 + 1$。

解： 发送数据对应的比特序列为 101001。

生成多项式对应的比特序列为 1101（$k=3$）。

$f(x) \cdot x^3$ 对应的比特序列为 101001000。

将 $f(x) \cdot x^3$ 对应的比特序列用生成多项式对应的比特序列 1101 按模 2 除法去除，计算过程如图 3-12 所示。

余数 R 就是计算得到的 FCS。

CRC 码的校验序列码：001。

实际发送的比特序列：101001001。

【例 3-3】 假设需要传送的信息是 1101011011。预先规定的 $G(x) = x^4 + x + 1$，求 CRC。

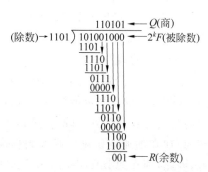

图 3-12 CRC 校验码的计算过程示例

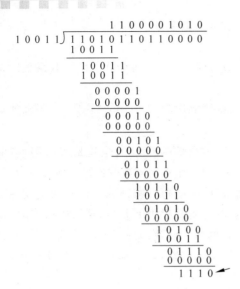

图 3-13　冗余位 $R(x)$ 计算过程

解：已知需要传送的信息是 1101011011，则 $K(x)=x^9+x^8+x^6+x^4+x^3+x+1$，$T(x)=x^r\times K(x)=x^4\times K(x)=x^{13}+x^{12}+x^{10}+x^8+x^7+x^5+x^4$，$R(x)=T(x)/G(x)=$ 11010110110000/10011 所得余数，即 1110，如图 3-13 所示。

因此，发送端发送的 14 位码组是：11010110111110。若接收端接收的完整码组是：11010110111110，则由于 11010110111110/10011 的余数为 0，所以正确。若接收端接收的完整码组是：11000110111110，则由于 11000110111110/10011 的余数为非 0(111)，可判断出错。

注意：循环冗余校验码（CRC）和帧校验序列（FCS）并不是同一个概念。CRC 是一种检错方法，而 FCS 是添加在数据后面的冗余码，在检错方法上可以选用 CRC，也可以不选用 CRC。

在数据链路层，发送端帧检验序列 FCS 的生成和接收端的 CRC 检验都是用硬件完成的，处理很迅速，因此不会延误数据的传输。

为什么数据链路层要以帧为单位来传送数据呢？因为如果不以帧为单位，就无法加入冗余码来进行差错检验。因此，如果要在数据链路层进行差错检验，就必须把数据划分为帧，每一帧都加上冗余码，一帧一帧地传送，然后在接收方逐帧进行差错检验。

在数据链路层若仅使用 CRC 差错检验技术，则只能做到对帧的无差错的接受，即："凡是接收端数据链路层接受的帧，都能以非常接近于 1 的概率认为这些帧在传输过程中没有产生差错。"接收端丢弃的帧虽然曾收到了，但最终还是因为有差错被丢弃，即没有被接受。可近似认为："凡是接收端数据链路层接受的帧均无差错。"

现在，并不要求数据链路层向网络层提供"可靠传输"的服务。所谓"可靠传输"就是：数据链路层的发送端发送什么，接收端就收到什么。传输差错分为两类：一类就是前面所说的最基本的比特差错；第二类传输差错则更复杂些，即收到的帧并没有出现比特差错，但出现了帧丢失（丢失发送的某帧）、帧重复（发送的某帧重复收到）和帧失序（没有按发送方的顺序到达，后发送的帧反而先到达了接收端）。

总之，"无比特差错"和"无传输差错"并不是同样的概念。在数据链路层使用 CRC 检验，能够实现无比特差错的传输，但这并不是可靠传输。数据链路层并不需要给网络层提供"可靠传输"的服务。

过去 OSI 的观点是：必须让数据链路层向上提供可靠传输。因此在 CRC 的基础上，增加了帧编号、确认和重传机制。收到正确的帧就要向发送端发送确认。发送端在一定的期限内若没有收到对方的确认，就认为出现了差错，因而进行重传，直到收到对方的确认为止。然而，现在的通信质量已经大大提高，由于通信链路质量不好引起差错的概率已经大大降低，因此，现在的 Internet 采用了区别对待的方法。

对于通信质量良好的有线传输链路，数据链路层协议都不使用确认和重传机制，即不要求数据链路层向上层提供可靠传输的服务(因为这要付出的代价太高,不合算)。如果在数据链路层传输数据时出了差错并且需要进行改正,那么改正差错的任务就由上层协议(如运输层 TCP)来完成。可靠传输协议将在第 7 章中讨论,本章介绍的数据链路层协议都不是可靠传输的协议。

对于通信质量较差的无线传输链路,数据链路层协议使用确认和重传机制,数据链路层向上提供可靠传输的服务。实验证明,这样可以提高通信效率。

3.5 点对点协议

在通信线路质量较差的年代,在数据链路层使用可靠传输协议曾经是一种好办法。因此,能实现可靠传输的高级数据链路控制规程(High-level Data Link Control,HDLC)就成为当时比较流行的数据链路层协议,但现在 HDLC 已经很少使用了。对于点对点链路,简单得多的点对点协议(Point-to-Point Protocol,PPP)则是目前使用得最广泛的数据链路层协议。不管是低速的拨号连接还是高速的光纤链路,都适用 PPP。Internet 用户通常都要连接到某个 ISP 才能接入到 Internet。PPP 就是用户计算机和 ISP 进行通信时所使用的数据链路层协议。ISP 使用 PPP 为计算机分配一些网络参数(如 IP 地址、域名等)。

3.5.1 PPP 的特点

PPP(Point to Point Protocol)是工作在数据链路层的简单的点对点协议,是用户计算机和 ISP 之间进行通信的一种协议。PPP 是目前使用最广泛的广域网协议。PPP 是 IETF 在 1992 年制定的。经过 1993 年和 1994 年的修订,现在的 PPP 在 1994 年就已成为互联网的正式标准。

PPP 的特点包括简单,封装成帧,透明性,多种网络层协议,多种类型链路,差错检验,检验链路的连接状态,最大传输单元,网络层地址协商,数据压缩协商。下面分别介绍不同的特点。

(1)简单。我们知道在 Internet 的体系结构中最复杂的一部分是 TCP,而在传输层下层的网络层协议也已经很简单了,IP 层是不提供可靠的数据服务的。这样,处于数据链路层的协议更加没有做得太复杂的必要,因此,PPP 很简单。在接收方每收到一个帧时,就进行 CRC 检验,如果正确,收下,不正确,丢弃。

(2)封装成帧。PPP 规定了特殊的字符作为帧定界符,标志着一个帧的开始和结束,以便接收端能够从比特流中准确地找到帧的开始和结束的位置。

(3)透明性。既然用了特殊的字符作为定界符,那么要是数据中出现了特殊字符怎么办? 为了保证不出现歧义,PPP 使用了字节填充的方法来实现。

(4)多种网络协议。支持多种网络层协议,如 IP、IPX 等,同时也要支持所连接的局域网上的各种网络协议。

(5)多种类型链路。各种链路,包括串行的、并行的、同步的、异步的、低速的、高速的、电的、光的、交换的、非交换的点对点链路。

(6)差错检验。支持差错检验,当数据出现错误时,就会丢弃这个报文,具体的检验方式就是使用帧尾部的检验 FCS。

（7）检验链路的连接状态。每隔规定的单位时间就进行链路连接状态的检查。

（8）最大的传输单元。在数据链路层都要规定最大的传输单元 MTU。注意：最大传输单元是指数据部分的最大的长度。

（9）网络层地址协商。使得通信的两个网络层的实体能够通过协商的方法来知道或者来配置彼此的网络层地址。

（10）数据压缩协商。提供一种方法来进行数据压缩算法的协商。

在 TCP/IP 协议簇中，可靠传输由传输层的 TCP 负责，因此数据链路层的 PPP 不需要进行纠错，不需要设置序号，也不需要进行流量控制。PPP 不支持多点线路（即一个主站轮流和链路上的多个从站进行通信），而只支持点对点的链路通信。此外，PPP 只支持全双工链路。

3.5.2　PPP 的帧格式

PPP 的帧格式和 HDLC 的相似。PPP 帧格式以 HDLC 帧格式为基础，做了很少的改动。二者的主要区别是：PPP 是面向字符的，而 HDLC 是面向位的。PPP 在点到点串行线路上使用字符填充技术，所以，PPP 所有的帧的大小都是字节的整数倍。图 3-14 中给出了 PPP 的帧格式。

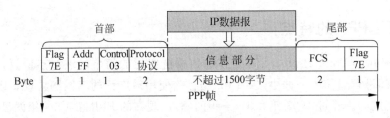

图 3-14　PPP 的帧格式

（1）Flag：标志字段仍为 0x7E（符号"0x"表示后面的字符是用十六进制表示。十六进制的 7E 的二进制表示是 01111110）开始，即标志字节（01111110）标记 PPP 开始和结束。

（2）Addr：地址字段在默认情况下，被固定设成 0xFF（二进制数 11111111），因为点到点线路的一个方向上只有一个接收方，地址字段实际上并不起作用。

（3）Control：控制字段被固定设成 0x03（二进制数 00000011）。

因为默认情况下，地址字段、控制字段总是常数。因此，这两部分实际可以省略不要（需要通过 LCP 进行协商）。

（4）Protocol：协议字段用来标明后面携带的是什么类型的数据，其默认大小为两个字节。但如果是 LCP 包，则可以是一个字节。

当协议字段为 0x0021 时，PPP 帧的信息字段就是 IP 数据报。

若为 0xC021，则信息字段是 PPP 链路控制数据。

若为 0x8021，则表示这是网络控制数据。

PPP 是面向字节的，所有的 PPP 帧的长度都是整数字节。

（5）Data：数据字段长度可变，默认最大长度为 1500 字节。

（6）FCS：校验和字段通常情况下是两个字节，但也可以是 4 字节。

注意：标志字段就是 PPP 帧的定界符。连续两帧之间只需要用一个标志字段。如果连续出现两个标志字段，就表示这是一个空帧，应当丢弃。

当信息字段中出现和标志字段一样的比特(0x7E)组合时，就必须采取一些措施使这种形式上和标志字段一样的比特组合不出现在信息字段中。

1. 字节填充——PPP 使用异步传输

当 PPP 使用异步传输时，它把转移符定义为 0x7D，并使用字节填充。

RFC1662 规定了如下填充方法。

（1）把信息字段中出现的每一个 0x7E 字节转变为 2 字节序列(0x7D,0x5E)。

（2）若信息字段中出现一个 0x7D 的字节(即出现了和转义字符一样的比特组合)，则把转义字符 0x7D 转变为 2 字节序列(0x7D,0x5D)。

（3）若信息字段中出现 ASCII 码的控制字符(即数值小于 0x20 的字符)，则在该字符前面要加入一个 0x7D 字节，同时将该字符的编码加以改变。例如，出现 0x03(在控制字符中是"传输结束"ETX)就要把它转变为 2 字节序列的(0x7D,0x31)。

由于在发送端进行了字节填充，因此在链路上传送的信息字节数就超过了原来的信息字节数。但接收端在接收到数据后再进行与发送端字节填充相反的变换，就可以正确地恢复出原来的信息。

2. 零比特填充——PPP 使用同步传输

当 PPP 使用同步传输时，使用零比特填充。零比特填充的具体方法如下。

（1）在发送端先扫描整个信息字段(通常使用硬件实现，但也可以用软件实现，但是会慢一些)。

（2）只要发现有 5 个连续的 1，则立即填入一个 0。

（3）接收端在收到一个帧时，先找到标志字段 F 以确定帧的边界，接着再用硬件对其中的比特流进行扫描，每当发现 5 个连续 1 时，就把 5 个连续 1 后的一个 0 删除，以还原成原来的信息比特流。

因此通过这种零比特填充后的数据，就可以保证在信息字段中不会出现连续 6 个 1。

3.5.3　PPP 的工作状态

PPP 是一个协议集，主要包含三部分：LCP(Link Control Protocol，链路控制协议)，NCP(Network Control Protocol，网络控制协议)和 PPP 的扩展协议（如 Multilink Protocol）。PPP 支持的功能主要有：IP 地址的动态分配和管理；同步或异步的物理层通信；链路的配置、质量检测和纠错；多种配置参数选项的协商。

当用户拨号接入 ISP 后，就建立了一条从用户个人计算机到 ISP 的物理连接。这时，用户个人计算机向 ISP 发送一系列的链路控制协议 LCP 分组(封装成多个 PPP 帧)，以便建立 LCP 连接。这些分组及其响应选择了将要使用的一些 PPP 参数。接着还要进行网络层配置，NCP 给新接入的用户个人计算机分配一个临时的 IP 地址。这样，用户个人计算机就成为互联网上的一个有 IP 地址的主机了。当用户通信完毕时，NCP 释放网络层连接，收回原来分配出去的 IP 地址。接着 LCP 释放数据链路层连接，最后释放的是物理层的连接。

PPP 工作流程分为如图 3-15(a)所示 6 个阶段。链路建立如图 3-15(b)所示。

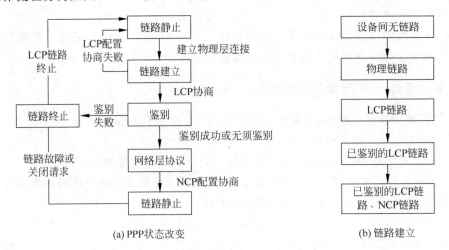

(a) PPP状态改变   (b) 链路建立

图 3-15　PPP 的工作过程

（1）链路不可用阶段：初始阶段。

（2）LCP 协商阶段：创建链路完成链路的启动、测试、任选参数的协商和最终链路的断开。

（3）认证阶段：LCP 向对端发送协商请求，双方确定链路的配置参数后，LCP 向认证层发送 Up 事件。常用的认证协议有 PAP（口令验证协议）和 CHAP（挑战握手验证协议）。

（4）NCP 协商阶段（IPCP 等协议）：调用链路层创建阶段选定的网络控制层协议。主要包括动态分配 IP 地址功能等。常用的 NCP 有 IPCP。

（5）会话维持阶段：进行 PPPoE 心跳保活。

（6）PPP 正常终结：NCP 分别终结，然后 LCP 终结，最后物理层终结，回到链路不可用阶段。

1. 链路不可用阶段

PPP 链路的起始和终止状态永远是“链路静止”（Link Dead）状态，这时在用户个人计算机和 ISP 的路由器之间并不存在物理层的连接。当用户个人计算机通过调制解调器呼叫路由器时，路由器就能够检测到调制解调器发出的载波信号。在双方建立了物理层连接后，PPP 就进入“链路建立”（Link Establish）状态，其目的是建立链路层的 LCP 连接。

2. LCP 协商阶段

LCP（Link Control Protocol）用来协商 PPP 参数（协商认证方式等），建立数据连接，包括创建链路完成链路的启动、测试、任选参数的协商和最终链路的断开。该阶段主要是发送一些配置报文来配置数据链路，这些配置的参数不包括网络层协议所需的参数。协商中双方获得当前点对点连接的状态配置等，之后的“认证”阶段使用哪种认证方式也在这个协商中确定下来。

LCP 的操作只关注连接的两端，而不在乎 Mac 层协议（如以太网协议、Wi-Fi），也就是不需要考虑具体的传输媒介是什么。

LCP 帧根据用途可以分为三大类：链路配置报文，链路终止报文，链路维护报文。

1) 链路配置报文

链路配置报文包含 Config-Request、Config-ACK、Config-NAK 和 Config-Reject 4 种报文。

当通信双方需要建立链路时，双方都需要发送 Config-Request 报文并携带自己所希望协商的配置参数选项。当接收方收到 Config-Request 报文时，会根据是否识别、认可 Configure-Request 报文中的配置参数来在剩下的三种配置报文中选择一种应答。如果识别且认可全部参数，则应答 Configure-ACK 报文（携带全部配置参数）；如果识别，但只认可部分配置参数，则应答 Configure-NACK 报文（携带不认可的配置参数）；如果不能识别所有的配置，则应答 Configure-Reject 报文（携带全部报文）。

LCP 的配置选项（配置报文的数据域），是一些 TLV(Type、Length、Value)组。

2) 链路终止报文

链路终止报文包含 Terminate-Request 和 Terminate-Reply 两种报文。

LCP 报文中提供了一种机制来关闭一个点对点的连接，想要断开链路的一端会持续发送 Terminate-Request 报文，直到收到一个 Terminate-Reply 为止。接收端一旦收到了一个 Terminate-Request 报文后，必须回应一个 Terminate-Reply 报文，同时等待对端先将链路断开后，再完成本端的所有断开的操作。

3) 链路维护报文

我们需要定时进行 PPP 保活（确认当前 PPP 链路是否仍在活跃状态），则 PPP 链路双方分别发送 Echo Request 报文，如果对方回复了 Echo Reply 报文，则表示 PPP 链路仍在活跃状态。

LCP 两端通过发送 LCP Config-Request 和 Config-ACK 交互协商选项。LCP 一方通过发送 LCP Config-Request 来向另一方请求自己需要的 LCP 协商选项。如果 Config-Request 报文的接收方支持并接受这些选项则回复 LCP Config-ACK 报文。如果 Config-Request 部分（或者全部）不支持所有的 LCP 选项则回复其他报文。

Config-ACK：若完全支持对端的 LCP 选项，则回应 Config-ACK 报文，报文中必须完全协带对端 Request 报文中的选项。

Config-NAK：若支持对端的协商选项，但不认可该项协商的内容，则回应 Config-NAK 报文，在 Config-NAK 的选项中填上自己期望的内容，如对端 MRU 值为 1500，而自己期望 MRU 值为 1492，则在 Config-NAK 报文中填上自己的期望值 1492。

Config-Reject：若不能支持对端的协商选项，则回应 Config-Reject 报文，报文中带上不能支持的选项，如 Windows 拨号器会协商 CBCP(被叫回呼)，而 ME60 不支持 CBCP 功能，则会将此选项拒绝掉。

3. 认证阶段

认证阶段是可选的，认证过程在链路协商结束后就进行。如果链接协商阶段并没有设置认证方式，则将忽略本阶段直接进入"网络"阶段。认证阶段使用链接协商阶段确定下来的认证方式来为连接授权，以起到保证点对点连接安全，防止非法终端接入点对点链路的功能。PPP 链路建立过程中涉及认证，但认证阶段使用到的 CHAP/PAP 等协议本身不属于 PPP 的范畴。默认情况下，"认证阶段"是省略的，即 PPP 链路默认是不进行认证的。

客户端在用户认证阶段会将自己的身份发送给远端的接入服务器。LCP 向对端发送协商请求，双方确定链路的配置参数后，LCP 向认证层发送 Up 事件。链路质量的检测也会在这个阶段同时发生，但协议规定不会让链路质量的检测无限制的延迟验证过程。

在认证完成之前，禁止从认证阶段前进到网络层协议阶段。如果认证失败，认证者应该跃迁到链路终止阶段。会话双方通过 LCP 协商好的认证方法进行认证，如果认证通过了，才可以进行下面的网络层的协商。

常用认证协议有 PAP(口令验证协议)和 CHAP(挑战握手验证协议)。PAP 验证：两次握手，明文传输口令，安全性低。CHAP 验证：三次握手，密文传输口令。

4. NCP 协商协议

认证阶段完成之后，调用网络层协议进行 NCP 协商。PPP 将调用在链路创建阶段(阶段 1)选定的各种网络控制协议 NCP 解决 PPP 链路之上的高层协议问题。

NCP 有很多种，如 IPCP、BCP、IPv6CP。最为常用的是 IP 控制协议(Internet Protocol Control Protocol，IPCP)。IPCP 可以向拨入用户分配动态地址。NCP 的主要功能是协商 PPP 报文的网络层参数，如 IP 地址、DNS Server IP 地址、WINS Server IP 地址等。PPPoE 用户主要通过 IPCP 来获取访问网络的 IP 地址或 IP 地址段。

NCP 流程与 LCP 流程类似，用户与 ME 设备之间互相发送 NCP Config-Request 报文并且互相回应 NCP Config-ACK 报文后，标志 NCP 已协商完，用户上线成功可正常访问网络。

用户和接入设备对 IP 服务阶段的一些要求进行多次协商，以决定双方都能够接受的约定。和 LCP 类似，当 Request 中的一些选项不被接收方接受时，接收方不会回复 Configuration-ACK 报文，而是回复其他报文如 Configuration-NACK。

5. 会话维持

经过网络阶段后，PPP 状态机进入 OPEN 打开状态，在这个状态下，PPP 链路上的三层数据报文即可正常通信了。设备主动发送 Echo Request 进行 PPPoE 心跳保活，若三次未得到服务器的响应，则设备主动释放地址。发 LCP Echo Request 的时候，魔术字字段要和之前通信的 Configure_Request 使用的魔术字字段保持一致。

有些设备或终端不支持主动发送 Echo-Request 报文，只能支持回应 Echo-Reply 报文。

6. 会话结束

一旦任何一端收到 LCP 或 NCP 的链路关闭报文(一般而言协议是不要求 NCP 有关闭链路的能力的，因此通常情况下关闭链路的数据报文是在 LCP 协商阶段或应用程序会话阶段发出的)、授权失败、链路质量检测失败、物理层无法检测到载波、管理人员对该链路进行关闭操作，都会将该条链路终止，从而终止 PPP 会话。

PPPoE 还有一个 PADT(PPPOE Active Discovery Terminate)分组，它可以在会话建立后的任何时候发送，来终止 PPPoE 会话，也就是会话释放。它可以由主机或者接入集中器发送，目的地址填充为对端的以太网的 MAC 地址。

当对方接收到一个 PADT 分组，就不再允许使用这个会话来发送 PPP 业务。PPP 对端应该使用 PPP 自身来终止 PPPoE 会话，但是当 PPP 不能使用时，可以使用 PADT。

习题

一、术语解释

1. 差错　　　 2. 帧　　　 3. 无确认无连接的服务　　　 4. 物理地址　　　 5. PPP

二、单项选择题

1. 下面不是关于数据链路层功能的正确描述的是(　　)。

   A. 负责相邻节点间通信连接的建立、维护和拆除

   B. 成帧

   C. 为通过网络的业务决定最佳路径

   D. 差错控制与流量控制

2. 数据链路层通过(　　)来标识不同的主机。

   A. 物理地址　　　　　 B. 交换机端口号　　　 C. HUB端口号　　　 D. 逻辑地址

3. 数据链路层提供的基本服务包括：有确认的面向连接服务、有确认的无连接服务务和(　　)。

   A. 无确认的无连接服务　　　　　　　　 B. 流量控制

   C. 无确认的面向连接服务　　　　　　　 D. 数据转发

三、简答题

1. 数据链路(即逻辑链路)与链路(即物理链路)有何区别？"电路接通了"与"数据链路接通了"的区别何在？

2. 数据链路层的主要任务和功能是什么？

3. 数据链路层所提供的基本服务有哪些？

4. 什么是成帧？数据链路层常用的帧定界方法有哪些？

5. 请阐述差错检测的基本原理。

6. 假设需要传送的信息是1110010101001。预先规定的 $G(x) = x^5 + x^4 + x + 1$，采用CRC进行差错控制，那么发送端发送的信息应该是什么？

7. 发送数据比特序列为110011(6b)，生成多项式为11001，求CRC校验序列。

8. 试计算传输信息1011001的CRC编码，假设其生成多项式 $G(x) = x^4 + x^3 + 1$。

9. PPP的主要特点是什么？为什么PPP不使用帧的编号？PPP适用于什么情况？

10. 为什么PPP不能使数据链路层实现可靠传输？

11. 一个PPP帧的数据部分(十六进制)是7D 5E FE 27 7D 5D 7D 5D 65 7D 5E。试问真正的数据是什么？(用十六进制表示。)

12. PPP使用同步传输技术传送比特串0110111111111100。试问经过零比特填充后变成怎样的比特串？若接收端收到的PPP帧的数据部分是0001110111110111110110，问删除发送端加入的零比特后变成怎样的比特串？

13. PPP的工作状态有哪几种？当用户要使用PPP和ISP建立连接进行通信时，需要建立哪几种连接？每一种连接解决什么问题？

14. 规程和协议有什么区别？

第4章 局域网技术

前面两章介绍了物理层和数据链路层的内容,本章将围绕局域网这个主题,介绍局域网标准、局域网的介质访问控制机制和虚拟局域网技术。在简要给出局域网的概念后,从传统总线式以太网入手,详细讨论以太网使用的 CSMA/CD 协议,围绕虚拟局域网的基本定义介绍虚拟局域网的划分和配置,最后深入讨论无线局域网技术。

4.1 IEEE 802 标准

4.1.1 局域网概述

局域网技术是当今计算机网络研究的一个热点领域,也是计算机网络技术发展最快、应用最活跃的领域之一。学校、公司、企业、政府部门和住宅小区内的计算机都在通过 LAN 连接起来,实现了资源共享、信息传递和数据通信。而信息化进程的加快,更是刺激了通过 LAN 进行网络互联需求的增长。因此,理解和掌握局域网技术的有关知识和技能也就显得更加实用。

局域网的发展始于 20 世纪 70 年代,随着个人计算机(PC)逐渐普及,推动了以 PC 之间资源共享为主要目的的 LAN 的诞生与发展。早在 1972 年,美国加州大学就研制了被称为分布式计算机系统(Distributed Computer System)的 NEWHALL 环网。美国剑桥大学 1974 年研制的剑桥环网(Cambridge Ring)和美国 Xerox 公司 1975 年推出的第一个总线争用结构的实验性以太网(Ethernet),则是早期 LAN 产品的典型代表。1977 年,日本京都大学首度研制成功了以光纤为传输介质的局域网络。

20 世纪 80 年代以后,随着网络技术、通信技术和微型计算机性能的进一步发展,LAN 技术得到了迅速的发展和完善,多种类型的局域网技术纷纷出现,越来越多的制造商投入到局域网络的研制潮流中。其中,比较典型的产品有美国 DEC、Intel 和 Xerox 三家公司联合研制并推出的 3COM Ethernet 系列产品和 IBM 公司开发的令牌环网,而 Novell 公司专门为局域网开发生产的网络操作系统软件 Novell Netware 系列产品更是使局域网的应用性能得到了明显提高。与此同时,一些标准化组织也开始致力 LAN 的有关标准和协议的制定。随着 IEEE 802.2 局域网标准颁布,局域网进入了依托国际标准的专业化和商业化生产的成熟阶段。

到了 20 世纪 90 年代,LAN 更是在速度、带宽等指标方面有了更大进展,并且在 LAN 的访问、服务、管理、安全和保密等方面有了进一步的改善。例如,从 10Mb/s 发展到 100Mb/s 速率的快速以太网,并继续发展成为千兆以太网(100Mb/s)和万兆以太网(10000Mb/s)。

目前,不仅千兆以太网和万兆以太网已经进入主流应用,在实验室中,业界已经在开发 40Gb/s 以上的以太网产品。

归纳起来,局域网具有如下特点。

(1) 网络所覆盖的地理范围较小,通常在几十米到几千米之间。

(2) 数据的传输速率比较高,其典型的速率为 10Mb/s、100Mb/s 和 1000Mb/s,目前最高可达 10Gb/s。

(3) 具有较低的传输延迟和误码率,其误码率一般为 $10^{-8} \sim 10^{-11}$。

(4) 经营权和管理权属于某个单位所有,与广域网归服务提供商所有形成鲜明对照。

(5) 便于安装、维护和扩充,建网成本低、周期短。

尽管局域网地理覆盖范围小,但这并不意味着它们必定是小型的或简单的网络。随着网络互连技术的发展与网络互联设备性能的提高,局域网可以扩展得相当大或者非常复杂。

局域网的主要功能是为了实现资源共享,其次是为了更好地实现数据通信、数据交换和分布式处理。围绕这些功能,局域网在涉及政府、教育、卫生、金融、工业、商业、服务业与居民生活等领域都得到了广泛的应用,提供了强大的信息管理能力和内容丰富的信息服务,如办公自动化、网上视频、生产自动化、企事业单位的管理信息化、银行业务处理、居民社区服务等。

4.1.2 IEEE 802 系列标准

局域网只涉及相当于 OSI/RM(Open System Interconnection Reference Model)通信子网的功能。由于内部大多采用共享信道的技术,所以局域网通常不单独设立网络层。局域网的高层功能由具体的局域网操作系统来实现。IEEE 是英文 Institute of Electrical and Electronics Engineers 的简称,其中文译名是电气和电子工程师协会。该协会的总部设在美国,主要开发数据通信标准及其他标准。IEEE 于 1980 年 2 月成立了局域网标准委员会(简称 IEEE 802 委员会),专门从事局域网标准化工作,IEEE 802 委员会负责起草局域网草案,并送交美国国家标准协会(ANSI)批准和在美国国内标准化。IEEE 还把草案送交国际标准化组织(ISO)。ISO 把这个 802 规范称为 ISO 802 标准,因此,许多 IEEE 标准也是 ISO 标准。例如,IEEE 802.3 标准就是 ISO 802.3 标准。

IEEE 802 委员会制定了很多标准,这些标准之间的关系如图 4-1 所示,呈倒 L 形,图中每个方块代表一个标准文件。

IEEE 802 系列的主要标准如下。

IEEE 802.1(A)——概述、体系结构。

IEEE 802.1(B)——寻址、网络管理和网际互联。

IEEE 802.2——逻辑链路控制。这是高层协议与任何一种局域网 MAC 子层的接口。

IEEE 802.3——以太网定义 CSMA/CD 总线网的 MAC 子层和物理层的规约。

IEEE 802.4——令牌总线网。定义令牌总线网的 MAC 子层和物理层规约。

IEEE 802.5——令牌环型网。定义令牌环网的 MAC 子层和物理层规约。

IEEE 802.6——城域网。定义 MAN 的 MAC 子层和物理层规约。

IEEE 802.7——宽带 LAN 技术。

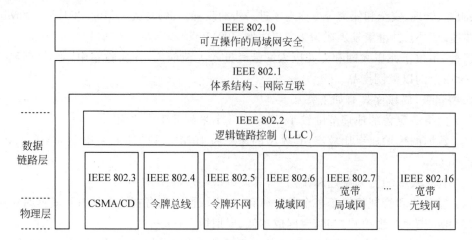

图 4-1　IEEE 802 系列标准之间的关系

IEEE 802.8——光纤技术。

IEEE 802.9——综合话音数据局域网。

IEEE 802.10——可互操作的局域网的安全。

IEEE 802.11——无线局域网。

IEEE 802.12——需求优先高速局域网(1000Mb/s)。

IEEE 802.13(未使用)

IEEE 802.14——交互电视。

IEEE 802.15——短距离无线网络。

IEEE 802.16——宽带无线接入。

IEEE 802.17——弹性分组网。

1. IEEE 802.1 网间互联定义

IEEE 802.1 是关于 LAN/MAN 桥接、LAN 体系结构、LAN 管理和位于 MAC 以及 LLC 层之上的协议层的基本标准。现在,这些标准大多与交换机技术有关,包括: IEEE 802.1q(VLAN 标准)、IEEE 802.3ac(带有动态 GVRP 标记的 VLAN 标准)、IEEE 802.1v (VLAN 分类)、IEEE 802.1d(生成树协议)、IEEE 802.1s(多生成树协议)、IEEE 802.3ad (端口干路)和 IEEE 802.1p(流量优先权控制)。

2. IEEE 802.2 逻辑链路控制

该协议对逻辑链路控制(LLC),高层协议以及 MAC 子层的接口进行了良好的规范,从而保证了网络信息传递的准确和高效性。由于现在逻辑理论控制已经成为整个 802 标准的一部分,因此这个工作组目前处于"冬眠"状态,没有正在进行的项目。

3. IEEE 802.3 以太网络

IEEE 802.3 定义了 10Mb/s、100Mb/s、1Gb/s,甚至 10Gb/s 的以太网雏形,同时还定义了第 5 类屏蔽双绞线和光缆是有效的缆线类型。该工作组确定了众多的厂商的设备互操作方式,而不管它们各自的速率和缆线类型。而且这种方法定义了 CSMA/CD (带冲突检测的载波侦听多路访问)这种访问技术规范。IEEE 802.3 产生了许多扩展标准,如快速以太网的 IEEE 802.3u,千兆以太网的 IEEE 802.3z 和 IEEE 802.3ab,10G 以太网的 IEEE 802.3ae。目前,局域网络中应用最多的就是基于 IEEE 802.3 标准的各类以太网。

4. IEEE 802.4 令牌环总线

该标准定义了令牌传递总线访问方法和物理层规范(Token Bus)。该工作组近期处于休眠状态,并没有正在进行的项目。

5. IEEE 802.5 令牌环网

IEEE 802.5 标准定义了令牌环访问方法和物理层规范(Token Ring)。标准的令牌环以 4Mb/s 或者 16Mb/s 的速率运行。由于该速率肯定不能满足日益增长的数据传输量的要求,所以,目前该工作组正在计划 100Mb/s 的令牌环(IEEE 802.5t)和千兆位令牌环(IEEE 802.5v)。其他 IEEE 802.5 规范的例子是 IEEE 802.5c(双环包装)和 IEEE 802.5j(光纤站附件)。令牌环在我国极少被应用。

6. IEEE 802.6 城域网

该标准定义了城域网访问的方法和物理层的规范(分布式队列双总线 DQDB)。目前,由于城域网使用 Internet 的工作标准进行创建和管理,所以 IEEE 802.6 工作组目前也处于休眠状态,并没有进行任何的研发工作。

7. IEEE 802.7 宽带技术咨询组

该标准是 IEEE 为宽带 LAN 推荐的实用技术,1989 年,该工作组推荐实践宽带 LAN,1997 年再次推荐。该工作组目前处于休眠状态,没有正在进行的项目。IEEE 802.7 的维护工作现在由 IEEE 802.14 小组负责。

8. IEEE 802.8 光纤技术咨询组

该标准定义了光纤技术所使用的一些标准。

9. IEEE 802.9 综合数据声音网

该标准定义了介质访问控制子层(MAC)与物理层(PHY)上的集成服务(IS)接口。同时,该标准又被称为同步服务 LAN(ISLAN)。同步服务是指数据必须在一定的时间限制内被传输的过程。流介质和声音信元就是要求系统进行同步传输通信的例子。

10. IEEE 802.10 网络安全技术咨询组

该标准定义了互操作 LAN 安全标准。该工作组以 IEEE 802.10a(安全体系结构)和 IEEE 802.10c(密匙管理)的形式提出了一些数据安全标准。该工作组目前处于休眠状态,没有正在进行的项目。

11. IEEE 802.11 无线局域网

该标准定义了无线局域网介质访问控制子层与物理层规范（Wireless LAN）。该工作组正在开发以 2.4GHz 和 5.1GHz 无线频谱进行数据传输的无线标准。IEEE 802.11 标准主要包括三个标准，即 IEEE 802.11b(11Mb/s)、IEEE 802.11a 和 IEEE 802.11g(54Mb/s)。

12. IEEE 802.12 需求优先高速局域网

IEEE 802.12 规则定义了需要优先访问方法。该工作组为 100Mb/s 需求优先 MAC 的开发提供了两种物理层和中继规范。虽然它们的使用已申请了专利并被接受作为 ISO 标准，但是它们被广泛接受的程度远逊色于以太网。IEEE 802.12 目前正处于被分离的阶段。

13. IEEE 802.14 交互电视

本标准对交互式电视网（包括 Cable Modem）进行了定义以及相应的技术参数规范。该工作组开发有线电视和有线调制解调器的物理与介质访问控制层的规范。该工作组没有正在进行的项目。

14. IEEE 802.15 短距离无线网

本标准规定了短距离无线网络（WPAN），包括蓝牙技术的所有技术参数。个人区域网络设想将在便携式和移动计算设备之间产生无线互连，例如 PC、外围设备、蜂窝电话、个人数字助理（PDA）、寻呼机和消费电子，该网络使用这些设备可以在不受其他无线通信干扰的情况下进行相互通信和互操作。

15. IEEE 802.16 宽带无线接入

该标准主要应用于宽带无线接入方面。IEEE 802.16 工作组的目标是开发固定宽带无线接入系统的标准，这些标准主要解决最后一千米本地环路问题。IEEE 802.16 与 IEEE 802.11a 的相似之处在于它使用未经当局许可的国家信息下部构造（U-NII）频谱上的未许可频率。IEEE 802.16 不同于 IEEE 802.11a 的地方在于它为了提供一个支持真正无线网络迂回的标准，从一开始就提出了有关声音、视频、数据的服务质量问题。

4.1.3 局域网体系结构

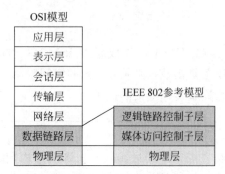

图 4-2 IEEE 802 体系结构与 OSI 参考模型的对应关系

IEEE 802 局域网标准与 OSI/RM 的对应关系如图 4-2 所示，该体系结构包括 OSI/RM 最低两层（物理层和数链层）的功能，也包括网间互连的高层功能和管理功能。从图中可见，OSI/RM 的数据链路层功能，在局域网参考模型中被分成媒体访问控制（Medium Access Control，MAC）和逻辑链路控制（Logical Link Control，LLC）两个子层。

IEEE 802 标准所描述的局域网参考模型只对应 OSI 参考模型的数据链路层与物理层，它将数据链路层划分为逻辑链路层 LLC 子层和介质访问控制 MAC 子层。IEEE 802 委员会为局域网制定了一系列标准,统称为 IEEE 802 标准。其中,IEEE 802.2 LAN 标准定义了逻辑链路控制 LLC 子层的功能与服务,并且是 IEEE 802.3、IEEE 802.4 和 IEEE 802.5 等标准的基标准。在 OSI/RM 中,物理层、数据链路层和网络层,使计算机网络具有报文分组转接的功能。对于局域网来说,物理层是必需的,它负责体现机械、电气和过程方面的特性,以建立、维持和拆除物理链路;数据链路层也是必需的,它负责把不可靠的传输信道转换成可靠的传输信道,传送带有校验的数据帧,采用差错控制和帧确认技术。

但是,局域网中的多个设备一般共享公共传输介质在设备之间传输数据时,首先要解决由哪些设备占有介质的问题,所以局域网的数据链路层必须设置介质访问控制功能。介质访问控制解决当局域网中公用信道的使用产生竞争时,如何分配信道的使用权问题。由于局域网采用的介质有多种,对应的介质访问控制方法也有多种,为了使数据帧的传送独立于所采用的物理介质和介质访问控制方法,IEEE 802 标准特意把 LLC 独立出来形成一单独子层,使 LLC 子层与介质无关,仅让 MAC 子层依赖于物理介质和介质访问控制方法。

然而到了 20 世纪 90 年代后,激烈竞争的局域网市场逐渐明朗。以太网在局域网市场中已经取得了垄断地位,并且成为局域网的代名词。由于互联网发展很快而 TCP/IP 体系经常使用的局域网只剩下 DIX Ethernet V2 而不是 IEEE 802.3 标准中的局域网,因此现在 IEEE 802 委员会制定的 LLC(即 IEEE 802.2 标准)的作用已经消失了,很多厂商生产的适配器上就仅装有 MAC 协议而没有 LLC 协议。下面在介绍以太网时就不再考虑 LLC 子层。这样对以太网工作原理的讨论会更加简洁。

IEEE 802 规范定义了网卡如何访问传输介质(如光缆、双绞线、无线等),以及如何在传输介质上传输数据的方法,还定义了传输信息的网络设备之间连接建立、维护和拆除的途径。遵循 IEEE 802 标准的产品包括网卡、桥接器、路由器以及其他一些用来建立局域网络的组件。

由于穿越局域网的链路只有一条,不需要设立路由器选择和流量控制功能,如网络层中的分级寻址、排序、流量控制、差错控制功能都可以放在数据链路层中实现。因此,局域网中可以不单独设置网络层。当局限于一个局域网时,物理层和数链层就能完成报文分组转接的功能。但当涉及网络互联时,报文分组就必须经过多条链路才能到达目的地,此时就必须专门设置一个层次来完成网络层的功能,在 IEEE 802 标准中,这一层被称为网际层,下面分别介绍局域网体系结构的这几个层次。

1. 物理层

物理层的主要功能包括:信号的编码和译码;为进行同步用的前同步码的产生和去除;比特的传输和接收等。

2. MAC 子层

局域网中与接入各种传输介质有关的问题都放在 MAC 子层,而且 MAC 子层还负责在物理层的基础上实现无差错的通信。具体地说,MAC 子层的主要功能是:MAC 帧的封装与拆卸;实现和维护各种 MAC 协议;比特差错检测;寻址等。

MAC(Medium Access Control)属于 LLC(Logical Link Control)下的一个子层。

MAC 子层的主要功能包括数据帧的封装、卸装,帧的寻址和识别,帧的接收与发送,链路的管理,帧的差错控制等。MAC 子层的存在屏蔽了不同物理链路种类的差异性;在 MAC 子层的诸多功能中,非常重要的一项功能是仲裁介质的使用权,即规定站点何时可以使用通信介质。实际上,局域网技术中是采用具有冲突检测的载波侦听多路访问(Carrier Sense Multiple Access/Collision Detection,CSMA/CD)这种介质访问方法的。

3. LLC 子层

数据链路层中与媒介接入无关的部分都集中在 LLC(Logic Link Control,逻辑链路控制)子层,其主要功能是:数据链路的建立和释放;LLC 帧的封装和拆卸;差错控制;提供与高层的接口等。LLC 负责识别网络层协议,然后对它们进行封装。LLC 报头告诉数据链路层一旦帧被接收到时,应当对数据包做何处理。

不管是在传统的有线局域网(LAN)中还是在目前流行的无线局域网(WLAN)中,MAC 协议都被广泛地应用。在传统局域网中,各种传输介质(铜缆、光线等)的物理层对应到相应的 MAC 层,目前普遍使用的网络采用的是 IEEE 802.3 的 MAC 层标准,采用 CSMA/CD 访问控制方式;而在无线局域网中,MAC 所对应的标准为 IEEE 802.11,其工作方式采用 DCF(分布控制)和 PCF(中心控制)。

4.2   介质访问控制

将传输介质的频带有效地分配给网上各站点用户的方法称为介质访问控制方法。介质访问控制方法是局域网最重要的一项基本技术,对局域网体系结构、工作过程和网络性能产生决定性影响。介质访问控制是解决当局域网中共用信道的使用产生竞争时,如何分配信道的使用权问题。

环状或总线型拓扑中,由于只有一条物理传输通道连接所有的设备,因此,连到网络上的所有设备必须遵循一定的规则,才能确保传输媒体的正常访问和使用。介质访问控制方式与局域网的拓扑结构、工作过程有密切关系。目前,计算机局域网常用的访问控制方式有三种,分别用于不同的拓扑结构:带有冲突检测的载波侦听多路访问法 CSMA/CD、令牌环访问控制法(Token Ring)、令牌总线访问控制法(Token Bus)。其中,CSMA/CD 是目前比较流行且应用最广泛的介质访问控制方法,以下重点介绍此访问方法。

4.2.1   CSMA/CD 原理

CSMA/CD 的全称是 Carrier Sense Multiple Access with Collision Detection,即基于冲突检测的载波监听多路访问技术。CSMA/CD 也是最初 802.3 中的核心,应用在 10M/100M 的半双工有线网络中,目前 CSMA/CD 的应用场景少了很多,大部分都直接基于全双工工作。最早的 CSMA 方法起源于美国夏威夷大学的 ALOHA 广播分组网络。1980 年,美国 DEC、Intel 和 Xerox 公司联合宣布 Ethernet 采用 CSMA 技术,并增加了检测碰撞功能,称为 CSMA/CD。这种方式适用于总线型和树状拓扑结构,主要解决如何共享一条公用广播传输介质。

下面重点介绍 CSMA/CD 协议的核心思想,主要包括:多点接入、载波监听和碰撞检测三个方面。这里值得一提的是,CSMA/CD 使用场景是在一个站不能同时发送数据和接收数据,即适用场景为"半双工通信"。

(1)多点接入(Multiple Access),意思是网络上所有工作站收发数据共同使用同一条总线,且发送数据是广播式的。

(2)载波侦听(Carrier Sense),意思是网络上各个工作站在发送数据前都要确认总线上有没有数据传输。若有数据传输(称总线为忙),则不发送数据;若无数据传输(称总线为空),立即发送准备好的数据。

(3)碰撞检测,意思是若网上有两个或两个以上工作站同时发送数据,在总线上就会产生信号的混合,这样局域网中任何一个工作站都辨别不出真正的数据是什么。这种情况称为数据冲突,又称为"碰撞"。为了减少冲突发生后的影响,工作站在发送数据过程中还要不停地检测自己发送的数据,看有没有在传输过程中与其他工作站的数据发生冲突,这就是冲突检测(Collision Detected)。

虽然每个站在发送数据之前已经监听到信道为"空闲",但是还会出现数据在总线上发生碰撞。这是因为电磁波在传输介质中总是以有限的速率传播。这和一群人在一间黑屋子里面开会相似。一听见会场安静,大家就立即发言,但是偶尔也会发生几个人同时抢着发言而产生冲突的情况。如图 4-3 所示的例子可以说明这种情况。

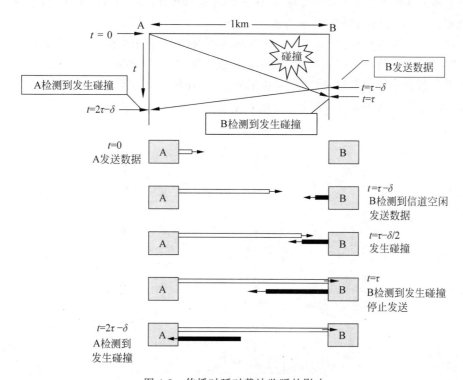

图 4-3　传播时延对载波监听的影响

假定图 4-3 中的局域网两端的站 A 和站 B 相距 1km，用同轴电缆相连。电磁波在 1km 电缆的传播时延约为 5μs（实验经验值，应当记住）。因此，A 向 B 发出的数据，在约 5μs 后才能传送到 B。换言之，B 若在 A 发送的数据到达 B 之前发送自己的帧（因为这时候 B 的载波监听检测不到 A 所发送的信息），则必然要在某个时间和 A 发送的帧发生碰撞。碰撞的结果是两个帧都变得无用。在局域网的分析中，常把总线上的单程端到端传播时延记为 τ。发送数据的站希望尽早知道是否发生了碰撞。那么，A 发送数据后，最迟要经过多长时间才能知道自己发送的数据和其他站发送的数据有没有发生碰撞？从图 4-3 不难看出，这个时间最多是两倍的总线端到端的传播时延（2τ），或总线的端到端往返传播时延。由于局域网上任意两个站之间的传播时延有长有短，因此局域网必须按最坏情况设计，即取总线两端的两个站之间的传播时延（这两个站之间的距离最大）为端到端传播时延。

如图 4-4 所示，为 CSMA/CD 方法的工作流程。其中控制过程包含 4 个处理内容：监听、发送、检测、冲突处理。

（1）监听：通过专门的检测机构，在站点准备发送前先侦听一下总线上是否有数据正在传送（线路是否忙）。

若"忙"则进入后述的"退避"处理程序，进一步反复进行侦听工作。

若"闲"则根据一定算法原则（"X 坚持"算法）决定如何发送。

（2）发送：当确定要发送后，通过发送机构，向总线发送数据。

（3）检测：数据发送后，也可能发生数据碰撞。因而要对数据边发送、边检测，以判断是否冲突了。

（4）冲突处理：当确认发生冲突后，进入冲突处理程序。有两种冲突情况：①侦听中发现线路忙；②发送过程中发现数据碰撞。

若在侦听中发现线路忙，则等待一个延时后再次侦听，若仍然忙，则继续延迟等待，一直到可以发送为止。每次延时的时间不一致，由退避算法确定延时值。

若发送过程中发现数据碰撞，先发送阻塞信息，强化冲突，再进行监听工作，以待下次重新发送（方法同"侦听中发现线路忙"的处理方法）。

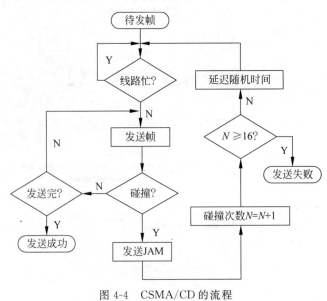

图 4-4　CSMA/CD 的流程

4.2.2　争用期与最短帧长概念

在以太网中,每一个站在自己发送数据之后的一小段时间内,存在着遭遇碰撞的可能性,因此以太网不能保证某一时间之内一定能够把自己的数据帧成功地发送出去。以太网的这一特点称为发送的不确定性。如果希望在以太网上发生碰撞的机会很小,必须使整个以太网的平均通信量远小于以太网的最高数据率。

从图 4-4 可以看出,最先发送数据帧的 A 站,在发送数据帧后至多经过时间 2τ 就可知道所发送的数据帧是否遭受了碰撞。因此以太网的端到端往返时间 2τ 称为争用期(Contention Period),这是一个很重要的参数。争用期又称为碰撞窗口(Collision Window)。这是因为一个站在发送完数据后,只有通过争用期的"考验",即经过争用期这段时间还没有检测到碰撞,才能肯定这次发送不会发生碰撞。

因为,信号传播时延(μs)＝两站点间的距离(m)÷信号传播速度(200m/μs),并且,数据传输时延(s)＝数据帧长度(b)÷数据传输速率(b/s)。

所以,CSMA/CD 总线网中最短帧长的计算公式为:

最短数据帧长(b)/数据传输速率(Mb/s)＝2×(两站点间的最大距离(m)/200(m/μs))

对于 10Mb/s 以太网,IEEE 定义了一个碰撞域内,最远的两台机器之间的往返时延(Round-trip Time)要小于 512bit time(来回时间小于 512 位时,所谓位时就是传输一个比特需要的时间)。这也是我们常说的一个碰撞域的直径。512 个位时,也就是 64 字节的传输时间,如果以太网数据包大于或等于 64 个字节,就能保证碰撞信号到达 A 的时候,数据包还没有传完。这就是为什么以太网要最小 64 个字节,即最短帧长的概念。同样,在正常的情况下,碰撞信号应该出现在 64 个字节之内,这是正常的以太网碰撞,如果碰撞信号出现在 64 个字节之后,叫 Late Collision,这是不正常的。

4.2.3　二进制指数退避算法

当出现线路冲突时,如果冲突的各站点都采用同样的退避间隔时间,则很容易产生二次、三次的碰撞。因此,要求各个站点的退避间隔时间具有差异性。这要求通过退避算法来实现。通常采用以下的截断的二进制指数退避算法(退避算法之一)来确定碰撞后重传的时机。

(1) 确定基本退避时间(基数),一般定为 2τ,也就是一个争用期时间,对于以太网就是 51.2μs。

(2) 定义一个参数 K,为重传次数,$K＝\min[$重传次数$,10]$,可见 $K \leq 10$。

(3) 从离散型整数集合 $[0,1,2,\cdots,(2^k-1)]$ 中,随机取出一个数记做 R,那么重传所需要的退避时间为 R 倍的基本退避时间,即 $T＝R \times 2\tau$。

(4) 同时,重传也不是无休止地进行,当重传 16 次不成功时,就丢弃该帧,传输失败,报告给高层协议

例如,如果第二次发生碰撞:$n＝2,k＝\mathrm{MIN}(2,10)＝2,R＝\{0,1,2,3\}$,则

延迟时间＝$\{0, 51.2\mu s, 102.4\mu s, 153.6\mu s\}$ 其中任取一值。

4.3 以太网技术标准

以太网(Ethernet)自 Xerox、DEC 和 Intel 公司推出以来获得了巨大成功。1985 年，IEEE 802 委员会制定了以太网 IEEE 802.3 标准。IEEE 802.3 标准描述了运行在各种介质上的、数据传输率从 1Mb/s 到 10Mb/s 的所有采用 CSMA/CD 协议的局域网，定义了 OSI 参考模型中的数据链路层的一个子层(介质访问控制(MAC)子层)和物理层，而数据链路层的逻辑链路控制(LLC)子层由 IEEE 802.2 描述。随着技术的发展，以太网推出了扩展的版本。IEEE 802.3 系列标准主要有以下几个。

IEEE 802.3ac：描述 VLAN 的帧扩展(1998)。

IEEE 802.3ad：描述多重链接分段的聚合协议(2000)。

IEEE 802.3an：描述 10GBase-T 媒体介质访问方式和相关物理层规范。

IEEE 802.3ab：定义了 1000Base-T 媒体接入控制方式和相关物理层规范。

IEEE 802.3i：定义了 10Base-T 媒体接入控制方式和相关物理层规范。

IEEE 802.3u：定义了 100Base-T 媒体接入控制方式和相关物理层规范。

IEEE 802.3z：定义了 1000Base-X 媒体接入控制方式和相关物理层规范。

IEEE 802.3ae：定义了 10GBase-X 媒体接入控制方式和相关物理层规范。

以太网的速度也从最初的 10Mb/s 升级到 100Mb/s、1000Mb/s，以至于现在最高的 10Gb/s。

4.3.1 十兆以太网标准

10M 以太网在物理层可以使用粗同轴电缆、细同轴电缆、非屏蔽双绞线、屏蔽双绞线、光缆等多种传输介质，并且在 IEEE 802.3i 标准中，规定了介质访问控制规则为 CSMA/CD(带冲突检测的载波侦听多路访问)，为不同的传输介质制定了不同的物理层标准。IEEE 803.3i 体系结构如图 4-5 所示。

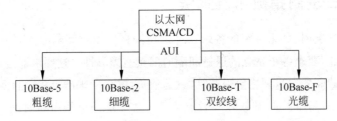

图 4-5 10M 以太网的体系结构

IEEE 802.3i 标准也规定了不同物理层标准的传输特性，用户可以根据需要选择合适的标准，这些传输特性见表 4-1。

表 4-1 IEEE 802.3i 10Mb/s 以太网的物理层传输特性

特　　性	10Base-5	10Base-2	10Base-T	10Base-F
速率/(Mb/s)	10	10	10	10
传输方法	基带	基带	基带	基带
最大网段长度/m	500	185	100	2000

特　　性	10Base-5	10Base-2	10Base-T	10Base-F
站间最小距离/m	2.5	0.5	—	—
最大长度	2.5km	925m	500m	
传输介质	50Ω 粗缆	50Ω 细缆	UTP	多模光缆
网站拓扑	总线型	总线型	星状	星状

1. 10Base-5 标准

10Base-5 也称为粗缆以太网,其中,"10"表示信号的传输速率为 10Mb/s,"Base"表示信道上传输的是基带信号,"5"表示每段电缆的最大长度为 500m。10Base-5 采用曼彻斯特编码方式。采用直径为 1.27cm,阻抗为 50Ω 的粗同轴电缆作为传输介质。10Base-5 的组网主要由网卡、中继器、收发器、收发器电缆、粗缆、端接器等部件组成。在粗缆以太网中,所有的工作站必须先通过屏蔽双绞线电缆与收发器相连,再通过收发器与干线电缆相连。粗缆两端必须连接 50Ω 的终端匹配电阻,粗缆以太网的一个网段中最多容纳 100 个节点,节点到收发器最大距离 50m,收发器之间最小间距 2.5m。10Base-5 在使用中继器进行扩展时也必须遵循"5-4-3-2-1"规则,因此,10Base-5 网络的最大长度可达 2500m,最大主机规模为 300 台。

2. 10Base-2 标准

10Base-2 也称为细缆以太网,有人称为廉价网。它采用的传输介质是基带细同轴电缆,特征阻抗为 50Ω,数据传输速率为 10Mb/s。网卡上提供 BNC 接头,细同轴电缆通过 BNC-T 型连接器与网卡 BNC 接头直接连接。为了防止同轴电缆端头信号反射,在同轴电缆的两个端头需要连接两个阻抗为 50Ω 的终端匹配器。

10Base-2 以太网中,每一个网段的最远距离为 185m,每段干线中最多能安装 30 个节点。节点之间的最小距离为 0.5m。当用中继器进行网络扩展时,由于也同样要遵循"5-4-3-2-1"规则,所以扩展后的细缆以太网的最大网络长度为 925m。

3. 10Base-T 标准

10Base-T 是以太网中最常用的一种标准,使用双绞线电缆作为传输介质。编码也采用曼彻斯特编码方式。但其在网络拓扑结构上采用了以 10Mb/s 集线器或 10Mb/s 交换机为中心的星状拓扑结构。10Base-T 的组网由网卡、集线器、交换机、双绞线等部件组成。所有的节点都通过传输介质连接到集线器 HUB 上,节点与 HUB 之间的双绞线最大距离为 100m,网络扩展可以采用多个 HUB 来实现,在使用时也要遵守集线器的"5-4-3-2-1"规则。HUB 之间的连接可以用双绞线、同轴电缆或粗缆线。

10Base-T 以太网与 10Base-5 和 10Base-2 相比,具有如下特点。

(1) 安装简单、扩展方便。网络的建立灵活、方便,可以根据网络的大小,选择不同规格的 HUB 或交换机连接在一起,形成所需要的网络拓扑结构。

(2) 网络的可扩展性强。因为扩充与减少节点都不会影响或中断整个网络的工作。

（3）集线器具有很好的故障隔离作用。当某个节点与中央节点之间的连接出现故障时，也不会影响其他节点的正常运行；甚至当网络中某一个集线器出现故障时，也只会影响到与该集线器直接相连的节点。

4．10Base-F 标准

10Base-F 标准与 10Base-T 标准类似，只是规定使用光纤作为传输介质，由于没有传输速度的优势，该标准应用并不广泛。

4.3.2　快速以太网标准

快速以太网技术是由 10Base-T 标准以太网发展而来，主要解决网络带宽在局域网络应用中的瓶颈问题。其协议标准为 1995 年颁布的 IEEE 802.3u，可支持 100Mb/s 的数据传输速率，并且与 10Base-T 一样可支持共享式与交换式两种使用环境，在交换式以太网环境中可以实现全双工通信。IEEE 802.3u 在 MAC 子层仍采用 CSMA/CD 作为介质访问控制方法，并保留了 IEEE 802.3 的帧格式。但是，为了实现 100Mb/s 的传输速率，在物理层做了一些重要的改进。例如在编码上，采用了效率更高的 4B/5B 编码方式，而没有采用曼彻斯特编码。

图 4-6 给出了 IEEE 802.3u 标准的体系结构，对应于 OSI 模型的数据链路层和物理层。

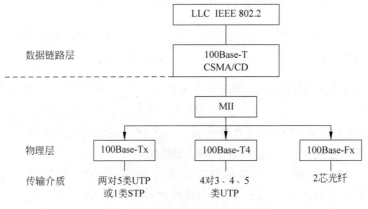

图 4-6　快速以太网的体系结构

IEEE 802.3u 标准同时规定了不同物理层标准的传输特性，这些传输特性如表 4-2 所示。

表 4-2　IEEE 802.3u 标准物理层传输特性

物理层协议	线缆类型	线缆对数	最大分段长度	编码方式	优　　点
100Base-T4	3/4/5 类 UTP	4 对	100m	8B/6T	3 类 UTP
100Base-TX	5 类 UTP/RJ-45 接头 1 类 STP	2 对	100m	4B/5B	全双工
100Base-FX	62.5μm 单模/125μm 多模	1 对	2000m	4B/5B	全双工

4.3.3　千兆以太网标准

随着多媒体技术、高性能分布计算和视频应用等的不断发展，用户对局域网的带宽提出了越来越高的要求;同时,100Mb/s快速以太网也要求主干网、服务器一级的设备要有更高的带宽。在这种需求背景下,人们开始酝酿速度更高的以太网技术。1996年3月,IEEE 802委员会成立了IEEE 802.3z工作组,专门负责千兆以太网及其标准,并于1998年6月正式通过了千兆位以太网的标准。

千兆位以太网标准是对以太网技术的再次扩展,其数据传输率为1000Mb/s即1Gb/s,因此也称吉比特以太网。千兆位以太网基本保留了原有以太网的帧结构,所以向下和以太网与快速以太网完全兼容,从而原有的10Mb/s以太网或快速以太网可以方便地升级到千兆以太网。千兆位以太网标准实际上包括支持光纤传输的IEEE 802.3z和支持铜缆传输的IEEE 802.3ab两大部分。IEEE 802.3z标准在LLC子层使用IEEE 802.2标准,在MAC子层使用CSMA/CD方法。在物理层定义了千兆介质专用接口(Gigabit Media Independent Interface,GMII),它将MAC子层与物理层分开。这样,物理层在实现1000Mb/s速率时所使用的传输介质和信号编码方式的变化不会影响MAC子层。

IEEE 802.3z千兆以太网标准定义了三种介质系统,其中两种是光纤介质标准,包括1000Base-SX和1000Base-LX,另一种是铜线介质标准,称为1000Base-CX。IEEE 802.3ab千兆以太网标准定义了双绞线标准,称为1000Base-T。千兆以太网协议的体系结构如图4-7所示。

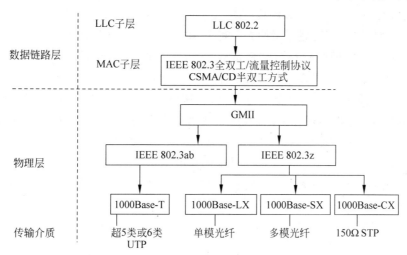

图 4-7 千兆以太网协议标准的体系结构

与快速以太网相比,千兆位以太网有其明显的优点。千兆以太网具有更高的性能价格比,而且从现有的传统以太网与快速以太网可以平滑地过渡到千兆位以太网,并不需要掌握新的配置、管理与排除故障技术。千兆以太网的优点主要如下。

(1)简易性。千兆以太网保持了传统以太网的技术原理、安装实施和管理维护的简易性,这是千兆以太网成功的基础之一。

(2)技术过渡的平滑性。千兆以太网保持了传统以太网的主要技术特征,采用CSMA/CD介质管理协议,采用相同的帧格式及帧的大小,支持全双工、半双工工作方式,以确保平滑过渡。

(3)网络可靠性。保持传统以太网的安装、维护方法,采用中央集线器和交换机的星状结构和结构化布线方法,以确保千兆以太网的可靠性。

(4)可管理性和可维护性。采用简易网络管理协议(SNMP)即传统以太网的故障查找和排除工具,以确保千兆以太网的可管理性和可维护性。网络成本包括设备成本、通信成本、管理成本、维护成本及故障排除成本。由于继承了传统以太网的技术,使千兆以太网的整体成本下降。

(5) 支持新应用与新数据类型。随着计算机技术和应用的发展,出现了许多新的应用模式,对网络提出了更高的要求。千兆以太网具有支持新应用与新数据类型的高速传输能力。

4.3.4　万兆以太网标准

在以太网技术中,快速以太网是一个里程碑,确立了以太网技术在局域网领域的统治地位。随后出现的千兆以太网更是加快了以太网的发展。然而以太网主要是在局域网中占绝对优势,在很长的一段时间中,由于带宽以及传输距离等原因,人们普遍认为以太网不能用于城域网,特别是在汇聚层以及骨干层。但是随着 2002 年发布 IEEE 802.3ae 标准和 2006 年 7 月 IEEE 802.3an 标准的推出,万兆以太网不仅再度扩展了以太网的带宽和传输距离,更重要的是使得以太网从局域网领域向城域网领域渗透。

1. 万兆以太网的技术特色

万兆以太网相对于千兆以太网拥有着绝对的优势和特点。

(1) 在物理层面上。万兆以太网是一种采用全双工与光纤的技术,其物理层(PHY)和 OSI 模型的第一层(物理层)一致,它负责建立传输介质(光纤或铜线)和 MAC 层的连接,MAC 层相当于 OSI 模型的第二层(数据链路层)。

(2) 万兆以太网技术基本承袭了以太网、快速以太网及千兆以太网技术,因此在用户普及率、使用方便性、网络互操作性及简易性上皆占有极大的引进优势。在升级到万兆以太网解决方案时,用户不必担心已有的程序或服务是否会受到影响,升级的风险非常低,同时在未来升级到 40Gb/s 甚至 100Gb/s 都将是很明显的优势。

(3) 万兆标准意味着以太网将具有更高的带宽(10Gb/s)和更远的传输距离(最长传输距离可达 40km)。

(4) 在企业网中采用万兆以太网可以更好地连接企业网骨干路由器,这样大大简化了网络拓扑结构,提高网络性能。

(5) 万兆以太网技术提供了更多的更新功能,大大提升了 QoS(服务质量)。因此,能更好地满足网络安全、服务质量、链路保护等多个方面的需求。

(6) 随着网络应用的深入,WAN、MAN 与 LAN 融和已经成为大势所趋,各自的应用领域也将获得新的突破,而万兆以太网技术让工业界找到了一条能够同时提高以太网的速度、可操作距离和连通性的途径,万兆以太网技术的应用必将为三网发展与融和提供新动力。

2. 万兆以太网标准介绍

1) 物理层

在物理层,万兆以太网的 IEEE 802.3ae 标准只支持光纤作为传输介质,但提供了两种物理连接(PHY)类型。一种是提供与传统以太网进行连接的速率为 10Gb/s 的局域网物理层设备,即 LAN PHY;另一种提供与 SDH/SONET 进行连接的速率为 9.584 64Gb/s 的广域网物理层设备,即 WAN PHY。通过引入 WAN PHY,提供了以太网帧与 SONET OC-

192 帧结构的融合,WAN PHY 可与 OC-192、SONET/SDH 设备一起运行,从而在保护现有网络投资的基础上,能够在不同地区通过 SONNET 城域网提供端到端以太网连接。

每种物理层分别可使用 10GBase-S(850nm 短波)、10GBase-L(1310nm 长波)和 10GBase-E(1550nm 长波)三种规格,最大传输距离分别为 300m、10km、40km。

在物理拓扑上,万兆以太网既支持星状连接或扩展星状连接,也支持点到点连接及星状连接与点到点连接的组合,在万兆以太网的 MAC 子层,已不再采用 CSMA/CD 机制,其只支持全双工方式。事实上,尽管在千兆以太网协议标准中提到了对 CSMA/CD 的支持,但基本上已经只采用全双工/流量控制协议,而不再采用共享带宽方式。另外,其继承了 IEEE 802.3 以太网的帧格式和最大/最小帧长度,从而能充分兼容已有的以太网技术,进而降低了对现有以太网进行万兆位升级的风险。

IEEE 802.3ae 目前支持 9/125mm 单模、50/125mm 多模和 62.5/125mm 多模三种光纤,而对电接口的支持规范 10GBase-CX4 目前正在讨论之中,尚未形成标准。

2) 数据链路层

IEEE 802.3ae 继承了 IEEE 802.3 以太网的帧格式和最大/最小帧长度,支持多层星状连接、点到点连接及其组合,充分兼容已有应用,不影响上层应用,进而降低了升级风险。

与传统的以太网不同,IEEE 802.3ae 仅支持全双工方式,而不支持单工和半双工方式,不采用 CSMA/CD 机制,采用全双工流量控制协议;IEEE 802.3ae 不支持自协商,可简化故障定位,并提供广域网物理层接口。如图 4-8 所示为 IEEE 802.3ae 万兆以太网技术标准的体系结构。

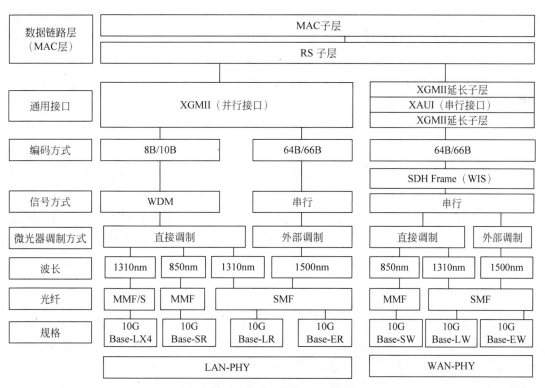

图 4-8　IEEE 802.3ae 标准的体系结构

4.4 虚拟局域网

4.4.1 虚拟局域网的定义与特性

局域网引入交换机,使网络节点间可独享带宽,提高了传输效率。但是第二层交换有一个严重的弊端,即引发广播风暴。在交换网络环境下,信息只在源节点与目的节点之间进行传送,其他节点是不可见的。当某一节点在网上发送广播或多目的广播时,或某一节点发送一个交换机不认识的 MAC 地址信包时,交换机上的所有节点都将收到该广播信息。整个交换环境构成一个大的广播域。为了有效地解决整个问题,研究界提出了虚拟局域网(Virtual LAN,VLAN)技术。

VLAN 技术的出现是和局域网的交换技术的发展分不开的。VLAN 指在较大的交换网络上逻辑地划分为多个虚拟交换网络,每个虚拟交换网络是一个广播域,逻辑的划分在这里有两层含义:第一是交换网络划分过程是逻辑上的,即 VLAN 的划分是通过软件配置来完成的,还可以反复修改,而不需要物理网络拓扑的变化;第二是这种交换网络本身的特点是逻辑的,利用特定的技术将实际上并不一定连接在一起的工作站以逻辑的方式连接起来,使得这些工作站彼此之间的通信行为和将它们实际连接在一起一样,和传统交换网络不同之处在于这种虚拟交换网络与物理位置无关,并且无法通过网络的物理拓扑结构来判断虚拟交换网络的划分。

VLAN 技术将广播信息限制在单个 VLAN 内,交换机处理来自某 VLAN 的广播信息时,只是在该 VLAN 成员的端口上转发广播,避免将广播信息发送到不必要的 VLAN 上,从而实现广播域的隔离,避免了全网广播造成的带宽浪费。VLAN 技术还可以简化网络管理,当 VLAN 中的用户位置移动时,网络管理员只需设置几条命令即可。最后,该技术提高了网络的安全性,VLAN 之间不能直接通信,除非使用三层网络设备进行互连。

4.4.2 虚拟局域网的划分

VLAN 技术是指在一个平面物理网络上,根据用途、工作组、应用等划分的逻辑局域网络,与用户的物理位置没有关系。一个逻辑局域网络称为一个 VLAN,一个 VLAN 是一个广播域。每个 VLAN 有一个 ID 号,如 VLAN1 的 ID 号是 1。具有相同 ID 号的 VLAN 属于同一个 VLAN。划分 VLAN 有 4 种方法,即按端口划分,按 MAC 地址划分,按 IP 地址划分,以及按网络协议划分。

1. 按端口划分

在该种划分方法下,VLAN 的划分基于交换机的端口,即按需要将交换机的端口划分到不同的 VLAN 中。端口划分到哪个 VLAN,端口所连接的设备就属于哪个 VLAN。属于同一个 VLAN 的设备之间通过第二层交换机就可以互相通信;不属于同一个 VLAN 的设备只通过第二层交换机是不能通信的,要想通信,必须通过第三层设备(如路由器)。

2. 按 MAC 地址划分

在该种划分方法下,VLAN 的划分基于设备的 MAC 地址,按需要将某些设备的 MAC 地址划分在同一个 VLAN 中,交换机跟踪属于自己 VLAN 的 MAC 地址。这是一种基于用户的网络划分,因为 MAC 地址在用户设备的网卡(NIC)上。

按 MAC 地址划分的 VLAN 允许网络设备从一个物理位置移动到另一个物理位置,只要设备的 MAC 地址不变,都会自动保留其所属 VLAN 的成员身份。这种方式要求网络管理员建立一个将用户 MAC 地址划分在某个 VLAN 中的数据库,在一个大规模的 VLAN 中,实现起来比较困难,因为 MAC 地址太多。

3. 按 IP 地址划分

在该种划分方法下,每个 VLAN 都和一段独立的 IP 网段相对应,将 IP 网段的广播域和 VLAN 一对一地结合起来。用户可以在该 IP 网段内移动工作站而不会改变 VLAN 所属关系,便于网络管理。其主要缺点是效率要比第二层差,因为查看第三层 IP 地址比查看第二层 MAC 地址消耗的时间要多。

4. 按网络协议划分

在该种划分方法下,VLAN 按网络层协议来划分,将某种协议的应用划分为一个 VLAN,这种划分会使一个广播域跨越多个 VLAN 交换机。这对于希望针对具体应用和服务来组织用户的网络管理员来说是非常具有吸引力的,并且用户可以在网络内部自由移动,VLAN 成员身份仍能保持不变,这种划分方式的缺点是,广播域跨越多个 VLAN 交换机,容易造成某些 VLAN 站点数目较多,产生大量的广播包,使 VLAN 交换机的效率降低。

4.4.3 IEEE 802.1q 协议

1. 协议概述

IEEE 802.1q 是虚拟桥接局域网的正式标准,定义了同一个物理链路上承载多个子网的数据流的方法。IEEE 802.1q 定义了 VLAN 帧格式,为识别帧属于哪个 VLAN 提供了一个标准的方法。这个格式统一了标识 VLAN 的方法,有利于保证不同厂家设备配置的 VLAN 问题。

IEEE 802.1q 定义了以下内容:VLAN 的架构、VLAN 中所提供的服务、VLAN 实施中涉及的协议和算法。IEEE 802.1q 协议不仅规定 VLAN 中的 MAC 帧的格式,而且还制定诸如帧发送及校验、回路检测,对服务质量(QoS)参数的支持以及对网管系统的支持等方面的标准。IEEE 802.1q 如图 4-9 所示。

图 4-9 IEEE 802.1q 定义内容

2. IEEE 802.1q 帧格式

IEEE 802.1q 帧的格式如表 4-3 所示。

表 4-3　IEEE 802.1q 帧的格式

PRE	SF	DA	SA	TPID	IEEE 802.1q 标记(4B)			L/T	DATA	FCS
					PRI	CFI	VID			
					IEEE 802.1p(3b)					

各字段含义如表 4-4 所示。

表 4-4　IEEE 802.1q 帧格式各字段的含义

标　　志	说　　明
PRE	前导码,用于同步
SF	起始定界符,标志帧的开始
DA	目的 IEEE 802.3 MAC 地址
SA	源 IEEE 802.3 MAC 地址
TPID	标记协议标识符(2B),以太网为 0x8100(IEEE 802.3ab 格式)
PRI	802.1p 优先级,从 0 到 7(7 的优先级最高)
CFI	规范形式标记符(1b),说明 MAC 地址是否用规范形式表示。以太网为 0
VID	VLAN 标识符(12b),表示帧所属的 VLAN 号(取值范围为 0~4095)
L/T	标准的以太帧字段
DATA	用户数据(不超过 1500B)
FCS	帧校验序列

3. VLAN 链路类型

VLAN 链路类型包括接入链路和干道链路,如图 4-10 所示。

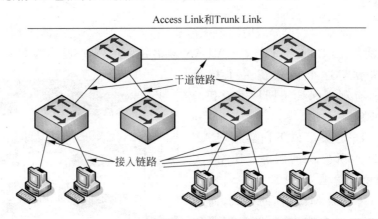

图 4-10　VLAN 链路类型

接入链路(Access Link)指的是用于连接主机和交换机的链路,通常情况下主机并不需要知道自己属于哪些 VLAN,主机的硬件也不一定支持带有 VLAN 标记的帧,主机要求发送和接收的帧都是没有打上标记的帧。

接入链路属于某一个特定的端口,这个端口属于一个并且只能是一个 VLAN,这个端口不能直接接收其他 VLAN 的信息,也不能直接向其他 VLAN 发送信息。不同 VLAN 的信息必须通过三层路由处理才能转发到这个端口上。

干道链路(Trunk Link)是可以承载多个不同 VLAN 数据的链路。干道链路通常用于交换机间的,或者用于交换机和路由器之间的连接。和接入链路不同,干道链路是用来在不同的网络设备之间(如交换机和路由器之间、交换机与交换机之间)承载 VLAN 的。通过配置,干道链路可以承载所有的 VLAN 数据,也可以配置为只能传输指定的 VLAN 的数据。

4．VLAN 帧在网络中的通信

局域网环境中有两台交换机,并且配置了两个 VLAN,如图 4-11 所示。主机和交换机之间的链路是接入链路,交换机之间通过干道链路互相连接。

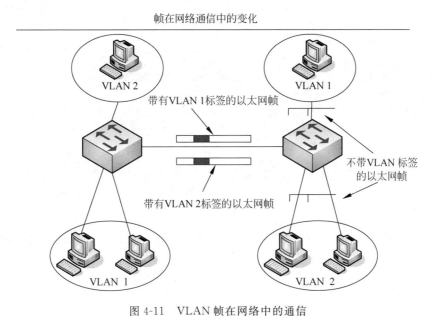

图 4-11　VLAN 帧在网络中的通信

对于主机来说,它是不需要知道 VLAN 的存在的。主机发出的报文都是 Untagged 的报文;交换机接收到这样的报文之后,根据配置规则(如端口信息)判断出报文所属 VLAN进行处理,如果报文需要通过另外一台交换机发送,则该报文必须通过干道链路传输到另外一台交换机上。为了保证其他交换机正确处理报文的 VLAN 信息,在干道链路上发送的报文都带上了 VLAN 标记。

当交换机最终确定报文发送端口后,将报文发送给主机之前,将 VLAN 的标记从以太网帧中删除,这样主机接收到的报文都是不带 VLAN 标记的以太网帧。

所以一般情况下,干道链路上传送的都是 Tagged Frame,接入链路上传送的都是Untagged Frame。这样做的最终结果是:网络中配置的 VLAN 可以被所有的交换机正确处理,而主机不需要了解 VLAN 信息。

5. Trunk 和 VLAN

无论一个网络由多少个交换机构成,也无论一个 VLAN 跨越了多少个交换机,按照 VLAN 的定义,一个 VLAN 就确定了一个广播域。广播报文能够被在一个广播域中的所有主机接收到,也就是说,广播报文必须被发送到一个 VLAN 中的所有端口。因为 VLAN 可能跨越多个交换机,当一个交换机从某 VLAN 的一个端口收到广播报文之后,为了保证同属一个 VLAN 的所有主机都接收到这个广播报文,交换机必须按照如下原则进行报文转发。

(1) 发送给本交换机中同一个 VLAN 中的其他端口;

(2) 将这个报文发送给本交换机的包含这个 VLAN 的所有干道链路,以便让其他交换机上的同一个 VLAN 的端口也发送该报文。

图 4-12 中将一个端口设置成 Trunk 端口,也就是说,和这个端口相连的链路被设置为 Trunk 链路,同时还配置哪些 VLAN 的报文,可以通过这个干道链路。

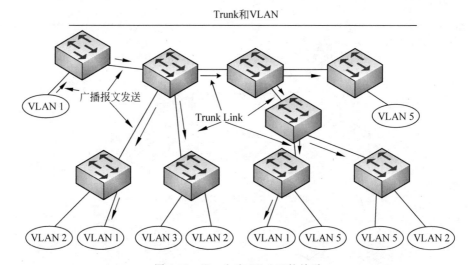

图 4-12　Trunk 和 VLAN 的关系

4.4.4　虚拟局域网的配置

如前所述,VLAN 可以很好地阻止广播风暴,同时便于一个 VLAN 中的用户相互通信,对其他的 VLAN 具有"隔离"功能,在一定程度上保证了信息传输的保密性。

下面以一个小型局域网 VLAN 的配置为例,介绍常用的按端口划分 VLAN 的基本方法。

假设某单位有计算机 24 台,主要使用网络的部门有:财务处(8 台)、人事处(6 台)和信息中心(10 台)三个部门。网络基本组成为:整个网络中干路部分采用两台 Catalyst 1900 网管型交换机(分别命名为 switch1、switch2)。现在需要将主要使用网络的部门(即财务部、人事部和信息中心三个部门)的用户划分 VLAN,以确保相应部门网络资源不被盗用或破坏。

通过分析,可以将该单位的网络划分为财务处、人事处和信息中心三个主要部分,对应的 VLAN 组名为 Fina,Huma 和 Info,各 VLAN 组所对应的交换机端口如表 4-5 所示。

表 4-5　各 VLAN 所对应的交换机端口

VLAN 号	VLAN 组名	端　口　号
2	Fina	Switch1　3～10
3	Huma	Switch1　13～18
4	Info	Switch2　2～11

注意：由于交换机有一个默认的 VLAN,即"1"号 VLAN,它包括所有连在该交换机上的用户,所以交换机的 VLAN 编号从"2"号开始。

VLAN 的配置过程需两步：①为各 VLAN 组命名；②把相应的 VLAN 对应到相应的交换机端口。

下面是具体的配置过程。

(1) 首先,设置好 Windows 系统自带的"超级终端",连接上 Catalyst 1900 交换机(switch1),通过超级终端配置交换机的 VLAN,连接成功后出现如下所示的主界面配置(交换机在此之前完成了基本信息的配置)。

```
1 user(s)now active on Management Console.
User Interface Menu
 [M]Menus
 [K]Command Line
 [I]IP Configuration
Enter Selection:
```

(2) 按 K 键,选择主界面菜单中的[K]Command Line 选项,进入如下命令行配置界面。

```
CLI session with the switch is open.
To end the CLI session,enter [Exit].
>
```

此时进入交换机的一般用户模式。这种模式只能查看现在的配置,不能更改配置,并且能够使用的命令很有限,所以必须进入"特权模式"。

(3) 在提示符">"下输入命令"enable",进入交换机特权模式。

```
#config t
Enter configuration commands,one per line.Enter with CNTL/Z
(config)#
```

(4) 设置特权模式的登录密码。配置代码如下。

```
(cofig)# hostname Switch1
Switch1(config)# enable password level 15 XXXXXX
Switch1(config)#
```

注意：特权模式密码必须是 4～8 位字符。这里所输入的密码是以明文形式直接显示的,要注意保密。交换机用 level1 级别的大小来决定密码的权限。level1 是进入命令行界面的密码,也就是说,设置 level1 的密码后,下次连上交换机,并输入"K"后,系统就会提示输入密码,这个密码是 level1 设置的密码。而 level15 是输入"enable"命令后,系统提示输入的特权模式密码。

（5）设置 VLAN 名称。在 Switch1 交换机上配置 2，3 号 VLAN 的代码为：

```
Switch1(config)# vlan 2 name Fina
Switch1(config)# vlan 3 name Huma
```

注意：以上配置是按表 4-4 所规定的规则进行的。

（6）配置交换机端口。Switch1 交换机的 VLAN 端口号配置如下。

```
Switch1(config)# int e0/3
Switch1(config-if)# vlan membership static 2
Switch1(config)# int e0/4
Switch1(config-if)# vlan membership static 2
…
Switch1(config)# int e0/10
Switch1(config-if)# vlan membership static 2
```

注意：以上部分是对 2 号 VLAN，名为 Fina 的从 3 到 10 号端口的配置。

```
Switch1(config)# int e0/13
Switch1(config-if)# vlan membership static 3
Switch1(config)# int e0/14
Switch1(config-if)# vlan membership static 3
…
Switch1(config)# int e0/18
Switch1(config-if)# vlan membership static 3
Switch1(config-if)#
```

注意：以上部分是对 3 号 VLAN，名为 Huma 的从 13 到 18 号端口的配置。

配置对应端口号的命令是"vlan membership static/dynamic 'VLAN'号"。在这个命令中 static（静态）和 dynamic（动态）分配方式两者必须选择一个，通常都是选择 static（静态）方式。int 是 Interface 命令的缩写，是接口的意思。e0/2 是 ethernet 0/2 的缩写，代表交换机的 0 号模块、2 号端口。

（7）在提示符"Switch1(config-if)#"下按 Ctrl＋Z 组合键返回。

（8）在特权模式下，输入 show vlan 显示上述配置，检查配置是否正确。

Switch2 的配置与 Switch1 的配置类似，在此不再赘述。

4.5　无线局域网及 IEEE 802.11 协议

4.5.1　无线网的介质访问控制方法及分类

由于无线局域网传输介质（微波、红外线）是无线信道，客观上存在一些全新的技术难题，为此 IEEE 802.11 协议规定了一些至关重要的技术机制。

1. CSMA/CA 协议

有线局域网在 MAC 层的标准协议是 CSMA/CD，即载波侦听多点接入/冲突检测。但由于无线产品的适配器不易检测信道是否存在冲突,因此 IEEE 802.11 全新定义了一种新的协议,即载波侦听多点接入/冲突避免(CSMA/CA)。一方面,载波侦听查看介质是否空闲;另一方面,通过随机的时间等待,使信号冲突发生的概率减到最小,当介质被侦听到空闲时,则优先发送。不仅如此,为了使系统更加稳固,IEEE 802.11 还提供了带确认帧(ACK)的 CSMA/CA 协议。在一旦遭受其他噪声干扰或者由于侦听失败时,信号冲突就有可能发生,而这种工作于 MAC 层的 ACK 此时能够提供快速的恢复能力。

传输介质不同,CSMA/CD 与 CSMA/CA 的检测方式也不同。CSMA/CD 通过电缆中电压的变化来检测,当数据发生碰撞时,电缆中的电压就会随着发生变化;而 CSMA/CA 采用能量检测(ED)、载波检测(CS)和能量载波混合检测三种检测信道空闲的方式。

2. RTS/CTS 协议

RTS/CTS 协议即请求发送/允许发送协议,相当于一种握手协议,主要用来解决"隐藏终端"问题。"隐藏终端"(Hidden Stations)是指,基站 A 向基站 B 发送信息,基站 C 未侦测到 A 也向 B 发送,故 A 和 C 同时将信号发送至 B,引起信号冲突,最终导致发送至 B 的信号都丢失了。"隐藏终端"多发生在大型单元中(一般在室外环境),这将带来效率损失,并且需要错误恢复机制。当需要传送大容量文件时,尤其需要杜绝"隐藏终端"现象的发生。WaveLAN IEEE 802.11 提供了如下解决方案。在参数配置中,若使用 RTS/CTS 协议,同时设置传送上限字节数——一旦待传送的数据大于此上限值时,即启动 RTS/CTS 握手协议:首先,A 向 B 发送 RTS 信号,表明 A 要向 B 发送若干数据,B 收到 RTS 后,向所有基站发出 CTS 信号,表明已准备就绪,A 可以发送,其余基站暂时"按兵不动",然后,A 向 B 发送数据,最后,B 接收完数据后,即向所有基站广播 ACK 确认帧,这样,所有基站又重新可以平等侦听、竞争信道了。

3. 信道重整

当传送的数据帧受到严重干扰时,必定要重传。因此若一个信包越大时,所需重传的耗费(时间、控制信号、恢复机制)也就越大;这时,若减小帧尺寸——把大信息包分割为若干小信包,即使重传,也只是重传一个小信包,耗费相对小得多。这样就能大大提高 WaveLAN 产品在噪声干扰地区的抗干扰能力。当然,作为一个可选项,用户若在一个"干净"地区,也可以关闭这项功能。

4. 多信道漫游

随着移动计算设备的日益普及,人们希望出现一种真正无所羁绊的网络接入设备。WaveLAN IEEE 802.11 就是这样的一种设备。传输频带是在接入设备(Access Point, AP)上设置的,而基站不须设置固定频带,并且基站具有自动识别功能,基站动态调频到 AP 设定的频带,这个过程称为扫描(Scan)。IEEE 802.11 定义了两种模式:被动扫描和主动扫描。被动扫描是指,基站侦听 AP 发出的指示信号,并切换到给定的频带;主动扫描是指,基站提出一个探视请求,接入点 AP 回送一个包含频带信息的响应,基站就切换到给定的频带。WaveLAN 802.11 采用的是主动扫描,并且能结合天线接收灵敏度,以信号最佳的信道确定为当前传输信道。这样,当原来位于接入点 A 覆盖范围内的基站漫游到接入点 B 时,基站能自适应,重新以 B 为当前接入点。

5. 可靠的安全性能

WaveLAN 本身的发射功率很小，小于 35mV，而且还被扩展到 22MHz 带宽。一方面，平均能量很低(15dBm)；另一方面，不存在频率单一的载波，因此很难被扫描跟踪，这也是此项技术一直用于军事上的原因。这些是物理上的安全机制，在软件上，还采用了域名控制、访问权限控制和协议过滤等多重安全机制；并且在有线同等保密(WEP)方面，对于特殊用户，可选以下附件：基于 RC4 加密(1988RSA 运算法则)和密码(40 位加密钥匙)。

6. 直序扩展频谱

直序扩展频谱(DSSS)技术是目前应用较广的一种扩频方式。直接序列扩频系统是将要发送的信息用伪随机码(PN 码)扩展到一个很宽的频带上去，在接收端，用与发送端扩展用的相同的伪随机码对接收到的扩频信号进行相关处理，恢复出发送的信息。对干扰信号而言，由于与伪随机码不相关，在接收端被扩展，使落入信号同频带内的干扰信号功率大大降低，从而提高了相关机器的输出信/干比，达到了抗干扰的目的。

4.5.2　无线局域网技术与 IEEE 802.11 标准

IEEE 802.11 系列标准的制定主要针对对等网络和基础结构网络。IEEE 802.11 是 IEEE 802.11 工作组最初制定的无线局域网标准，为了解决 IEEE 802.11 的无线局域网速度问题，工作组又相继推出了 IEEE 802.11b、IEEE 802.11a、IEEE 802.11g，这三个标准是对 IEEE 802.11 标准的升级，涉及物理层的 4 个标准的特点比较，如表 4-6 所示。

表 4-6　涉及物理层的 4 个标准比较

	IEEE 802.11	IEEE 802.11b	IEEE 802.11a	IEEE 802.11g
制定时间	1997	1999	1999	2003
工作频率	2.4GHz 和 5GHz	2.4GHz	5GHz	2.4GHz
调制方法	GFSK 等	CCK	OFDM	OFDM 和 CCK
最大数据传输速率	2Mb/s	11Mb/s	54Mb/s	54Mb/s
传输距离	100m	100～300m	5～10km	100m
业务	数据	数据、图像	语音、数据、图像	语音、数据、图像
应用情况	较少	广泛	不普及	广泛

1. IEEE 802.11 系列标准

IEEE 802.11：1997 年，IEEE 发布了开放的无线局域网标准 IEEE 802.11，主要用于解决办公室局域网和校园网中用户终端的无线接入问题。IEEE 802.11 规定了无线局域网统一的媒体访问控制层(MAC)协议及 RF 和红外收发器的物理层接口，使得不同厂商的无线产品得以互联。基于该标准的无线局域网物理层采用红外、DSSS(直接序列扩频)或 FHSS(跳频扩频)技术，工作于 2.4GHz 和 5GHz 频段，共享数据速率最高可达 2Mb/s。

IEEE 802.11 支持两种拓扑结构：独立基本服务集 IBSS 网络和扩展服务集 ESS 网络。

IEEE 802.11b：基于该标准的无线局域网工作在 2.4GHz 频段，支持红外、DSSS 或

FHSS,并在 IEEE 802.11 标准的基础上对物理层协议进行了改进,采用补码键控 CCK 编码技术和正交相移键控 QPSK 调制技术,提高了传输的速率和传输的可靠性。支持两个数据传输速率:5.5Mb/s 和 11Mb/s。当外界环境干扰过强时,传输速率可以自动从 11Mb/s 切换到 5.5Mb/s,以此来补充环境的不利影响。IEEE 802.11b 标准设备的有效访问距离为 300m。

IEEE 802.11a:基于该标准的无线局域网工作在 5GHz 频段,采用正交频分复用(OFDM)技术来提高数据传输速度并改进信号质量,物理层速率可达 54Mb/s,传输层可达 25Mb/s,最大数据传输距离为 50km。OFDM 技术的基本原理是将无线信道分成多个并行传输的低速率子信道,载波间相互独立并处于正交方式。与 IEEE 802.11b 相比,IEEE 802.11a 的优势在于数据传输速率快,受到的干扰少,但是价格昂贵。

IEEE 802.11g:2003 年年初,IEEE 802.11g 标准获得批准,目的是在 2.4GHz 频段实现 IEEE 802.11a 的速率要求。基于该标准的无线局域网工作在 2.4GHz 频段,采用 PBCC 或 CCK/OFDM 调制方式,网络传输速率可达 54Mb/s。IEEE 802.11g 使用 2.4GHz 频段,对现有的 IEEE 802.11b 系统向下兼容。它既能适应传统的 IEEE 802.11b 标准(在 2.4GHz 频率下提供的数据传输率为 11Mb/s),也符合 IEEE 802.11a 标准(在 5GHz 频率下提供的数据传输率为 54Mb/s),从而解决了对已有的 IEEE 802.11b 设备的兼容。用户还可以配置与 IEEE 802.11a、IEEE 802.11b 以及 IEEE 802.11g 均相互兼容的多方式无线局域网,有利于无线网络市场的发展。

2. IEEE 802.11 补充标准

IEEE 802.11c:IEEE 802.11c 是关于 IEEE 802.11 网络与 IEEE 802.3 以太网络互联的标准。

IEEE 802.11e:IEEE 802.11e 标准的主要工作是改进和管理无线局域网服务质量,实现音频、视频信号在无线网络上的传输。IEEE 802.11e 制定了服务质量(Quality of Service,QoS)标准,用来解决网络延迟和阻塞等问题,当网络过载或拥塞时,QoS 能确保重要业务不受延迟或丢弃,同时保证网络的高效运行。

IEEE 802.11e:对 MAC 层的增强与 IEEE 802.11a、IEEE 802.11b 中对物理层的改进结合起来,提升整个系统的性能,扩大 IEEE 802.11 系统的应用范围,解决了 WLAN 不能够传送语音、视频等应用问题。

IEEE 802.11f:也称为接入点间协议标准(Inter-Access Point Protocol,IAPP),用来实现不同接入点 AP 间的互操作性。IEEE 802.11f 协议具体说明了管理扩展服务集和分发系统所需要的信息量和实际操作过程,其中包括新 AP 的注册、AP 寻址以及漫游过程中对信息连续性的保持等。

IEEE 802.11h:IEEE 802.11h 标准主要是为了增强 5GHz 频段的 IEEE 802.11 MAC 规范及 IEEE 802.11a 高速物理层规范。该标准能够增强对信道进行测度和报告的机制,以便改进频段和传送功率管理。

IEEE 802.11n:IEEE 802.11n 标准可以提供传输速率为 100～200Mb/s 的高速数据传输,同时 IEEE 802.11n 是兼顾 MAC 与 PHY 两层的标准。

4.5.3 无线 Ad hoc 网络技术

无线网络在支持移动性方面的发展非常迅速。按照移动通信系统是否具有基础设施,可以把移动无线网络分成两类。

第一种类型是具有基础设施的网络。移动节点借助于通信范围内最近的基站实现通信。在这样的网络里,移动节点相当于移动终端,它不具备路由功能,而只有移动交换机负责路由和交换功能。这种类型网络的典型例子有蜂窝无线系统、办公室无线局域网等。

第二种类型是一种无基础设施的移动网络,即无线 Ad hoc 网,如图 4-13 所示。它是一种自治的无线多跳网,整个网络没有固定的基础设施,也没有固定的路由器,所有节点都是移动的,并且都能以任意方式动态地保持与其他节点的联系。在这种环境中,由于终端的无线覆盖范围的有限性,两个无法直接进行通信的用户终端可借助于其他节点进行分组转发。每一个节点都可以说是一个路由器,它们要能完成发现和维持到其他节点路由的功能。典型例子有交互式的讲演,可以共享信息的商业会议,战场上的信息中继,以及紧急通信需要。

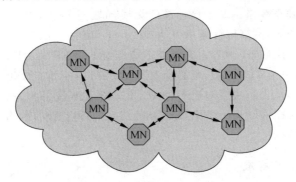

图 4-13　无线 Ad hoc 网

"Ad hoc"一词来源于拉丁语,意思是"专用的、特定的"。Ad hoc 网络通常也称为无固定设施网""自组织网""多跳网络"、MANET。目前,Ad hoc 网络已经受到国际学术界和工业界的广泛关注。

Ad hoc 网络技术早在二十多年前就已开始研究,且研究的重点主要放在国防项目上,诸如抗毁的、自适应的网络研究计划(SURAN)、低开销的分组无线网络研究计划(LCR)。其最初的项目支持者是美国国防高级研究计划局(DARPA)和美国陆军以及海军研究办公室(ONR)。现在,美国政府资助的这方面的计划仍在继续进行,例如战术互联网、近距离数字无线电台。

Ad hoc 网络技术在军事领域发展的同时,也引起了商用领域的极大兴趣。Internet 工程任务组(IETF)也成立了一个移动 Ad hoc 网络工作组(MANET),其主要目标就是针对无线 Ad hoc 多跳网开发一种基于 IP 协议的路由机制,使得 IP 协议扩展到这种自组织的、快速移动的无线网。

1. 无线 Ad hoc 网络的特点

无线 Ad hoc 网络是由移动主机构成的自主系统,主要特征如下。

1) 网络自主性

无线 Ad hoc 网相对常规通信网络而言,最大的区别就是可以在任何时刻、任何地点不需要现有信息基础网络设施。这也是个人通信的一种体现形式。

2) 动态拓扑

节点具有任意移动性。此外,无线传播条件的快速改变,也导致了网络拓扑结构以不可预测的方式任意和快速地改变。

3）带宽限制和变化的链路容量

无线 Ad hoc 网络采用无线传输技术作为底层通信手段,其相对于有线信道具有较低的容量;并且由于多路访问、多径衰落、噪声和信号干扰等多种因素,使得移动节点的实际带宽小于理论上的最大带宽值。

4）能量限制节点

移动节点依靠电池提供工作所需的能量。减少功耗将是影响网络协议设计的一个非常重要的因素。

5）多跳通信

由于无线收发机的信号传播范围有限,Ad hoc 网络要求支持多跳通信。这种多跳通信由此也带来了隐藏终端、暴露终端和公平性等问题。

6）分布式控制

无线 Ad hoc 网络中的用户节点都兼备独立路由和主机功能,不存在一个网络中心控制点,用户节点之间的地位是平等的,网络路由协议通常采用分布式控制方式,因而具有很强的鲁棒性和抗毁性。而在常规通信网络中,由于存在基站、网控中心或路由器这样一类集中控制设备,用户终端与它们所处的地位不是对等的。

7）有限的安全性

通常,移动无线网络由于采用无线信道、有限电源、分布式控制等原因,会比有线网络更易受到安全性的威胁。这些安全性的攻击包括窃听、电子欺骗和拒绝服务等攻击手段。

2．无线 Ad hoc 网络的关键技术

1）无线 Ad hoc 网络的路由技术

在 Ad hoc 网络里,移动节点通过多跳无线链路实现相互间的通信。整个网络没有固定的基础设施,例如基站。网内每一个节点都可作为路由器,向其他节点转发数据分组。开发一种能有效地找到节点间路由的动态路由协议就成为 Ad hoc 网络设计的关键。Ad hoc 路由协议需要能够实现以下的功能。

（1）能感知网络拓扑结构的变化。Ad hoc 路由协议要能够检测到网络拓扑的动态变化。因为 Ad hoc 网络需要进行多跳通信,所以路由协议必须确保路径中的链路具有很强的连接性。Ad hoc 网络中的节点必须知道它的周围环境和可以与它直接进行通信的节点。Ad hoc 网络里提供网络连接的方法主要有两种:平面路由网络结构和分层路由网络结构。在平面路由网络结构中,所有的节点都是平级的,分组的路由是基于对等的连接。但是在分层路由结构中,较低层至少要有一个节点作为与高层联系的网关。

（2）维护网络拓扑的连接。因为每个移动主机都可以随时改变位置,所以网络拓扑是频繁变化的。这样,Ad hoc 路由协议为了维持节点之间的链路具有较强的连接性,它必须动态更新链路状态和对自己重新配置。如果采用中心控制的路由算法,为把节点链路状态的改变传送到所有的节点,就会消耗过多的时间和精力,显然是不适合的,所以要采用一种全分布式的路由算法。

（3）高度自适应的路由。相对于有线网络里的静态节点,Ad hoc 网络要求一个高度自适应的路由机制,来处理快速的拓扑变化。而传统的路由协议,如距离矢量和链路状态算

法,要求在指定路由器间交换大量路由信息,因此在 Ad hoc 网络里都不能有效地工作。所以针对 Ad hoc 网络的特点,提出了新的路由算法。总的来说,这些路由算法可以分为三种类型:表驱动算法、需求驱动算法、表驱动和需求驱动算法相混合的算法。

目前,国内外的研究人员基于各种不同的角度提出了许多针对无线 Ad hoc 网的路由协议,其中一部分也提交到 Ad hoc 网工作小组成为 RFC 草案。一些典型的自组网路由协议如下。

DSDV(Destination-Sequenced Distance-Vector)协议

WRP(Wireless Routing Protocol)

DSR(Dynamic Source Routing)协议

ABR(Associativity Based Routing)协议

ZRP(Zone Routing Protocol)

AODV(Ad hoc on Demand Distance Vector Routing)协议

TORA(Temporally Ordered Routing Algorithm)协议

LS_QoS(Link-State Based QoS Routing)协议

2) 无线 Ad hoc 网络的安全问题

与传统的无线网不同,无线 Ad hoc 网作为一种新型的无线移动网络,不依赖于任何固定设施,而是通过移动节点间的相互协作保持网络互联。由于该网络的独特性,它正逐步运用于商业环境。设计这种网络面临的一个主要挑战就是它易受到安全攻击,例如受到窃听、伪造、拒绝服务等攻击。

在无线 Ad hoc 网中没有基站或中心节点,所有节点都是移动的,网络的拓扑结构动态变化。节点间通过无线信道相连,没有专门的路由器,由节点自身充当路由器,同时也没有命名服务、目录服务等网络功能。这就导致了在传统网络中的安全机制不再适用于 Ad hoc 网,所以应提出专门针对无线 Ad hoc 网的安全机制。目前提出的安全策略有:基于口令的认证协议,它与传统的口令认证不同的地方是密钥和口令的产生是由多台机器决定,而不是集中由一台机器产生,并且还提供了一种完善的口令更新机制;"复活鸭子"的安全模式,它主要针对传感器网络里,传感器与控制者之间可能存在的不安全问题,提出传感器在"死亡"之前,只受其拥有者的控制;异步的分布式密钥管理,它提出密钥管理服务是由多个节点(一个集合)来管理,而不是由单个节点来管理。

3) 无线 Ad hoc 网的互联

无线 Ad hoc 网是一种多跳网,上述路由算法都属于单个网内的,现在多数的研究也都集中在这个方面,却很少涉及如何把多个 Ad hoc 子网连接成一个大网及如何与有线 Internet 相结合,由此便提出将无线 Ad hoc 网络互联的问题。通过使用网关路由器,可以实现将几个 Ad hoc 网络互联以及网内节点可以访问 Internet 的功能。这种形式可以向位于多个分散地理位置上的工作小组提供协同通信能力。

无线 Ad hoc 网与 Internet 和广域网的互联,从外部来看,可以认为 Ad hoc 网是一个 IP 子网。网内部分分组的传送是由网内路由协议完成(分组到达目的地可能要经过多跳),而当分组进入或离开子网时,采用标准 IP 路由机制。这就要求网关节点要能运行多种路由协议。

无线 Ad hoc 网可以看作是现有网络在特定场合下的一种扩展。作为 Ad hoc 网内部的移动节点,有访问现有有线网络资源,与其他 Ad hoc 网内的移动节点通信的需求,即 Ad hoc 网互联。

3．分层无线 Ad hoc 网络的应用

Ad hoc 网络作为一种无线自组网,可以用在很多方面,如军事通信系统、防汛抗洪等应急通信系统、商业应用环境及无线接入网等领域。根据无线 Ad hoc 网的特点,下面简述它在民用中的另一种应用:分层自组网。

分层自组网在未来的全球移动通信系统中,可作为蜂窝移动通信系统的一个重要补充。蜂窝通信系统的"无缝"覆盖能力是很强的,但它所能提供的高速数据业务和多媒体服务却有限,第三代移动通信系统用户的最大数据传输速率只有 2Mb/s,还是不能完全满足未来移动用户的业务需求,特别是在业务比较集中的热点小区。而分层自组网由于可以采用基于 IP 的分组交换技术,所以适合在这样的热点小区提供高速率的数据业务和多媒体业务。

现有的某些接入网如无线局域网(IEEE 802.11)、蓝牙等,在网络层来看,是一个单跳的网络,无路由功能,分层自组网则是一个多跳的网络。分层自组网可以分为两层,一层是接入层,一层是终端层。接入层是由多个 AP(接入点)构成的,这些 AP 既可以作为网络接入点,也可以作为用户,并且这些 AP 的位置是可以随意移动的,这一层就构成一个无线自组网,AP 之间的通信采用相互转发来实现,也即多跳通信。终端层是由移动终端用户组成,它们也构成一个自组网,相互之间的通信也可采用多跳转发,并且可以通过 AP 与其他微小区用户通信或接入网络。

分层自组网作为蜂窝无线系统的重要补充,还有一些技术难点需要突破,例如越区切换,漫游,满足用户在高速移动下的快速动态路由技术,移动网络管理技术等。这些技术的解决对于网络能否正常和稳定工作是十分关键和必不可少的。

4．无线 Ad hoc 网络的发展趋势

无线 Ad hoc 网是一种新颖的移动计算机网络的类型,它既可以作为一种独立的网络运行,也可以作为当前具有固定设施网络的一种补充形式。其自身的独特性,将赋予其巨大的发展前景。其发展趋势主要有以下几个方面。

(1) 其民用领域将逐步扩大。

(2) 由于现在只有涉及路由协议的相关草案,所以标准的制定对于无线 Ad hoc 网的进一步推广起着重要作用。标准包括的范围不仅是网络层,还要涉及物理层及链路层。

(3) 前述的某些技术只是针对特定环境下的 Ad hoc 网,因此提出一种能自适应于任何环境下的相关协议将很有应用前景。

4.5.4　蓝牙技术

蓝牙(Bluetooth)是一种支持设备短距离通信(一般是 10m 之内)的低功耗、低成本无线电技术,能在包括移动电话、PDA、无线耳机、笔记本电脑、相关外设等众多设备之间进行无线信息交换。它利用短程无线链路取代专用电缆,不但免去相互之间连接的麻烦,而且便于人们在室内或户外流动操作,具有广泛的应用前景,正受到全球各界的广泛关注。新兴的蓝牙技术已从萌芽期进入了壮大发展期,在无线通信、消费类电子和汽车电子以及工业控制领

域得到广泛的应用。

1. 概述

"蓝牙"原是一位在 10 世纪统一丹麦的国王,他将当时的瑞典、芬兰与丹麦统一起来。用他的名字来命名这种新的技术标准,含有将四分五裂的局面统一起来的意思。蓝牙技术使用高速跳频(Frequency Hopping,FH)和时分多址(Time Division Multiple Access,TDMA)等先进技术,在近距离内最廉价地将几台数字化设备(各种移动设备、固定通信设备、计算机及其终端设备、各种数字数据系统,如数字照相机、数字摄像机等,甚至各种家用电器、自动化设备)呈网状连接起来。蓝牙技术是网络中各种外围设备接口的统一桥梁,它消除了设备之间的连线,取而代之以无线连接。

蓝牙是一种短距的无线通信技术,它的标准是 IEEE 802.15,工作在 2.4GHz 频带,带宽为 1Mb/s。电子装置彼此可以通过蓝牙连接起来,省去了传统的电线。透过芯片上的无线接收器,配有蓝牙技术的电子产品能够在 10m 的距离内彼此相通,传输速度可以达到每秒 1MB。以往红外线接口的传输技术需要电子装置在视线之内的距离,而现在有了蓝牙技术,这样的麻烦也可以免除了。

2. 蓝牙应用举例

(1) 蓝牙外设。计算机使用蓝牙鼠标和蓝牙键盘,以代替有线鼠标和键盘;蓝牙打印机的应用也很受欢迎;蓝牙耳机的应用改变了人们接电话的方式。

(2) 文件传输。可跨越不同软件平台传输文件,但是由于 iPhone 的闭源系统,因此 iPhone 和安卓手机之间还不能互传文件。

(3) 传真服务。如果拥有一部蓝牙手机,只要到运营商开通数据传真服务,并在计算机上安装例如 WINFAX 的发传真软件,然后把数据机指定为手机端口就可以在计算机上通过蓝牙无线发传真了。

(4) 蓝牙网络。组建硬件、软件和互操作需求的一种无固定的中心站蓝牙网络。如 PPC 与 PC 在非同步的方式下共享上网。

(5) 拨号网络。拨接到调制解调器,以连接到互联网。

(6) 语音数据。也就是蓝牙的音频网关的服务,同时蓝牙能提供数据同步、存储功能。蓝牙 U 盘和 USB 适配器等就是在数据领域的典型应用。

(7) 汽车电子。如蓝牙汽车音响、蓝牙后视镜、蓝牙车载导航、蓝牙汽车防盗系统。

(8) 工业控制。如通过蓝牙网关进行工业仪表控制,蓝牙串口模块在现场控制中的应用。

3. 蓝牙网络拓扑结构

1) 微微网

微微网(Piconet)是由采用蓝牙技术的设备以特定方式组成的网络。微微网的建立是由两台设备(如便携式计算机和蜂窝电话)的连接开始,最多由 8 台设备构成。所有的蓝牙设备都是对等的,以同样的方式工作。然而,当一个微微网建立时,只有一台为主设备,其他均为从设备,而且在一个微微网存在期间将一直维持这一状况,如图 4-14 所示。

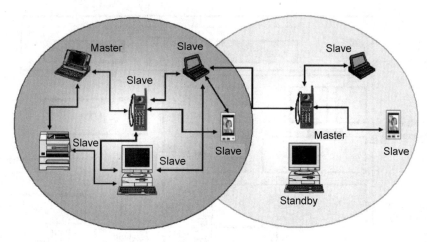

图 4-14　蓝牙网络拓扑图

所有的用户都共享同一可以达到的资源(数据速率)。从设备最多只能有三个面向同步的(SCO)连接和一个面向异步的(ACL)连接同时进行。

2) 散射网

散射网络(Scatternet)：是由多个独立、非同步的微微网形成的。它靠跳频顺序识别每个微微网。同一微微网所有用户都与这个跳频顺序同步。在一个分布网络中,在带有 10 个全负载的独立的微微网的情况下,全双工数据速率超过 6Mb/s。

4. 协议体系

蓝牙协议体系结构可以分为物理硬件模块、核心协议层、高端应用层三大部分,如图 4-15 所示。

1) 物理硬件部分

链路管理(LM)、基带(BB)和射频(RF)构成了蓝牙的物理模块。RF 通过 2.4GHz 的 ISM 频段,实现数据位流的传输,它主要定义了蓝牙收发器应满足的条件。基带负责跳频和蓝牙数据及信息帧的传输。基带就是蓝牙的物理层,它负责管理物理信道和链路中除了错误纠正、数据处理、调频选择和蓝牙安全之外的所有业务。基带在蓝牙协议栈中位于蓝牙无线电之上,基本上起链路控制和链路管理的作用,比如承载链路连接和功率控制这类链路级路由等。基带还管理异步和同步链路、处理数据包、寻呼、查询接入和查询蓝牙设备等。基带收发器采用时分复用 TDD 方案(交替发送和接收),因此除了不同的跳频之外(频分),时间都被划分为时隙。在正常的连接模式下,主单元总是会以偶数时隙启动,而从单元则总是从奇数时隙启动(尽管它们可以不考虑时隙的序数而持续传输)。

链路管理负责连接的建立和拆除以及链路的安全和控制,它们为上层软件模块提供了不同的访问入口,但是两个模块接口直接的消息和数据传输必须通过蓝牙主机控制器(HCI)的解析。也就是说,HCI 就是蓝牙协议中软件和硬件接口的部分。它提供了一个调用下层的基带、链路管理器、状态和控制寄存器等硬件的同一命令接口。HCI 以上的协议软件实体运行在主机上,而 HCI 以下的功能由蓝牙设备来完成,二者直接通过传输层进行交互。

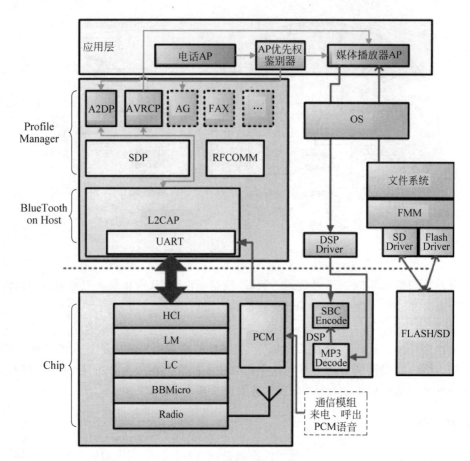

图 4-15　蓝牙协议体系

2）核心协议

设计协议和协议栈的主要原则是尽可能地利用现有各种高层协议,保证现有协议与蓝牙技术的融合以及各种应用之间的互通性;充分利用兼容蓝牙技术规范的软硬件系统和蓝牙技术规范的开放性,便于开发新的应用。

蓝牙标准包括 Core 和 Profiles 两大部分。Core 是蓝牙的核心,主要定义蓝牙的技术细节。Profiles 部分定义了在蓝牙的各种应用中的协议栈组成,并定义了相应的实现协议栈。这样就为全球兼容性打下了基础。它是蓝牙协议的关键部分,包括基带部分协议和其他低层链路功能的基带/链路控制期协议;用于链路的建立、安全和控制的链路管理器协议 LMP;描述主机控制器接口的 HCI 协议;支持高层协议复用、帧的组装和拆分的逻辑链路控制和分配协议 L2CAP;发现蓝牙设备提供服务的 SDP 协议等。

（1）连接管理协议（LMP）。LMP 负责蓝牙各设备间连接的建立。它通过连接的发起、交换、核实,进行身份验证和加密,通过协商确定基带数据分组大小;它还控制无线设备的电源模式和工作周期,以及微微网内设备单元的连接状态。

（2）逻辑链路控制和适配协议（L2CAP）。L2CAP 是基带的上层协议,可以认为它与 LMP 并行工作,它们的区别在于当业务数据不经过 LMP 时,L2CAP 为上层提供服务。L2CAP 向上层提供面向连接的和无连接的数据服务,它采用了多路技术、分割和重组技术、群提取技术。L2CAP 允许高层协议以 64KB 收发数据分组。虽然基带协议提供了 SCO 和 ACL 两种连接类型,但 L2CAP 只支持 ACL。

（3）服务发现协议（SDP）。发现服务在蓝牙技术框架中起到至关重要的作用,它是所有用户模式的基础。使用 SDP,可以查询到设备信息和服务类型,从而在蓝牙设备间建立相应的连接。

3）高端应用

（1）RFCOMM 电缆替代协议。它是一种仿真协议,在蓝牙基带协议上仿真 RS-232 控制和数据信号,为上层协议提供服务。

（2）TCS 电话控制协议。它是面向比特的协议,定义蓝牙设备间建立数据和话音呼叫的控制信令和处理蓝牙 TCS 设备群的移动管理进程；AT-Command 控制命令集是定义在多用户模式下控制移动电话、调制解调器和用于仿真的命令集。

（3）与 Internet 相关的高层协议。它定义了与 Internet 相关的 PPP、UDP、TCP/IP 及无线应用协议 WAP。两个蓝牙设备必须具有相同的协议组成才能进行相互的通信。

（4）无线应用协议（WAP）。无线应用协议是由无线应用协议论坛制定的,它融合了各种广域无线网络技术,其目的是将 Internet 内容和电话业务传送到数字蜂窝电话和其他无线终端上。选用 WAP,可以充分利用为无线应用环境（WAE）开发的高层应用软件。

（5）点对点协议（PPP）。在蓝牙技术中,PPP 位于 RFCOMM 上层,完成点对点的连接。

（6）对象交换协议（OBEX）。IrOBEX（简写为 OBEX）是由红外数据协会（IrDA）制定的会话层协议,它采用简单的和自发的方式交换目标。OBEX 是一种类似于 HTTP 的协议,假设传输层是可靠的,采用客户机/服务器模式,独立于传输机制和传输应用程序接口（API）。电子名片交换格式（vCard）、电子日历及日程交换格式（vCal）都是开放性规范,它们都没有定义传输机制,而只是定义了数据传输模式。SIG 采用 vCard/vCal 规范,是为了进一步促进个人信息交换。

（7）TCP/UDP/IP。TCP/UDP/IP 是由 IETF 制定的,广泛应用于 Internet 通信的协议,在蓝牙设备中使用这些协议是为了与 Internet 相连接的设备进行通信。

5. 蓝牙技术特征总结

1）蓝牙技术的优势

（1）支持语音和数据传输；

（2）采用无线电技术,传输范围大,可穿透不同物质以及在物质间扩散；

（3）采用跳频展频技术,抗干扰性强,不易窃听；

（4）使用在各国都不受限制的频谱；

（5）功耗低,成本低。

2）蓝牙的劣势

（1）传输速度慢。

（2）安全性不高。

4.5.5　无线应用协议 WAP 技术

WAP 是一个应用环境和无线设备的通信协议集。其设计目标是用一种与制造商、销售商无关以及与技术无关的方式实现无线设备对 Internet 和高级电话服务的访问。事实上,我们可以将 WAP 看作一个简单的协议,定义了无线移动设备与网络中的固定服务器进行通信的标准方式。

1. WAP 的起源与发展

1997 年,世界几个主要的移动设备制造商 Motorola、Nokia、Ericsson 和美国一家软件公司 Phone.com 作为最初的发起者成立了 WAP 论坛,开始进行 WAP 的开发。其目的是定义一种将服务器上的内容进行过滤,以适合移动终端通信的标准方式,为移动通信中使用 Internet 业务制定统一的应用标准。

WAP 论坛的成立过程在一定程度上体现了 WAP 的开放本质。1997 年年初,美国一家网络运营商 Omnipoint 提出要提供移动信息服务。这一意向很快就收到一些大公司的回复。但他们各自使用自己所专有的技术。Omnipoint 明确指出,应该开发一种公共的开放标准。最终 Ericsson 和 Motorola 加入到 Nokia 和 Phone.com 的队伍当中,成立 WAP 论坛,联手开发 WAP。

WAP 设计的目标是,基于 Internet 中广泛应用的标准(如 HTTP,TCP/IP,SSL,XML 等),提供一个对空中接口和无线设备独立的无线 Internet 全面解决方案,同时支持未来的开放标准。其中,独立于空中接口是指 WAP 应用(如对话音、传真和 E-mail 的统一消息处理等)能够运行于各种无线承载网络之上,如 TDMA、CDMA、GSM、GPRS(通用分组无线系统)、CDPD(蜂窝数字分组数据网)、CSD(电路交换式数据网)、SMS(短消息服务)、USSD(非结构化补充业务数据)等,而不必考虑它们之间的差异,从而最大程度地兼容现有的及未来的移动通信系统;独立于无线设备是指 WAP 应用能够运行于从手机到功能强大的 PDA 等多种无线设备之上,各厂商按照 WAP 生产的不同设备,应具有一致的用户操作方式。

WAP 论坛的成立,极大地推进了 WAP 协议的开发过程。1997 年 7 月,WAP 论坛出版了第一个 WAP 标准架构。次年 5 月,WAP 1.0 版正式推出。WAP 1.1 版也在 1999 年 6 月正式发行。

WAP 论坛成立后,受到信息产业界的广泛关注。到目前为止,已经有超过 200 个公司加入论坛,其中包括世界主要的移动通信设备制造商、电信运营公司和软件开发供应商。设备制造商已经开发出支持 WAP 协议的移动终端,而且正在进一步努力丰富功能和提高性能;越来越多的 ISP 开始提供无线信息服务;软件开发商也迅速开发出微型浏览器(Microbrowser),支持移动终端浏览 Internet。还有众多的爱好者在开发基于 WAP 的应用,这些极大地丰富了移动终端的信息源。

WAP 可以支持目前使用的绝大多数无线设备,包括移动电话、FLEX 寻呼机、集群通信设备等。这些设备相对于台式个人计算机而言,CPU 处理能力弱,内存小,电源供应时间有限,显示屏较小,输入功能有限。在传输网络上,WAP 可以支持目前的各种移动网络,如 GSM、CDMA、PHS 等,它也可以支持未来的第三代移动通信系统。但相对有线网络带宽,无线网络的带宽资源永远是有限的。考虑到以上的限制和不利因素,WAP 充分借鉴了

Internet 的思想,并加以一定的修改和简化。这就是,应用程序和网络内容采用标准的数据格式表示,使用与在 PC 上使用的浏览器软件相类似的微浏览器,应用标准的通信模式进行上网浏览。

2. WAP 的设计思想

WAP 定义了一种移动通信终端连接互联网的标准方式,提供了一套统一、开放的技术平台,使移动设备可以方便地访问以统一的内容格式表示的 Internet 信息。

WAP 采用客户机/服务器模式。它在移动通信终端中嵌入一个与 PC 上运行的浏览器(例如 IE,Netscape)类似的微型浏览器,从而减少对移动终端的资源要求。WAP 把更多的事务和智能化处理交给 WAP 网关(WAP Gateway)。同时,基于微浏览器的服务和应用临时性地驻留在服务器中,而不是永久性地存储在移动终端中。这样做是因为大多数的移动通信终端 CPU 的处理能力较弱,内存较小,无线环境下电力供应有限,显示屏较小,输入功能有限。这些限制因素决定了必须把更多的任务交给 WAP 网关,减少终端的负担。正如 Phone.com 公司所言:WAP 的设计思想就是要尽可能少地使用移动设备资源,并通过丰富其网络功能来弥补设备资源的限制。

正是基于这个思想,WAP 设想应该支持各种移动通信设备(从只能够显示一行信息的设备到智能电话),应该可以运行于现有或计划中的服务(例如 SMS、USSD、GPRS、CSD 等),应该适合任何移动网络标准(包括 CDMA、GSM 等),应该支持多种输入终端(例如键盘,触摸屏等)。

3. WAP 通信模型概述

传统的 WWW 采用客户机/服务器(C/S)结构。客户端的 Web 浏览器向网络服务器发出服务请求,服务器用标准的数据模式进行响应。

与传统的 WWW 通信相比,WAP 也采用客户机/服务器方式。但二者之间最大的差别在于:客户机与服务器之间,WAP 模型多了一个 WAP 网关。客户机通过 WAP 网关然后再与资源服务器(Origin Server)通信。同时,在客户机与 WAP 网关之间传递的信息也有别于传统方式下客户机与服务器间交换的信息。

WAP 内容和应用采用与 WWW 类似的模式定义,内容的传输也采用一套与 WWW 通信协议类似的标准通信协议。移动终端的微型浏览器与标准的 Web 浏览器类似,负责协调与用户的接口。考虑到无线网络的带宽限制,需要把客户方用户代理与 WAP 网关间传递的信息(包括请求和响应)进行压缩编码,以减少网络数据流量,最大限度地利用无线网络缓慢的数据传输率。

WAP 网关是一个 WAP 代理。WAP 使用代理技术连接无线域和 WWW。典型的 WAP 代理主要包括以下两个功能。

(1) 协议转换——负责把 WAP 协议栈(WSP、WTP、WTLS 和 WDP)的请求转换为 WWW 协议栈(HTTP 和 TCP/IP)的请求。

(2) 内容编码和解码—— 内容编码器负责把 WAP 内容转换成压缩编码格式,从而减小无线网络上传输的数据量。

通过使用代理技术,移动终端用户可以浏览大量的 WAP 内容,应用开发者也能开发出大量与具体终端无关的应用服务。同时,WAP 代理允许内容和应用驻留在固定的 WWW 服务器上,并且采用成熟的 WWW 技术来开发应用。标准的模型包括 WAP 客户机、WAP 代理以及 WAP 服务器。但 WAP 体系结构可以支持其他的配置。例如把 WAP 代理的功能包含在 WAP 服务器中,这样就可以实现客户与服务器间安全的端到端连接。

4. WAP 体系结构的组成

WAP 体系结构为移动通信设备的应用开发提供了一种可伸缩、可扩展的环境。它采用类似于 TCP/IP 协议栈的分层设计思想,但进行了修改和优化,以适合无线通信环境。其中的每一层协议均定义有标准的接口,可被上层协议调用,也可被其他的服务和应用直接访问。WAP 分层协议栈一共包括 7 层,下面分别对 WAP 体系结构的各层进行简要介绍。

1) WAE:无线应用环境

WAE 是一种普遍意义上的应用开发环境,支持在不同无线通信网络上方便高效地开发和运行应用服务。一个典型的 WAP 应用系统包括三类实体:具有用户代理功能的移动终端、实现协议转换的 WAP 代理(Proxy)和提供应用服务的源服务器(Origin Server)。

2) WSP:无线会话协议

WSP 采用统一的接口给应用层的 WAE 提供两种类型的服务:基于 WTP 的面向连接服务和基于 WDP 的无连接服务。目前,WSP 包含适合浏览器应用的服务(WSP/B),WSP/B 提供的功能如下。

(1) 用压缩编码方式表示的 HTTP 1.1 请求语义;

(2) 长时间的会话状态;

(3) 会话暂停和恢复以及协议功能协商。

WSP/B 允许通过 WAP 代理实现 WAP 客户机与标准 HTTP 服务器的连接。

3) WTP:无线事务协议

WTP 提供一种轻量级的、面向事务处理的服务。WTP 能在安全或非安全的无线数据报网络上有效地提供以下特征。

(1) 三类事务服务,主要包括:不可靠的单向请求、可靠的单向请求和可靠的双向请求——应答事务。

(2)(可选的)用户到用户的可靠性,即用户对收到的每一条信息都进行确认。

(3)(可选的)带外数据应答。

(4) 协议数据单元(PDU)的级联和延迟应答。

(5) 异步事务。

4) WTLS:无线传输层安全协议

WAP 体系结构中值得注意的是增加了一个安全层。它吸取了 TCP/IP 体系结构中没有安全机制,从而给网络通信带来极大威胁的教训,专门设立一个安全层对通信加以安全保护。

WTLS 是一个基于传输层安全协议(TLS)的安全协议。WTLS 经过优化,适合于无线通信较窄的带宽,并在 WDP 基础上向上提供安全的传输服务。WTLS 提供的主要功能如下。

(1) 数据完整性:WTLS 确保在移动终端和应用服务器间传输的数据不被修改和

破坏。

（2）私有性：WTLS确保在移动终端和应用服务器间传输的数据是私有的，不能被任何接收到数据的第三方理解。

（3）身份认证：WTLS确保移动终端和服务器的身份认证。

（4）拒绝服务保护：WTLS包含一组工具，可以检测并拒绝重复传送或不能成功验证的数据，从而使许多典型的拒绝服务攻击更加难以实现，有效地保护了上层协议。

应用可以根据自身的安全要求和下层网络的特性有选择地允许或禁止 WTLS 功能。

5）WDP：无线数据报协议

作为 WAP 体系结构中的传输层协议，WDP 利用下层网络载体为上层协议提供一致的服务和透明的数据传输。WDP 向上层协议屏蔽了下层网络的细节，从而使上层的协议可以用与下层网络无关的方式正常工作，同时也使上层应用可以在不同的网络平台间移植。

6）BEARER：底层承载网络

WAP 协议最初的设计目标就是要能在现有的各种载体服务上运行，例如，短信息服务（SMS），电路交换数据（CSD）等。底层的承载网络向上提供不同吞吐率、误码率以及时延的服务，这些差别由于 WDP 层的存在而对上层协议透明。WDP 规范对所支持的承载网络以及允许 WAP 协议在每一种载体上运行所使用的技术进行了说明。当然，WDP 所支持的载体会随着新技术的出现而随时间不断地改变。

7）其他服务和应用

WAP 分层体系结构允许其他服务和应用通过一套定义良好的接口使用 WAP 协议栈的功能。外部应用可以直接访问协议栈中的会话层、事务层、安全层和传输层。这样直接调用各层提供的服务，极大地方便了多种应用的开发。

5. WAP典型应用示例

常见的 WAP 应用是使用具有 WAP 功能的移动终端，直接连接互联网进行 Web 浏览、收发电子邮件等。另外，在公司、企业的应用还包括远程监视、远程 LAN 访问、文档共享/协同工作、车辆定位等。个人用户还可以用具有 WAP 功能的移动终端接收交通状况、娱乐、气象信息，或者与智能网结合访问、修改个人数据等。但 WAP 最有潜力的应用是与电子商务结合，实现移动中的电子商务。如随时参与证券交易、在移动中实现网上购物等。

4.5.6　无线局域网的应用领域

在现阶段，我国市场上的无线局域网主要是应用于公众服务、企业内部网、校园网，及地理位置较特殊的政府机构等领域。从发展趋势来看，随着产品价格和技术方面日渐成熟，校园网对无线局域网的应用会增长迅速，尤其是高等教育和科研机构对无线局域网的需求不断增加，将为无线局域网创造广阔的空间。像现在许多高校都构建了校园无线局域网。另外，在政府内部，电子政务建设正如火如荼，无线局域网在政府的网络建设中有非比寻常的机会。

目前，在国内，北京、上海、广州、深圳和杭州等一线大城市是无线局域网应用最为广泛的城市。在这些城市的酒店、宾馆、会展中心和机场等公众场所，已经成为运营商如中国移动、中国网通、中国电信公网铺设的重点场所。特别是上海，由于 2001 年 APEC 会议的召开,其无线局域网的应用得到了突飞猛进的发展,现在已位居四城市之首。

无线局域网虽然不能取代有线网络,但它有着传统网络无法比拟的优势,也正是这样的优势,使无线局域网市场的增长毋庸置疑。现在,不管是 IT 传统厂商还是新兴厂商都已经把无线局域网应用推广视为重中之重,今后,会有更多的企业用户使用无线局域网,并且随着无线网卡成为笔记本计算机中的标准配置以及智能手机中 Wi-Fi 成为标配这一事实,更多的人将会更加方便地使用无线局域网。

虽然 IEEE 802.11a 标准由于其高带宽被人们津津乐道,但从实际应用来看,到现在为止,在国内 IEEE 802.11b 仍然是无线局域网的主流标准,而市场中的无线局域网产品大多还是基于 IEEE 802.11b 协议的。

习题

一、术语解释

1. 介质访问控制　　2. 快速以太网　　3. 共享式以太网　　4. 交换式以太网

5. VLAN　　　　　6. CSMA/CD

二、单项选择题

1. 在共享式的网络环境中,由于公共传输介质为多个节点所共享,因此有可能出现(　　)。

　　A. 拥塞　　　　　B. 泄密　　　　　C. 冲突　　　　　D. 交换

2. 虚拟局域网是基于(　　)实现的。

　　A. 集线器　　　　B. 网桥　　　　　C. 交换机　　　　D. 网卡

3. 以太网中网络冲突是由于(　　)因素引起的。

　　A. 网络上的两个节点单独传输的结果　　B. 网络上的两个节点同时传输的结果

　　C. 网络上的两个节点轮流传输的结果　　D. 网络上的两个节点重复传输的结果

4. (　　)协议是关于 VLAN 标准的协议。

　　A. IEEE 802.2　　B. IEEE 802.3　　C. IEEE 802.1q　　D. IEEE 802.11b

三、简答题

1. IEEE 802 局域网参考模型与 OSI 参考模型有何异同之处?

2. 以太网使用的 CSMA/CD 协议是以争用方式接入到共享信道,这与传统的时分复用 TDM 相比优缺点如何?

3. 与有线局域网相比,无线局域网具有哪些优越性?

4. 常用的介质访问控制方法有哪些?

5. 什么是 VLAN? 引入 VLAN 有哪些优越性? VLAN 是如何实现的?

6. 假定 1km 长的 CSMA/CD 网络的数据率是 1Gb/s。设信号在网络上的传播速率是 200 000km/s。求能够使用此协议的最短帧长。

7. 试说明 10Base-T 中的"10""Base"和"T"所代表的意思。

8. IEEE 802.3 标准规定的内容是什么?

第 5 章

网 络 层

网络层是 OSI 参考模型中的第三层,介于传输层和数据链路层之间,它在数据链路层提供的两个相邻节点间数据传送功能的基础上,将数据从源端经过若干个中间节点传送到目的端。本章详细介绍网络层提供的服务、互联网使用的 IPv4 协议、子网划分、IPv6 协议、ARP 与 RARP、ICMP 协议以及路由选择与路由协议。

5.1 网络层的功能及服务

5.1.1 网络层的功能

网络层是通信子网的边界,是通信设备的协议最高层,实现主机到主机的网络连接,屏蔽低端不同技术的差异,向上层提供一致的服务。图 5-1 表示了从 A 端发送数据到 B 端,A端网络层接收传输层的数据进行封装,传递给数据链路层及物理层,中间经过的通信设备都工作在网络层及以下的层。

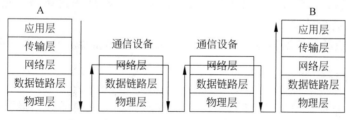

图 5-1　主机到主机连接示意图

网络层的功能主要如下。

(1) 规定数据分组的类型与格式。将传输层传递过来的数据信息拆分为若干分组,即分组的组装、拆卸,确定收发双方的网络地址。

(2) 路由选择。从源端到目的端存在许多中间节点,这些中间节点构成了从源端到目的端的多条路径,路由即路径选择,涉及为源到目标的分组选择一条最佳的传输路径。

(3) 路由转发。当一个分组到达网络层设备的一条输入链路时,该设备将该分组先缓存下来,在输出线路空闲的时候,把该分组通过输出链路发送出去,即基于存储-转发技术完成接收分组并转发分组功能。

(4) 拥塞控制和负载平衡。当通信子网中的某一部分有太多的数据分组时,会导致网络性能的下降。这种现象称为网络中的拥塞。拥塞会引起网络分组的丢失，在严重的情况下，会导致网络运行的瘫痪。

（5）异构网络的连接。提供与多种网络的接口，支持异构网络的互联。将不同的网络技术在网络层统一在 IP 协议之下。不同网络技术的主要区别在数据链路层和物理层，如不同的局域网技术和广域网技术。

5.1.2　提供的服务

网络层为传输层提供不同的服务：面向连接的虚电路服务和面向无连接的数据报服务。

1．面向连接的虚电路服务

通信子网借以实现面向连接服务的工作方式，需要在源与目标之间建立一条逻辑上的通信链路，保证数据通信的可靠传输。服务的特点如下。

（1）包传输路径相同，不需要源地址与目标地址信息。

（2）除了建立连接时需要路由，在数据传送过程中不需要路由，无路由信息，只有虚电路连接信息。

（3）包的传输不会出现丢失、重复和乱序现象。

（4）虚电路表示这只是一条逻辑上的连接，分组都沿着这条逻辑连接按照存储转发方式传送，而并不是电路交换的通信，先建立了一条真正的物理连接。因此分组交换的虚连接和电路交换的连接只是类似，并不完全一样。

虚电路逻辑连接的三个阶段如下。

（1）电路建立：从源机器到目标机器之间的一条路径被选择作为连接的一部分，并且保存在中间这些路由器的内部表中。

（2）数据传输：对于所有在这个连接上发送的数据都使用这条路径进行传输，传输时依据虚电路标识进行转发。

（3）虚电路拆除：数据传输结束，当连接被释放之后，虚电路也随之终止。

2．面向无连接的数据报服务

网络层向上只提供简单灵活的、无连接的、尽最大努力交付的数据报服务。可靠通信只能由网络层以上的用户主机来保证。服务的特点如下。

（1）分组在传输前不需要预先确定从源到目的的路径，因而被称为无连接方式。

（2）每个分组是一个独立的传输单位，包含完整的目的地址，在每个路由器上被独立转发。各个分组的传输路径可能不同。

（3）每个路由器中包含转发表，用于转发决策。转发表是根据路由算法生成的、便于快速查找的数据结构，路由表由路由模块负责生成和维护。

（4）由于每个分组被独立转发，数据报网络无法保证分组传输的顺序，也很难察觉分组的丢失。到达时可能出现乱序、重复和丢失现象。

3．虚电路与数据报的比较

虚电路和数据报服务的异同点如表 5-1 所示。

表 5-1　虚电路与数据报的特点比较

对比的方面	虚电路服务	数据报服务
思路	可靠通信应当由网络来保证	可靠通信由用户主机来保证
连接的建立	必须有	不需要
终点地址	仅在连接建立阶段使用,每个分组使用短的虚电路号	每个分组都有终点的完整地址
分组的转发	属于同一条虚电路的分组均按照同一路由进行转发	每个分组独立选择路由进行转发
当节点出故障时	所有通过出故障的节点的虚电路均不能工作	出故障的节点可能会丢失分组,一些路由可能会发生变化
分组的顺序	总是按发送顺序到达终点	到达终点时不一定按发送顺序
端到端的差错处理和流量控制	可以由网络负责,也可以由用户主机负责	由用户主机负责

5.1.3　网络层的协议

在 Internet 上网络层运行的协议包括以下几个。

互联网协议第 4 版 IPv4(Internet Protocol version 4),是第一个被广泛使用,构成现今互联网技术的基础协议。

互联网协议第 6 版 IPv6(Internet Protocol version 6),用于替代现行 IPv4 协议的下一代 IP 协议,IPv6 的使用不仅能解决网络地址资源匮乏的问题,而且也解决了多种接入设备连入互联网的问题。

地址解析协议(Address Resolution Protocol,ARP),是根据一个 IP 地址通过网络获得对应物理地址的协议。

反向地址解析协议(Reverse Address Resolution Protocol,RARP),是与 ARP 相反的方式工作,RARP 发出要反向解析的物理地址并希望返回其对应的 IP 地址。

互联网控制报文协议(Internet Control Message Protocol,ICMP),用于在 IP 主机、路由器之间传递网络通不通、主机是否可达、路由是否可用等网络本身的控制消息。

互联网组管理协议(Internet Group Management Protocol,IGMP),是一个组播协议,该协议运行在主机和组播路由器之间。

还包括一些路由协议,在后续章节中将依次介绍这些协议,其中,IPv4 和路由协议仍旧是目前网络层的重点内容。

5.2　IPv4 协议

5.2.1　协议概述

IP 协议的工作类似于邮政服务,事先不需要通知收信人,邮政服务会接收信件,并将其按照邮递路线送给收信人。无连接数据通信也是不通知终端主机就将 IP 数据包发送出去。IP 协议是作为低开销协议设计的,它只提供通过网络系统从源主机向目的主机传送数据包所必需的功能,该协议并不负责跟踪和管理数据包的流动。因此,Internet 在网络层就是采用无连接的数据报服务设计思路。

(1) 网络层向上只提供简单灵活的、无连接的、尽最大努力交付的数据报服务。

(2) 网络在发送分组时不需要先建立连接,也不需要 PDU 报头中包含其他字段来维持连接。每一个分组(即 IP 数据报)独立发送,与其前后的分组无关(不进行编号)。此过程显著降低了 IP 的开销。

(3) 网络层不提供服务质量的承诺,即不可靠传输。所传送的分组可能出错、丢失、重复和失序(不按发送顺序到达终点),IP 不具备管理和恢复未送达数据包或已损坏数据包的功能。当然也不保证分组传送的时限。

但是,IP 数据包传送可能会导致数据包抵达目的时顺序错误。如果数据包顺序错乱或丢失导致该应用程序使用数据出问题,则必须由上层服务来解决这些问题。如图 5-2 所示,A 点发送了 IP 包 1、包 2、包 3 三个数据,B 点可能只接收到包 1 和包 2 数据,而且还可能先收到包 2。

图 5-2　IP 数据包传输问题

5.2.2　协议格式

一个 IP 数据报由 IP 头部和传输层数据两部分组成,完整的格式如图 5-3 所示。在 IP 头部中又分为固定项和选项。

协议版本	头部长度	服务类型				报文总长度
报文标识			0	D F	M F	片偏移
生命周期		协议				头部校验和
源IP地址						
目的IP地址						
选项						
数据						

图 5-3　IP 协议头部格式

头部的前 20 字节部分是固定项,是所有 IP 数据报必须有的。在头部固定部分的后面可以有一些可选字段,其长度是可变的。

(1) 协议版本(4 位),包含 IP 版本号(4)。

(2) 头部长度(4 位),可表示的最大数值是 15 个单位(一个单位为 4B),因此 IP 的头部长度最大值是 60B。固定长度为 20B。

（3）服务类型（8 位），用于确定每个数据包的优先级别。通过此值，可以对优先级别高的数据包(如传送电话语音数据的数据包)使用服务质量（QoS）机制。处理数据包的路由器可以配置为根据服务类型值来确定首先转发的数据包。

（4）报文总长度（16 位），指头部和数据之和的长度，单位为字节，因此数据报的最大长度为 65 535B。总长度必须不超过最大传送单元 MTU。

（5）报文标识（16 位），此字段用于唯一标识原始的 IP 数据包。

（6）标志（flag）（3 位），目前只有后两位有意义。标志字段中间的一位是 DF（Don't Fragment），只有当 DF = 0 时才允许分片。如果路由器必须对数据包分片后才能将其向下传送到数据链路层，但 DF 位却设置为 1，则该路由器将丢弃此数据包。标志字段的最低位是 MF（More Fragment）。MF = 1 表示后面"还有分片"，MF = 0 表示是最后一个分片。

（7）片偏移（13 位），路由器从一种网络向具有较小 MTU 的另一种网络转发数据包时必须将数据包分片。较长的分组在分片后，某片在原分组中的相对位置。片偏移以 8 个字节为偏移单位。

（8）协议（8 位），指出此数据报携带的数据使用何种协议，以便目的主机的 IP 层将数据部分上交给相应的处理过程。典型的值有 01—ICMP，06 —TCP，17—UDP。

（9）生命周期（8 位），记为 TTL（Time To Live），数据报在网络中可通过的路由器数量的最大值，单位为跳数。在因特网中传输的最大跳数为 255 个路由器。当该值变为零时，路由器会丢弃数据包。

（10）头部检验和（16 位），只检验数据报的头部，不检验数据部分。采用累加法，以16 位字为单位加。

（11）源 IP 地址（32 位），包含一个 32 位二进制值，代表数据包源主机的网络层地址。

（12）目的 IP 地址（32 位），包含一个 32 位二进制值，代表数据包目的主机的网络层地址。

（13）选项域：提供一种途径允许后续版本的协议，包含一些原来的设计中没有出现的信息；允许实验人员实验新的想法；避免为那些不常使用的信息分配头部域。

选项域通常由以下几部分组成。

（1）安全：指明了信息的加密程度。

（2）严格的源路由：给出了从源到目标的完整路径，其形式是一系列的 IP 地址。数据报必须严格地沿着这条路径向前传输。

（3）宽松的源路由：要求该分组穿越指定的路由器列表，并且要求按照列表中的顺序前进，但是在途中也允许经过其他的路由器。

（4）记录路径：告诉沿途的路由器，将它们的 IP 地址附到该选项域中。

（5）时间戳：和记录路由类似，只不过每台路由器除了记录 32 位 IP 地址外，还要记录一个 32 位的时间戳。常被用于路由调度算法。

5.2.3 IP 地址

IP 地址就是给每个连接在 Internet 上的主机（或路由器）分配一个在全世界范围唯一

的 32 位标识符。IPv4 地址具有层次性,由两部分组成:IP 地址＝{<网络号>,<主机号>}。网络号代表主机或路由器所处的物理网络,主机号代表在所处物理网络中的编号。正是因为网络标识所给出的网络位置信息才使得路由器能够在通信子网中为 IP 分组选择一条合适的路径。主机或路由器接口的 IP 地址在一个 Internet 网络环境中具有全局唯一性,即每个地址只能定义一个接入网络的主机或路由器接口。

根据网络号的不同,将 IP 地址分为 5 类:A 类,B 类,C 类地址都是单播地址,D 类地址用于多播,E 类地址保留,如图 5-4 所示。

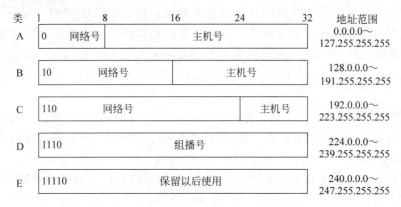

图 5-4　分类的网络地址

组播(Multicast)又被称为多播,它是相对于单播(Unicast)而言的。在网络中,大部分的分组传输都是以一对一的单播方式实现的,即一个源节点只向一个目标节点发送数据。但另外一些时候也需要以一对多的组播方式实现分组传输,例如,在传送路由更新信息和交互式的音频与视频流时。在组播中,同一个或同一组源节点一次所发送的相同内容的分组可以被多个接收者接收到,这些具有相同接收需求的主机被看成是一个组播组,并要被赋予一个相同的组地址,这个地址就是组播地址。

为了方便人们的记忆和识别,通常把 32 位 IP 地址划分为 8 位一组的 4 组,每组的 8 位二进制数转换为十进制数字,并且在这些十进制数字之间加上一个点,即点分十进制记法,例如,1100 0000 1010 1000 0000 0001 0000 0001 记为 192.168.1.1。如图 5-5 所示表示了对应关系。

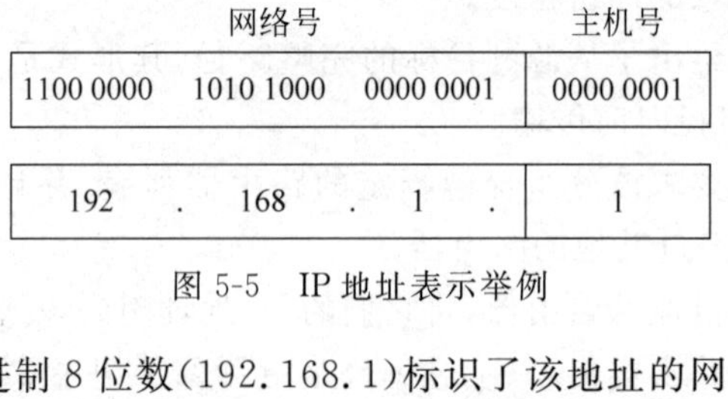

网络号			主机号
1100 0000	1010 1000	0000 0001	0000 0001

192	168	1	1

图 5-5　IP 地址表示举例

此例中的前三个二进制 8 位数(192.168.1)标识了该地址的网络部分,最后一个二进制 8 位数(1)标识了主机。网络部分表明了每个唯一的主机地址位于哪个网络中,路由器只需知道如何到达每个网络,而不需要知道每台主机的位置。

在所有 IP 地址中规定了一些特殊的 IP 地址。

1. 全 0 和全 1 地址

网络号或主机号为全 0 和全 1 有特殊意义,表 5-2 说明了各种情况的具体含义。

表 5-2 全 0 和全 1 的含义

网 络 号	主 机 号	含 义
全 0	全 0	本网络中的本主机
全 0	主机号	本网络中的某个主机
网络号	全 0	某个网络的网络号
网络号	全 1	某个网络的广播地址
全 1	全 1	本地网络的广播地址

2. 网络标识地址

具有正常的网络号部分,而主机号部分为全 0 的 IP 地址代表一个特定的网络,被称为网络标识地址或网络号地址。如 102.0.0.0、138.1.0.0 和 198.10.1.0 分别代表了一个 A 类、B 类和 C 类网络。网络标识对于 IP 网络通信非常重要,位于同一网络中的主机必然具有相同的网络号,而且它们之间可以直接相互通信;而网络号不同的主机之间则不能直接进行相互通信,必须经过第三层网络设备如路由器进行转发。

3. 网络广播地址

具有正常的网络号部分,而主机号部分为全 1 的 IP 地址代表在指定网络中的广播,被称为直接广播地址,如 102.255.255.255、138.1.255.255 和 198.10.1.255 分别代表在一个指定的 A 类、B 类和 C 类网络中的广播。广播地址对于网络通信非常有用,在计算机网络通信中,经常会出现对某一指定网络中的所有机器发送数据的情形。如果没有广播地址,源主机就要对所有目标主机启动多次 IP 分组的封装与发送过程。

4. 环回地址

网络号为 127 的地址作为环回地址,保留作为本地软件测试,也不分配,常见的是 127.0.0.1。

5. 私有 IP 地址

在 A 类、B 类、C 类地址中各有一段地址被规定为内部主机使用,这些地址不会被外部 Internet 识别。

10.0.0.0~10.255.255.255;
172.16.0.0~172.31.255.255;
192.168.0.0~192.168.255.255

5.2.4 子网划分和子网掩码

在实际的 IP 地址规划过程中会面临两个非常严峻的问题。一方面是 IP 地址的浪费。

当一个公司或组织机构获得一个网络号时,即使它的网络节点数少于(有时甚至是远远少于)这个网络号所规定的最大节点数,那些多余出来的 IP 地址也不能为其他网络所使用;另一方面是地址资源的短缺。除了网络互联规模增大所产生的地址紧缺外,网络管理也在一定程度上刺激了 IP 地址资源的需求。例如,当一个企业或组织机构的网络因主机规模增加而经常出现冲突增加、吞吐率下降或网络难以有效管理等多种性能问题时,通常会采用网络分段的方法,而根据 IP 网络的特点,就需要为这些新分出来的网段指定新的网络号并申请新的 IP 地址资源。但是,随着 Internet 规模的增大,32 位的 IPv4 地址已出现了严重的资源紧缺,已经不可能随心所欲地获取网络号。

为了提高 IP 地址资源的利用率,同时也为了解决 IP 地址资源短缺的问题,人们引入了子网划分、无类别域间路由和网络地址翻译技术。

1. IP 子网和子网划分

将未引进子网划分前的 A、B、C 类地址称为有类别的 IP 地址。对于有类别的 IP 地址,主机或路由设备可以简单地通过 IP 地址中关于地址类的标识位直接判定主机所属的网络类别并进一步确定其网络标识。例如,对于 IP 地址 102.2.3.3,由于该地址第一个二进制位的值为 0,因此可以判定这是一个 A 类地址,而地址中第一个 8 位组所对应的点分十进制数 102 就是该地址所对应的网络号。但是,引入子网后,这种依靠地址类标识来分离网络号的方法就行不通了。同样是一个 IP 地址 102.2.3.3,已经不能简单地将其看成是一个 A 类地址而认为网络号就是 102.0.0.0。假如这个地址是进行了 8 位子网划分而来的,则该地址就相当于是一个 B 类地址,相应的网络标识就是 102.2.0.0;如果是进行了 16 位的子网划分,那么它又相当于是一个 C 类地址,相应的网络标识就是 102.2.3.0;若是其他位数的子网划分,则其至不能将该地址归入任何一个传统的 IP 地址类中,既不是 A 类地址,也不是 B 类地址或 C 类地址。换言之,引入子网划分技术后,IP 地址类的概念已不复存在,对于一个给定的 IP 地址,其中用来表示网络号和主机号的位数可以是变化的,取决于子网划分的情况。为此,人们将引入子网技术后的 IP 地址称为无类别的 IP 地址,在今天看来,有类 IP 地址的设计确实不够合理,主要缺点如下。

1) IP 地址的空间利用率低

一个 A 类地址网络可连接的主机数超过 1000 万,而每一个 B 类地址网络可连接的主机数也超过 6 万。然而有些网络对连接在网络的计算机数目有限制,根本达不到这样大的数值。例如,10Base-T 以太网规定其最大节点数只有 1024。这样的以太网若使用一个 B 类地址就浪费 6 万多个 IP 地址,地址空间的利用率还不到 2%,而其他单位的主机无法使用这些被浪费的地址。IP 地址的浪费,还会使 IP 地址空间的资源更早地被用完。

从网络的吞吐量考虑,将大量主机安装在一个网络上往往会影响网络的性能。当网络上工作的主机数小于一定数值时,网络的吞吐量和网络上工作的主机数大约成正比。但是当网络上工作的主机数超过一定数值时,拥塞就可能产生,这就导致网络的吞吐量增加缓慢,甚至反而随主机数的增加而下降。因此,从提高网络的吞吐量考虑,一个网络上的主机数也不应太多。这一因素也使得 IP 地址空间的利用率根本不可能很高。

2) 路由表条目急剧增加

每一个路由器都应当能够从路由表查出应怎样到达其他网络的下一跳路由器。因此,互联网中的网络数越多，路由表的项目数也就越多。这样，即使我们拥有足够多的 IP 地址资源可以给每一个物理网络分配一个网络号，也会导致路由器的路由表中的项目数过多。这不仅增加了路由器的成本(需要更多的存储空间)，而且使查找路由时耗费更多的时间，同时也使路由器之间定期交换的路由信息急剧增加，因而使路由器和整个因特网的性能都下降了。

3) 两级的 IP 地址不够灵活

有时情况紧急，一个单位需要在新的地点马上开通一个新的网络。但是在申请到一个新的 IP 地址之前，新增加的网络是不可能连接到因特网上工作的。我们希望有一种方法，使本单位能随时灵活地增加本单位的网络，而不必事先到因特网管理机构申请新的网络号。原来的两级的 IP 地址无法做到这一点。

为解决上述问题，从 1985 年起在 IP 地址中又增加了一个"子网号字段"，使两级的 IP 地址变成为三级的 IP 地址，它能够较好地解决上述问题。这种做法叫做划分子网，或子网寻址或子网路由选择。划分子网已成为因特网标准协议。

子网划分(Subnetworking)是指由网络管理员将一个给定的网络分为若干个更小的部分，这些被分出来的更小部分被称为子网(Subnet)。当网络中的主机总数未超出所给定的某类网络可容纳的最大主机数，但内部又要划分成若干个网络段(Segment)进行管理时，就可以采用子网划分的方法。

一个拥有许多物理网络的单位，可将所属的物理网络划分为若干个子网，划分子网纯属一个单位内部的事情。本单位以外的网络看不见这个网络是由多少个子网组成，因为这个单位对外仍然表现为一个大网络。

划分子网的方法是从网络的主机号借用若干位作为子网号，而主机号也就相应减少了若干个比特。于是两级的 IP 地址在本单位内部变为三级的 IP 地址：网络号 net-id，子网号 subnettid 和主机号 hosttid。或者可以用以下方法来表示：

IP 地址∷= {<网络号>,<子网号>,<主机号>}

注意：子网号同主机号规定一样，二进制位不能全为 0 或者 1，所以子网号最少用两位主机位数代表，最多用 6 位主机位数代表。

为了创建子网，网络管理员需要从原有 IP 地址的主机位中借出连续的若干高位作为子网络标识，于是 IP 地址从原来两层结构的"网络号＋主机号"形式变成了三层结构的"网络号＋子网络号＋主机号"形式。可以这样理解，经过划分后的子网因为其主机数量减少，已经不需要原来那么多位作为主机标识，从而人们可以借用那些多余的主机位用作子网标识。

在子网划分时，首先要明确与子网划分相关的需求，即划分后所要得到的子网数量和每个子网中所要拥有的主机数。在确定从原主机位借出的子网标识位数时，应权衡子网数量和每个子网中的主机数这两大因素，在满足基本需求的前提下，要尽可能提供子网数量和主机数的冗余以便为将来扩充网络提供支持。

根据全 0 和全 1 的 IP 地址的保留规定，子网划分时至少要从主机位的高位中选择两位作为子网位，且要能保证保留两位作为主机位。相应地，A、B、C 类网络最多可借出的子网位是不同的，A 类可达 22 位，B 类为 14 位，C 类则为 6 位。

2. 子网掩码

通过前面的介绍,知道了网络号对于网络通信非常重要。主机在发送一个 IP 数据包之前,首先要判断源主机和目标主机是否具有相同的网络号,具有相同网络号的主机被认为位于同一网络中,它们之间可以直接相互通信;而网络号不同的主机之间则不能直接进行相互通信,必须经过第三层网络设备如路由器进行转发。但引入子网划分技术后,却引发了如何对主机网络号进行有效识别的新问题:主机或路由设备因为无法区分一个给定的 IP 地址是否已被进行了子网划分,无法正确地从给定的地址中分离出相应的网络号(包括子网络号的信息)。引入子网掩码的概念来描述 IP 地址中关于网络标识和主机号位数的组成情况。

无论创建的子网数量多少,都需要全部 32 位才能标识每台主机,那么就需要另外使用一个 32 位的数字来表示哪些是网络号,哪些是主机号,称为子网掩码(Subnet Mask)。子网掩码与 IP 地址是一一对应的,由一串"1"和一串"0"组成,其中,"1"的个数对应于 IP 地址中的网络号和子网号,"0"对应于主机号,并用点分十进制表示。通常子网掩码中用作网络部分的位数是从高位开始连续 1 的个数,也可以称为前缀长度,用"/"表示。例如,若某个 C 类网络,则使用前 24 位来表示地址的网络部分,表示为 255.255.255.0,及前缀表示为"/24"。

原来两级 IP 地址的 A、B、C 类地址使用的网络号也就是默认子网掩码。

将 IP 地址和子网掩码按位进行"与"运算,就可以得到 IP 地址的网络号。子网掩码告知路由器,IP 地址的前多少位是网络地址,后多少位是主机地址,使路由器正确判断任意 IP 地址是否是本网段的,从而正确地进行路由。

例如,一个 C 类主机 IP 地址为 202.100.3.100,子网掩码是 255.255.255.192,则此 IP 地址的网络号如图 5-6 所示。

1100 1010 .	0110 0100 .	0000 0011 .	0110 0100	202. 100. 3. 100
1111 1111 .	1111 1111 .	1111 1111 .	1100 0000	255. 255. 255. 192
1100 1010 .	0110 0100 .	0000 0011 .	0100 0000	202. 100. 3. 64

图 5-6　IP 地址的网络号

【例 5-1】　有两台主机,主机 A 的 IP 地址为 222.21.160.6,子网掩码为 255.255.255.192;主机 B 的 IP 地址为 222.21.160.73,子网掩码为 255.255.255.192。试分析主机 A 要给主机 B 发送数据的过程。

解:首先要判断两个主机是否在同一网段。

(1) 主机 A。

IP 地址为 222.21.160.6,即 11011110.00010101.10100000.00000110。

子网掩码为 255.255.255.192,即 11111111.11111111.11111111.11000000。

按位逻辑与运算结果:11011110.00010101.10100000.00000000。

网络地址的十进制形式:222.21.160.0。

(2) 主机 B。

IP 地址为 222.21.160.73,即 11011110.00010101.10100000.01001001。

子网掩码为 255.255.255.192,即 11111111.11111111.11111111.11000000。

按位逻辑与运算结果:11011110.00010101.10100000.01000000。

网络地址的十进制形式:222.21.160.64。

两个结果不同,即两台主机的网络地址不同,意味着两台主机不在同一网络,主机 A 需先发送给默认网关,然后再发送给主机 B 所在网络。

【例 5-2】 某公司申请到一个 C 类 IP 地址,但要分配给 10 个子公司使用,一个子公司最多有 8 台计算机,每个子公司内部在同一个网段中,则子网掩码应该如何计算?

解: 10 个子网就需要用 4 位主机号作为子网号,$2^4 = 16 > 10$,每个子网留下 4 位主机号,可供 $2^4 - 2 = 14$ 台主机使用,符合 > 8 要求,因此子网掩码由 255.255.255.0 再加上 4 位子网号,变为 255.255.255.240。

【例 5-3】 子网划分示例。

对 B 类网络 135.41.0.0/16 需要划分为 20 个能容纳 200 台主机的网络(即子网)。因为 $16 < 20 < 32$,即 $2^4 < 20 < 2^5$,所以,子网位只需占用 5 位主机位就可划分成 32 个子网,可以满足划分成 20 个子网的要求。B 类网络的默认子网掩码是 255.255.0.0,转换为二进制数为 11111111.11111111.00000000.00000000。现在子网又占用了 5 位主机位,根据子网掩码的定义,划分子网后的子网掩码应该为 11111111.11111111.11111000.00000000,转换为十进制数应该为 255.255.248.0。现在再来看一看每个子网的主机数。子网中可用主机位还有 11 位,$2^{11} = 2048$,去掉主机位全 0 和全 1 的情况,还有 2046 个主机 ID 可以分配,而子网能容纳 200 台主机就能满足需求,按照上述方式划分子网,每个子网能容纳的主机数目远大于需求的主机数目,造成了 IP 地址资源的浪费。为了更有效地利用资源,也可以根据子网所需主机数来划分子网。还以上例来说,$128 < 200 < 256$,即 $2^7 < 200 < 2^8$,也就是说,在 B 类网络的 16 位主机中,保留 8 位主机位,其他的 8 位当成子网位,也可以将 B 类网络 135.41.0.0 划分成 256(2^8)个能容纳 $256 - 2 = 254$ 台(去掉全 0 和全 1 情况)主机的子网。此时的子网掩码为 11111111.11111111.11111111.00000000,转换为十进制为 255.255.255.0。

通过此例可知,子网划分的计算步骤可以归纳为如下三步。

(1)确定要划分的子网数。

(2)求出子网数目对应二进制数的位数 N 及主机数目对应二进制数的位数 M。

(3)对该 IP 地址的原子网掩码,将其主机地址部分的前 N 位置取 1 或后 M 位置取 0,即得出该 IP 地址划分子网后的子网掩码。

上例中分别根据子网数和主机数划分了子网,得到了两种不同的结果,都能满足要求。实际上,子网占用 5~8 位主机位时所得到的子网都能满足上述要求,那么在实际工作中,应按照什么原则来决定占用几位主机位呢?

一般情况下,在划分子网时,不仅要考虑目前需要,还应了解将来需要多少子网和主机,对子网掩码使用必须要更多的子网位,可以得到更多的子网,节约了 IP 地址资源,若将来需要更多子网时,不用再重新分配 IP 地址,但每个子网的主机数量有限;反之,子网掩码使用较少的子网位,每个子网的主机数量允许有更大的增长,但可用子网数量有限。一般来说,一个网络中的节点数太多,网络会因为广播通信而饱和,所以,网络中的主机数量的增长是有限的,也就是说,在条件允许的情况下,会将更多的主机位用于子网位。

综上所述,子网掩码的设置关系到子网的划分。子网掩码设置的不同,所得到的子网也不相同。

【例 5-4】　某单位现有 100 台计算机需要联网，分配一个 C 类网络号 192.168.1.0，要求划分子网，每个子网内的主机数不少于 40 台，如何划分？

（1）需要确定要划分的子网数。使用一个 C 类地址划分子网，必然要从代表主机号的第 4 个字节中取出若干位数用于划分子网。若取出 1 位，根据子网划分的规则，无法使用。若取出 3 位，可以划分 8 个子网，似乎可行，但子网的增多也表示了每个子网容纳的主机数减少，8 个子网中每个子网容纳的主机数为 30，而实际要求是每个子网内的主机数不少于 40 台。若取出两位，可以划分两个子网，每个子网可容纳 62 个主机号（全为 0 和全为 1 的主机号不能分配给主机），因此取出两位划分子网是可行的。

（2）确定子网掩码。按照子网掩码的取值规则，子网掩码为 255.255.255.192，如图 5-7 所示。

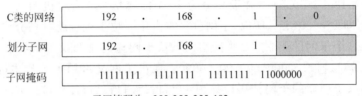

子网掩码为：255.255.255.192

图 5-7　子网掩码的确定

（3）确定标识每一个子网的网络地址。如图 5-8 所示，两个子网的网络地址分别为 192.168.1.64 和 192.168.1.128。

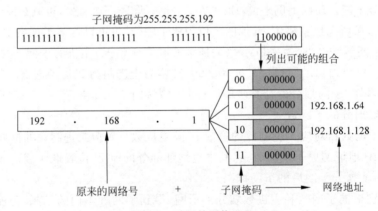

图 5-8　子网的网络地址

（4）确定每一个子网的主机地址范围，如图 5-9 所示。

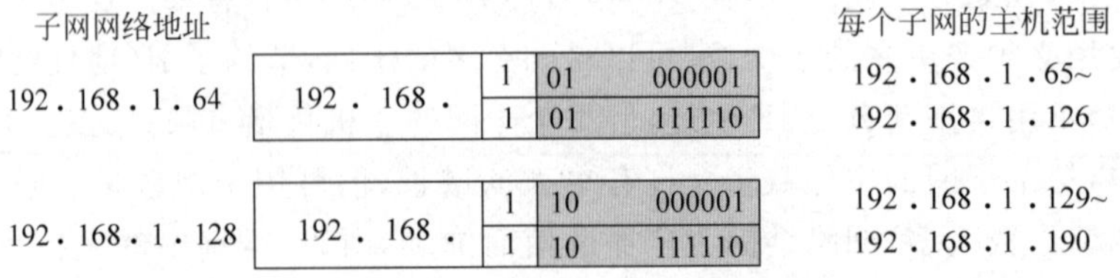

子网网络地址					每个子网的主机范围
192.168.1.64	192.168.	1	01	000001	192.168.1.65～
		1	01	111110	192.168.1.126
192.168.1.128	192.168.	1	10	000001	192.168.1.129～
		1	10	111110	192.168.1.190

图 5-9　子网的主机地址范围

经过以上 4 步,取主机位数的前两位作为子网号部分,其中,00 与 11 组合不能使用,只能使用 01 和 10 组合。主机位数还剩下 6 位,每个子网最多可容纳主机数量为 $2^6-2=62$ 台,符合题目要求。

5.2.5 VLSM 和 CIDR

1. VLSM

虽然采用子网划分的方法可以部分解决一个大的网络地址分配过程中如何去适应小的网络应用的问题,但是这种子网划分方法还是有很大的局限性,就是在划分子网后每一个子网所能够提供的有效主机地址的数量是相同的。这在实际应用过程中就无法适应各种不同的应用环境。例如,一个单位在获得了一个 C 类地址后,将这个 C 类地址划分成了 6 个子网,每个子网所能够提供的有效主机地址是 30 个。可单位的实际情况是,有的部门需要20 个IP 地址,可以分配给这个部门一个子网地址就可以了,但是有的部门需要的 IP 地址有 50 个,这个时候就不好解决了。一般情况下有两种办法:一是给这个部门分配两个子网地址,但是这个部门之间的通信就变成了网间通信了;另外一个办法是重新规划子网,新划分的子网所提供的有效 IP 地址能够满足这个部门的需求,这种办法虽然解决了主机数量比较多部门的问题,但是对需求 IP 地址比较少的部门来说就浪费了大量的地址。

通过上面的分析可以知道,仅使用子网划分技术进行网络地址分配,整个网络必须使用相同的子网掩码,当用户选择了一个子网掩码后,每个子网内所包含的主机地址数量就固定下来了,用户就不能再随便改变这个网络子网掩码,除非要对网络的地址划分重新进行规划。也就是说,子网划分技术可以从某种程度上解决网络地址规模与产生的广播信息的问题,可以将网络规模控制在一个合理的范围内,但这种技术的缺点也是比较明显的,它对地址分配的灵活性不足,不能很好地适应用户网络规模的实际情况。在某些情况下,对 IP 地址的浪费是很严重的。为了解决这个问题,1987 年,IETF 提出了一个方案,这就是RFC1009。这个文件主要用来规范如何在一个网络中使用多个不同的子网掩码。这样每一个网络中所能够提供的主机地址数目可能是不同的,这与子网划分所讲的在一个网络中只允许使用相同的子网掩码完全不同,所以这种技术又被称为可变长子网掩码(Variable Length Subnet Mask,VLSM)。

VLSM 技术使得 IP 地址的分配更加灵活和合理,对一个组织来说,可以根据实际的IP 地址需求情况来制定相应的子网掩码。下面来看一下采用子网划分技术和使用可变长子网掩码技术来分配 IP 地址所产生的差异。例如,某组织拥有一个 B 类网络,其网络地址是 130.73.0.0,如何对这个网络的地址进行分配是这个组织要首先考虑的问题。如果从主机位上借 6 位作为网络号,可以得到 62 个子网,每个子网可以提供 1022 个有效的主机地址。

在这种子网划分方式下,每个 IP 地址中与网络地址有关的位数是 22 位,可以表示成以下的形式:130.73.*.*/22,其中,/22 是网络前缀。再来看一下每个子网的情况,由于使用了 6 位子网位,利用前面所讲的知识可以得到划分了子网后的子网掩码是 255.255.252.0,所有的子网均使用相同的子网掩码。对于每一个子网来说,它可以提供 1022 个有效的主机地址。对于拥有六七百台计算机的单位来说,考虑到以后单位网络规模的增加,使用这个子网划分方法是能够为人们接受的。但是对于一些小的单位来说,它们往往只拥有几十台的计算机,即使他们并不需要这么多的主机地址,也会将 1022 个地址全部分配给这样的单位,造成的地址浪费就太大了,是很难为人接受的一种地址分配方案。因为子网的分配方法使用单一的子网掩码,并且预分配的子网掩码是固定的,所以造成 IP 地址分配中的浪费是无法避免的。

一个比较常用的解决方案是,根据用户的不同需求给用户分配合适大小的地址块,而不再像子网划分那样,每次划分子网所分配的地址块的大小是固定的。如果给用户分配的地址块大小是可变化的,那么用户所使用的子网掩码必然是不同的。可变长子网掩码与子网划分所使用的子网掩码完全不同,在子网划分中,整个网络中所使用的子网掩码是完全相同的。下面来看一下在 C 类地址中,如果使用可变长子网掩码技术来划分地址块,使用不同的子网掩码则能够提供的有效主机地址也是不同的。具体情况见表 5-3。

表 5-3　VLSM 划分 C 类地址参照

地 址 前 缀	掩　　码	有效主机地址数	地址块大小
/26	192	62	64
/27	224	30	32
/28	240	14	16
/29	248	6	8
/30	252	2	4

这是一个非常有用的表,用户在使用可变长子网掩码技术时,首先要根据自己网络的实际情况确定自己所需要的地址块的大小,通过查表可以得到相应的子网掩码。需要指明的是,在路由器协议 RIPv1 和 IGRP 中均不支持子网信息的传递,在它们所发出的数据包中,是没有子网掩码的相关信息的,这就意味着如果路由器的某个商品上设置了子网掩码,那么它就认为所有端口都使用相同的子网掩码。因此,可以说 RIPv1 和 IGRP 是有类路由协议。很容易得出下面的结论:在运行有类路由协议的网络中,是无法使用可变长子网掩码的。但是在 RIPv2 和 EIGRP 中已经加入了对子网信息的支持,在路由器传送的数据包中包含子网掩码的相关信息,于是在同一个网络中就可以使用不同的子网掩码,可以很好地支持可变长子网掩码技术。

【例 5-5】　某公司最初拥有十多台计算机,由于公司规模不大,因此大家的计算机都在同一个 C 类网络 192.168.1.0 中。但随着公司的发展,人员规模增大,而且为了能够更好地保护公司的信息和文档,现在要求根据不同的部门把原来的一个网络分为多个子网。

【问题 1】　原来财务部的两台 PC 的 IP 地址是 192.168.1.118 和 192.168.1.116,现在需要增加 1 台 PC,最多可能增加到 5 台。那么应该使用的新的子网掩码是什么? 新增加的这台 PC 可用的 IP 地址有哪些?

由于财务部最多增加到 5 台 PC,即最多只用到 5 个 IP 有效主机 IP 地址,也就是只用到主机位数的 3 位($2^3-2=6$)就可以容纳 5 个 IP。而原来两台 PC 的 C 类 IP 地址最后一个字节转换为二进制分别为 01110110 与 01110100,除了最后 3 位外其余二进制位数均相同,所以掩码可以取到 IP 地址(二进制)的前 29 位,掩码划分与 IP 分配如图 5-10

所示。

根据财务部的子网划分方案,可以得出财务部使用的新子网掩码为 255.255.255.248,新增加的 IP 地址可以为 192.168.1.113、192.168.1.114、192.168.1.115/192.168.1.117。

【问题 2】　开发部的 6 台机器原来的 IP 地址比较零散,数字最小的是 192.168.1.16,最大的是 192.168.1.43,为了使这些机器都处于一个子网,那么应该使用的新的子网掩码是什么? 这个子网最多可以容纳多少台 PC? 子网号和子网广播地址分别是什么?

开发部 IP 地址最小的是 192.168.1.16,最大的是 192.168.1.43,换算成二进制后的结果如图 5-11 所示。

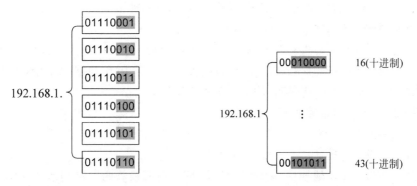

图 5-10　财务部子网划分方案　　　　图 5-11　开发部子网分配方案

从分配方案中看到,开发部 6 个不连续 IP 只有最后 6 位不同(二进制),为了使它们属于同一个子网,取 IP 地址中前 26 位数作为网络与子网号最为合理,所以掩码为 255.255.255.192。这个子网中的主机位为 6 位,所以所容纳的最大主机数(有效 IP 地址数)为 $2^6-2=62$ 台。主机位数均为 0 的 IP 代表子网号,所以子网号为 192.168.1.0,子网广播号地址即主机位数均为 1,所以为 192.168.1.63。

2. CIDR 地址

无类域间路由(Classless Inter-Domain Routing,CIDR)在 RFC1517～RFC1520 中做出了描述,现已成为 Internet 标准。提出 CIDR 的初衷是为了解决 IP 地址空间不足(特别是 B 类地址)的问题,全球的 B 类 IP 地址已经在 1995 年耗尽。CIDR 是在 VLSM 的基础上提出无分类编址方法,并不使用传统的有类网络地址的概念,即不再区分 A、B、C 类网络地址。在分配 IP 地址段时也不再按照有类网络地址的类别进行分配,而是将 IP 网络地址空间看成是一个整体,并划分成连续的地址块。然后,采用分块的方法进行分配。

CIDR 地址从三级编址(使用子网掩码)又回到了两级编址。无分类的两级编址的记法为: CIDR 地址::={<网络前缀>,<主机号>},该技术将网络前缀都相同的连续 IP 地址组成 CIDR 地址块。

在 CIDR 技术中,常使用子网掩码中表示网络号二进制位的长度来区分一个网络地址块的大小,称为 CIDR 前缀。如 IP 地址 210.31.233.1,子网掩码 255.255.255.0 可表示成 210.31.233.1/24; IP 地址 166.133.67.98,子网掩码 255.255.0.0 可表示成 166.133.67.98/16; IP 地址 192.168.0.1,子网掩码 255.255.255.240 可表示成 192.168.0.1/28 等。

CIDR 可以用来做 IP 地址汇总(或称超网,Super Netting;或称路由汇聚,Route Aggregation)。在未做地址汇总之前,路由器需要对外声明所有的内部网络 IP 地址空间段。这将导致 Internet 核心路由器中的路由条目非常庞大(接近十万条)。采用 CIDR 地址汇总后,可以将连续的地址空间块总结成一条路由条目。路由器不再需要对外声明内部网络的所有 IP 地址空间段。这样,就大大减小了路由表中路由条目的数量。

使用 CIDR 地址汇总时应该注意以下几点。

(1) 构成超网的 CIDR 地址块中的地址数一定是 2 的整数次幂;

(2) 网络前缀越短,其地址块包含的地址数就越多,而划分子网是使网络前缀变长;

(3) 汇总(汇聚)后的 CIDR 地址遵循最长匹配原则,即汇聚后的网络前缀与各个 CIDR 地址前缀相同的位数尽量多。

CIDR 地址可以方便地进行汇总和可变长子网掩码,目前在各大厂商的网络设备也均支持 CIDR 地址(无类 IP),该技术作为互联网标准广泛应用在网络规划中,本书后面章节中所引用的 IP 地址如无特别说明,均是无类的 CIDR 地址。

【例 5-6】 CIDR 地址路由聚合示例。

设有 4 条路由: 172. 18. 129. 0/24、172. 18. 130. 0/24、172. 18. 132. 0/24 和 172. 18. 133. 0/24,如果进行路由汇聚,能覆盖这 4 条路由的地址是多少?

4 条路由均为 CIDR 地址块,前缀为 24 位,网络前缀换算为二进制形式如图 5-12 所示。

```
10101100 . 00010010 . 10000 001 . 00000000

10101100 . 00010010 . 10000 010 . 00000000

10101100 . 00010010 . 10000 100 . 00000000

10101100 . 00010010 . 10000 101 . 00000000
```

图 5-12　CIDR 地址汇聚示例

可以看出 4 个地址只有前 21 位是相同的,4 条路由汇聚地址前缀只要小于 21 位就可以将这 4 条路由覆盖,但根据最长匹配原则(网络前缀最长),最合理的汇聚地址前缀就是 21 位,这样不仅将路由汇聚,也避免了将不存在的地址汇聚进来,所以能覆盖的地址为 172. 18. 128. 0/21。

5.3　IPv6 协议

互联网协议第 6 版 IPv6(Internet Protocol version 6)是被指定为 IPv4 继任者的下一代互联网协议版本。IPv6 是个用于封包交换互联网络的网络层协议。重新设计互联网协议的主要原因是,20 世纪 90 年代初有人担心 10 年内 IPv4 的 IP 地址就会不够用,同时新技术的出现对 IP 协议提出了更多的需求。1998 年 12 月,互联网工程任务组(Internet Engineering Task Force,IETF)通过公布互联网标准规范(RFC2460)的方式出台了 IPv6 的相关定义。

一般而言,IPv6 与 IPv4 是不兼容的,它与其他的 Internet 协议是兼容的,包括 TCP,

UDP,ICMP,IGMP,OSPF,BGP 和 DNS。IPv6 的主要特征如下。

(1) IPv6(16 字节固定长度的地址)有比 IPv4 更长的地址。

(2) IPv6 对头部进行了简化,包括 7 个域。这一变化使得路由器可以更快地处理分组,从而提高了路由器的吞吐量,并缩短了延迟。

(3) 有更多的支持选项。IPv6 允许数据报包含选项的控制信息,因而可以包含一些新的选项,允许协议继续扩充。

(4) 安全性方面的改进。IPv6 中增加了安全性支持,可以将数据安全问题放到网络层协议中实现,其中,认证和隐私是关键特征。

5.3.1 IPv6 地址分类和格式

1. IPv6 地址分类

协议主要定义了三种地址类型:单播地址(Unicast Address)、组播地址(Multicast Address)和任播地址(Anycast Address)。与原来的 IPv4 地址相比,新增了"任播地址"类型,取消了原来 IPv4 地址中的广播地址,因为在 IPv6 中的广播功能是通过组播来完成的。

(1) 单播地址:用来唯一标识一个接口,类似于 IPv4 中的单播地址。发送到单播地址的数据报文将被传送给此地址所标识的一个接口。

(2) 组播地址:用来标识一组接口(通常这组接口属于不同的节点),类似于 IPv4 中的组播地址。发送到组播地址的数据报文被传送给此地址标识的所有接口。

(3) 任播地址:用来标识一组接口(通常这组接口属于不同的节点)。发送到任播地址的数据报文,但数据报只交付给距离源节点最近(根据使用的路由协议进行度量)的一个接口。

2. IPv6 地址格式

IPv6 地址长度为 128 位,是 IPv4 地址长度的 4 倍,在表示和书写上比 IPv4 地址要困难,原来的 IPv4 使用十进制来表示,而 IPv6 由于地址太长,则采用十六进制来表示。地址格式有以下三种表示方法。

1) 冒分十六进制表示法

格式为 X:X:X:X:X:X:X:X,其中,每个 X 表示地址中的一个 16 位值,以十六进制表示,例如:

ABCD:EF01:2345:6789:ABCD:EF01:2345:6789

在这种表示法中,每个 X 的前导 0 是可以省略的,例如:

1001: 00CC: 0000: 0002: 0000: 0000: 1002: AABB

1001: CC: 0: 2: 0: 0: 1002: AABB

2) 0 位压缩表示法

在某些情况下,一个 IPv6 地址中可能包含多个全 0 的段,可以把连续的多段 0 压缩为"::"。但为保证地址解析的唯一性,地址中"::"只能出现一次,例如:

1001: CC: 0: 2: 0: 0: 1002: AABB →1001: CC: 0: 2:: 1002: AABB

0: 0: 0: 0: 0: 0: 0: 1 → :: 1

0: 0: 0: 0: 0: 0: 0: 0 → ::

3）内嵌 IPv4 地址表示法

为了实现 IPv4 与 IPv6 互通，IPv4 地址会嵌入 IPv6 地址中，此时地址常表示为 X：X：X：X：X：X：d. d. d. d，前 96 位采用冒分十六进制表示，而最后 32 位地址则使用 IPv4 的点分十进制表示，例如"：：192.168.0.1"与"：：FFFF：192.168.0.1"。注意在前 96 位中，压缩 0 位的方法依旧适用。

5.3.2　IPv6 报文头部

IPv6 数据报文由一个基本报头加上 0 个或多个扩展报头再加上上层协议数据单元构成。如图 5-13 所示，扩展报头加上层 PDU 称为有效载荷，基本报头的长度固定有 40 字节，格式如图 5-14 所示。

基本报头	扩展报头	——	扩展报头	上层PDU

图 5-13　IPv6 数据报文格式

（1）协议版本（Version）：长度 4b，和 IPv4 报头版本号意思相同，这里为 6。

（2）流类型（Traffic Class）：长度 8b，它等同于 IPv4 报头中的服务类型字段，表示 IPv6 数据报的类型或优先级，主要应用于 QoS。

（3）流标签（Flow Label）：长度 20b，流可以理解为某一源地址发往一个或多个目的地址的连续单播、组播或任播报文的总称，所有属于同一个流的数据报都具有相同的流标签。IPv4 中区分一个特定的数据流需要 5 元组（源、目的 IP，源、目的端口，协议）。IPv6 中用流标签字段、源地址字段和目的地址字段 3 元组为特定数据流指定了网络中的转发路径。这样，报文在 IP 网络中传输时会保持原有的顺序，提高了处理效率。

协议版本(4b)	流类型(8b)	流标记(20b)	
负载长度(16b)		下一报头(8b)	跳数限制(8b)
源IP地址(128b)			
目的IP地址(128b)			

图 5-14　IPv6 报文头部的格式

（4）负载长度（Payload Length）：长度 16b，定义了负载的长度，指紧跟 IPv6 报头后面的扩展报头和上层协议数据单元的长度，该字段能表示最大长度为 65 535B 的有效载荷。

（5）下一报头（Next Header）：长度 8b。该字段定义了紧跟在 IPv6 报头后面的第一个扩展报头(如果存在)的类型,或者上层协议数据单元中的协议类型。这个区域类似于 IPv4 报头中的协议字段,但是在 IPv6 中,紧随在数据报头的不一定是上层协议的头(IPv4 里面的数据报头后面跟的就是上层协议的头),有可能是扩展报头。所以下一报头区域的命名具有很大范围的意义。

(6) 跳数限制(Hop Limit):长度 8b,该字段类似于 IPv4 报头中的 Time to Live 字段,它定义了 IP 数据报所能经过的最大跳数。每经过一个路由器,该数值减去 1;当该字段的值为 0 时,数据报将被丢弃。

(7) 源 IP 地址(Source IP Address)、目的 IP 地址(Destination IP Address):长度分别为 128b,表示源、目 IPv6 地址。

比较一下 IPv4 与 IPv6 的协议头部,主要区别如下。

(1) IPv4 的头部长度域去掉了,因为 IPv6 头有固定的长度。

(2) IPv4 的协议域也被去掉了,因为 Next Header 域指明了最后的 IP 头部跟的是什么。

(3) IPv4 的所有与分段有关的域也被去掉了,因为 IPv6 采用另一种方法来实现分段功能。

(4) IPv4 的校验和域也被去掉了,因为校验和会极大地降低性能。

5.3.3 IPv6 扩展头部

IPv6 把原来 IPv4 头部中选项的功能都放在扩展头部中,并把扩展头部留给路径两端的源主机和目的主机来处理,而路由器不处理这些扩展头部(除了逐跳选项扩展头部之外),大大提高了路由器的处理效率。在 RFC2460 中定义了以下 6 种扩展头部。

(1) 逐跳选项报头(Hop-by-Hop Options Header);

(2) 目的站选项报头(Destination Options Header);

(3) 路由选择报头(Routing Header);

(4) 分片报头(Fragment Header);

(5) 身份验证报头(Authentication Header);

(6) 封装安全有效载荷报头(Encapsulating Security Payload Header)。

每一个扩展头部都由若干个字段组成,长度也各不同。所有扩展头部的第一个字段都是 8 位的"下一报头"字段。该字段的值指出了在该扩展头部后面的下一个扩展头部或上层协议是什么。当使用多个扩展头部时,应按以上的先后顺序出现。上层协议头部总是放在最后面。如在 TCP 数据之前有一个路由选择扩展头部加一个分片扩展头部,则报文格式为如图 5-15 所示。

基本报头 下一报头=路由	路由报头 下一报头=分片	分片报头 下一报头=TCP	TCP的PDU

图 5-15 有扩展头部的报文格式举例

5.4 ARP 与 RARP

5.4.1 ARP

1. 地址解析协议

尽管 Internet 上的每台机器都有一个(或者多个)IP 地址,但是,真正发送分组的时候使用的并不是 IP 地址,因为数据链路层硬件并不理解 Internet 地址。现实中,大多数计算机都是通过一块接口卡连接到 LAN 上,该接口卡只能理解 LAN 地址(一个 48 位的以太网地址)。以太网的厂家从一个中心权威机构申请一块地址,这样可以保证任何两块网卡都不会有相同的地址。

每一个主机都设有一个 ARP 高速缓存(ARP Cache),里面有所在的局域网上的各主机和路由器的 IP 地址到硬件地址的映射表,这个映射表还经常动态更新。ARP 是解决同一个局域网上的主机或路由器的 IP 地址和硬件地址的映射问题。如何得到同一个局域网内其他主机的 MAC 地址?

ARP 的工作过程:主机 A 在局域网内广播 ARP 请求分组,其他主机接收分组,IP 地址与报文中一致的主机 B 收下分组,并在自己的 ARP 缓存中写入主机 A 的 IP 地址到 MAC 地址的映射,并发送 ARP 响应报文,A 收到响应报文后在自己的 ARP 缓存中写入主机 B 的 IP 地址到 MAC 地址的映射。

2. 使用 ARP 的 4 种典型情况

(1)发送方是主机,要把 IP 数据报发送到本网络上的另一个主机。这时用 ARP 找到目的主机的硬件地址。

(2)发送方是主机,要把 IP 数据报发送到另一个网络上的一个主机。这时用 ARP 找到本网络上的一个路由器的硬件地址。剩下的工作由这个路由器来完成。

(3)发送方是路由器,要把 IP 数据报转发到本网络上的一个主机。这时用 ARP 找到目的主机的硬件地址。

(4)发送方是路由器,要把 IP 数据报转发到另一个网络上的一个主机。这时用 ARP 找到本网络上另一个路由器的硬件地址。剩下的工作由这个路由器来完成。

3. 地址解析工作原理

在每台安装有 TCP/IP 的计算机里都有一个 ARP 缓存表,表里的 IP 地址与 MAC 地址是一一对应的。以主机 A(192.168.1.5,00-aa-00-78-c6-12)向主机 B(192.168.1.1,00-aa-00-62-c6-09)发送数据为例。当发送数据时,主机 A 会在自己的 ARP 缓存表中寻找是否有目标 IP 地址。如果找到了,也就知道了目标 MAC 地址,直接把目标 MAC 地址封装进数据帧里面发送就可以了;如果在 ARP 缓存表中没有找到目标 IP 地址,主机 A 就会在网络上发送一个广播,A 主机目标 MAC 地址是 ff-ff-ff-ff-ff-ff,这表示向同一网段内的所有主机发出这样的询问:"我是 192.168.1.5,我的硬件地址是 00-aa-00-78-c6-12,请问 IP 地址为

192.168.1.1 的 MAC 地址是什么?"网络上其他主机并不响应 ARP 询问,只有主机 B 接收到这个帧时,才向主机 A 以单播的形式做出这样的回应:"192.168.1.1 的 MAC 地址是00-aa-00-62-c6-09"。这样,主机 A 就知道了主机 B 的 MAC 地址,它就可以向主机 B 发送信息了。同时 A 和 B 还都更新了自己的 ARP 缓存表(因为 A 在询问的时候把自己的 IP 和MAC 地址一起告诉了 B),下次 A 再向主机 B 或者 B 向 A 发送信息时,直接从各自的 ARP缓存表里查找就可以了。ARP 缓存表设置了生存时间 TTL,在一段时间内(一般 15 ~20min),如果表中的某一行没有使用,就会被删除,这样可以大大减少 ARP 缓存表的长度,加快查询速度。

【例 5-7】　ARP 工作原理示例(网络拓扑如图 5-16 所示)。

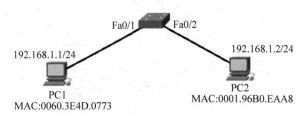

图 5-16　ARP 工作示例网络拓扑

PC1 与 PC2 通过双绞线与一台交换机相连,各自的 IP 地址分别为 192.168.1.1 与192.168.1.2,掩码为 255.255.255.0,网关不设置。通过 ipconfig 命令查看,得到两台计算机的 MAC 地址,PC1 使用 ping 命令测试到 PC2 的连通性。

首先 PC1 会查找本机的 ARP 地址缓存表,由于是第一次通信,缓存表里没有 PC2 的映射内容,所以 PC1 会以广播帧(目标 MAC 地址位全为 1)进行本网广播,询问 PC2 的 MAC地址是多少,其中,ARP 询问包格式中询问的 MAC 位数全部为 0。ARP 询问帧格式以及封装的以太网数据帧格式如图 5-17 所示。

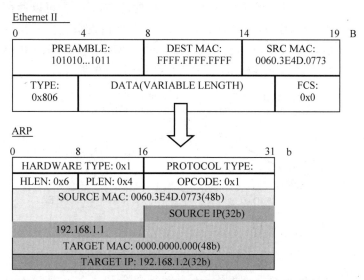

图 5-17　ARP 询问帧格式

当 PC2 收到 PC1 的 ARP 询问后,从询问包中解析出 PC1 的 IP 与 MAC 地址的映射关系,并且把这个关系添加进其自身的 ARP 地址缓存表内。因为此时 PC2 已经获得了 PC1

的物理地址与逻辑地址,所以 PC2 会以单播的形式对 PC1 响应。当 PC1 收到响应后也会将 PC2 的 IP 与 MAC 地址映射关系添加进 ARP 缓存中,同时执行 ping 命令向对方发送 ICMP 请求包。PC2 的 ARP 响应帧和封装的以太网数据帧格式如图 5-18 所示。

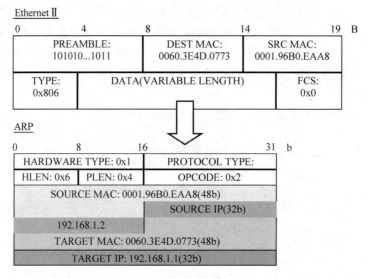

图 5-18　ARP 响应帧格式

4. 跨网段通信的地址解析

地址解析就是主机在发送数据帧前将目标 IP 地址转换成目标 MAC 地址的过程。另外,当发送主机和目的主机不在同一个网段中时,即便知道目的主机的 MAC 地址,两者也不能直接通信,因为双方无法构成直接链路连接,必须经过路由转发才可以。所以此时发送主机通过 ARP 获得的将不是目的主机的真实 MAC 地址,而是一台可以通往局域网外的路由器的某个端口的 MAC 地址(经常是网关地址)。于是此后发送主机发往目的主机的所有帧,都将发往该路由器,通过它向外发送,这种情况称为 ARP 代理(ARP Proxy)。

【例 5-8】　跨网段通信地址解析示例(网络拓扑如图 5-19 所示)。

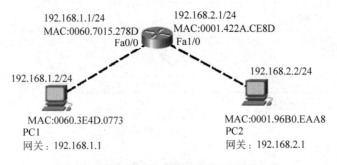

图 5-19　跨网段通信 ARP 解析示例网络拓扑

首先在 PC1 的命令提示符下,使用 arp-d 命令清除 PC1 的地址缓存表内容,再使用 ping 命令测试到 PC2 的连通性。因为 PC1 与 PC2 的网络号分别是 192.168.1.0/24 与 192.168.2.0/24,并不在同一个网段,所以属于跨网段通信。在这种情况下,PC1 仍旧以广播形式发出 ARP 询问帧,不过询问的地址不是其他网段的 PC2,而是本地网关(192.168.1.1/24)的 MAC 地址,ARP 询问帧格式如图 5-20 所示。

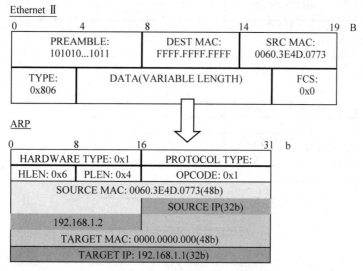

图 5-20　跨网段通信 ARP 询问帧格式

由于是询问网关的 MAC 地址,本地网关收到 PC1 的 ARP 询问帧后,使用 ARP 响应帧对 PC1 回应,告知网关的 IP 与 MAC 地址的映射关系。网关的 ARP 响应帧格式如图 5-21 所示。

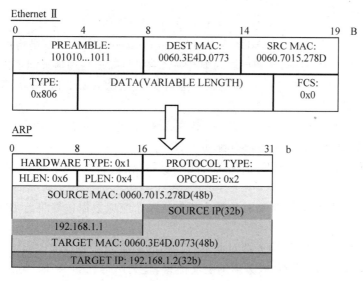

图 5-21　跨网段通信 ARP 响应帧格式

当 PC1 收到网关的响应后,会将网关的地址关系添加到本地地址缓存表中,同时向目标主机 PC2(192.168.2.2)发送 IP 数据包(封装的是 ICMP 请求数据)。IP 数据包的源和目标地址分别为 PC1 与 PC2 的 IP 地址,但封装的以太网数据帧的源和目标 MAC 地址却是 PC1 与网关(192.168.1.1)的 MAC 地址,这样数据帧被送到网关。IP 与数据帧格式如图 5-22 所示。

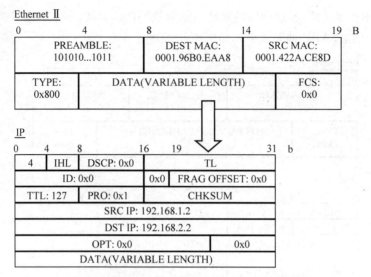

图 5-22　跨网段通信 IP 数据包与数据帧格式

从本案例可以看出，在跨网段通信中，源与目标 IP 地址始终不变，而源与目标 MAC 地址，随着网段的不同却发生变化。由于 ARP 的地址询问是以广播形式发出的，所以地址解析范围仅局限在同一网段内，不能通过网络互联设备（路由器）。如果超过这个范围，则临时使用 ARP 代理的 MAC 地址作为接收方地址，ARP 代理临时作为发送方转发数据帧，以此类推，直到将数据帧交付给真正的接收方。

5.4.2　RARP

反向地址转换协议（Reverse Address Resolution Protocol，RARP）就是将局域网中某个主机的物理地址转换为 IP 地址，比如局域网中有一台主机只知道物理地址而不知道 IP 地址，那么可以通过 RARP 发出征求自身 IP 地址的广播请求，然后由 RARP 服务器负责回答。

工作过程如下。

（1）给主机发送一个本地的 RARP 广播，在此广播包中，声明自己的 MAC 地址并且请求任何收到此请求的 RARP 服务器分配一个 IP 地址。

（2）本地网段上的 RARP 服务器收到此请求后，检查其 RARP 列表，查找该 MAC 地址对应的 IP 地址。

（3）如果存在，RARP 服务器就给源主机发送一个响应数据包并将此 IP 地址提供给对方主机使用。

（4）如果不存在，RARP 服务器对此不做任何的响应。

（5）源主机收到从 RARP 服务器的响应信息，就利用得到的 IP 地址进行通信，如果一直没有收到 RARP 服务器的响应信息，表示初始化失败。

5.5　ICMP

控制报文协议（Internet Control Message Protocol，ICMP）用于主机或路由器报告差错情况和提供有关异常情况的报告。当意外事情发生时，通过 ICMP 可以报告有关的事件，

ICMP 也可以用于测试 Internet。ICMP 是网络层协议的一部分,但从细分的体系结构上看它是位于 IP 协议之上,因为 ICMP 报文是封装在 IP 分组中传输的。即 ICMP 报文是作为 IP 有效载荷,就像 TCP 与 UDP 报文段作为 IP 有效载荷那样。同样地,当一台主机收到一个指明上层协议为 ICMP 的 IP 数据报时,它多路分解该数据报的内容给 ICMP,就像多路分解一个数据报的内容给 TCP 或 UDP 一样。

5.5.1 报文的格式

ICMP 报文按功能分为差错报告报文和查询报文。ICMP 报文的格式如图 5-23 所示。前 4 个字节是固定的格式,共有三个字段:类型、代码和校验和。

图 5-23 ICMP 报文的格式

(1) 类型(1B),表明 ICMP 消息的类型,不同的值代表不同的 ICMP 消息类型。表 5-4 列出了常用的 ICMP 报文类型。

(2) 代码(1B),是类型字段的附加信息,相当于子类型。比如类型 3 中代码＝0 表示网络不可达;代码＝1 表示主机不可达。

(3) 校验和(2B),用来对整个 ICMP 报文进行检验。

(4) 接着的 4 个字节与 ICMP 的类型有关。

(5) 最后面是数据字段,其长度取决于 ICMP 的类型。

表 5-4 常用的 ICMP 报文类型

类 型	功 能	类 型	功 能
0	回送应答(Echo Reply)	11	数据报的时间超过
3	目的站不可达	12	数据报的参数故障
4	源站抑制	13	时间戳请求
5	改变路由	14	时间戳应答
8	回送请求		

5.5.2 协议的应用

1. 分组网间探测 ping

广泛使用的 ping 程序可用来测试两个主机之间的连通性。ping 是应用层直接使用网络层 ICMP 的例子,它没有通过运输层的 TCP 或 UDP。使用 ping 可以检测常见的网络故障。使用 ping 命令时,将向目的站点发送一个 ICMP 回送请求报文(包括一些任选的数据),如目的站点接收到该报文,必须向源站点发回一个 ICMP 回送应答报文,源站收到应答报文(且其中的任选数据与所发送的相同),则认为目的站点是可达的,否则为不可达。报文格式如图 5-24 所示。

字节 1	1	2	2	2	
类型 (8或0)	代码 (0)	校验和	标识符	序列号	数据

图 5-24 回送请求/应答报文

2. Tracert 程序

Tracert 是用 ICMP 报文来实现的。该程序允许使用者跟踪从一台主机到世界上任意一台其他主机之间的路由。

为了判断源和目的之间所有路由器的名字和地址,源主机中的 Tracert 向目的主机发送一批普通的 IP 数据报。每个数据报携带了具有一个不可达 UDP 端口号的 UDP 报文段。第一个数据报的 TTL 为 1,第二个的 TTL 为 2,第三个的 TTL 为 3,以此类推。源主机也为每个数据报启动定时器。当第 n 个数据报到达第 n 个路由器时,第 n 个路由器观察到这个数据报的 TTL 正好终止。

根据 IP 协议规则,路由器将丢弃该数据报并发送一个 ICMP 警告报文给源主机(类型 11,代码 0)。该警告报文包含路由器的名字与 IP 地址。当该 ICMP 报文到达源主机时,源主机从定时器得到往返时延,从 ICMP 报文中得到第 n 个路由器的名字与 IP 地址。

5.6 路由与路由协议

5.6.1 路由选择

如果目的主机与源主机位于同一个网络中,则无需路由器即可通过本地网络在两台主机之间传送数据包。如果通信的主机位于不同的网络中,则数据包可能要跨多个不同网络,通过许多路由器转发数据包,本地网络就只需要将数据包从源主机传送到其网关路由器。路由器检查数据包目的地址的网络部分后将数据包转发到相应的接口。如果目的网络直接连接到此路由器,则将数据包直接转发到目的主机。而如果目的网络并非与其直接连接,则将数据包转发到作为下一跳路由器的接口上。

网络层的主要功能是把数据分组从源节点传送到目的节点,所以为传送的数据分组选择合适的路径就是网络层要解决的关键问题。路径选择算法的好坏关系到网络资源的利用率和网络性能的高低。不同的路由算法对最佳路径的评判有着不同的标准。

无论采用什么样的路由选择算法,路由选择过程都涉及下面一些问题。

(1) 测量(或获取)有关路由选择的网络参数。

(2) 把路由信息传播到适当的网络节点(网管中心或有关的转发节点)。

(3) 计算和更新路由表。

(4) 根据路由表的信息对传送中的分组进行调度。

按路由算法能否自动适应网络状态(如通信流量、拓扑结构等)的变化分为:静态路由(非自适应算法)和动态路由(自适应算法)。许多网际网络中通过结合使用静态路由、动态路由和默认路由来提供所需要的路由。

5.6.2 静态路由

静态路由不会根据当前测量或者估计的流量和拓扑结构,来调整它们的路由决策。相反,从发送端到接收端所使用的路由选择是预先在离线情况下手动配置好的,在网络启动的时候被下载到路由器中。默认路由也可以静态配置。

如果路由器与多台其他路由器相连则需要掌握网间结构。为了确保使用最合适的下一跳来路由数据包,每个已知目的网络都需要已经配置了路由或默认路由。由于在每一跳都要转发数据包,因此每台路由器必须配置能够反映出它在网络中位置的通往下一跳的静态路由。

此外,如果网间结构改变或有新的网络可用,还必须在每台路由器上手动更新此更改。如果没有及时更新,路由信息可能就不完整或不准确,从而导致数据包延迟并可能丢失。

1. 最短路径路由算法

这是一种最简单的路由选择策略。基本思路:建立一个子网图,图中的每个节点代表一台路由器,每条弧代表一条通信线路(通常称为一条链路)。为了在一对给定的路由器之间选择一条路由路径,路由算法只需在图中找到这对节点之间的最短路径即可。每一对源和目标之间的通路都是按照某种最小费用准则预先选择好的,并存储在网络中某些地方。在设计网络路由时依据的费用准则不能与网络的动态参数(例如通信量的分布)有关,至多在网络拓扑结构变化时才重新计算一次全网的路由。

2. 扩散式路由算法

扩散式路由算法的基本思路:源节点把分组发送给每个相邻节点(除了分组接收的节点),每个中间节点接收到分组后复制若干拷贝,转发给除输入链路之外的其他各个相邻节点,这样同一分组的拷贝像洪水泛滥一样迅速布满全网,总有一个拷贝最先到达目标节点。目标节点接收最先到达的分组后丢弃其余分组。使用扩散式路由选择时,有可能发生分组被重复拷贝的情况,实际上,除非采取某一种办法来抑制扩散过程,否则扩散法将会产生无限多的分组。

扩散式路由选择技术有以下两个特性值得注意。

(1) 源和目标节点之间所有可能的通路都被试用了,这样无论有多少链路或节点失效,只要有一条通路存在分组总能到达目的地。

(2) 由于所有通路都被利用了,必然有一个分组走了最短的通路最先到达目标节点。

5.6.3 动态路由

静态路由不会产生任何网络开销而且将条目直接放入路由表中;路由器无须做任何处理。静态路由的代价在于管理成本,即通过手动配置和维护路由表来确保高效率的有效路由。网络中的所有路由器都必须了解最新的路由信息,但通过手动的静态配置来维护路由表有时却并不可行。因此,需要使用动态路由协议。

动态路由协议是路由器动态共享其路由信息所依据的规则集。当路由器注意到自身充当网关的网络发生变化或者路由器之间的链路变更时,会将此类信息传送给其他路由器。当一台路由器收到有关新路由或路由更改的信息时,它会更新自己的路由表并依次将该信息传递给其他路由器。通过这种方式,所有路由器都会准确地动态更新路由表,而且可以掌握相距很多跳的远程网络的路由。

动态路由算法是通过对网络运行的自学习,自动构造路由表,具有自适应功能,算法比较复杂。算法的优点如下。

(1) 能极大地改善网络的性能,网络的经营者可以得到最大的吞吐率,网络用户则会明显感到网络延迟很小。

(2) 能对网络的通信量进行控制,避免或减缓网络中拥挤和阻塞的发生。

同时,实现这种灵活算法要付出更大的代价。

(1) 最佳路由的计算更复杂,更频繁,因而开销更大。路由器必须拥有足够的处理能力才能实施协议的算法和及时执行数据包路由和转发。

(2) 收集到的路由信息要传播到计算路由的节点,或者计算的结果要传播到转发分组的节点,这些都增加了网络的负载。

(3) 自适应算法对网络参数的变化反应太快会引起网络流的振荡,反应太慢则得不到最佳路由,为减少这些风险要经常对算法本身的某些参数进行调整,这又增加了网络管理的难度。

常用的路由协议包括:

(1) 路由信息协议(Routing Information Protocol,RIP);

(2) 开放最短路径优先(Open Shortest Path First,OSPF);

(3) 增强型内部网关路由协议(Enhanced Interior Gateway Routing Protocol,EIGRP)。

5.6.4　距离矢量算法和 RIP

1. 距离矢量算法

每个路由器维护一张表(即一个矢量),表中列出了当前已知的到每个目标的最佳距离,以及所使用的线路。通过在邻居之间相互交换信息,路由器不断地更新它们内部的表。

2. 路由信息协议

RIP 是最早的 Internet 路由协议之一,目前仍在广泛使用。RFC1058 中定义了 RIP 版本 1,RFC2453 中定义了向后兼容的协议版本 2。

RIP 是一种分布式的基于距离矢量的路由协议,它使用"跳数",即 Metric 来衡量到达目标地址的路由距离。这种协议的路由器只与自己相邻的路由器交换信息,范围限制在 15 跳之内。因为每经过一个路由器,跳数就加 1。

RIP 允许一条路径最多只能包含 15 个路由器,"距离"的最大值为 16 时即相当于不可达。可见 RIP 只适用于小型互联网。

RIP 不能在两个网络之间同时使用多条路由。RIP 选择一个具有最少路由器的路由(即最短路由),哪怕还存在另一条高速(低时延)但路由器较多的路由。

RIP 有以下三个要点。

(1) 仅和相邻路由器交换信息。

(2) 交换的信息是当前本路由器所知道的全部信息,即自己的路由表。

（3）按固定的时间间隔交换路由信息，例如，每隔 30s 交换一次。

收到相邻路由器（其地址为 X）的一个 RIP 报文，处理过程如下。

（1）先修改此 RIP 报文中的所有项目：把"下一跳"字段中的地址都改为 X，并把所有的"距离"字段的值加 1。

（2）对修改后的 RIP 报文中的每一个项目，重复以下步骤：若项目中的目的网络不在路由表中，则把该项目加到路由表中。否则，若下一跳字段给出的路由器地址是同样的，则把收到的项目替换原路由表中的项目。否则，若收到项目中的距离小于路由表中的距离，则进行更新，否则，什么也不做。

（3）若 3min 还没有收到相邻路由器的更新路由表，则把此相邻路由器记为不可达路由器，即将距离置为 16（距离为 16 表示不可达）。

（4）返回。

RIP 的报文由首部和多个路由部分组成，如图 5-25 所示。

首部由 1 字节的命令、1 字节的版本和 2 字节的 0 组成，"命令"字段为 1 时表示 RIP 请求，为 2 时表示 RIP 应答。2 字节的 0 为了 4 字节字的对齐。

首部	路由部分

1	8	16	32
命令	版本	全0	
地址类型标识		路由标记	
网络地址			
子网掩码			
下一跳路由器地址			
距离（1~16）			

图 5-25　RIP 报文格式

每个路由信息部分需要用 20B，包括：地址类型标识，路由标记，网络地址，该网络的子网掩码，下一跳路由器地址以及到此网络的距离。

命令字段：指定 RIP 消息的类型。命令字段值为 1 时表示请求消息，即要求应答系统发送所有或者部分路由表。命令字段值为 2 时代表响应消息，表示该消息包含发送者所有或者部分路由表。命令字段值为 3 或 4（traceon、traceoff）已废弃。命令字段值为 5 由 Sun系统保留使用。扩展的新命令值由 6 开始。

版本字段：版本字段包含该 RIP 消息的版本号。到目前为止只有 1 和 2 两个版本号。

地址类型标识字段：虽然 RFC1058 所规范的 RIP 隐含使用 IP，但该字段用作与之前的 RIP 兼容，可以用作传输多种协议的路由信息，所以必须有一种机制，即一个字段，来指示如何解释消息中所包含的地址类型。

路由标记字段：用作区分内部路由和外部路由。内部路由表示该路由是从自治系统内部学到的路由，反之则为外部路由。

网络地址字段：4 字节的地址域存放 IP 地址。该地址可以是主机地址、网络地址。

子网掩码字段：标识网络地址的子网掩码。如果没有子网掩码，该字段为全零。

下一跳路由器地址字段：包含到达网络地址字段所包含目的地的下一跳 IP 地址。

距离字段：路由记录的最后一个字段，存放路由的距离信息。通常路径中增加一个路由器则该值加 1。字段有效值为 1～15，值为 16 表示 IP 地址所代表的网络或主机不可达，路由无效。

一个 RIP 报文最多可包括 25 个路由，因而 RIP 报文的最大长度是 $4+20×25=504B$。

1) RIP 请求/响应

运行 RIP 的路由器定期将路由表发送给相邻路由器。最初路由表中只有直连路由以及静态路由，并且其直连网络的度量值（Metric）为 1，然后它向周围的其他路由器发出完整路由表的 RIP 请求（该请求报文的"IP 地址"字段为 0.0.0.0）。路由器根据接收到的 RIP 应答来更新其路由表。具体方法是添加新的路由表项，并将其 Metric 值加 1，如果接收到与已有表项的目的地址相同的路由信息，则以下面三种情况分别对待。

（1）已有表项的来源端口与新表项的来源端口相同，那么无条件根据最新的路由信息更新其路由表。

（2）已有表项与新表项来源于不同的端口，那么比较它们的 Metric 值，将 Metric 值较小的一个最为自己的路由表项。

（3）新旧表项的 Metric 值相等，普遍的处理方法是保留旧的表项。如果一个 RIP 更新信息到达一个路由器，而这个 RIP 更新信息的 Metric 值大于 15，RIP 将不把那个网络信息写入路由表。这样就会使得这个网络成为不可到达的，并会阻止将初始跳步数为 16 或大于 16 的网络的信息写入路由表。

RIP 的特点是网络中所有运行 RIP 的路由器不了解整个网络的拓扑结构，只是简单相信从某个相邻路由器经过某个特定距离可以到达目标网络。

假设存在网络连接如图 5-26 所示，A、B 和 C 三个路由器从左向右依次相邻。

	NET	VIA	HOPS	NET	VIA	HOPS	NET	VIA	HOPS
T0	10.1.1.0	…	CONNECTED	10.1.2.0	…	CONNECTED	10.1.3.0	…	CONNECTED
	10.1.2.0		CONNECTED	10.1.3.0		CONNECTED	10.1.4.0		CONNECTED

	NET	VIA	HOPS	NET	VIA	HOPS	NET	VIA	HOPS
T1	10.1.1.0	…	CONNECTED	10.1.2.0	…	CONNECTED	10.1.3.0	…	CONNECTED
	10.1.2.0		CONNECTED	10.1.3.0		CONNECTED	10.1.4.0		CONNECTED
	10.1.3.0	10.1.2.1	1	10.1.1.0	10.1.2.2	1	10.1.2.0	10.1.3.2	1
				10.1.4.0	10.1.3.1	1			

	NET	VIA	HOPS	NET	VIA	HOPS	NET	VIA	HOPS
T2	10.1.1.0	…	CONNECTED	10.1.2.0	…	CONNECTED	101.3.0	…	CONNECTED
	10.1.2.0		CONNECTED	10.1.3.0		CONNECTED	101.4.0		CONNECTED
	10.1.3.0	10.1.2.1	1	10.1.1.0	10.1.2.2	1	101.20	10.1.3.2	1
	10.1.4.0	10.1.2.1	2	10.1.4.0	10.1.3.1	1	101.1.0	10.1.3.2	2

图 5-26　RIP 工作过程

RIP 中,度量值(Metric)使用的是跳步值。在 T0 时刻,路由器刚刚启动 RIP,此时,每个路由器仅存在其直连网络的路由,没有下一跳路由器,在更新时刻前,都以广播方式(RIPv2 为组播)向各自所在的网络发送这些路由信息。

T1 时刻,每台设备都接收到了相邻设备的更新并进行了第一次的路由信息调整。对路由器 A 而言,接收到了来自 B 的更新报文,得到了到达 10.1.2.0 和 10.1.3.0 的网络路由,A 认为 B 的更新报文中到达 10.1.3.0 网络的路由可以接受,因为 A 的路由表中设有此目的网络的路由信息,而对于到达 10.1.2.0 网络的路由 A 不会采纳,原因是该网络对于 A 而言是直连网络,所以 A 保留原路由。对于其他的路由器也将执行相似的过程,最终经过两个更新周期后,每台路由器都会形成到达整个网络的路由。

2) RIP 定时器

RIP 规定,路由器定期向邻居发送路由表,这种路由器以预定义的时间间隔向邻居发送完整路由表的动作被称为定期更新。RIP 定义了更新定时器(Update Timer):无论网络拓扑是否发生变化,路由表全部内容都将每隔 30s(默认)以广播的形式(255.255.255.255)或者组播的形式(224.0.0.9)发送出去。在多路访问的网络中为了避免由于系统时延引起的更新同步,Cisco 路由器的实际更新时间为 25.5~30s,即 30s 减去一个在 4.5s 内的随机值。

RIPv2 采用组播更新方式,这样占用网络带宽较少,而且对于未启用 RIP 的设备只需执行较少的处理工作,直接在数据链路层就将数据帧丢弃。对比 RIPv1 采用广播更新,那么网络中所有设备无论是否启用 RIP 都将接受广播帧并且逐层向上处理,直到传输层后设备才会发现数据包的目的进程不存在,导致 RIPv1 占用较多系统资源。

除了更新定时器外,RIP 还定义了另外三种定时器。

(1) 无效定时器(Invalid Timer),设定 180s(默认),路由器每收到一次路由条目更新就把无效定时器清 0,也就是说路由条目每隔无效计时器规定的时间内必须收到路由条目更新报文。如果没有收到相关条目的更新报文那么无效计时器超时(从收到更新路由开始计时,默认情况下超过 180s),则将该路由的 Metric 值设置为 16,即不可到达。从而将其标记为无效路由,并且会将这条无效路径通告给该路由器的相邻节点。在刷新定时器时间超时之前,该路由仍将保留在路由表中。

(2) 刷新定时器(Flush Timer),设定为 240s(默认),指路由条目的刷新时间。刷新存在以下两种含义。

(1) 如果在刷新时间内没有收到更新信息,那么该目的的路由条目将被直接删除。

(2) 如果在刷新时间内收到更新信息,那么该目的的路由条目的刷新计时器被刷新清 0。

Cisco 中刷新计时器的默认时间是 240s,意味着在一个路由条目在 180s 内没有收到更新路由信息时,无效定时器超时。路由条目中该路由被标志为 Possibly Down,直到刷新计时器也超时了该路由条目才被删除。在 RIP 中真正删除路由条目的是刷新计时器超时(无效计时过后 60s)。

(3) 抑制定时器(Hold-down Timer),设定为 180s(默认)。该定时器用于在路由收敛的过程中防止路由环路。路由器如果在相同的接口上收到某个路由条目的 Metric 值比原先收到的 Metric 值大,那么将启动抑制计时器,在抑制计时器的时间内该目的不可到达。

在抑制周期内,路由器不学习该条路由的信息,除非是一条更好的路由信息,如本来是三跳,在抑制周期内学到了一条二跳的路由信息,则接受新的路由信息。抑制周期过后,即使是差的路由信息也接受,也就是说一个目标网络的 Metric 值增加或变为不可达,则启动抑制计时器(180s)直到超时,路由器才能接收有关于这条路由的更新信息。该定时器的原理是引用一个怀疑量,不管是真的还是假的路由消息,路由器先认为是假消息来避免路由环路的发生。

5.6.5　链路状态算法和 OSPF 协议

1. 链路状态算法

链路状态算法的主要步骤如下。

(1) 发现它的邻居节点,并知道其网络地址。

(2) 测量到各邻居节点的延迟或者开销。

(3) 构造一个分组,分组中包含所有它刚刚知道的信息。

(4) 将这个分组发送给所有其他的路由器。

(5) 计算出到每一个路由器的最短路径。可以在路由器本地运行 Dijkstra 算法,以便构造出所有可能目标的最短路径。路由器可以将该算法的结果安装在路由表中,然后恢复正常的操作。

一旦一个路由器已经获得了全部的链路状态分组之后,就可以构造出完整的子网图。

2. 开放最短路径优先

开放最短路径优先(OSPF)路由选择协议于 20 世纪 80 年代后期和 20 世纪 90 年代初由 Internet 组织开发出来,成为一个现代的与提供方无关的协议。当时 RIP 已成为最主要的内部网关协议,但随着网络规模的增长已逐渐暴露出一些问题。OSPF 协议的开发人员借鉴了许多其他路由选择协议的思想,包括最初的 ARPAnet 链路状态协议和 OSI 协议。运行 OSPF 协议的大规模网络必须使用分层网络拓扑结构,这在设计上更容易一些,但当发生协议变动时,可能需要改变拓扑结构。OSPF 协议的特性包括:VLSM(可变长子网掩码)、快速收敛、提高网络利用率、支持相等代价的并行路径、使用组播报文和提供方无关性等。

该协议一直处于不断的发展变化中,以适应现代网络技术的变化。现在它还支持非广播多访问(NBMA)网络,并且可以将非桩区域(Not-So-Stubby-Area,NSSA)集成到网络中。

OSPF 协议是一个被设计为适于在一个自治系统内操作的链接状态协议,通过在 OSPF 域内的每个路由器中维持一个一致的拓扑数据库来运作。该数据库中存放着各路由器上每条网络链路的状态(即各接口的状态),路由器以此来决定去往自治系统内各网络的最短路径。路由器将每条网络链路的信息送给它的所有相邻路由器,从而更新它们的拓扑数据库,并传播这些信息到其他路由器。OSPF 协议路由选择信息的交换以 IP 报文的形式送出,使用的协议号是 89。

OSPF 协议使用 Dijkstra 算法计算拓扑数据库中的信息来生成从执行计算的路由器到各目的网络的最短路径,得到的最短路径将标明到各目的地的最佳下一跳路由器。用于到达最佳下一跳路由器的 IP 地址和接口将被填入 IP 路由选择表中。因为所有路由器拥有相同的拓扑数据库,所以尽管每个路由器从它自己的角度寻找到达各目的地的最短路径,但最短路径都是一致的。

在小型网络上,基本的 OSPF 协议配置与 RIP 配置差别不大。但当把 OSPF 协议应用于规模较大的网络时,它就会变得很复杂,需要考虑区域设计、冗余、即时链路以及验证等多种因素。

目前最主要的内部网关协议,是对链路状态路由协议的一种实现。OSPF 分为 OSPFv2 和 OSPFv3 两个版本,其中,OSPFv2 用在 IPv4 网络,OSPFv3 用在 IPv6 网络。其特点如下。

(1) 向本自治系统中所有路由器发送信息,这里使用的方法是洪泛法。

(2) 发送的信息就是与本路由器相邻的所有路由器的链路状态,但这只是路由器所知道的部分信息。"链路状态"就是说明本路由器都和哪些路由器相邻,以及该链路的"度量"(Metric)。

(3) 只有当链路状态发生变化时,路由器才用洪泛法向所有路由器发送此信息。

(4) OSPF 不用 UDP 而是直接用 IP 数据报传送。OSPF 构成的数据报很短,这样做可减少路由信息的通信量。

(5) OSPF 协议中如果到同一个目的网络有多条相同代价的路径,那么可以将通信量分配给这几条路径。这叫做多路径间的负载平衡。

(6) OSPF 还规定每隔一段时间,如 30min,要刷新一次数据库中的链路状态。当互联网规模很大时,OSPF 协议要比距离向量协议 RIP 好得多。

OSPF 有 5 种分组类型:问候(Hello)分组,数据库描述分组,链路状态请求分组,链路状态更新分组和链路状态确认分组。

OSPF 的区域(Area):为了使 OSPF 能够用于规模很大的网络,OSPF 将一个自治系统再划分为若干个更小的范围,叫做区域。

(1) 每一个区域的路由器数量不超过 200 个,分成两种区域,即主干区域和其他区域。

(2) 划分区域的好处就是将利用洪泛法交换链路状态信息的范围局限于每一个区域而不是整个的自治系统,这就减少了整个网络上的通信量。

(3) 在一个区域内部的路由器只知道本区域的完整网络拓扑,而不知道其他区域的网络拓扑的情况。

(4) OSPF 使用层次结构的区域划分。在上层的区域叫做主干区域(Backbone Area)。主干区域的标识符规定为 0.0.0.0。主干区域的作用是用来连通其他在下层的区域。

习题

一、术语解释

1. 路径选择　　2. 虚电路与数据报　　3. 路由与交换　　4. 广播与组播

5. 网络号、子网号与主机标识　　6. ICMP 报文　　7. 静态路由与动态路由

8. 默认网关与默认路由　　9. 有类别地址与无类别地址　　10. VLSM 与 CIDR

二、单项选择题

1. 若两台主机在同一子网中,则两台主机的 IP 地址分别与它们的子网掩码相"与"的结果一定(   )。

    A. 为全 0   B. 为全 1   C. 相同   D. 不同

2. 给定一个物理地址,(   )协议能够动态映射出该地址的逻辑地址。

    A. ARP   B. RARP   C. ICMP   D. 以上都不是

3. 在下面的 IP 地址中属于 C 类地址的是(   )。

    A. 141.0.0.0   B. 3.3.3.3

    C. 197.234.111.123   D. 23.34.45.56

4. 如果数据包是给本网广播的,那么该数据包的目的 IP 地址应该是(   )。

    A. 255.255.255.255   B. 0.0.0.0

    C. 子网最高地址   D. 子网最低地址

5. IP 协议中,如果首部不含选项字段,则首部长度字段的值应为(   )。

    A. 0   B. 5   C. 10   D. 20

6. 下面的(   )是广播地址。

    A. 1.1.1.1   B. 255.255.255.255

    C. 1.0.1.0   D. 127.0.0.1

7. 网络层中实现 IP 分组转发的设备是(   )。

    A. 中继器   B. 网桥   C. 路由器   D. 网关

8. B 类地址的默认子网掩码为(   )。

    A. 255.0.0.0   B. 255.255.0.0

    C. 255.255.255.0   D. 255.255.255.255

9. RARP 的主要功能是(   )。

    A. 将 IP 地址解析为物理地址   B. 将物理地址解析为 IP 地址

    C. 将主机域名解析为 IP 地址   D. 将 IP 地址解析为主机域名

10. ICMP 是被(   )协议封装的。

    A. UDP   B. TCP   C. IP   D. PPP

11. ping 指令实现的是(   )协议。

    A. ARP   B. IGMP   C. ICMP   D. IP

12. 下面 IP 地址中,能够用来向本机发送数据的是(   )。

    A. 255.255.255.255   B. 127.0.0.1

    C. 0.0.0.0   D. 255.255.0.0

13. RIP(路由信息协议)采用了(   )作为路由协议。

    A. 距离向量   B. 链路状态   C. 分散通信量   D. 固定查表

14. 若一个 IP 分组中的源 IP 地址为 193.1.2.3,目标地址为 0.0.0.9,则该目标地址表示(   )。

    A. 本网中的一个主机   B. 直接广播地址

    C. 组播地址   D. 本网中的广播

15. IP 地址 202.168.1.35/27 表示该主机所在网络的网络号为(　　)。

    A. 202.168

    B. 202.168.1

    C. 202.168.1.32

    D. 202.168.1.16

16. ICMP 测试的目的是(　　)。

    A. 测定信息是否到达其目的地,若未到达,则确定为何原因

    B. 保证网络中的所有活动都是受监视的

    C. 测定网络是否根据模型建立

    D. 测定网络是处于控制模型还是用户模型

17. 以下源和目标主机的不同 IP 地址组合中,只有(　　)组合可以不经过路由直接寻找。

    A. 125.2.5.3/24 和 136.2.2.3/24

    B. 125.2.5.3/16 和 125.2.2.3/16

    C. 125.2.5.3/16 和 136.2.2.3/21

    D. 125.2.5.3/24 和 136.2.2.3/24

三、简答题

1. 试简单说明 IP,ARP 和 ICMP 的作用。

2. 分类 IPv4 地址分为哪几类? 各类如何表示?

3. 试简述 RIP 和 OSPF 路由选择协议的主要特点。

4. 网络层向上提供的服务有哪两种? 试比较其优缺点。

5. 比较交换机和路由器各自的特点和优缺点。

6. 简述路由器转发 IP 数据报的基本过程。

7. 什么是最大传送单元 MTU? 它和 IP 数据报首部中的哪个字段有关系?

8. 某单位的一台主机的 IP 地址为 218.23.49.55,其子网掩码为 255.255.255.224,请写出该 IP 地址所在的网络 ID,该子网内可分配的 IP 地址范围。

9. 写出如下地址 172.16.10.49/255.255.255.224 所在的网络 ID,该子网内的广播地址以及该子网内可分配的 IP 地址范围。

10. 一个数据报长度为 4000B(包含固定首部长度)。现在经过一个网络传送,但此网络能够传送的最大数据长度为 1500B。试问应当划分为几个数据片? 各数据片的数据字段长度、片偏移字段和 MF 标志应为何数值?

11. 某 C 类网络号为 198.168.3.0,若需要将该网络划分成 6 个子网,请给出划分方案。

(1) 给出选用的子网掩码;

(2) 给出各子网的网络号;

(3) 给出各子网内的广播地址;

(4) 给出各子网内可分配的 IP 地址范围。

12. 设某路由器 R 建立了路由表如表 5-5 所示,此路由器可以直接从接口 0 和接口 1 转发分组,也可以通过相邻的路由器 R2,R3 和 R4 进行转发。

表 5-5　路由器 **R** 的路由表

目 的 网 络	子 网 掩 码	下 一 站
202.118.0.0	255.255.255.224	接口 0
202.118.10.0	255.255.255.0	接口 1
202.118.0.240	255.255.255.240	R2
190.168.19.0	255.255.255.192	R3
*（默认）	0.0.0.0	R4

现共收到 4 个分组，其目的站的 IP 地址分别为：

(1) 202.118.0.19

(2) 190.168.19.202

(3) 202.118.10.244

(4) 202.118.0.250

请分别计算其下一站。写出简单运算过程。

13. 试根据本章关于 ARP 工作原理的叙述，包括本地 ARP 和代理 ARP 工作过程，来画出关于 ARP 工作原理的流程图。

14. IPv6 的主要特点是什么？引发 IPv6 产生的主要背景有哪些？

15. 说明子网掩码的作用，并判断主机 172.24.100.45/16 和主机 172.24.101.46/16 是否位于同一网络中，主机 172.24.100.45/24 和主机 172.24.101.46/24 的情况是否相同？

16. 网络层的功能是否存在什么不足之处？在网络层之上是否还需要其他涉及通信的层存在？

第6章 网络互联与互联设备

随着网络技术的迅速发展和网络应用的迅速普及,网络规模迅速扩大,小型局域网已不能胜任网络应用的需要,由此,网络互联技术迅速发展起来。本章主要介绍网络互联的概念、原则、互联方式、网络互联设备,包括中继器、集线器、网桥、交换机、路由器等。

6.1 网络互联

6.1.1 网络互联的概念

所谓网络互联,就是利用网络互联设备,将两个或两个以上具有独立自治能力的计算机网络连接起来,通过数据通信,扩大资源共享和信息交换的范围,以容纳更多的用户。20 世纪 90 年代以来,局域网迅速发展并被广泛应用,许多单位和部门都建立了局域网,网络的应用和信息的共享促进了网络向外延伸的需求。网络互联成为 20 世纪 90 年代计算机网络发展的标志。越来越多的人开始意识到,如果没有网络互联技术的支持,用于信息传输的计算机网络也会形成一个个"信息孤岛"。因此,网络互联是计算机网络发展到一定阶段的必然结果。

在网络互联领域,类型相同(一般指网络拓扑结构或执行的协议相同)的网络称为同构网络,类型不同的网络称为异构网络,参与互联的网络一般称为子网。网络互联应当包括同构网络互联、异构网络互联。从互联的范围看,主要体现为局域网与局域网(LAN/LAN)的互联、局域网与广域网的互联(LAN/WAN)、局域网之间经广域网的互联等。

6.1.2 网络互联原则和必须考虑的问题

为了保证网络互联可以顺利地进行,实施网络互联时通常应当遵循以下两条原则。

设计连接两个网络的互联设备时,不要轻易要求修改其中一个网络的网络结构、协议、硬件和软件。不同的子网在诸多方面存在差异,具体表现在:寻址、信息传送、访问控制、连接方式等几个方面。网络互联为了提供不同子网之间的网络通信,必须采取措施以屏蔽或者容纳这些差异。

不能因为要提高网络之间的传输性能而影响各个子网内部的传输功能和传输性能。从应用的角度看,用户需要访问的资源主要还是集中在本子网内部。一般来说,网络之间的信息传输量远小于网络内部的信息传输量。但是,随着网络应用的推广,尤其是随着交换式网络以太网的广泛使用,局域网、局域网之间互联(主要是以太网之间互联)概念的区别已逐渐模糊。

网络互联主要应当考虑和解决以下一些问题。

(1) 互联的层次问题。在 OSI 模型的哪一层提供网络互联是首先要考虑的问题。它涉及网络互联的各个方面的问题。

(2) 寻址问题。不同的子网具有不同的命名方式、地址结构,网络互联应当可以提供全网寻址的能力。

(3) 信息传送问题。网络互联可以在 OSI 模型的不同层进行,各层传送信息的格式不同。例如,物理层传送的是比特流,数据链路层传送的是数据帧,网络层传送的是数据分组等。实行网络互联时,对应不同的子网,传送的信息是不同的。例如,在网络层实现网络互联,对应不同的子网,分组的称呼、长度、格式和对各种分组的处理时序会有所不同,互联的网络应当具有解决这种分组长度不兼容的能力。

(4) 访问控制问题。不同的子网采用了不同的访问控制方法(如以太网采用 CSMA/CD、令牌总线和令牌环采用令牌控制等),并由此而引申出各种时间的限制(例如,CSMA/CD 中的冲突检测时间,以及各种网络协议中的传输确认的等待时间等),如何使得这些采用不同访问控制的网络可以彼此协调,共存于同一个"大"的网络中,是网络互联必须解决的又一个问题。

(5) 连接方式问题。不同的网络可能采用不同的连接方式,例如,X.25 网络通常采用面向连接的信息传输,而大多数局域网又提供面向无连接的服务,因此互联网络提供的服务应当屏蔽这样的差异。

其他应当考虑的因素还包括不同子网的差错恢复机制对全网的影响,不同子网用户的接入限制、记账服务、通过互联设备的路由选择和网络流量控制等。

6.2 物理层互联设备

在物理层解决比特流传送直接相关的重要问题,即信号在传输过程中所发生的一些问题及其解决办法。

信号在传输过程中涉及的第一个问题就是信号衰减(Attenuation)。信号衰减是指用来表示原始比特流的信号能量在传输过程中越来越小,以致在超出一定距离后信号能量再也无法被检测到。产生信号衰减的原因包括介质吸收、反射与散射等客观因素,因此信号衰减是不可避免的。但信号衰减带来的后果是严重的,它限制了信号的传输距离。当然,不同的传输介质因衰减特性不同,其最大传输距离往往也会存在差别。除信号能量降低外,信号衰减还经常会同时伴随着信号的变形,因此在物理层必须要采用信号放大和整形的方法来解决信号的衰减及变形问题。

信号在传输过程中不可避免要遇到的第二大问题就是噪声。噪声是指附加在原始信号之上的所有不被期望的信号,噪声有时又被称为干扰。产生噪声的原因是多方面的,包括物理线路上的热噪声、线路端接点的近端串扰、交流供电电路中的接地噪声和来自其他周围环境的无线或电磁干扰等。噪声带来的严重后果是,一旦噪声的能量与信号能量具有一定的可比性时就会导致信号传输错误,接收端难以从混杂了较大噪声的信号中提取出正确的数据。

不可避免的信号衰减限制了信号的远距离传输，从而使每种传输介质都存在传输距离的限制。因此，在实际组建网络的过程中，经常会碰到网络覆盖范围超越介质最大传输距离的情况。例如，双绞线的最大传输距离是100m，而人们在一个楼层、一幢大楼里所组建的网络范围却超越了100m，达到200m或更多。为了解决因信号衰减和变形产生的传输距离受限问题，还需要一种能在信号传输过程中对信号进行放大和整形的设备，以拓展信号的传输距离，增加网络的覆盖范围。我们将这种具备物理上拓展网络覆盖范围功能的设备称为网络互联设备。通常，在物理层提供网络互联的设备有调制解调器、中继器和集线器。

6.2.1　调制解调器

调制解调器是Modulator(调制器)与Demodulator(解调器)的简称，根据Modem的谐音，亲昵地称之为"猫"。它是在发送端通过调制将数字信号转换为模拟信号，而在接收端通过解调再将模拟信号转换为数字信号的装置。

调制解调器的作用是模拟信号和数字信号的"翻译员"。电子信号分为两种，一种是"模拟信号"，一种是"数字信号"。我们使用的电话线路传输的是模拟信号，而PC之间传输的是数字信号。所以当你想通过电话线把自己的计算机连入Internet时，就必须使用调制解调器来"翻译"两种不同的信号。连入Internet后，当PC向Internet发送信息时，由于电话线传输的是模拟信号，所以必须要用调制解调器来把数字信号"翻译"成模拟信号，才能传送到Internet上，这个过程叫做"调制"。当PC从Internet获取信息时，由于通过电话线从Internet传来的信息都是模拟信号，所以PC想要看懂它们，还必须借助调制解调器这个"翻译"，这个过程叫做"解调"，综合起来就称为"调制解调"。

1. 基本原理

一般人的语音频率范围是300～3400Hz，为了使话音信号在普通的电话系统中传输，在线路上给它分配一定的带宽，国际标准取4kHz为一个标准话路所占用的频带宽度。在这个传输过程中，语音信号以300～3400Hz频率输入，发送方的电话机把这个语音信号转变成模拟信号，这个模拟信号经过一个频分多路复用器进行变化，使得线路上可以同时传输多路模拟信号，当到达接收端以后再经过一个解频的过程把它恢复到原来的频率范围的模拟信号，再由接收方电话机把模拟信号转换成声音信号。

计算机内的信息是由"0"和"1"组成数字信号，而在电话线上传递的却只能是模拟电信号。不采取任何措施利用模拟信道来传输数字信号必然会出现很大差错(失真)，故在普通电话网上传输数据，就必须将数字信号变换到电话网原来设计时所要求的音频频谱内(即300～3400Hz)。

调制就是用基带脉冲对载波波形某个参数进行控制，形成适合于线路传送的信号。

解调就是当已调制信号到达接收端时，将经过调制器变换过的模拟信号去掉载波恢复成原来的基带数字信号。

采用调制解调器也可以把音频信号转换成较高频率的信号和把较高频率的信号转换成音频信号。所以调制的另一目的是便于线路复用，以便提高线路利用率。

基于载波信号的三个主要参数,可以把调制方式分为三种:调幅、调频和调相。

2. Modem 的分类

根据 Modem 的形态和安装方法,一般分为以下 4 类。

1) 外置式 Modem

外置式 Modem 放置于机箱外,通过串行通信口与主机连接。这种 Modem 方便灵巧、易于安装,闪烁的指示灯便于监视 Modem 的工作状况,但外置式 Modem 需要使用额外的电源与电缆。

2) 内置式 Modem

内置式 Modem 在安装时需要拆开机箱,并且要对终端和 COM 口进行设置,安装较为烦琐。这种 Modem 要占用主板上的扩展槽,但无需额外的电源与电缆,且价格比外置式 Modem 要便宜。

3) PCMCIA 插卡式

插卡式 Modem 主要用于笔记本计算机,体积纤巧。配合移动电话,可方便地实现移动办公。

4) 机架式 Modem

机架式 Modem 相当于把一组 Modem 集中于一个箱体或外壳里,并由统一的电源进行供电。机架式 Modem 主要用于 Internet/Intranet、电信局、校园网、金融机构等网络的中心机房。

除以上 4 种常见的 Modem 外,现在还有 ISDN 调制解调器和一种称为 Cable Modem 的调制解调器,另外还有一种 ADSL 调制解调器。Cable Modem 利用有线电视的电缆进行信号传送,不但具有调制解调功能,还集路由器、集线器、桥接器于一身,理论传输速率更可达 10Mb/s 以上。通过 Cable Modem 上网,每个用户都有独立的 IP 地址,相当于拥有了一条个人专线。目前,深圳有线电视台天威网络公司已推出这种基于有线电视网的 Internet 接入服务,接入速率为 2~10Mb/s。

3. Modem 的传输模式

Modem 最初只是用于数据传输。然而,随着用户需求的不断增长以及厂商之间的激烈竞争,目前市场上出现了越来越多的“二合一”“三合一”的 Modem。这些 Modem 除了可以进行数据传输以外,还具有传真和语音传输功能。

1) 传真模式

通过 Modem 进行传真,除了能省下一台专用传真的费用外,好处还有很多:可以直接把计算机内的文件传真到对方的计算机或传真机,而无须先把文件打印出来;可以对接收到的传真方便地进行保存或编辑;可以克服普通传真机由于使用热敏纸而造成字迹逐渐消退的问题;由于 Modem 使用了纠错的技术,传真质量比普通传真机要好,尤其是对于图形的传真更是如此。目前的 Fax Modem 大多遵循 V.29 和 V.17 传真协议。其中,V.29 支持 9600b/s 传真速率,而 V.17 则可支持 14400b/s 的传真速率。

2) 语音模式

语音模式主要提供了电话录音留言和全双工免提通话功能,真正使电话与计算机融为一体。这里主要讨论的是一种新的语音传输模式——DSVD(Digital Simultaneous Voice and Data)。DSVD 是由 Hayes、Rockwell、U. s. Robotics、Intel 等公司在 1995 年提出的一项语音传输标准,是现有的 V.42 纠错协议的扩充。DSVD 通过采用 Digi Talk 的数字式语音与数据同传技术,使 Modem 可以在普通电话线上一边进行数据传输一边进行通话。

DSVD Modem 保留了 8kb/s 的带宽(也有的 Modem 保留 8.5kb/s 的带宽)用于语音传送,其余的带宽则用于数据传输。语音在传输前会先进行压缩,然后与需要传送的数据综合在一起,通过电话载波传送到对方用户。在接收端,Modem 先把语音与数据分离开来,再把语音信号进行解压和数/模转换,从而实现数据/语音的同传。DSVD Modem 在远程教学、协同工作、网络游戏等方面有着广泛的应用前景。但在目前,由于 DSVD Modem 的价格比普通的 Voice Modem 要贵,而且要实现数据/语音同传功能时,需要对方也使用 DSVD Modem,从而在一定程度上阻碍了 DSVD Modem 的普及。

4. Modem 的传输速率

Modem 的传输速率,指的是 Modem 每秒钟传送的数据量大小。我们平常说的 14.4kb/s、28.8kb/s、33.6kb/s、56kb/s 等,指的就是 Modem 的传输速率。传输速率以 b/s 为单位。因此,一台 33.6kb/s 的 Modem 每秒钟可以传输 33 600b 的数据。由于目前的 Modem 在传输时都对数据进行了压缩,因此 33.6kb/s 的 Modem 的数据吞吐量理论上可以达到 115 200b/s,甚至 230 400b/s。

Modem 的传输速率,实际上是由 Modem 所支持的调制协议所决定的。我们平时在 Modem 的包装盒或说明书上看到的 V.32、V.32bis、V.34、V.34＋、V.fc 等,指的就是 Modem 所采用的调制协议。其中,V.32 是非同步/同步 4800/9600b/s 全双工标准协议; V.32bis 是 V.32 的增强版,支持 14 400b/s 的传输速率;V.34 是同步 28 800b/s 全双工标准协议;而 V.34＋则为同步全双工 33 600b/s 标准协议。以上标准都是由 ITU(国际通信联盟)所制定,而 V.fc 则是由 Rockwell 提出的 28 800b/s 调制协议,但并未得到广泛支持。

提到 Modem 的传输速率,就不能不提时下被炒得火热的 56kb/s Modem。其实,56kb/s 的标准已提出多年,但由于长期以来一直存在以 Rockwell 为首的 K56flex 和以 U. S. Robotics 为首 X2 的两种互不兼容的标准,使得 56kb/s Modem 迟迟得不到普及。值得庆幸的是,1998 年 2 月,在国际电信联盟的努力下,56kb/s 的标准终于统一为 ITU V9.0,众多的 Modem 生产厂商也已纷纷出台了升级措施,而真正支持 V9.0 的 Modem 也已经遍地开花。56kb/s 有望在一两年内成为市场的主流。在这里要顺便说一下的是,由于目前国内许多 ISP 并未提供 56kb/s 的接入服务,因此在购买 56kb/s Modem 前,最好先向服务商打听清楚,以免造成浪费。

以上所讲的传输速率,均是在理想状况下得出的。而在实际使用过程中,Modem 的速率往往不能达到标称值。实际的传输速率主要取决于以下几个因素。

1) 电话线路的质量

因为调制后的信号是经由电话线进行传送,如果电话线路质量不佳,Modem 将会降低速率以保证准确率。为此,我们在连接 Modem 时,要尽量减少连线长度,多余的连线要剪去,切勿绕成一圈堆放。另外,最好不要使用分机,连线也应避免在电视机等干扰源上经过。

2) 是否有足够的带宽

如果在同一时间上网的人数很多,就会造成线路的拥挤和阻塞,Modem 的传输速率自然也会随之下降。因此,ISP 是否能供足够的带宽非常关键。另外,避免在繁忙时段上网也是一个解决方法。尤其是在下载文件时,在繁忙时段与非繁忙时段下载所费的时间会相差几倍之多。

3) 对方的 Modem 速率

Modem 所支持的调制协议是向下兼容的,实际的连接速率取决于速率较低的一方。因此,如果对方的 Modem 是 14.4kb/s 的,即使你用的是 56kb/s 的 Modem,也只能以14 400b/s 的速率进行连接。

5. Modem 的传输协议

Modem 的传输协议包括调制协议(Modulation Protocols)、差错控制协议(Error Control Protocols)、数据压缩协议(Data Compression Protocols)和文件传输协议。调制协议在前面已经讨论过,现在着重谈一下其余的三种传输协议。

1) 差错控制协议

随着 Modem 的传输速率不断提高,电话线路上的噪声、电流的异常突变等,都会造成数据传输的出错。差错控制协议要解决的就是如何在高速传输中保证数据的准确率。目前的差错控制协议存在着两个工业标准:MNP4 和 V4.2。其中,MNP(Microcom Network Protocols)是 Microcom 公司制定的传输协议,包括 MNP1~MNP10。由于商业原因,Microcom 目前只公布了 MNP1~MNP5,其中,MNP4 是目前被广泛使用的差错控制协议之一。而 V4.2 则是国际电信联盟制定的 MNP4 改良版,它包含 MNP4 和 LAP-M 两种控制算法。因此,一个使用 V4.2 协议的 Modem 可以和一个只支持 MNP4 协议的 Modem 建立无差错控制连接,而反之则不能。所以在购买 Modem 时,最好选择支持 V4.2 协议的Modem。

另外,市面上某些廉价 Modem 卡为降低成本,并不具备硬纠错功能,而是使用了软件纠错方式。

2) 数据压缩协议

为了提高数据的传输量,缩短传输时间,现时大多数 Modem 在传输时都会先对数据进行压缩。与差错控制协议相似,数据压缩协议也存在两个工业标准:MNP5 和 V4.2bis。MNP5 采用了 Rnu-Length 编码和 Huffman 编码两种压缩算法,最大压缩比为 2∶1。而 V4.2bis 采用了 Lempel-Ziv 压缩技术,最大压缩比可达 4∶1。这就是为什么说 V4.2bis 比MNP5 要快的原因。

注意:数据压缩协议是建立在差错控制协议的基础上,MNP5 需要 MNP4 的支持,V4.2bis 也需要 V4.2 的支持。并且,虽然 V4.2 包含 MNP4,但 V4.2bis 却不包含 MNP5。

3) 文件传输协议

文件传输是数据交换的主要形式。在进行文件传输时,为使文件能被正确识别和传送,需要在两台计算机之间建立统一的传输协议。这个协议包括文件的识别、传送的起止时间、错误的判断与纠正等内容。常见的传输协议有以下几种。

ASCII:这是最快的传输协议,但只能传送文本文件。

Xmodem:这种古老的传输协议速度较慢,但由于使用了 CRC 错误侦测方法,传输的准确率可高达 99.6%。

Ymodem：这是 Xmodem 的改良版，使用了 1024 位区段传送，速度比 Xmodem 要快。

Zmodem：Zmodem 采用了串流式(Streaming)传输方式，传输速度较快，而且具有自动改变区段大小和断点续传、快速错误侦测等功能。这是目前最流行的文件传输协议。

6.2.2　中继器

中继器(Repeater)在 10Base-2 和 10Base-5 网络比较盛行的年代使用，它们使用同轴电缆作为传输线。由于同轴电缆的最大架设距离不能超过 185m，所以数据信号在经过较长距离的传输后，会产生信号衰减的情况，这样在需要连接长距离的网络时，就必须使用中继器了。

从中继器的英文名 Repeater 可以看出，中继器的主要功能就是将收到的数据信号放大，然后再将同样的信号重新送入网络的另一边，这样两边的最大距离都可以达到 185m，增大了网络的长度。通过中继器可以延长网络的长度，增大数据信号传输的距离，但是它不能改变网络的带宽，因此中继器可以说相当于是一段带有信号放大功能的网络线路。

信号在网络传输介质中进行传输时有衰减并且会受到噪声的干扰，使得有用的数据信号随着传输距离的增加而变得越来越弱。在这种情况下，可以使用中继器来增加信号传输的有效距离。中继器是用来放大模拟或数字信号的网络连接设备，它将接收到的信号进行放大，保持与原来的数据相同，并且转发经过放大的信号，但是中继器在放大信号的同时也将噪声进行了放大。中继器没有信号纠错的功能。通常情况下，中继器只有一个输入端口和一个输出端口。

一般情况下，中继器的两端连接的是相同的媒体，但有的中继器也可以完成不同媒体的转换。各种网络标准都对信号的延迟范围做了具体的规定，中继器只能在此规定范围内进行有效的工作，否则会引起网络故障。目前，随着同轴电缆在计算机网络中的使用越来越少，中继器也几乎退出了计算机网络市场。

6.2.3　集线器

中继器最多只能连接两台设备(属于同一个网络)，而集线器(HUB)就可以连接更多的设备，集线器可以称为多端口的中继器。该设备是一个多端口的中继器，为网络设备提供集中连接和物理介质扩展。集线器和中继器都是物理层的设备，但是集线器采用了专门的芯片，进行自适应串音回波抵消。这样就可以使端口转发出去的较强信号的回波不致对该端口接收到的较弱信号产生干扰。数据在转发之前还要进行再生整形并重新定时。

网络集线器有许多特点。最简单的集线器通过把逻辑 Ethernet 连接成物理上的星状拓扑结构而增加了网络的连通性，它实质上是一个多端口中继器。稍微复杂一点儿的集线器(交换式集线器)用作网桥和路由器的替代品以便减少网络拥塞。高级集线器为 FDDI、帧中继及 ATM 网络提供了非常高速的连通性。图 6-1 说明了 10Base-T 集线器与 PC 工作站连接的方式。

一般来说，集线器提供了下列一项或多项服务。

(1) 容许在一个或多个 LAN 上连接大量计算机；

(2) 减少网络拥塞；

（3）提供多协议服务，例如 Ethernet 与 FDDI 的连通；

（4）巩固网络主干；

（5）实现高速通信。

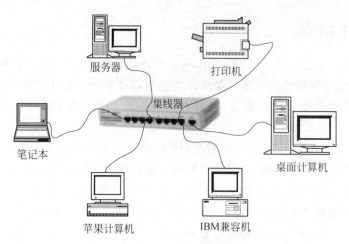

图 6-1　10Base-T 集线器

集线器提供的接口通常有 8 口、16 口和 24 口等几种，集线器能提供连接多种网络传输介质的接口，通常具有 RJ-45 和 BNC 两种接口或 RJ-45、BNC 和 AUI 三种接口。

集线器按性能还可分为Ⅰ类、Ⅱ类 HUB。Ⅰ类 HUB 会把传来的模拟信号转变为数字信号再转发到其他端口，其延时较长，约为 $0.7\mu s$，可提供 TX、T4 端口。Ⅱ类 HUB 则不进行转换，直接转发，延时较短，约为 $0.35\mu s$，只提供一种 TX 或 T4 端口。由于二者延迟差别很大，因而对连接 HUB 的个数有明显的影响。

集线器是对网络进行集中管理的重要工具，像树的主干一样，它是各分枝的汇集点。HUB 是一个共享设备，其实质是一个中继器，而中继器的主要功能是对接收到的信号进行再生放大，以扩大网络的传输距离。

1. 集线器的工作特点

依据 IEEE 802.3 协议，集线器功能是随机选出某一端口的设备，并让它独占全部带宽，与集线器的上联设备（交换机、路由器或服务器等）进行通信。由此可以看出，集线器在工作时具有以下两个特点。

（1）HUB 只是一个多端口的信号放大设备。当一个端口接收到数据信号时，由于信号在从源端口到 HUB 的传输过程中已有了衰减，所以 HUB 便将该信号进行整形放大，使被衰减的信号再生（恢复）到发送时的状态，紧接着转发到其他所有处于工作状态的端口上。从 HUB 的工作方式可以看出，它在网络中只起到信号的放大和重发作用，其目的是扩大网络的传输范围，而不具备信号的定向传送能力，是一个标准的共享式设备。因此有人称集线器为"傻 HUB"或"哑 HUB"。

（2）HUB 只与它的上联设备（如上层 HUB、交换机或服务器）进行通信。处于同层的各端口之间不会直接进行通信，而是通过上联设备再将信息广播到所有端口上。由此可见，即使是同一 HUB 的不同两个端口之间进行通信，都必须要经过以下两步操作。

第一步：将信息上传到上联设备。

第二步：上联设备再将该信息广播到所有端口上。

不过，随着技术的发展和需求的变化，目前许多 HUB 在功能上进行了拓宽，不再受这种工作机制的影响。

2．集线器在网络中的作用

HUB 主要用于共享网络的组建，是解决从服务器直接到桌面的最佳、最经济的方案。在交换式网络中，HUB 直接与交换机相连，将交换机端口的数据送到桌面。使用 HUB 组网灵活，它处于网络的一个星状节点，对节点相连的工作站进行集中管理，不让出问题的工作站影响整个网络的正常运行，并且用户的加入和退出也很自由。

3．集线器的分类和特点

结合技术和应用两个方面，可对 HUB 进行如下的分类。

1）按速度的不同来分

根据速度的不同，目前市面上用于小型局域网的 HUB 可分为 10Mb/s、100Mb/s 和 10/100Mb/s 自适应三个类型。在规模较大的网络中，还使用 1000Mb/s 和 100/1000Mb/s 自适应两类 HUB。HUB 的分类与网卡基本相同，因为 HUB 与网卡之间的数据交换是相互对应的。自适应集线器也叫做"双速集线器"，如 10/100Mb/s，它内置了 10Mb/s 和 100Mb/s 两条内部总线，既可以工作在 10Mb/s 速度下，也可以工作在 100Mb/s 的速度下。

2）根据配置形式的不同来分

根据配置形式的不同，HUB 可分为独立型 HUB、模块化 HUB 以及可堆叠式 HUB 三大类。它们的功能特点如下。

（1）独立型 HUB：是最早使用于 LAN 的设备。它具有低价格、容易查找故障、网络管理方便等优点，在小型 LAN 中广泛使用。但这类 HUB 的工作性能较差，尤其是速度一直缺乏优势。

（2）模块化 HUB：一般带有机架和多个卡槽，每个卡槽中可安装一块卡，每块卡的功能相当于一个独立型 HUB，多块卡通过安装在机架上的通信底板进行互连并进行相互间的通信。现在常用的模块化 HUB 一般具有 4～14 个槽。模块化 HUB 在较大的网络中便于实施对用户的集中管理，所以在大型网络中得到了广泛应用。

（3）可堆叠式 HUB：是利用高速总线将单个独立型 HUB"堆叠"或短距离连接的设备，其功能相当于一个模块化 HUB。一般情况下，当有多个 HUB 堆叠时，其中存在一个可管理 HUB，利用可管理 HUB 可对可堆叠式 HUB 中的其他"独立型 HUB"进行管理。可堆叠式 HUB 可非常方便地实现对网络的扩充，是新建网络最为理想的选择。

3）根据管理方式的不同来分

（1）根据对 HUB 管理方式的不同可分为智能型 HUB 和非智能型 HUB 两类。

智能型 HUB：改进了普通 HUB 的缺点，增加了网络的交换功能，具有网络管理和自动检测网络端口速度的能力（类似于交换机），目前智能型 HUB 已向着交换功能发展，缩短了 HUB 与交换机之间的距离。

（2）非智能型 HUB：与智能型 HUB 相比，非智能型 HUB 只起到简单的信号放大和再生作用，无法对网络性能进行优化。

早期使用的共享式 HUB 一般为非智能型的，而现在流行的 100Mb/s 和 10/100Mb/s 自适应 HUB 多为智能型 HUB。非智能型 HUB 不能用于对等网络，而且所组成的网络中必须要有一台服务器。

4）根据端口数目的不同来分

集线器有许多的端口，每个端口通过 RJ-45 接口用两对双绞线与一个工作站上的网卡相连。集线器的每个端口都具有发送和接收数据的能力。当集线器的某个端口接收到工作站发来的有效数据帧时，就将数据帧转送到所有其他端口，通过这些端口发送到各个客户端。这些特性决定了该设备可以将局域网中节点的线缆集中在一起，主要作为网络连接的中心点。使用集线器连接网络的特点是当网络中某条线路或某个节点出现故障时，不会影响网络上其他节点的正常工作。

一般使用的集线器连接节点的 RJ-45 端口数目为 8 口、12 口、16 口或 24 口。有些功能较强的集线器上带有连接粗同轴电缆的 AUI 端口、连接细同轴电缆的 BNC 端口以及光纤连接端口。集线器按照所提供的带宽分为 10Mb/s 集线器和 100Mb/s 集线器。根据对信号进行处理的方式不同可分为无源集线器、有源集线器和智能集线器。无源集线器实现集线器的最简单功能，只是把网络中多个节点的介质连接在一起，不对信号做任何处理。有源集线器除了具有将网络中多个节点的介质连接在一起的功能外，还对传输信号进行再生和放大，从而扩展信号的传输距离。智能集线器不仅包含有源集线器的功能，还能通过简单网络管理协议（SNMP）提供网络管理的功能。

5）根据工作方式不同来分

随着集线器应用技术的发展，从工作方式上还分为共享式集线器和可堆叠集线器。其中，共享式集线器将集线器的所有端口连接在一起，共享同一个带宽；可堆叠集线器将多个集线器堆叠连接在一起，组成一个大的集线器，方便了网络的扩充。

（1）共享式集线器。共享式集线器上的端口与网络中的一台计算机相连，在集线器内部，每个端口模块都连接到集线器的以太网背板上，这样集线器上所有端口都共享同一个带宽，因此物理上是一个总线型的连接方式。当集线器所连接的一台计算机向另一台计算机发送数据信号时，共享集线器首先接收到数据信号，然后数据信号通过集线器再发给其他的每一个端口，所以与共享式集线器连接的每一台计算机都能够接收到发送节点发送的数据。

共享式集线器的这种数据传输方式使得在两台计算机传输数据时，集线器与其他计算机的连接端口也被占用了，所以共享式集线器在同一时间只能有两台计算机进行数据通信。与共享式集线器连接的所有节点共享一个最大带宽。例如，一个 100Mb/s 的集线器上连接了一台计算机，那么这台计算机就可以独占这 100Mb/s 的带宽；如果集线器上连接了 8 台计算机，则这 8 台计算机共享共享式集线器的数据传输 100Mb/s 的带宽。

（2）可堆叠集线器。可堆叠集线器是指使用专门的连接线，通过专用的端口将若干集线器堆叠在一起，它是将多个集线器连接在一起，组成了一个大的集线器，扩充了网络可连接的端口数，它是共享式集线器的一种。例如，将三个 24 口的集线器堆叠在一起时，可以看作是一个 72 口的集线器。堆叠式集线器由一个基础集线器与多个扩展集线器组成。基础集线器是一台具有简单网络管理功能的集线器，在基础集线器上堆叠多个扩展集线器，不仅增加了网络中连接节点的数量,而且可以实现对网络中可堆叠集线器节点的管理功能。

集线器的最大堆叠数量根据不同厂家生产的产品而不同,一般最多为 4～6 层,可堆叠的层数越多,说明集线器的稳定性越高,但是集线器的价格也就越贵。由于堆叠集线器是一种共享式的集线器,因此当堆叠的集线器层数较多、连接的计算机数量较多时,会降低数据传输率。因此可堆叠集线器主要用于扩展网络连接节点的数量,不能增加集线器的传输速率。

(3) 智能集线器。智能集线器与交换机类似,具有网络管理和自动检测网络端口速度的能力,增加了网络的交换功能。智能集线器通过简单网络管理协议(SNMP)提供网络管理功能。网络管理软件可以实现对集线器端口的管理,监控集线器端口的使用状况,这样可以及时发现和排除网络故障。通常网络管理软件都是图形化的用户界面,不同的图形表示了支持 SNMP 的设备。网络管理功能对于大型的网络非常重要,大型网络中的网络用户较多,数据流量也较大,因此一旦网络出现了故障,网络管理软件可以及时发现故障,以保证网络的正常运转。

集线器是一个典型的广播式半双工传输设备,当一台站点发送数据,集线器会将数据信号整形后,发送到其他端口,尽管其他端口的设备不一定是接收方,但其接口都会被发送数据信号占用。这样就导致当一台设备占用网络带宽时,其他站点必须等待链路信号清除,才可以发送数据。

【例 6-1】　集线器广播式通信示例(网络拓扑如图 6-2 所示)。

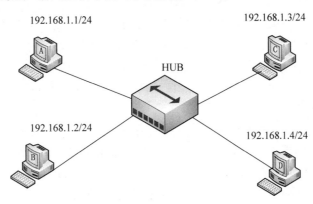

图 6-2　集线器通信示例拓扑

本案例中计算机 A 使用 ping 命令,向计算机 B 发出 ICMP 的请求报文。当数据进入集线器后,集线器会将数据从各个端口(接收端口除外)传播这个数据,这样计算机 C 与 D 的网络接口均会收到 A→B 的数据信号,但计算机 C 与 D 的网络高层协议进程判断不是发给本站而丢弃数据。广播传送过程如图 6-3 所示。

4. 怎样选择局域网中的集线器

1) 以速度为选择标准

集线器速度的选择,主要决定于以下三个因素。

(1) 上连设备的带宽。如果上连设备允许 100Mb/s,自然可购买 100Mb/s 集线器,否则 10Mb/s 集线器应是理想的选择。

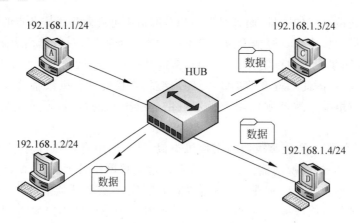

图 6-3　集线器广播式通信过程

（2）提供的连接端口数。由于连接在集线器上的所有站点均争用同一个上行总线，所以连接的端口数目越多，就越容易造成冲突。

（3）应用需求。一般来说，如果传输的内容不涉及语音、图像，传输量相对较小时，选择10Mb/s 就够了。如果传输量较大，且有可能涉及多媒体应用时，应当选择 100Mb/s 或 10/100Mb/s 自适应集线器。

2）以能否满足拓展为标准

当一个集线器提供的端口不够时，一般有以下两种拓展用户数目的方法。

（1）堆叠。堆叠是解决单个集线器端口不足时的一种方法，但是因为堆叠在一起的多个集线器还是工作在同一个环境下，所以堆叠的层数也不能太多。然而，市面上许多集线器以其堆叠层数比其他品牌的多而作为自己的卖点，如果遇到这种情况，要分类对待：一方面可堆叠层数越多，一般说明集线器的稳定性超高；另一方面，可堆叠层数越多，每个用户实际可享有的带宽则越小。

（2）级联。级联是在网络中增加用户数的另一种方法，但是此项功能的使用一般是有条件的，即 HUB 必须提供可级联的端口，此端口上常标有 Uplink 或 MDI 的字样，用此端口与其他的 HUB 进行级联。如果没有提供专门的端口，当要进行级联时，连接两个集线器的双绞线在制作时必须要进行错线（见后面的网络布线基础）。

3）以是否提供网管功能为标准

早期的 HUB 属于一种低端的产品，且不可管理。近年来，随着技术的发展，部分集线器在技术上写进了交换机的部分功能，可通过增加网管模块实现对集线器的简单管理（SNMP），以方便使用。但需要指出的是，尽管同样是对 SNMP 提供支持，但不同厂商的模块是不能混用的。同时，同一厂商的不同产品的模块也不同。

6.2.4　中继器和集线器的 5-4-3-2-1 规则

中继器和集线器作为物理层的网络连接设备，可以对信号进行放大和再生，从而使得物理信号的传送距离得到延长，因此它们具有在物理上扩展网络的功能。但是，由于中继器和集线器只能进行原始比特流的传送，而不能依据某种地址信息对数据流量进行任何隔离或过滤，因此用中继器和集线器进行网络扩展时会带来一些新的问题。

首先,由于中继器和集线器不具备数据隔离和过滤功能,因此由中继器或集线器互联的网络仍然属于一个大的共享介质环境。共享网络环境是指网络上的所有设备通过一条公用的信道来传输数据,又称广播网络。当同一时刻这些设备中的多个节点试图发送数据时,就会发生冲突。冲突会使其所涉及的各节点的数据传输发生失败。因为所有中继器或集线器互联的主机仍然位于同一个冲突域中,因此伴随着网络扩展所带来主机数的增加,主机之间产生冲突的概率也随之增大。冲突域(Collision Domain)是人们对一组可能会彼此发生冲突的主机设备及其网络环境(包括传输介质、连接部件和一些网络互联设备)的总称。即中继器和集线器在物理上扩展网络的同时,也扩展了冲突域。

其次,当网络的物理距离增大时,也会影响局域网冲突检测的有效性。一个远端节点的信号由于在过长的传输介质上传输,会产生相对较长的传输时延,从而导致冲突无法检测。

由于上述两个原因,将中继器和集线器用于局域网中进行网络扩展时,对其数量就有了一定的限制。这种限制被称为中继器或集线器的 5-4-3-2-1 规则。其中,5 表示至多 5 个网段,4 表示至多 4 个中继器或集线器,3 表示 5 个网段中只有 3 个为主机段,2 表示 5 个网段中有两个网段为连接段,1 表示这 5 个网段位于一个冲突域中。根据这个规则,在一个由中继器或集线器互联的网络中,任意的发送端和接收端之间最多只能经过 4 个中继器或集线器、5 个网段。

6.3　数据链路层互联设备

数据链路层的设备是指那些同时具有物理层和数据链路层功能的设备和组件。数据链路层的主要组件有网卡,主要网络设备有网桥和交换机,下面分别进行介绍。

6.3.1　网络适配器

网络适配器(Network Interface Card,NIC)也就是俗称的网卡。它是构成计算机局域网络系统中最基本的、最重要的和必不可少的连接设备,计算机主要通过网卡接入局域网络。网卡的工作是双重的,网卡除了起到物理接口作用外,还有控制数据传送的功能。网卡一方面负责接收网络上传过来的数据包,解包后,将数据通过主板上的总线传输给本地计算机;另一方面它将本地计算机上的数据打包后送入网络。网卡一般插在每台工作站和文件服务器主机板的扩展槽里。另外,由于计算机内部的数据是并行数据,而一般在网上传输的是串行比特流信息,故网卡还有串/并转换功能。为防止数据在传输中出现丢失的情况,在网卡上还需要有数据缓冲器,以实现不同设备间的缓冲。在网卡的 ROM 上固化有控制通信软件,用来实现上述功能。网络适配器如图 6-4 所示。

图 6-4　网卡实物图

1. 网络适配器的作用

虽然把适配器的内容放在数据链路层讲,但适配器实现的功能包含数据链路层及物理层两个层次的功能。现在的芯片集成度很高,很难把一个适配器的功能严格按照层次的关系精确划分开。

适配器在接收和发送各种帧时,不使用计算机的CPU。此时计算机中的CPU可以处理其他任务。当适配器收到有差错的帧时,就把这个帧直接丢弃而并不通知计算机。当适配器收到正确的帧时,就使用中断来通知该计算机,并交付协议栈中的网络层。当计算机要发送IP数据报时,就由协议栈把IP数据报向下交给适配器,组装成帧后发送到局域网。图6-5表示适配器的功能结构。

特别注意:计算机的硬件地址就在适配器的ROM中,而计算机的软件地址——IP地址(5.2.3节讨论)则在计算机的存储器中。

图6-5中,尽管大部分链路层是在硬件中实现的,但部分链路层是在运行于主机CPU上的软件中实现的。链路层的软件组件实现了高层链路层的功能,如组装链路层寻址信息和激活控制器硬件。在接收端,链路层软件响应控制器中断(例如,由于一个或多个帧的到达),处理差错条件和将数据报向上传递给网络层。所以,链路层是硬件和软件的结合体,网络适配器是协议栈中软件与硬件交接的地方。

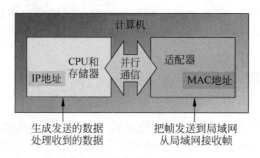

图 6-5   适配器功能结构

网卡和局域网之间的通信是通过电缆或双绞线以串行传输方式进行的。网卡和计算机之间的通信通过计算机主板上的I/O总线以并行传输方式进行。因此,网卡的一个重要功能就是要进行串行/并行转换。

网卡的主要功能如下。

(1)数据的封装与解封。发送时将上一层交下来的数据加上首部和尾部,成为以太网的帧。接收时将以太网的帧剥去首部和尾部,然后送交上一层。

(2)链路管理。主要是CSMA/CD(Carrier Sense Multiple Access with Collision Detection,带冲突检测的载波监听多路访问)协议的实现。

(3)编码与译码。即曼彻斯特编码与译码。

2. 网络适配器的物理地址

每一块网卡在出厂的时候,厂家都会按照一定的标准给它分配一个号码,这个号码是通过硬件的方法固化到网卡的ROM中,一般来说无法改动,而且该号码是全球唯一的。就如同我们的指纹一样,它是网卡的最根本标志。这个号码就被称为网卡的硬件地址,又称为MAC(Media Access Control)地址。

网卡的MAC地址有特殊的规定,所有网卡的MAC地址都是由6个字节,共48位组

成,如图 6-6 所示,前 3 个字节即 24 位是厂商的编号,称为组织唯一标识符;后 3 个字节即
24 位由厂家自行指派,称为扩展唯一标识符。

图 6-6　MAC 地址

48b 的 MAC 地址一般用 6B 的十六进制来表示,如 XX-XX-XX-XX-XX。可见 MAC 地址是不可能有重复的,因为所有的厂商编号都是经过特定的组织注册后才能够取得,因此厂商的编号是不可能相同的。每一个厂商可以设定的网卡编号是由三位十六进制数组成,可供生产一千六百多万块网卡,一般也是不可能达到的,因此同样不可能有重复。例如,3COM 公司生产的适配器的 MAC 地址的前三个字节是 02-60-8c,地址字段的后三个字节(即低位 24 位)则由厂家自行指派,只要保证生产出的适配器没有重复地址即可。可见用一个地址块可以生成 2^{24} 个不同的地址。网卡的 MAC 地址就像电话号码,每一个城市都拥有自己的区号,城市内的电话号码是不会重复的,因此加上区号的电话号码在全国范围内是不可能有重复的。

网卡的 MAC 地址对于普通用户来说,并没有什么特殊的意义,对网卡的功能也没有任何影响。但是由于它可以唯一地辨识网卡,所以在一些特殊的网络服务中可以起到不可替代的作用,如远程启动以此来确定启动时的映像文件等。另外在进行网络连接时,我们可以通过 MAC 地址,相应地对网络进行控制,如某些交换机可以设定记忆连接到每一个端口网卡的 MAC 地址,然后就可以指定该端口只允许特定的网卡进行连接了,这样可以达到管理和控制网络的目的。

以太网规定所有连入网络的设备,都必须具有"网卡"接口。然后数据包是从一块网卡传输到另一块网卡的。网卡的地址,就是数据包的发送地址和接收地址,叫做 MAC 地址,也叫物理地址,这是最底层的地址。

MAC 地址有单播、组播、广播之分。单播是点对点的通信,广播是和所有人通信,组播是给多个人通信但不是所有人。单播地址表示单一设备、节点,多播地址或者组播地址表示一组设备、节点,广播地址是组播的特例,表示所有地址,用 48 位 1 全 F 表示:FF-FF-FF-FF-FF-FF。IEEE 802.3 规定:以太网的第 48 位用于表示这个地址是组播地址还是单播地址。如果这一位是 0,表示此 MAC 地址是单播地址,如果这一位是 1,表示此 MAC 地址是多播地址。

3.网络适配器的类型及其特点

在计算机网络中,不同的网络拓扑结构和媒体访问方式需要不同的网卡,如以太网卡和令牌环网卡等,前者更为常用。以太网卡根据网卡与主板总线的连接方式、网卡的传输速率、网卡与传输介质连接的接口以及应用领域可以分为不同的类型。

根据工作对象的不同,局域网中的网卡(通常也称之为以太网网卡或 Ethernet 网卡)一般分为普通工作站用网卡和服务器专用网卡。

服务器专用网卡是为了适应网络服务器的工作特点而专门设计的,它的主要特征是在网卡上采用了专用的控制芯片,大量的工作由这些芯片直接完成,从而减轻了服务器 CPU 的工作负荷。但这类网卡的价格较贵,一般只安装在一些专用的服务器上,普通用户很少使用。

平时在市面上所能买到的多为一些适合于普通计算机使用的网卡,因为这些网卡在 PC

上是通用的,所以也称为"兼容网卡"。如无特殊说明,本书中所介绍和使用的全部是兼容网卡。兼容网卡不但价格低廉,而且工作稳定,使用率极高。兼容网卡通常可以采用三种方式来分类,即以接头种类区分,以总线(Bus)接口区分,以数据传输带宽区分。

1) 以接头种类区分

若网卡是计算机与网络电缆之间的桥梁,那么电缆的接头便是网卡对外连接的桥头。网卡上的接头可以有三种选择:AUI 接头、BNC 接头和 RJ-45 接头,它们分别用来连接三种不同的网络电缆,即 AUI 电缆、RG-58A/U 电缆和双绞线。这三种电缆与接头在外观、机械标准和电气特性等方面都截然不同,很容易一眼就区分出来。目前,通常使用 RJ-45 接头的网卡。RJ-45 接头用来连接非屏蔽双绞线(UTP)和屏蔽双绞线(STP)两种网络电缆,因易于扩展、系统调试方便,所以得到普遍采用。有的网卡同时带有 RJ-45 和 BNC 接口,称为二合一网卡,而同时具有前三类接口的网卡称为三合一网卡。

2) 以总线(Bus)接口区分

网卡对外要连接网络电缆,对内则是插在计算机的扩展槽上,通过总线来与计算机沟通。当前较新的计算机多有 PCI 与 16 位 ISA 两种总线接口,至于其他类型的接口,就看主机板是否支持了。通常,网卡按照计算机主板总线接口类型可以分为:ISA、PCI、PCMCIA、USB 等。

ISA(Industry Standard Architecture)是应用在第一代个人计算机(PC 或 PC/XT)上的总线,原本宽度为 8 位,后来扩展为 16 位。就网卡而言,现在面临 PCI 网卡的严重威胁,恐怕即将绝迹。EISA(Extended Industry Standard Architecture)是由 Compaq、Epson、AST、HP 等业界大厂共同提出,当初是为了提高 ISA 接口的数据传输率而设计的,可惜其价位一直偏高,始终未能获得大众的接受,时至今日,只有在少数商档计算机上才能看到它的踪影。PCI(Peripheral Component Interconnect)是由 Intel 所主导的总线标准,可以支持 32 位及 64 位的数据传输。由于它利用一块 PCI 桥接芯片隔离了 CPU 总线与 PCI 总线,使得两者能够以各自的时钟来操作,所以在稳定程度与数据传输率方面都有重大的改进。PCI 接口网卡当前以 32 位的产品居多,其工作时钟是 33MHz,每一个周期传输一次数据,因此,最大数据传输率为 132Mb/s($33 \times 32/8 = 132$)。

USB(Universal Serial Bus)即"通用串行总线",是由 Compaq、DEC、IBM、Intel、Microsoft、NEC 及 Nortel 等 7 家厂商于 1996 年所推出的新一代总线标准。其目标是为用户提供更"易于使用"(ease-of-use)的外设连接接口。最初,USB 接口的外设并未获得市场的认同,直到 Apple 公司推出颇受欢迎的 iMac 个人计算机之后。因为 iMac 完全支持 USB 设备,大家才又回头关注到这个市场。近一两年内,USB 设备在个人计算机市场中大行其道,甚至大有统一所有连接设备的架势。究其原因,在于它的以下特点。

(1) 高扩展性。理论上,一台计算机可以连接 128 个 USB 设备。如果使用传统的串行端口(RS 232)或并行端口(LPT Port)来接,恐怕计算机得有一部机车那么大才行,此外,即使真的做出机车大小的计算机,也没有足够的系统资源可以分布。当然,实际上因为带宽和供电能力的限制,即使是 USB,也没办法真的串上那么多设备;不过相对而言,它还是拥有较优越的扩展能力。

(2) 热插拔。USB 的另一项重大革新是支持热插拔的功能。不管是增加或移去 USB 设备,都不再需要关机,更增加了应用上的便利。

（3）即插即用。USB 也是支持即插即用的设备，只要插上接头，所有硬件设置的工作都交由操作系统全权负责。当前 USB 1.1 标准规定的传输速率，低速为 1.5Mb/s，全速可达 12Mb/s；USB 2.0 标准的传输速率大幅度提高到 480Mb/s，可支持 100Mb/s 的高速以太网卡。

3）以数据的传输速率区分

目前，以太网网络带宽可以分为 10Mb/s 网卡，100Mb/s 网卡，10/100Mb/s 自适应网卡和高速 1000Mb/s 网卡。因此，相应的也有 10Mb/s 网卡、100Mb/s 网卡和 1000Mb/s 网卡。而因为 100Base-TX 和 10Base-T 的网络运作形式相同，市面上也有所谓的支持 10/100Mb/s 自适应双速以太网卡在销售，10/100Mb/s 网卡的最大特点是，它能兼容原来的 10Mb/s 系统，因此，用户进行网络升级时，可以只更新部分拥塞的局部网络，从而节省大量资金，所以深受市场欢迎。100Mb/s 网卡又称为快速以太网卡。由于其带宽加宽，相对地大幅度提高了网络的整体传输效率，因此，已经成为局域网市场的主流标准。快速以太网推出后不久，1000Mb/s"超高速以太网"标准随即问世。10Mb/s 到 100Mb/s 网络经过了十余年的缓慢演进，100Mb/s 到 1000Mb/s 则只用了三年不到。

4. 无线网卡

上面讲述的都是一般的工作站使用的有线网卡，近几年来随着无线局域网技术的产生，而产生了无线局域网网卡。无线网卡在传送信息时不需要双绞线或同轴电缆，不过，所有的无线网卡都必须另外连上一个"收发天线"，网卡和天线的连接方式有两种：第一种采用外接式设计，在网卡和天线之间，通过一条长约 50cm 的电缆彼此相连；另一种则是把天线直接装在网卡的末端，通常 PCMCIA（the Personal Computer Memory Card International Association）接口的网卡多采用此类设计。

目前，无线以太网的主要产品有 IEEE 802.11b，IEEE 802.11b＋和 IEEE 802.11a。IEEE 802.11b 工作在 2.4GHz 频段上，提供 1MHz、2MHz、5.5MHz 和 11MHz 的自适应速率，用户的实际最高速率可达 5MHz。其无线传输距离可达 50～100m。

无线网卡的作用类似于以太网中的网卡，作为无线网络的接口，实现与无线网络的连接。根据接口类型的不同，无线网卡主要分为 PCMCIA、PCI 和 USB 无线网卡三种类型，如图 6-7 所示。

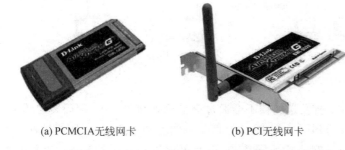

(a) PCMCIA无线网卡　　　　　(b) PCI无线网卡　　　　　(c) USB接口无线网卡

图 6-7　三种无线网卡示意图

如图 6-7(a)所示的是 PCMCIA 无线网卡，仅适用于便携式计算机。如图 6-7(b)所示的是 PCI 无线网卡，适用于普通的台式计算机。如图 6-7(c)所示的是 USB 接口无线网卡，适用于笔记本和台式计算机。

5．网卡的选择

选择网卡的前提是依需要而定，但在满足需求的前提下还应从以下几个方面去考虑。

（1）网卡的总线。同等速度的网卡，PCI 总线的要比 ISA 总线的快。如果没有特殊的需要，一般可使用 PCI 总线的网卡。

（2）选择速度为 100Mb/s 的快速以太网网卡时，可适当考虑选用 10/100Mb/s 自适应网卡。10/100Mb/s 自适应网卡采用了一种叫做"自动协商"的管理机制，可根据网络和对方的速度，自动确定是工作在 10Mb/s 下还是 100Mb/s 下。另外，10/100Mb/s 自适应网卡的使用范围比单纯的 100Mb/s 网卡广。同一品牌的网卡，10/100Mb/s 自适应网卡也要比单纯 100Mb/s 的稍贵一些。

（3）是否支持全双工工作模式。相同速度的网卡，全双工网卡的通信速度是半双工网卡的两倍。

（4）是否支持远程启动。如果要组建无盘工作站，所购买的网卡必须要有远程启动芯片插槽，而且要配备专用的远程启动芯片，因为远程启动芯片一般情况下是不能通用的。同时远程启动芯片必须支持网络的操作系统。

（5）能够提供多种操作系统下的驱动程序。

6.3.2　第二层设备与冲突域划分

在 6.2.4 节已经介绍，当使用中继器或集线器进行网络物理扩展时，会同时扩展网络冲突域。用的中继器或集线器越多，冲突域就越大，主机之间发生冲突的概率也就越大，网络传输效率也就越低，每个用户所能得到的可用带宽也就越小。因此，在使用中继器或集线器进行网络扩展时是以冲突域规模的增加和造成的网络性能下降为代价的。

网桥和交换机作为数据链路层的网络互联设备，具有根据第二层地址如 MAC 地址进行帧过滤的能力，源 MAC 地址和目标 MAC 地址位于同一网桥或交换机端口中的帧不会被转发到网桥或交换机的其他端口中去。下面以图 6-8 中的网络为例说明。

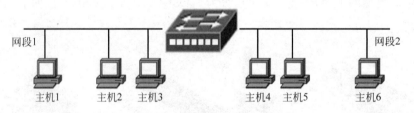

图 6-8　交换机划分冲突域

网段 1 中的主机 1 和主机 2 所发送的帧不会通过交换机到网段 2 中，网段 2 中的主机 4 向主机 6 所发送的帧也不会渗透到网段 1 中，即这两个帧的发送互不影响（因为这两个帧的传输会被位于这两个网段之间的交换机所隔离）。由此可以得出一个结论：由网桥或交换机的不同端口所连的网段属于不同的冲突域。

网桥和交换机不仅能在物理上扩展网络，还能在逻辑上划分冲突域，因此它们在网络互联性能上要明显优于物理层的中继器与集线器。在实际组网或网络运行过程中，如果发现网络性能的不足或下降是由于网络节点过多、冲突域过大所引发时,就可以通过更换物理层设备、使用交换机或网桥来改善局域网的运行性能。

6.3.3 网桥

网桥是工作在 OSI 模型中数据链路层 MAC 子层的网络连接设备。网桥最初用于解决冲突和带宽问题。每个连接到网桥的端口就是一个冲突域,将共享带宽的计算机节点数较多的局域网分为两个局域网区域,以便减少计算机在网络中传输数据时可能发生的冲突。网桥的主要功能就是隔离同一网段内的数据通信量。

网桥上的端口收到一个帧时,检验 FCS 校验和,FCS 正确,此帧将被从目的端口转发出去。在以太网中,做出转发决定的过程称为透明桥接。网桥使用数据帧地址做出桥接决策。判断从端口进入的帧的目标地址是否位于产生这个帧的区域中。如果是,网桥就不会转发数据帧到其他端口连接的区域内。

网桥分为透明网桥和源路由网桥。透明网桥的数据帧在传输时目标节点不知道网桥的存在,路径的选择由网桥决定。透明网桥可以连接以太网、令牌环网和 FDDI 网,最常见用于连接以太网。源路由网桥要求源节点提供数据帧从源节点到目的节点的路由信息,在实际的网络应用中并不普遍。

1. 透明网桥

透明网桥在转发数据帧时,如果检测到转发的数据帧有错误,就会丢弃该数据帧。透明网桥有三个主要的功能:地址学习、过滤和转发、运行生成树协议阻塞环路。

1) 地址学习

在网桥中保存着一个网桥端口与直连网络区域中计算机 MAC 地址相对应的地址数据库。网桥在接收到一个数据帧时,将数据帧的源地址与地址数据库保存的地址信息进行比较,如果在地址数据库中没有找到数据帧的源地址信息,则网桥将该数据帧的源地址以及网桥接收数据帧的端口号加入到地址数据库中。网桥通过这种学习方式将网络中设备的MAC 地址加入到数据库中,而不再需要手工加入。

2) 过滤和转发

网桥的主要功能就是隔离不同区域之间的数据通信量,将同一个区域的数据限制在本区域内传输,只有其他区域的数据才会被转发,这种功能是通过网桥的过滤和转发实现的。

网桥将到达它的每个数据帧的目的地址和自身的地址数据库中保存的地址进行比较。如果目的地址和源地址在相同的区域,则网桥将该帧丢弃。如果目的地址和源地址在不同的区域,网桥将该数据帧转发到相应的端口。如果数据帧的目的地址不在数据库中,网桥将该数据帧发往除发送端口以外的所有端口。

3) 阻塞网络环路

网桥使用生成树协议(Spanning Tree Protocol,STP)用于防止网络产生回路,维护一个无回路网络的运行。生成树协议实现在任何两个局域网之间仅有一条逻辑路径,以及在两个以上的网桥之间用不重复路径把所有网络连接到单一的扩展局域网上。生成树算法通过网桥之间的一系列协商而决定网络上的哪些路径可以用于传输,哪些路径暂时不被使用,通过阻塞网桥上的某些端口来保证任何两个设备之间只有一个连接通路。

2. 源路由网桥

由 IBM 公司提出的源路由网桥主要用于令牌环网和 FDDI 网,可以将大型的令牌环网和 FDDI 网分成多个网段,提高网络的运行性能。源路由网桥假设网络中的源节点在发送数据帧时都知道目标节点的最佳传输路径,如果源节点不知道目标节点的地址,则源节点会发布一个广播帧,询问目标节点的硬件(MAC)地址,每个源路由网桥都将广播帧转发到所有的端口,广播帧就可以到达网络中的每一个局域网段。当目标节点收到广播帧时,就会发送一个包含自己 MAC 地址的应答帧,所经过的网桥将它们自己的标识记录在应答帧中,这样当应答帧回到源节点时,该帧中包含从源节点到目标节点的完整的路径信息,源节点就可以从中选择最佳传输路径。这样在源节点向目标节点发送数据帧时,都会将完整的路由信息放在数据帧的首部。

大多数网络,尤其是局域网,其结构上的差异都体现在介质访问协议(MAC)之中,因而,网桥被广泛地用于局域网的互联。网桥的功能主要是过滤和转发,由于网桥只将应该转发的信息帧编排到它的通信流量中,因而提高了整体网络的效率。网桥连接的两个局域网,如图 6-9 所示。

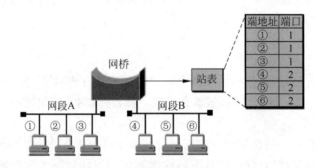

图 6-9　利用网桥连接两个 LAN

网桥在实际应用中常常用来分割一个负载过重的网络,以均衡负载,增加网络的效率。使用网桥可以将忙碌的网络分成若干小段,因为设计良好的网络可以使多数分组不用跨越网桥即可传送,从而减少了独立网段上的信息流量。

(1) 扩展网络的物理尺寸。网桥的使用可以使网络设计者进一步延伸网络的距离,扩展网络的总尺寸。

(2) 网桥可以实现局域网(LAN)之间以及远程局域网和局域网之间的互相连接。

(3) 网桥可以连接不同传输介质的网络。目前,在以太网中,网桥基本上被交换机替代。

6.3.4　交换机

交换机(Switch)是一个具有简化、低价、高性能和高端口密集特点的交换产品。与网桥一样,交换机按每一个包中的 MAC 地址相对简单地决策信息转发。这种转发决策一般不考虑包中隐藏的更深的其他信息。与网桥不同的是交换机转发延迟很小,操作接近单个局域网性能,远远超过了网桥之间的转发性能。

交换机又称交换式集线器,分为第二层交换机(功能相当于网桥,工作在 OSI 模型的数据链路层)、第三层交换机(功能相当于路由器,工作在 OSI 模型的网络层)和高层交换机(功能相当于网关,工作在 OSI 模型的网络层之上)。交换机的外形与集线器非常相似,其主要特点是:所有端口平时都不连通。当工作站需要通信时,交换机能连通许多对端口,使每一对相互通信的工作站能像独占通信媒体那样,无冲突地传输数据;通信完成后断开连接。

1. 网络中的共享和交换

共享和交换是网络中两个不同的概念,也代表了两种不同的工作机制。在此,不妨做个比喻:同样是 10 车道或 100 车道(假想)的道路,如果没有给道路标清行车线,那么车辆就只能在无序的状态下抢道、占道通行,易发生交通堵塞和反向行驶的车辆对撞,使通行能力降低。为了避免上述情况的发生,就需在道路上标清行车线,保证每一车辆各行其道,互不干扰。共享式网络就相当于前面的无序状况,当数据的传输量和用户数量超出一定的限量时,就会造成碰撞冲突,使网络性能衰退,而交换式网络则避免了共享式网络的不足。交换技术的作用便是根据所传递信息包的目的地址,将每一信息包独立地从源端口送至目的端口,避免了和其他端口发生碰撞。所以,当不同的源端口向不同的目标端口发送信息时,交换机就可以同时互不影响地传送这些信息包,并防止传输碰撞,提高了网络的实际吞吐量。

利用共享式连接设备所建立的局域网称为共享式局域网,利用交换式连接设备建立的局域网称为交换式局域网。共享式局域网中的常用设备主要有共享式集线器(HUB),前面已经介绍了。交换式局域网中常用的设备主要有交换机。

2. 交换机的概念

集线器只能共享带宽,而桥连接器只有两个端口,在网络要求比较高时,它们都不能满足要求,这时就需要使用交换机。

交换机又称为交换式集线器(Switch HUB)。因为它也具备了集线器的功能,在外观与使用上都与集线器很类似,但是却更智能,可以同时连接多个网络区段,但是在功能上又类似于桥连接器,可以对数据进行过滤,同时它还可以在多个端口间同时对话,发送和接收数据各不影响。因为它会记忆哪个地址接在哪个端口上,并决定将数据包送往何处,而不会送到其他不相关的端口,因此这些未受影响的端口可以继续向其他端口传送数据,从而突破了共享式集线器同时只能有一对端口工作的限制。也就是说,同样使用 16 个端口,集线器同时只能有一对端口互相交换数据,平均每端口的速率为(10Mb/s)/16;而对于交换机,同时可以由 8 对端口相互访问,总的数据传输率为 16×10Mb/s。因此交换机是高速网络的首选。现在的交换机一般都支持 100Base-T 网络。

尽管交换机和集线器的外观非常相似,但两者却具有明显的差别。第一,交换机属于数据链路层设备,而集线器属于物理层设备。第二,交换机能隔离冲突,而集线器却只能增加冲突。第三,交换机的每个端口可提供专用的带宽,而集线器的所有端口只能共享带宽。例如,如果分别购买了一个 100Mb/s 的 16 口交换机和 16 口的集线器,则对交换机而言,意味着其每一个端口均可提供 100Mb/s 的传输速率,而对集线器而言,则意味着 16 个端口共享 100Mb/s 的带宽,相当于每个端口所能拥有的平均带宽为(100/16)Mb/s,如果考虑到集线器共享环境的冲突影响,实际带宽还会比(100/16)Mb/s更小。第四,集线器只能实现半双工传送,而交换机可支持全双工传送。

3. 交换机数据交换方式

交换机在进行数据传送时有三种方式:直接交换(Cut-Through)、存储转发(Store-Forward)和改进的直接交换(Modified Cut-Through)。

1) 直接交换

交换机的直接交换方式是指交换机一旦接收到数据帧头,立刻检查数据帧的目的地址并且立即向目的端口转发该数据帧。由于交换机只是查看了数据帧的目的地址后就开始转发数据帧,因此直接交换方式转发数据帧的速度快、延时时间短,提高了网络的数据传输。但是,直接交换方式是在交换机没有完全接收并检查数据帧的正确性之前就已经开始了数据转发,因此错误的数据帧同样会被交换机转发,这样实际上会在网络中传输错误的数据。因此,直接交换技术适用于物理链路质量较好的网络环境。

2) 存储转发

存储转发技术要求交换机在接收到整个数据帧后才能转发数据帧。交换机在转发数据帧之前检查数据帧的源地址和目的地址,执行数据帧的循环校验(CRC)。如果数据帧的循环校验出错,则丢弃数据帧。存储转发交换的优点是不会转发错误的数据帧,但是由于在接收完整的数据帧后才进行转发,所以转发数据帧的速度比直接交换方式慢。存储转发技术比较适用于物理链路质量一般的网络环境。

3) 改进的直接交换

改进的直接交换技术综合了直接交换技术和存储转发技术的优点,既保证了数据帧传输的完整性和可靠性,又提高了数据的传输速度。改进的直接交换在转发收到的数据帧之前,读取数据帧开始的前64个字节,判断以太网数据帧头部字段是否正确,如果正确,则转发该数据帧。

4. 对称和不对称交换机

对称交换机根据位于每个端口的带宽(连接速度)来确定交换机的实际吞吐量。对称交换机用同样的带宽在端口之间提供了交换连接,例如,全部端口都为10Mb/s或100Mb/s。当1台交换机上同时连接了4个10Mb/s设备(集线器或计算机)时,交换机的吞吐量可以达到40Mb/s(所有端口带宽的总和)。

目前,有一些为连接多台计算机或集线器而专门设计的对称交换机,这些交换机上所有端口的带宽都相同,如Intel In Business 8-Port 10/100 Switch,它提供了8个10/100Mb/s的交换端口,每个端口可连接一个10Mb/s或100Mb/s的设备。

与对称变换机工作方式不同的是,不对称交换机在不同带宽的端口间提供了变换连接,例如,10Mb/s端口到100Mb/s端口之间的连接。不对称交换机大多应用于客户机/服务器网络中,当多个客户同时与一个服务器通信时,要求有更多的带宽分配给与服务器连接的那个交换机端口,以防止该端口出现瓶颈。

当一个基于客户机/服务器的网络中存在的用户数多于交换机所提供的端口数时,多使用不对称交换机作为中心交换机,一般一个100Mb/s的端口与服务器相连,其他10Mb/s

的端口分别连接下一级集线器或计算机,可以保证用户与服务器之间的通信畅通。如Intel In Business 8-Port Switch Plus 便是一款不对称交换机,该交换机提供了一个 10/100Mb/s 高速端口,一般用于连接服务器,其他端口全部为 10Mb/s,可以连接集线器或计算机。

当一个 100Mb/s 端口向一个或多个 10Mb/s 端口传输数据时,得用到不对称交换机的一个功能:存储器缓冲区。存储器缓冲区是交换机存储目的地址和数据的存储器区域,当交换机工作时,它先接收数据包,并把数据包先放在存储器缓冲区中。然后再根据目的地址的信息,决定把该存储器缓冲区中的数据包转发到一个或多个端口。交换机可以把一个大数据包重新分成小的数据包发送,为此,100Mb/s 端口就可以把信息发送到一个或多个 10Mb/s 端口了。

交换技术允许共享型和专用型的局域网段进行带宽调整,以减轻局域网之间信息流通出现的瓶颈问题。现在已有以太网、快速以太网、FDDI 和 ATM 技术的交换产品。类似传统的网桥,交换机提供了许多网络互联功能。交换机能经济地将网络分成小的冲突网域,为每个工作站提供更高的带宽。协议的透明性使得交换机在软件配置简单的情况下直接安装在多协议网络中;交换机使用现有的电缆、中继器、集线器和工作站的网卡,不必做高层的硬件升级;交换机对工作站是透明的,这样管理开销低廉,简化了网络节点的增加、移动和网络变化的操作。利用专门设计的集成电路可使交换机以线路速率在所有的端口并行转发信息,提供了比传统网桥高得多的操作性能。

5. 交换机的基本功能

在计算机网络系统中,交换机是一种基于 MAC 地址识别,能够完成数据帧封装、转发功能的网络设备。以太网交换机类似于一台专用的计算机,它由中央处理器(CPU)、随机存储器(RAM)和接口组成,工作在 OSI 模型中的第二层,用于连接工作站、服务器、路由器、集线器和其他交换机。以太网交换机检测从以太网口来的数据帧的源和目的地的 MAC(介质访问层)地址,然后与系统内部的动态地址表进行比较,若数据帧的源 MAC 层地址不在地址表中,则将该源地址与对应端口加入地址表中,如果目的 MAC 地址在表中,则将数据帧发送给相应的目的端口,反之则向所有端口(接收端口除外)转发此数据帧。

1) 地址学习

在以太网络中,计算机发送的任何数据被封装成为以太网数据帧时总会在帧头加入源和目的的 MAC 地址信息。交换机就是根据这个信息来判断其各端口所连接的设备的,其实质是保存一份供交换机随时查询设备所在端口的"地址表",即"端口地址表"。简单地说,交换机可以记住在一个接口上所收到的数据帧的源 MAC 地址,并将此 MAC 地址与接收端口的对应关系存储到 MAC 地址表中。

交换机采用的算法是逆向学习法(Backward Learning)。查看源地址即可知道在哪个物理网段上可访问哪台机器,于是在 MAC 地址表中添上一项。地址学习的过程如图 6-10所示。

如图 6-10 所示的环境中,交换机根据来自 1 和 2 端口的数据帧源地址,在稳定之后将可以形成如表 6-1 所示的 MAC 地址表。

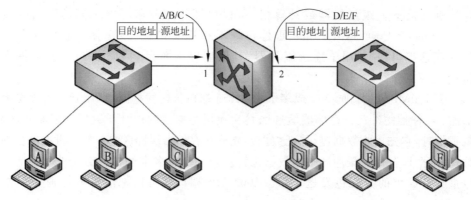

图 6-10 地址学习示意图

表 6-1 地址端口对应表

地　　　址	端　　　口
A/B/C	1
D/E/F	2

　　在交换机加电启动之初,MAC 地址表为空。由于交换机不知道任何目的地的位置,因而采用扩散算法:把每个到来的目的地不明的帧输出到此交换机的所有其他端口并通过这些端口发送到其所连接的每一个物理网段中(除了发送该帧的物理网段)。随着发送数据帧的站点逐渐增多,一段时间之后,交换机将了解每个站点与交换机端口的对应关系找到相应的端口进行定向的发送。

　　当计算机和交换机重启、断电或迁移时,网络的拓扑结构会随之改变。为了处理动态拓扑问题,每当增加 MAC 地址表项时,均在该项中注明帧的到达时间。每当目的地已在表中的帧到达时,将以当前时间更新该项,如果较长时间不更新,交换机就认为该条项目过期而删除它。这样,从物理网段上取下一台计算机,并在别处重新连接到网段上,在几分钟内,它即可重新开始正常工作而无须人工干涉。这个算法同时也意味着,如果机器在一段时间内无动作,那么发给它的帧将不得不被发送到各个端口,一直到它自己发送出数据帧为止。

　　【例 6-2】 交换机学习功能示例(网络拓扑如图 6-11 所示)。

　　计算机 A、B 和 C 通过一台共享式集线器相连,其中集线器的一个端口与交换机的 E1端口相连,交换机的 E2 端口连接一台网络服务器 F。

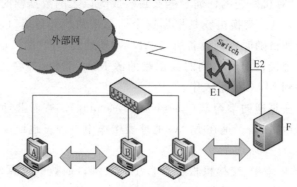

图 6-11 交换机的地址学习功能

当交换机加电自检成功后，交换机即开始侦测各个端口下连接的设备。当 A 第一次向同网段的 B 节点发送一次单播数据时，由于 A、B 及 C 都处于同一个共享网络段，因此这个数据可以被 B 和 C 收到。当然交换机的 E1 端口也可以收到这个数据，此帧的目的地址是 B 的 MAC 地址，而源地址是 A 的 MAC 地址，交换机在查看其"MAC 端口地址表"后发现没有对应表项，所以首先将帧的源 MAC 地址 A 与 E1 端口对应起来，然后将此数据"扩散"到除 E1 之外的所有端口，包括途中的 E2。根据分析交换机在首次转发一个单播数据时，尽管这个数据是属于某个端口内部的，其他端口的终端也可以收到这个数据，此时交换机的工作方式就如同一个集线器。

如果 B 接收到数据后回应给 A 一个消息，这个消息也同样会经过 A、B、C 的共享链路到达 A、C 也同时到达 E1 接口。但此时由于交换机在查看其"MAC 端口对应表"时，发现了帧的目的地址在表中是有对应表项的，因此不会像第一个数据一样向所有端口扩散，而是根据查询的结果进行判断再决定是过滤还是转发数据。

C 给服务器 F 发送一个服务请求时，由于共享链路的存在，A、B 都可以收到这个数据帧，同时交换机的 E1 端口也可以收到，当交换机发现其现有的"MAC 端对应表"没有帧目的地址的对应表项也没有与原地址对应的表项后，交换机首先将其"MAC 端口对应表"添加有关源地址与端口的对应关系，然后将数据以"扩散"的方式发送到除 E1 端口之外的所有端口去。这样 F 服务器一定会收到。

当 F 回应数据给 C 时，交换机通过网络介质收到数据帧，查看"MAC 端口对应表"以决定如何处理数据帧，当交换机发现在其表中不存在源 F 对应的表项时，它首先将 F 与端口 E2 对应，然后再根据目的 C 对应的端口 E1 转发数据。

注意：当数据从 E1 端口发出发往 C 时，由于 A、B 和 C 是通过共享设备（集线器）相连，它们都将收到这个数据，与 C 不同的是 A 与 B 将不会处理这样的数据。

此时交换机对数据已经完成了全部地址学习。经过上面的数据发送和接收过程，交换机的 MAC 地址表已经有了如表 6-2 所示的 4 条表项。

表 6-2　交换机 MAC 地址表内容示例

设　　备	端　　口	MAC
A	E1	01-11-5A-00-43-7E
B	E1	01-11-5A-00-74-A0
C	E1	01-11-51-00-E0-4F
F	E2	01-11-51-00-3C-C5

2) 转发/过滤决定

到达帧的出口选择过程取决于源所在的端口（源端口）和目的地所在的端口（目的端口）是否相同，总结起来有以下三点。

(1) 如果源端口和目的端口相同，则丢弃该帧，即过滤。

(2) 如果源端口和目的端口不同，则转发该帧，即转发。

(3) 如果目的端口未知，则进行广播。

当交换机某个接口上收到数据，就会查看目的 MAC，并检查 MAC 地址表，对于交换机认为源和目的在同一个端口的数据帧，它将认为不应该发送到其他端口影响其他端口的网络数据传输。对于这样的数据,交换机将过滤(即丢弃),以避免本地数据帧影响网络上的正常通信。过滤决定如图 6-12 所示。

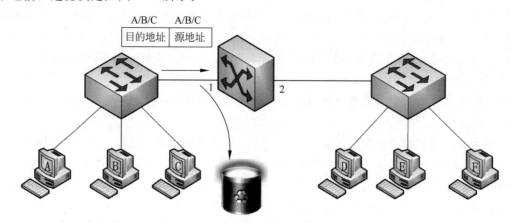

图 6-12　交换机的数据过滤

当交换机接收到一个数据帧,它的目的地址对应端口与接收端口不同,此时交换机认为有必要将数据进行转发,这就是交换机的转发过程。转发决定如图 6-13 所示。

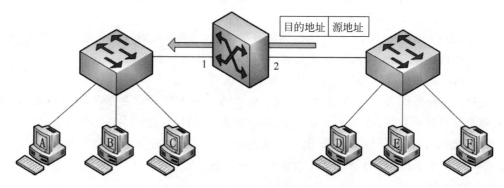

图 6-13　交换机的数据转发

由于交换机仅将数据帧发送给目的地址,而不是发送给网段内的所有地址,所以可以有效地减少网段内的拥塞。

【例 6-3】　交换机数据帧处理示例(网络拓扑如图 6-14 所示)。

两台交换机分别连接了计算机 A、B、C、E、F、G、U、V、W。当交换机启动成功以后且网线连接正常的情况下,一旦计算机彼此开始通信,交换机首先会在内部形成自己的 MAC 地址表。

假如计算机 A 想和计算机 B 通信,在交换机端口 4 的一侧,计算机 A 发出去的数据会在端口 4 的一侧以广播的形式发送,这样,计算机 B 和计算机 C 以及端口 4 都能收到该广播包,但只有计算机 B 响应这一通信请求。由于计算机 A 和 B 同在端口 4 的一侧,该广播包不会广播到端口 4 以外的其他端口。

所以说,一个交换机的端口的一侧是划分一个冲突域的边界,正是由于交换机具有这种特性,使得端口之间的广播流量被降到了最小的限度。也就是说,端口一侧的冲突不会影响另外一个端口的工作。

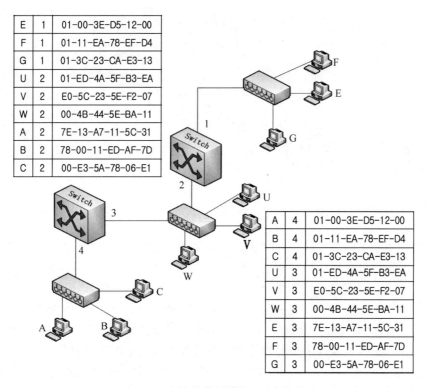

图 6-14 交换机数据帧处理示例拓扑

假如计算机 A 想和计算机 U 和计算机 F 通信。首先，由计算机 A 发出的数据先在端口 4 的一侧查找目的地址，如果没有找到，它才会把数据扩散到其他能够到达的通往目的地的潜在端口，比如，一个级联端口或同一 VLAN 中的其他端口。这样，由计算机 A 发出的数据帧最终会被扩散到端口 3，找到计算机 U，然后被传到端口 2、端口 1，找到计算机 F。

3) 避免环路

在局域网中，为了提高可靠的网络连接，需要网络提供冗余链路。所谓"冗余链路"，道理和走路一样，这条路不通，走另一条路就可以了。冗余就是准备两条以上的通路，如果哪一条不通了，就从另外的路走。

交换机之间具有冗余链路本来是一件好的事情，但是它有可能引起的问题比它能够解决的问题还要多。如果准备两条以上的路，就必然形成了一个环路，交换机并不知道如何处理环路，只是周而复始地转发帧，形成一个"死循环"。如图 6-15 所示为典型的冗余型网络拓扑，计算机 A 发出的广播帧会在冗余环路中反复地传送，严重消耗了网络带宽，数据的循环会造成整个网络处于阻塞状态，导致广播风暴的发生。

为了避免冗余线路带来的危害，交换机使用 STP(Spanning Tree Protocol，生成树协议)避免环路的产生，生成树协议使得交换机间的链路生成一条无环路的"树"，冗余链路处于阻塞状态，只能充当备份的角色。

6. 交换机的安装与调试

交换机的详细配置过程比较复杂，而且具体的配置方法随不同品牌、不同系列的交换机

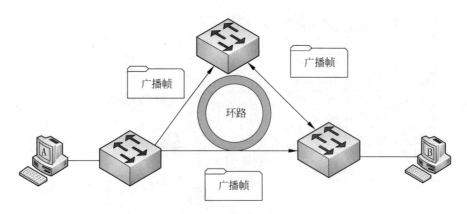

图 6-15　网络环路

而有所区别。本节仅以思科(Cisco)的 Catalyst 1900 交换机为例介绍通用的配置方法。网管型交换机通常可以通过两种方法进行配置,一种是本地配置,另一种是远程网络配置。但后一种配置方法只有在前一种配置成功后才可进行,下面只介绍本地配置。

可进行网络管理的交换机上一般都有一个控制台(Console)端口,它是专门用于对交换机进行配置和管理的。通过 Console 端口连接并配置交换机,是配置和管理交换机必须经过的步骤。虽然还有其他若干配置和管理交换机的方式(如 Web 方式、Telnet 方式等),但是,这些方式必须依靠通过 Console 端口配置 IP 地址、域名或设备名称才可以实现。所以通过 Console 端口连接并配置交换机是最常用、最基本的管理和配置方式。

(1) 将一台 PC 的串口与 Console 端口通过一根串口线相连接。

(2) 打开与交换机相连的 PC 电源。运行 PC 中的 Windows(本例是 Windows XP)"超级终端"(Hyper Teminal)组件,如图 6-16 所示。

(3) 填写名称,如"My Hyper Terminal",单击"确定"按钮,进入端口选择界面,如图 6-17 所示。

图 6-16　超级终端新建连接示意图

图 6-17　端口选择示意图

(4) 选择通信端口(本例选择 COM1 口),单击"确定"按钮,进入端口串行协议配置界面,如图 6-18 所示。

(5) 在如图 6-18 所示的界面上配置端口串行协议的参数。在每台交换机的产品说明书上都明确标明了这些参数,根据要求填写这些参数,确定无误后,单击"确定"按钮,进入超级终端操作界面,如图 6-19 所示。

图 6-18　端口串行协议配置示意图

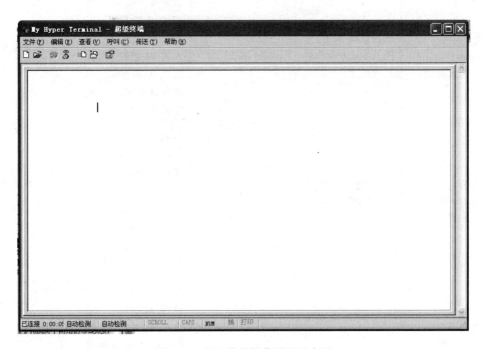

图 6-19　超级终端操作界面示意图

（6）打开交换机电源。此时,在超级终端操作界面将出现交换机操作系统(IOS)的运行结果。待 IOS 引导完毕进入命令行界面(Command Line Interface,CLI)交互界面,就可以通过 PC 在 CLI 上输入命令对交换机进行配置和管理。

7. 交换机的 CLI 模式

表 6-3 列出了交换机命令的模式、如何访问每个模式、模式的提示符和如何离开模式,

这里假定交换机的名字默认为"switch"。

如果要执行某个命令,必须进入相应的配置模式,否则可能会出现错误的结果,这在交换机的配置中很重要。在命令行状态下,Cisco Catalyst IOS 的 CLI 有如下常用的 6 种模式。

表 6-3　交换机命令模式列表

命令模式	访问方法	提示符	离开或访问下一模式	说明
UserEXEC (用户模式)	访问交换机时首先进入该模式	switch>	输入 exit 命令离开该模式;要进入特权模式,输入 enable 命令	用于基本测试,显示系统信息
Privileged EXEC (特权模式)	在用户模式下,使用 enable 命令进入该模式	switch#	要返回到用户模式,输入 disable 命令;要进入全局配置模式,输入 configure 命令	使用该模式来验证设置命令的结果。该模式是具有口令保护的
Global configuration (全局配置模式)	在特权模式下,使用 config t 命令进入该模式	switch(config)#	exit 或 end 命令或按快捷键 Ctrl+C 回到特权模式;进入接口配置模式:输入 vlan vlan_id 命令进入 VLAN 配置模式	使用该模式的命令来配置影响整个交换机的全局参数
Interface configuration (接口配置模式)	在全局配置模式下,使用 interface 命令进入该模式	switch (config-if)#	要返回到特权模式,输入 end 命令或按快捷键 Ctrl+C;exit 命令返回到全局配置模式;在 interface 命令中必须指明要进入哪一个接口配置子模式	使用该模式配置交换机的各种接口
Config-Vlan (VLAN 配置模式)	全局配置模式下以 vlan vlan_id 命令进入该模式	switch (config-vlan)#	要返回到特权使用该模式,输入 end 命令或按快捷键 Ctrl+C;要返回到全局配置模式,输入 exit 命令	使用该模式配置 VLAN 参数

交换机的配置命令是分级的,不同级别的管理员可以使用不同的命令集。这里介绍常用的三种模式。

1) 用户模式

用户模式用于查看交换机的基本信息。从 Console 接口、Telnet 或 AUX 进入交换机时,首先要进入一般用户模式。在用户模式下,用户只能允许少数的命令,且不能对交换机进行配置。在没有进行任何配置的情况下，默认的交换机的提示符为：switch＞。

如果配置了交换机的名字，则提示符为：交换机的名字＞。

2）特权模式

交换机未做任何配置时，在 router＞提示符下输入"enable"，交换机进入特权模式。如果配置了口令，则需要输入口令。默认的特权模式的提示符为：switch♯。

特权模式用于查看交换机的各种状态，绝大多数命令用于测试网络、检查系统等，但不能对端口及网络协议进行配置。

如果配置了交换机的名字，则提示符为：交换机的名字♯。

退出方法：用 exit 或 disable 命令退到用户模式。

3）全局配置模式

全局配置模式中可以配置一些全局性的参数。要进入全局配置模式，必须首先进入特权模式。在进入特权模式前，必须指定是通过终端、NVRAM 或是网络服务器进行配置。如果通过终端进行配置，在特权模式下输入 Configure Terminal 命令，进入全局配置模式。全局配置模式的提示符为：switch(config)♯。

如果配置了交换机的名字，则提示符为：交换机的名字(config)♯。退出方法可以用exit、End 或 Ctrl＋Z 退到特权模式。

在全局配置模式下可进入各种配置子模式（如端口配置子模式）。首先必须进入全局配置模式，再进入配置子模式。

（1）端口配置子模式。

进入方式：在全局模式下用 Interface 命令进入具体的端口，命令格式为：

switch(config)♯interface interface－type interface－number

例如，配置端口 fastethernet0/0，使用的命令为：

switch(config)♯interface fastethernet0/0

（2）子端口配置模式。

进入方式：在端口配置模式下用 interface 命令进入指定子端口，命令格式为：

switch(config－if)♯interface interface－type interface－number.number

（3）线路配置子模式。

进入方式：在全局配置模式下，用 line 命令指定具体的 line 端口，命令格式为：

switch(config)♯line number 或{vty| aux |con}number

8. 三层交换

第三层交换技术也称为 IP 交换技术或高速路由技术。第三层交换技术是相对于传统交换概念而提出的。传统的交换技术是在 OSI 网络参考模型中的第二层（数据链路层）进行操作的，而第三层交换技术是在网络参考模型中的第三层实现了数据包的高速转发。简单地说，第三层交换技术就是第二层交换技术与第三层转发技术的结合。

一个具有第三层交换功能的设备是一个带有第三层路由功能的第二层交换机。第二层交换机的接口模块都是通过高速背板总线(速率可高达几十 Gb/s)交换数据的,在第三层交换机中,与路由器有关的第三层路由硬件模块也插接在高速背板总线上,这种方式使得路由模块可以与需要路由的其他模块间高速地交换数据,从而突破了传统的外接路由器接口速率的限制(10~100Mb/s)。第三层交换的目标是,如果在源 IP 地址和目的 IP 地址之间有一条更为直接的第二层通路,就没有必要经过路由器转发数据包。第三层交换使用第三层路由协议确定传送路径,此路径可以只用一次,也可以存储起来,供以后使用。以后数据包可以通过一条虚电路绕过路由器快速发送,而不再经过路由查找的过程,这也就是为什么在局域网内部目前通常使用三层交换机来替代原来的路由器进行逻辑网络的路由。第三层交换技术的出现,解决了局域网中网段划分之后,网段中子网必须依赖路由器进行管理的局面,解决了传统路由器低速、复杂所造成的网络瓶颈问题。当然,三层交换技术并不是网络交换机与路由器的简单叠加,而是二者的有机结合,形成一个集成的、完整的解决方案。

三层交换技术具有如下特点。

(1) 支持线速路由。和传统的路由器相比,第三层交换机的路由速度一般要快十倍或数十倍。传统路由器采用软件来维护路由表,而第三层交换机采用 ASIC 硬件维护路由表,因而能实现线速的路由。

(2) 支持 IP 路由。在局域网上,二层交换机通过源 MAC 地址来标识数据包的发送者,根据目的 MAC 地址来转发数据包。对于一个目的地址不在本局域网上的数据包,二层交换机不可能直接把它送到目的地,需要通过路由设备(如传统的路由器)来转发,这时就要把交换机连接到路由设备上。如果把交换机的默认网关设置为路由设备的 IP 地址,交换机会把需要经过路由转发的包送到路由设备上。路由设备检查数据包的目的地址和自己的路由表,如果在路由表中找到转发路径,路由设备把该数据包转发到其他的网段上,否则,丢弃该数据包。专用(传统)路由器昂贵,复杂,速度慢,易成为网络瓶颈,因为它要分析所有的广播包并转发其中的一部分,还要和其他的路由器交换路由信息,而且这些处理过程都是由 CPU 来处理的(不是专用的 ASIC),所以速度慢。第三层交换机既能像二层交换机那样通过 MAC 地址来标识转发数据包,也能像传统路由器那样在两个网段之间进行路由转发。而且由于是通过专用的芯片来处理路由转发,第三层交换机能实现线速路由,具有强大的路由功能。

比较传统的路由器,第三层交换机不仅路由速度快,而且配置简单。最简单的情况(即第三层交换机默认启动自动发现功能时),一旦交换机接进网络,只要设置完成 VLAN,并为每个 VLAN 设置一个路由接口,第三层交换机就会自动把子网内部的数据流限定在子网之内,并通过路由实现子网之间的数据包交换。管理员也可以通过人工配置路由的方式,设置基于端口的 VLAN,给每个 VLAN 配置 IP 地址和子网掩码,就产生了一个路由接口。随后,手工设置静态路由或者启动动态路由协议。

(3) 支持多种路由协议。第三层交换机可以通过自动发现功能来处理本地 IP 包的转发及学习邻近路由器的地址,同时也可以通过动态路由协议 RIP1、RIP2、OSPF 来计算路由路径。

(4) 自动发现功能。有些第三层交换机具有自动发现功能,该功能可以减少配置的复杂性。第三层交换机可以通过监视数据流来学习路由信息,通过对端口入站数据包的分析,第三层交换机能自动地发现和产生一个广播域、VLAN、IP 子网和更新它们的成员。自动发现功能可在不改变任何配置的情况下,提高网络的性能。第三层交换机启动后就自动具有 IP 包的路由功能,它检查所有的入站数据包来学习子网和工作站的地址,它自动地发送路由信息给邻近的路由器和三层交换机,转发数据包。一旦第三层交换机连接到网络,它就开始监听网上的数据包,并根据学习到的内容建立并不断更新路由表。交换机在自动发现过程中,不需要额外的管理配置,也不会发送探测包来增加网络的负担。用户可以先用自动发现功能来获得简单高效的网络性能,然后根据需要来添加其他的路由和 VLAN 等功能。

6.4 网络层互联设备

6.4.1 路由器

路由器是网络层的设备,路由器上有多个端口,每个路由器的端口可以分别连接到不同网段上,或者连接到另一台路由器。路由器中保存了一个可路由信息的路由表,路由器通过所传输的数据包中的逻辑地址(IP 地址)与路由器中路由表的地址信息,决定传输数据包的最佳路径。路由器将广播消息限制在各个子网的内部,而不转发广播消息,这样保持各个网络的相对独立性,并且可以将各个网络互联。通过路由器连接的不同网络,当一个网络向其他网络发送数据包时,该数据包首先被发送到路由器,然后路由器再将数据包转发到相应的网络上。

路由器工作在 OSI 模型的网络层,它的主要功能就是实现数据包的寻址和转发。寻址就是寻找数据包到达目的地的最佳路径,主要由路由选择算法来实现。转发就是将数据包沿着寻找的最佳路径传送到目的地。路由器将从数据链路层接收到的数据帧所携带的帧头也就是源主机和目标主机的 MAC 地址剥去,然后根据数据包中网络层的源 IP 地址和目的 IP 地址,查询路由器中的路由表,根据路由表中的信息决定将数据包转发到相应的目标网络。路由表中主要包含每个目标网络的 IP 地址、下一个路由器以及跳步数等信息。路由表中包含的主要信息如图 6-23 中的"目的网络"表示目的网络的 IP 地址,路由器查找数据包中的目的 IP 地址与这个地址相匹配;"下一路由器"表示距离最终的目的地址最近的相邻路由器的 IP 地址,数据包到达目的地址必须经过这个路由器;"跳步"表示数据包必须经过的每一个中间路由器的个数,数据包经过的每一个中间路由器算做一个跳步。如果数据包从一个网络传送到另一个网络时有两条以上的路径可以选择,路由器就会通过路由选择算法选择一条最佳路径来传送数据包。需要经过多个路由器,并且存在多种可选择的路径,通过路由选择算法选择一条最佳路径进行数据包的传送。路由器还具有拆分和组装数据包、防火墙以及连接由不同协议组成的网络等功能。在传输过程中,如果数据包太大,网络带宽较窄,则会造成网络的拥塞,此时路由器可根据情况,将较大的数据包拆分成较小的易于传输的数据包,在数据包到达目的网络后,目的网络的路由器再将拆分的数据包还原为原数据包的大小。路由器能够实现内部网络 IP 地址的屏蔽和通信端口的过滤等来起到基本的防火墙的功能。对于由不同的操作系统使用不同的协议组成的网络,例如 Novell Netware 操作系统使用 IPX/SPX 协议组建网络,Windows 2000 使用 TCP/IP 组建网络,通过采用支持多协议的路由器,就可以将不同协议组成的网络互相连接起来。

1. 路由器的功能

在一个网络或一个子网内部,主机之间的相互通信无需任何网络层中间设备。但当主机需要与其他网络通信时,则需要中间设备(即路由器)来充当通往其他网络的网关,也称为默认网关。

路由器工作在网络层,具备转发和路由两大功能。路由器的内部有两个进程。其中一个进程在每个分组到达的时候对它进行处理,它在路由表中查找该分组所对应的输出线路。这个进程即为转发。另一个进程负责填充和更新路由表,这正是路由算法起作用的地方。

(1) 当分组到达一台路由器时,该路由器根据其转发表来决定输出该分组的链路接口,并把分组从该链路接口发送给其相邻节点,即查表并执行转发功能。

(2) 一旦路由器被设计、实现并接入通信子网中运行,其硬件性能和线路条件基本确定,此时,路由器的工作性能决定于其转发表信息的准确程度和查表的效率。转发表信息的获取和更新技术就显得非常重要。

如果数据包目的地址的网络部分与发送主机的网络不同,则必须将该数据包路由到发送网络以外。为此,需要将该数据包发送到网关。

一台主机不可能知道 Internet 上与之通信的每台设备地址。为了与其他网络中的设备通信,主机使用默认网关将数据包转发到本地网络之外。每台主机都有指定的默认网关地址,此网关地址是连接到该主机所在网络的路由器接口的地址。网关接口具有与主机网络地址匹配的网络层地址。主机则将该地址配置为网关。

通过在 Windows 计算机的命令行中发出 ipconfig 或 route 命令可以查看主机的默认网关 IP 地址。在 Linux 或 UNIX 主机中还可使用 route 命令。图 6-20 显示了一台个人计算机的默认网关地址为 192.168.1.1。

图 6-20　查看本机的默认网关地址

2. 路由器的组成

路由器通常由输入端口、路由处理模块、交换模块和输出端口 4 个部分组成,完成接收数据、路由查找及转发数据的功能。结构如图 6-21 所示。

1) 输入端口

(1) 提供与传输介质的接口,将一条输入物理链路连接到路由器,并执行物理层协议功能;

(2) 执行数据链路层协议的功能;

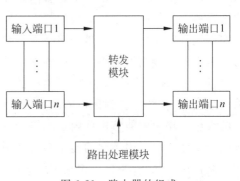

图 6-21　路由器的组成

（3）接收数据链路层来的数据，缓存、排队，并完成发送给转发模块，以便转发到合适的输出端口。

2）转发模块

转发模块实现数据从输入端口到输出端口之间的传送。

3）输出端口

（1）把交换模块发送给它的输出缓存并排队，然后将这些分组送到输出链路上。

（2）执行与输入端口顺序相反的数据链路层和物理层功能。

（3）如果一条链路是全双工的，则输出端口和输入端口通常在同一接口上成对使用。

4）路由处理模块

路由处理模块执行路由选择协议，生成并维护路由表及其他路由信息，执行网络管理功能。

3．路由表

路由表存储了有关本地网络和远程网络的数据转发信息，本地网络直接连接到路由器的接口之一，这些接口就是不同的本地网络中主机的网关。远程网络是不直接与该路由器连接的网络，通往这些网络的路由可以由网络管理员在路由器上手动配置，也可以使用动态路由协议自动获取。

路由表中记录了从如何达到其他远程网络的信息，以网络号为目的地，而不是以主机 IP 地址为目的地，一个 IP 网络号可以代表这个网络中所有主机，因此可以大大缩小路由表的大小。路由表中记录的是到达目的网络路径上的下一站，不是全部路径。

不同路由器厂家的路由表略有差别，Internet 路由表通常包含以下参数中的若干值。

（1）目的地址/网络掩码：需要转发的目的 IP 地址或网络地址和掩码。

（2）协议：采用的路由协议。

（3）优先级（Preference）：不同路由协议学习得到的到相同目的地的路由，后面跟的数字越小优先级越高。通常直连网段为 0，静态路由为 1（华为的为 60）。

（4）跃点数（Metric）：路由首选项的度量，值越小路径越好，如果多个路由存在于给定的目标网络，则使用最低跃点数的路由。

（5）下一跳地址：数据包转发的下一跳路由器入口的 IP 地址。对于主机或路由器直接连接的网络，转发地址字段可能是连接到网络的接口地址。

（6）输出接口：当将数据包转发到网络 ID 时所使用的网络接口，这是一个端口号或其他类型的逻辑标识符。

（7）Flags 标志说明如下。

① U——Up，表示此路由当前为启动状态。

② H——Host，表示此网关为一主机。

③ G——Gateway，表示此网关为一路由器。

④ R——Reinstate Route，使用动态路由重新初始化的路由。

⑤ D——Dynamically，此路由是动态性地写入。

⑥ M——Modified，此路由是由路由守护程序或导向器动态修改。

1）路由器的路由表

如图 6-22 所示的拓扑结构,4 个路由器连接三个网段,使用 show ip route 命令可以查看每个路由器中的路由表。

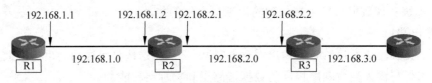

图 6-22　示例拓扑图

如图 6-23 所示为 R1 的路由表,R1 直接连接 192.168.1.0 网段,当需要发送给 192.168.2.0 和 192.168.3.0 网的数据时,下一跳都为 R2 路由器的 192.168.1.2 接口。

```
        192.168.1.0/24 is variably subnetted, 2 subnets, 2 masks
C         192.168.1.0/24 is directly connected, GigabitEthernet0/0
L         192.168.1.2/32 is directly connected, GigabitEthernet0/0
        192.168.2.0/24 is variably subnetted, 2 subnets, 2 masks
C         192.168.2.0/24 is directly connected, GigabitEthernet0/1
L         192.168.2.1/32 is directly connected, GigabitEthernet0/1
O IA 192.168.3.0/24 [110/2] via 192.168.2.2, 00:08:36,
GigabitEthernet0/1
```

图 6-23　R1 的路由表

如图 6-24 所示为 R2 的路由表,R2 直接连接 192.168.1.0 和 192.168.2.0 网段,当需要发送给 192.168.3.0 网的数据时,下一跳为 R3 路由器的 192.168.2.2 接口。

```
        192.168.1.0/24 is variably subnetted, 2 subnets, 2 masks
C         192.168.1.0/24 is directly connected, GigabitEthernet0/0
L         192.168.1.2/32 is directly connected, GigabitEthernet0/0
        192.168.2.0/24 is variably subnetted, 2 subnets, 2 masks
C         192.168.2.0/24 is directly connected, GigabitEthernet0/1
L         192.168.2.1/32 is directly connected, GigabitEthernet0/1
O IA 192.168.3.0/24 [110/2] via 192.168.2.2, 00:08:36,
GigabitEthernet0/1
```

图 6-24　R2 的路由表

2）主机的路由表

主机需要本地路由表才能确保网络层数据包转发到正确的目的网络。与路由器中包含本地路由和远程路由的路由表不同,主机的本地路由表一般包含的是其直接连接或与网络之间的连接以及自己到网关的默认路由。主机会将所有连接的网络自动添加到路由,在主机上配置默认网关地址就会创建本地默认路由。

在计算机的命令行中执行 netstat-r、route 或 route PRINT 命令可以查看到主机的路由表。在家用网络的一台计算机上可以得到如图 6-25 所示的主机路由表,可以看到本地网络 192.168.1.0 的路由,以及通往外网的路由器网关的默认路由(0.0.0.0)。

4. 路由过程

目的网络可能距离本地网关有多个路由器,通往该网络的路由只会指示该数据包要被转发到的下一跳路由器,而不指示最终路由器。路由过程是每个数据包单独逐跳完成的,沿途的每台路由器会分别处理每个数据包,在每一跳,路由器都要检查每个数据包的目的 IP

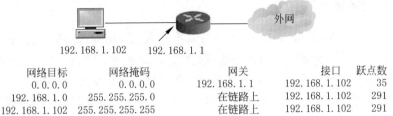

网络目标	网络掩码	网关	接口	跃点数
0.0.0.0	0.0.0.0	192.168.1.1	192.168.1.102	35
192.168.1.0	255.255.255.0	在链路上	192.168.1.102	291
192.168.1.102	255.255.255.255	在链路上	192.168.1.102	291
192.168.1.255	255.255.255.255	在链路上	192.168.1.102	291

图 6-25　一台计算机上的主机路由表

地址,然后查找路由表,进行转发信息。如果有两个或多个路由均可到达同一个目的网络,则使用度量来决定应在路由表中显示的路由。因此,路由过程主要的操作是针对路由表中目的网络、下一跳和度量三个参数。

假设有如图 6-26 所示的分组到达路由器之后,网络层分组路由转发的流程如下。

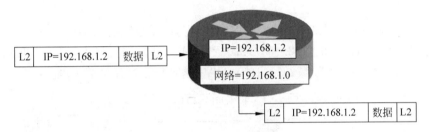

图 6-26　路由过程的例子

（1）解封数据链路层协议,去掉 L2 的数据,得到 IP 数据报。

（2）从数据报的头部提取目的主机的 IP 地址 D(192.168.1.2),和对应的子网掩码做与运算,得出目的网络地址为 N(192.168.1.0)。

（3）若网络 N 与此路由器直接相连,则已经到达目的网络,则把数据报直接交付目的主机 D；否则是间接交付,执行(4)。

（4）若路由表中有目的地址为 D 的特定主机路由,则表示可以直接到达目的端,把数据报传送给路由表中所指明的转发接口；否则执行(5)。

（5）若路由表中有到达远程网络 N 的路由,则把数据报传送给路由表指明的下一跳路由器；否则执行(6)。

（6）在当前路由器中查询不到远程网络 N 的下一跳地址,若路由表中有一个默认路由,则把数据报传送给路由表中所指明的默认路由器；否则执行(7)。

（7）报告转发分组出错,丢弃该分组。转发分组不可能在一个路由器停下,这样会给当前路由器的性能造成负担,且每个转发分组的 IP 数据包的报头中都有一个 8 位的生存时间 TTL,每经过一个路由,数值减 1,直到最终路由器检查到生存时间为 0,丢弃该分组。

总的来说,在路由过程中路由器将对数据包执行以下三种操作之一。

（1）将其转发到下一跳路由器。

（2）将其转发到目的主机。

（3）丢弃。

5. 网络地址转换 NAT

NAT(Network Address Translation)的基本思想是,Internet 的公网 IP 地址资源很有限,只能为每个单位分配一个 IP 地址(最多分配少量的 IP 地址)用于传输 Internet 流量。在单位内部,每台计算机有唯一的内部 IP 地址,使用该地址来传输内部流量。然而当一个分组需要访问单位外部的网络时,即发向 Internet 的时候,它需要执行一个地址转换。

NAT 的主要特点包括如下 4 点。

(1) 需要在内部网连接到 Internet 的路由器上安装 NAT 软件。装有 NAT 软件的路由器叫做 NAT 路由器,它至少有一个有效的外部全球地址。

(2) 在内部网络内使用内部 IP 地址,仅在连接到 Internet 上的路由器时使用全球 IP 地址。并且一定要使用全球 IP 才能和 Internet 连接。

(3) 通过 NAT 地址转换表可把 IP 数据报上的旧目的 IP 地址转换为新的目的 IP 地址。

(4) 使用传输层端口号的 NAT 也叫网络地址与端口号转换 NAPT。

如图 6-27 所示内网主机(192.168.1.2)通过 HTTP 访问目标主机(222.25.8.2)的网页,NAT 服务器的公网 IP 为 172.11.16.1,NAT 地址转换过程包括 4 步。

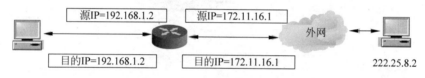

图 6-27　NAT 地址转换过程

(1) 客户机将数据包(目的主机 222.25.8.2、目的端口 80、源主机 192.168.1.2、源端口 4000)发给运行 NAT 的路由器。

(2) NAT 主机将数据包中的源端口号和源私有 IP 地址转换成自己的端口号和公网的 IP 地址,然后将数据包(目的主机 222.25.8.2、目的端口 80、源主机 172.11.16.1、源端口 5000)发给外部网络的目的主机,同时记录一条跟踪信息在地址转换映像表中(192.168.1.2 tcp 4000——172.11.16.1 tcp 5000),以便向客户机发送响应信息。

(3) 外部网络发送回送数据包(目的主机 172.11.16.1、目的端口 5000、源主机 222.25.8.2、源端口 80)给 NAT 主机。

(4) NAT 主机根据映像表中的记录,将所收到数据包的端口号和公用 IP 地址转换成目标主机的端口号和内部网络中目标主机的专用 IP 地址(目的主机 192.168.1.2、目的端口 4000、源主机 222.25.8.2、源端口 80),并转发给目标主机。

6.4.2　网关

路由器可以运用于多个通信协议的网络中,但是,不能把使用不同架构的节点连接起来。TCP/IP 节点可以和其他的 TCP/IP 节点通信,但不能和 Apple Talk 节点或基于 SNA 的节点通信。而网关则提供了不同架构的网络之间的连接。

网关又叫协议转换器,是一种复杂的网络连接设备,支持不同协议之间的转换,实现不同协议网络之间的互联。网关具有对不兼容的高层协议进行转换的能力,为了实现异构设备之间的通信,网关需要对不同的链路层、专用会话层、表示层和应用层协议进行翻译和转换。

网关这个术语也用于描述路由器。这种网关称作远程网关。例如,Internet 路由器就被称为网关。这种类型的网关提供对远程网络的访问。

网关主要用于不同体系结构的网络或者局域网与主机的连接。在互联设备中,一般只能进行一对一的转换,或者是少数几种特殊应用协议的转换。由于通信架构和应用层协议之间有多种组合方式,所以网关的类型也有多种,主要类型如下。

1. 协议网关

此类网关的主要功能是在不同协议的网络之间的协议转换。网络发展至今,不同的网络体系已经形成,如 IEEE 802.3(Ethernet)、IrDa(Infrared Data Association,红外线数据联盟)、WAN(Wide Area Networks,广域网)和 IEEE 802.5(令牌环)、X2.5,IEEE 802.11a、WPA 等,不同的网络,具有不同的数据封装格式,不同的数据分组大小,不同的传输率。然而,这些网络之间相互进行数据共享、交流却是必不可免的。为消除不同网络之间的差异,使得数据能顺利进行交流,需要一个专门的翻译,也就是协议网关。靠它使一个网络能理解其他的网络,也是靠它来使得不同的网络连接起来成为一个巨大的 Internet。

2. 应用网关

应用网关主要是针对一些专门的应用而设置的一些网关,其主要作用是将某个服务的一种数据格式转换为该服务的另外一种数据格式,从而实现数据交流。这种网关常作为某个特定服务的服务器,但是又兼具网关的功能。最常见的此类服务器就是邮件服务器了。由于电子邮件有多种格式,如 POP3、SMTP、FAX、X.400、MHS 等,SMTP 邮件服务器提供了 POP3、SMTP、FAX、X.400 等邮件的网关接口,那么就可以通过 SMTP 邮件服务器向其他服务器发送邮件。

3. 安全网关

最常用的安全网关就是包过滤器,实际上就是对数据包的原地址、目的地址和端口号、网络协议进行授权。通过对这些信息的过滤处理,让有许可权的数据包传输通过网关,而对那些没有许可权的数据包进行拦截甚至丢弃。这类似于软件防火墙,但是与软件防火墙相比较安全网关数据处理量大,处理速度快,可以很好地对整个本地网络进行保护而不对整个网络造成瓶颈。

习题

一、术语解释

1. 网络适配器　　　2. 冲突域　　　3. 广播域

二、单项选择题

1. MAC 地址又称网卡地址,是用于在物理上标识主机的。以下 4 个选项中,只有选项(　　)所表示的 MAC 地址是正确的。

    A. A2-16   B. 00-02-60-07-A1-1C

    C. 202.168.1.32   D. 00-02-6G-70-A1-EC

2. 当我们用 100Mb/s 的交换机来替代 100Mb/s 的集线器作为某个以太网的中心节点时,下面(　　)是正确的。

    A. 网络的拓扑结构发生了变化   B. 网络中的冲突域个数增加了

    C. 网络中的冲突增加了   D. 主机所获得的带宽减少了

3. 两台计算机通过传统电话网络传输数据信号,需要提供(　　)。

    A. 调制解调器   B. RJ-45 连接器   C. 中继器   D. 集线器

三、简答题

1. 网络互联有何实际意义?进行网络互联时,有哪些共同的问题需要解决?

2. 同样是物理层网络互联设备,中继器和集线器有什么异同?

3. 网络适配器的主要功能是什么?网络适配器工作在哪一层?

4. 试对网桥和交换机的异同之处进行比较。

5. 试对路由器和三层交换机的异同之处进行比较。

6. 有 10 个站连接到以太网上。试计算以下三种情况下每一个站所能得到的带宽。

(1) 10 个站都连接到一个 10Mb/s 以太网集线器;

(2) 10 个站都连接到一个 100Mb/s 以太网集线器;

(3) 10 个站都连接到一个 10Mb/s 以太网交换机。

7. 当人们采用 100Mb/s 集线器组建局域网时,尽管理论上其速度可达 100Mb/s,但实际上的速度一般只有 20~30Mb/s,而在数据传输量大时还会变得更慢,试分析这是什么原因造成的。

8. 试说明交换机的工作原理。以太网交换机有何特点?用它怎么组成局域网?

9. 试比较交换机的三种帧转发模式各有什么优劣。

10. 试比较集线器和交换机在以太网组网中的不同性能。

11. 作为中间设备,转发器、网桥、路由器和网关有何区别?

12. 为什么对于路由器接口和需要在网络环境中为其他主机提供服务的服务器主机不宜采用动态 IP 地址分配的方式?

13. 什么是 NAT? NAT 的优点和缺点有哪些?

第 7 章

传 输 层

计算机网络本质的活动是实现分布在不同地理位置的主机之间的进程通信,以实现应用层的各种网络服务功能。本章先概括介绍传输层的基本功能、传输层向应用层提供的服务、传输层协议的特点、进程之间的通信和端口等重要概念,然后讲述比较简单的 UDP。此后,针对比较复杂但非常重要的 TCP 和可靠传输的工作原理,包括停止等待协议和 ARQ 协议进行了详细的讨论。在详细讲述 TCP 报文段的首部格式之后,讨论 TCP 的三个重要问题:滑动窗口、流量控制和拥塞控制机制。最后介绍了 TCP 的连接管理。

7.1 传输层概述

7.1.1 传输层的作用

从通信和信息处理的角度看,传输层向它上面的应用层提供通信服务,它属于面向通信部分的最高层,同时也是用户功能中的最底层。我们知道,网络层的 IP 协议能够把源主机发送出的分组,按照首部中的目的地址,送交到目的主机,那么,为什么还需要传输层呢?

首先,从网络层来看,通信的两端是两个主机,IP 数据报的首部标识了两个通信的主机的 IP 地址。但是使用"两个主机进行通信"这种说法并不是很准确。这是因为,真正进行通信的实体是主机中的进程,是这个主机中的一个进程和另一个主机中的一个进程之间进行数据的交换(即通信)。因此,严格地讲,两台主机进行通信就是两台主机中的应用进程互相通信。IP 协议虽然能把分组送到目的主机,但是这个分组还停留在主机的网络层而没有交付主机中的应用进程。从传输层的角度看,通信的真正端点并不是主机而是主机中的进程。也就是说,端到端的通信是应用进程之间的通信。

所以,传输层的通信实际上是应用进程之间的通信,而不是主机之间的通信。而这也是在运输层的角度所看到的通信,进程之间的通信。我们可以这样说:网络层是为主机之间提供逻辑通信,运输层是为应用进程之间提供逻辑通信。

在一台主机中经常有多个应用进程同时分别和另一台主机中的多个应用进程通信。例如,某用户在使用浏览器查找某网站的信息时,其主机的应用层运行浏览器客户进程。如果在浏览网页的同时,还要用电子邮件给网站发送反馈意见,那么主机的应用层就还要运行电子邮件的客户进程。在图 7-1 中,主机 A 的应用进程 AP_1 和主机 B 的应用进程 AP_3 通信,而与此同时,应用进程 AP_2 也和对方的应用进程 AP_4 通信。这表明传输层具有很重要的功能——复用(Multiplexing)和分用(Demultiplexing)。复用指的是发送方不同的应用进程可以使用同一个传输层协议传送数据,而分用指的是接收方能够将这些利用同一个传输层协议传送的数据分别送到指定的目的进程。

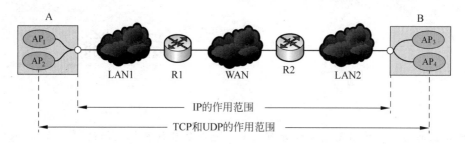

图 7-1　传输层提供进程到进程的通信

　　其次,从网络传输质量的角度,网络层虽然提供了从源网络到目标网络的通信服务,但是其所提供的服务有可靠和不可靠之分,需要在网络层之上增加一个层次来弥补网络层所提供的服务质量的不足,以便为高层提供可靠的端到端通信。TCP/IP 的网络层就是一个典型的提供无连接的不可靠服务,不可靠的 IP 协议只提供"尽力而为"的服务,它不保证端到端数据传输的可靠性,IP 分组在传输过程中可能会出现丢包、乱序或重复等问题。也可以这样理解,网络层及以下部分是由通信子网来完成的,由于历史及经济原因,通信子网往往是公用数据网,是资源子网中的端用户所不能直接控制的,用户不可能通过更换性能更好的路由器或增强数据链路层的纠错能力来提高网络层的服务质量,因此端用户只能依靠自己主机上所增加的传输层来检测分组的丢失或数据的残缺并采取相应的补救措施。

　　传输层一般包括以下基本功能。

　　(1) 连接管理(Connection Management):定义了允许两个用户像直接连接一样开始交谈的规则。通常把连接的定义和建立的过程称为握手(Handshake)。传输层要建立、维持和终止一个会话,传输层与其对等系统建立面向连接的会话。传输层要建立无连接或面向连接的通信,TCP 提供面向连接的传输层服务,UDP 提供无连接的传输层服务。在数据传输开始时,发送方和接收方的应用都要通知各自的操作系统初始化一个连接,一台主机发起的连接必须被另一台主机接收才行。当所有的同步操作完成后,一个连接就建立了,数据传输也就开始了,在传输过程中两台主机还需要继续通过协议软件来通信以验证数据是否被正确接收。数据传输完成后,发送端主机发送一个标识数据传输结束的指示。接收端主机在数据传输完成后确认数据传输结束,连接终止。

　　(2) 差错控制(Error Detection):传输层对收到的报文进行差错检测,在网络层,IP 数据报首部中的检验和字段,只检验首部是否出现差错而不检查数据部分。网络层只提供尽最大努力服务,也就是 TCP 下面的网络所提供的是不可靠的传输。因此,TCP 必须采用适当的措施才能使得两个传输层之间的通信变得可靠。比如使用一些可靠传输协议,当出现差错时让发送方重传出现差错的数据。

　　(3) 流量控制(Flow Control):就是以网络普遍接受的速度发送数据,从而防止网络拥塞造成数据报的丢失。传输层定义了端到端用户之间的流量控制,比如在接收方来不及处理收到的数据时,及时告诉发送方适当降低发送数据的速度。

（4）对用户请求的响应（Response to User's Request）：对发送和接收数据请求的响应，以及特定请求的响应，如用户可能要求高吞吐率、低延迟或可靠的服务。

7.1.2　传输层的两个主要协议

由于 TCP/IP 的网络层提供的是面向无连接的数据报服务，也就是说，IP 数据报传输会出现丢失、重复或乱序的情况，因此在 TCP/IP 网络中传输层就变得极为重要。TCP/IP 的传输层提供了两个主要的协议，即传输控制协议（Transmission Control Protocol，TCP）和用户数据报协议（User Datagram Protocol，UDP）。

根据应用程序的不同要求，传输层有两种不同的传输协议，即面向连接的 TCP 和无连接的 UDP。传输层向高层用户屏蔽了下面的细节（例如在网络层中的网络拓扑、路由选择协议等）。它使应用进程看见的就是好像在两个传输层实体之间有一条端到端的逻辑通信信道，但这条逻辑通信信道对上层的表现却因传输层使用的不同协议而有很大的差别。当传输层采用面向连接的 TCP 时，尽管下面的网络是不可靠的（只提供尽最大努力服务），但这种逻辑通信信道就相当于一条全双工的可靠信道。但当传输层采用无连接的 UDP 时，这种逻辑通信信道仍然是一条不可靠信道。

TCP 或 UDP 的传输协议数据单元（Transport Protocol Data Unit，TPDU）分别叫做 TCP 报文段或 UDP 用户数据报。

UDP 在传送数据之前不需要先建立连接。远地主机的传输层在收到 UDP 报文后，不需要给出任何确认。虽然 UDP 不提供可靠交付，但在某些情况下 UDP 却是一种最有效的工作方式。

TCP 则提供面向连接的服务。在传送数据之前必须先建立连接，数据传送结束后要释放连接。TCP 不提供广播或多播服务。由于 TCP 要提供可靠的、面向连接的传输服务，因此不可避免地增加了许多开销，如确认、流量控制、计时器以及连接管理等。这不仅使协议数据单元的首部增大很多，还要占用许多的处理机资源。

7.1.3　传输层的端口

前面提到过传输层的复用和分用功能。在日常生活中也有很多复用和分用的例子。假定一个机构的所有部门向外单位发出的公文都由收发室负责寄出，这相当于各部门都"复用"这个收发室。当收发室收到从外单位寄来的公文时，则要完成"分用"功能，即按照信封上写明的本机构的部门地址把公文正确进行交付。

传输层的复用和分用功能也是类似的。应用层所有的应用进程都可以通过传输层再传送到网络层，这就是复用。传输层从网络层收到发送给各应用进程的数据后，必须分别交付指明的各应用进程，这就是分用。显然，给应用层的每个应用进程赋予一个非常明确的标志是至关重要的。

在单个计算机中的进程是用进程标识符来标志的。但是在 Internet 环境下，用计算机操作系统所指派的这种进程标识符来标识运行在应用层的各种应用进程则是不行的。这是因为在 Internet 上使用的计算机的操作系统种类很多，而不同的操作系统又使用不同格式的进程标识符。为了使运行不同操作系统的计算机的应用进程能够互相通信，就必须使用统一的方法(而这种方法必须与特定操作系统无关)对 TCP/IP 体系的应用进程进行标识。

但是,把一个特定机器上运行的特定进程,指明为互联网上通信的最后终点还是不可行的。这是因为进程的创建和撤销都是动态的,通信的一方几乎无法识别对方机器上的进程。另外,我们往往需要利用目的主机提供的功能来识别终点,而不需要知道具体实现这个功能的进程是哪一个。

解决这个问题的方法就是在传输层使用协议端口号(Protocol Port Number),简称为端口(Port)。这就是说,虽然通信的终点是应用进程,但是只要把报文先交给目的主机的某一个合适的目的端口,接下来就给 TCP 或 UDP 来完成。

这种在协议栈层间的抽象的协议端口是软件端口(功能等同于地址),有别于路由器或者交换机上面的硬件端口。硬件端口是不同硬件设备进行交互的接口,而软件端口是应用层的各种协议进程与传输实体进行层间交互的一种地址。

通过 UDP 和 TCP 首部格式中的源端口和目的端口这两个重要字段。当传输层收到网络层交上来的传输层报文时,就能够根据其首部中的目的端口号把数据交付应用层的目的应用进程。

TCP/IP 的传输层用一个 16 位端口号来标识一个端口。但端口号只有本地意义,它只是为了标识本计算机应用层中的各个进程在和传输层交互时的层间接口。在互联网的不同计算机中,相同的端口号是没有关联的。16 位的端口号可允许有 65 536 个不同的端口号,这个数目对一个计算机来说是足够用的。

两个计算机中的进程要互相通信,不仅必须知道对方的 IP 地址(为了找到对方的计算机),而且要知道对方的端口号(为了找到对方计算机中的应用进程)。这和我们寄信的过程类似。当给某人写信时,在信封上必须写明他的通信地址(相当于 IP 地址),并且还要写上收件人的姓名(同一地址可能有多人居住,相当于端口号)。在信封上还要写明自己的地址。当收信人回信时,很容易在信封上找到发信人的地址。Internet 上的计算机通信是采用客户机/服务器方式。客户机在发起通信请求时,必须先知道对方服务器的 IP 地址和端口号。传输层的端口号分为下面两大类。

1. 服务器使用的端口号

一类是熟知端口号(Wellknown Port Number)或系统端口号,范围是 0～1023。这些数值可在网址 www.iana.org 查到。IANA 把这些端口号指派给了 TCP/IP 最重要的一些应用程序,让所有的用户都知道。当一种新的应用程序出现后,IANA 必须为它指派一个熟知端口,否则 Internet 上的其他应用进程就无法和它进行通信。表 7-1 给出了一些常用的熟知端口号。

表 7-1　常用的熟知端口号

应 用 程 序	FTP	Telnet	SMTP	DNS	TFTP	HTTP	SNMP	HTTPS
熟知端口号	21	23	25	53	69	80	161	443

另一类叫做登记端口号,数值为 1024～49 151。这类端口号是为没有熟知端口号的应用程序使用的。使用这类端口号必须在 IANA 按照规定的手续登记,以防止重复。

2. 客户端使用的端口号

范围是 49152～65535。由于这类端口号仅在客户进程运行时才动态选择,因此又叫做短暂端口号。这类端口号留给客户进程选择暂时使用。当服务器进程收到客户进程的报文时,就知道了客户进程所使用的端口号,因而可以把数据发送给客户进程。通信结束后,刚才已使用过的客户端口号就不复存在,这个端口号就可以供其他客户进程使用。

7.2 无连接的 UDP

7.2.1 UDP 概述

用户数据报协议(UDP)是无连接、不可靠的数据报协议,为应用程序发送和接收数据报,只是将数据报的分组从一台主机发送到另一台主机,但并不保证数据报能够到达另一端,任何必需的可靠性都由应用程序提供。UDP 虽然可以确保发送消息的大小,却不能保证消息一定会达到目的端。因此,应用时会根据自己的需要进行重发处理。UDP 常用于分组数据较少或多播、广播通信以及视频通信等多媒体领域。

UDP 只在 IP 数据报服务之上增加了很少一点儿的功能,这就是复用和分用的功能以及差错检测的功能。UDP 的主要特点如下。

(1) UDP 是无连接的,即发送之前不需要建立连接(当然,发送数据结束时也没有连接可释放),因此减少了开销和发送数据之前的时延。

(2) UDP 使用尽最大努力交付,即不保证可靠交付,因此主机不需要维持复杂的连接状态表。

(3) UDP 是面向报文的。发送的 UDP 对应用程序交下来的报文,在添加首部后就向下交付网络层。UDP 对应用层传下来的报文,既不合并,也不拆分,而是保留这些报文的边界。应用层交给 UDP 多长的报文,UDP 就照样发送,即一次发送一个报文,如图 7-2 所示。在接收方的 UDP,对网络层交上来的 UDP 用户数据报,在去除首部后就原封不动地交付上层的应用进程。也就是说,UDP 一次交付一个完整的报文。因此,应用程序必须选择合适大小的报文。若报文太长,UDP 把它交给网络层后,网络层在传送时可能要进行分片,这会降低网络层的效率。相反,若报文太短,UDP 把它交给网络层后,会使 IP 数据报的首部的相对长度太大,这也降低了网络层的效率。

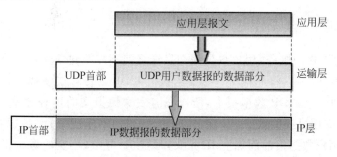

图 7-2　UDP 的传输过程

（4）UDP 没有拥塞控制,因此网络出现的拥塞不会使源主机的发送速率降低。这对某些实时应用是很重要的。很多的实时应用(如 IP 电话、实时视频会议等)要求源主机以恒定的速率发送数据,并且允许在网络发生拥塞时丢失一些数据,但却不允许数据有太大的时延。UDP 正好适合这种要求。

（5）UDP 支持一对一、一对多、多对一和多对多的交互通信。

（6）UDP 的首部开销小,只有 8 个字节,比 TCP 的 20 个字节的首部要短。

虽然某些实时应用需要使用没有拥塞控制的 UDP,但当很多的源主机同时都向网络发送高速率的实时视频流时,网络就有可能发生拥塞,结果大家都无法正常接收。因此,不使用拥塞控制功能的 UDP 有可能会引起网络产生严重的拥塞问题。

还有一些使用 UDP 的实时应用,需要对 UDP 的不可靠的传输进行适当的改进,以减少数据的丢失。在这种情况下,应用进程本身可以在不影响应用的实时性的前提下,增加一些提高可靠性的措施,如采用前向纠错或重传已丢失的报文。

7.2.2　UDP 报文段结构

用户数据报 UDP 有两个字段:数据字段和首部字段。首部字段很简单,只占用 8 个字节,由 4 个各两个字节(16 位长度)的字段组成,分别是 UDP 源端口、UDP 目的端口、UDP 数据报长度和校验和。UDP 数据报首部格式如图 7-3 所示。

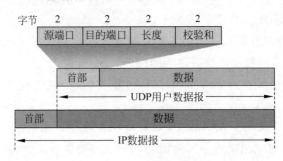

图 7-3　UDP 报文段格式

（1）源端口:UDP 源端口号,占 16 位,在需要对方回信时选用。不需要时可用全 0。

（2）目的端口:UDP 目的端口号,占 16 位,终点交付报文时使用。

（3）长度:UDP 用户数据报的长度,占 16 位,其最小值为 8(即仅有首部)。

（4）校验和:占 16 位,检测 UDP 用户数据报在传输过程中是否有错,出错则丢弃。

7.2.3　UDP 的工作过程

UDP 提供无连接的服务,用户数据报在发送之前不需要建立连接。当应用进程有报文需要通过 UDP 发送时,它将此报文直接交给执行 UDP 的传输层实体。报文的长度要足够短,以便能装入到一个 UDP 数据报中,所以只有发送短报文的进程才选用 UDP。UDP 传输层实体在得到应用进程的报文后,为它加上 UDP 报头,变成 UDP 数据报后交给网络层。网络层在 UDP 用户数据报前面加上 IP 报头,形成 IP 分组,再交给数据链路层。数据链路层在 IP 分组上加上帧头和帧尾,变成一个帧,然后通过物理层发送出去。对于目标端,则是相反的过程。

由于 UDP 提供无连接的服务,所以每个 UDP 用户数据报的传输路径都是独立的。即使那些 UDP 用户数据报的源端口号和目的端口号相同,它们在网络上的传输路径也可能是不同的,取决于网络层为每个数据报所进行的路径选择。一个先发送的 UDP 用户数据报因为网络路径的不同,可能会较一个晚发送的 UDP 用户数据报后到。

UDP 是一个不可靠的协议,不提供确认、流量控制等可靠传输机制,所以对于 UDP 的接收端来说,一旦当到来的报文过多时,就会因为溢出而使报文丢失。另外,由于 UDP 只提供简单的校验和,没有确认、重传等差错控制机制,因此,当接收进程通过校验和发现传输出错时,只是简单地将该出错的用户数据报丢弃,并不向发送进程提供错误通知。相应地,采用 UDP 的应用进程需要在应用层提供必要的差错控制机制。

为了区分同一台主机并发运行的多个 UDP 进程,传输层实体采用了一种与 UDP 端口相关联的用户数据报传输队列机制。图 7-4 给出了一对用户进程通过 UDP 进行数据交换时,用户数据报传输队列工作原理的简单示意。

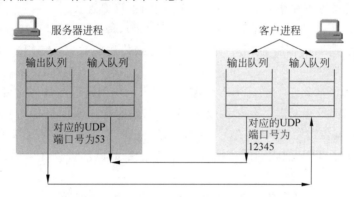

图 7-4 用户数据报传输队列工作原理图

当客户进程启动时,UDP 为该进程分配一个临时端口号(假定为 12345),并同时创建与该端口号对应的一个输出队列和一个输入队列。所有该客户进程要发送的用户数据报,被写入输出队列;而从服务器端对等进程返回的用户数据报,则放在该客户进程端口号所对应的输入队列中。如果输入队列产生溢出或创建问题时,客户端将无法接收从服务器端对等进程所返回的数据,此时,客户端会丢弃这些用户数据报,并请求客户机通过 ICMP 向服务器端发送"端口不可到达"的出错报文。如果输出队列发生溢出操作时,操作系统就会要求客户进程降低用户数据报的发送速度。

在服务器端,用户数据报传输队列的创建机制是不同的。只要服务器进程开始运行,UDP 进程就会用相应著名端口号去创建一个输入队列和一个输出队列。只要服务器进程在运行,这些队伍就一直存在,不管是否有客户进程在请求。当客户的 UDP 请求到达时,服务器的 UDP 要检查对应于该用户数据报目标端口的输入队列是否已经存在,若已经存在,则将收到的客户 UDP 请求放在该输入队列的末尾。否则,就丢弃该用户数据报,并通过 ICMP 向客户端发送"端口不可达"的报文。对于服务器进程而言,不管 UDP 请求是否来自不同的客户端,都要被放入同一个输入队列。当输入队列发送溢出时,UDP 服务进程就丢弃该用户数据报,并请求通过 ICMP 向客户端发送"端口不可达"的报文。当服务器进程需要向客户发送用户数据报时,它就将发送报文放到该服务进程端口号所对应的输出队列。若输出队列发生溢出,操作系统会要求该服务器进程在继续发送报文之前先等待一段时间。

7.3　面向连接的 TCP 概述

TCP(Transmission Control Protocol)比较复杂,因此先对 TCP 进行一般介绍,然后再逐步深入讨论 TCP 的可靠传输、流量控制和拥塞控制等问题。

7.3.1　TCP 最主要的特点

TCP 是 TCP/IP 体系中非常复杂的一个协议。TCP 的主要特点有如下几点。

(1) TCP 是面向连接的传输层协议。意味着应用程序在使用 TCP 前,必须先建立 TCP 连接。在传送数据完毕后,必须释放已经建立的 TCP 连接。

(2) 每一条 TCP 连接只能有两个端点(Endpoint),每一条 TCP 连接只能是点对点的。

(3) TCP 提供可靠交付的服务。通过 TCP 连接传送的数据,无差错、不丢失、不重复,并且按序到达。

(4) TCP 提供全双工通信。TCP 允许通信双方的应用进程在任何时候都能发送数据。TCP 连接的两端都设有发送缓存和接收缓存,用来临时存放双向通信的数据。在发送时,应用程序在把数据传送给 TCP 缓存后,就可以做自己的事,而 TCP 在合适的时候把数据发送出去。在接收时,TCP 把收到的数据放入缓存,上层的应用进程在合适的时候读取缓存中的数据。

(5) 面向字节流。TCP 中的“流”(Stream)指的是流入到进程或从进程流出的字节序列。“面向字节流”的含义是:虽然应用程序和 TCP 的交互是一次一个数据块(大小不等),但 TCP 把应用程序交下来的数据仅看成是一连串的无结构的字节流。TCP 并不知道所传送的字节流的含义。TCP 不保证接收方应用程序所收到的数据块和发送方应用程序所发出的数据块具有对应大小的关系(例如,发送方应用程序交给发送方的 TCP 共 10 个数据块,但接收方的 TCP 可能只用了 4 个数据块就把收到的字节流交付上层的应用程序)。但接收方应用程序收到的字节流必须和发送方应用程序发出的字节流完全一样。当然,接收方的应用程序必须有能力识别收到的字节流,把它还原成有意义的应用层数据。

TCP 和 UDP 在发送报文时所采用的方式完全不同。TCP 并不关心应用进程一次把多长的报文发送到 TCP 的缓存中,而是根据对方给出的窗口值和当前网络拥塞的程度来决定一个报文段应包含多少个字节,UDP 发送的报文段长度是应用进程给出的。如果应用进程传送到 TCP 缓存的数据块太长,TCP 就可以把它划分短一些再传送。如果应用进程一次只发来一个字节,TCP 也可以等待积累有足够多的字节后再构成报文段发送出去。

7.3.2　TCP 连接

TCP 被称为是面向连接的(Connection-oriented),这是因为在一个应用进程可以开始向另一个应用进程发送数据之前,这两个进程必须相互“握手”,即它们必须相互发送某些预备报文段，以建立确保数据传输的参数。作为 TCP 连接建立的一部分，连接的双方都将初始化与 TCP 连接相关的许多 TCP 状态变量。

这种 TCP"连接"不是一条像在电路交换网中的端到端 TDM 或 FDM 电路，也不是一条虚电路，因为其连接状态完全保留在两个端系统中。由于 TCP 只在端系统中运行，而不在中间的网络元素（路由器和链路层交换机）中运行，所以中间的网络元素不会维持 TCP 连接状态。事实上，中间路由器对 TCP 连接完全视而不见，它们看到的是数据报，而不是连接。

TCP 连接提供的是全双工服务（Full-duplex Service）：如果一台主机上的进程 A 与另一台主机上的进程 B 存在一条 TCP 连接，那么应用层数据就可以在从进程 B 流向进程 A 的同时，也从进程 A 流向进程 B。TCP 连接也总是点对点（Point-to-Point）的，即在单个发送方与单个接收方之间的连接。所谓"多播"，即在一次发送操作中，从一个发送方将数据传送给多个接收方，对 TCP 来说这是不可能的。对于 TCP 而言，两台主机是一对，而三台主机则太多。

TCP 把连接作为最基本的抽象。TCP 的许多特性都与 TCP 是面向连接的这个基本特性有关。每一条 TCP 连接有两个端点。那么，TCP 连接的端点是什么呢？不是主机，不是主机的 IP 地址，不是应用进程，也不是传输层的协议端口。TCP 连接的端点叫做套接字（Socket）或插口。将端口号拼接到 IP 地址即构成了套接字。因此，套接字的表示方法是在点分十进制的 IP 地址后面写上端口号，中间用冒号或逗号隔开。例如，若 IP 地址是 192. 3. 4. 5 而端口号是 80，那么得到的套接字就是（192.3.4.5：80）。总之，有

$$\text{套接字 socket} = (\text{IP 地址：端口号})$$

每一条 TCP 连接唯一地被通信两端的两个端点（即两个套接字）所确定，即

$$\text{TCP 连接} ::= \{socket_1, socket_2\} = \{(IP_1 : port_1), (IP_2 : port_2)\}$$

这里 IP_1 和 IP_2 分别是两个端点主机的 IP 地址，而 $port_1$ 和 $port_2$ 分别是两个端点主机中的端口号。TCP 连接的两个套接字就是 $socket_1$ 和 $socket_2$。可见套接字 socket 是个很抽象的概念。

总之，TCP 连接就是由协议软件所提供的一种抽象。虽然有时为了方便，也可以说，在一个应用进程和另一个应用进程之间建立了一条 TCP 连接，但一定要记住：TCP 连接的端点是个很抽象的套接字，即（IP 地址：端口号）。也应记住：同一个 IP 地址可以有多个不同的 TCP 连接，而同一个端口号也可以出现在多个不同的 TCP 连接中。

TCP 连接是怎样建立的呢？假设运行在某台主机上的一个进程想与另一台主机上的一个进程建立连接，发起连接的这个进程被称为客户进程，而另一个进程被称为服务器进程。该客户应用进程首先要通知客户传输层，它想与服务器上的一个进程建立连接。一个 Python 客户程序通过发出下面的命令来实现此目的。

```
Clientsocket.connect((serverName, serverPort))
```

其中，serverName 是服务器的名字，serverPort 标识了服务器上的进程。客户机上的 TCP 便开始与服务器上的 TCP 建立一条 TCP 连接。客户机首先发送一个特殊的 TCP 报文段，服务器用另一个特殊的 TCP 报文段来响应，最后，客户机再用第三个特殊报文段作为响应。前两个报文段不承载"有效载荷"，也就是不包含应用层数据；而第三个报文段可以承载有效载荷。由于在这两台主机之间发送了三个报文段，所以这种连接建立过程常被称

为三次握手。这部分在 7.6 节详细介绍。

一旦建立起一条 TCP 连接,两个应用进程之间就可以相互发送数据了。考虑从客户机进程向服务器进程发送数据的情况。客户机进程通过套接字(该进程之门)传递数据流。数据一旦通过该门,它就由客户机中运行的 TCP 控制了。如图 7-5 所示,TCP 将这些数据引导到该连接的发送缓存里,发送缓存是在三次握手初期设置的缓存之一。接下来 TCP 就会不时从发送缓存里取出一块数据。TCP 可从缓存中取出并放入报文段中的数据数量受限于最大报文段长度(Maximum Segment Size,MSS)。MSS 通常根据最初确定的由本地发送主机发送的最大链路层帧长度(即最大传输单元(Maximum Transimission Unit,MTU))来设置。设置该 MSS 要保证一个 TCP 报文段(当封装在一个 IP 数据报中)加上 TCP/IP 首部长度(通常 40B)将适合单个链路层帧。以太网和 PPP 链路层协议都具有 1500B 的 MTU,因此 MSS 的典型值为 1460B,已经提出了多种发现链路上发送的最大链路层帧。

注意:MSS 是指在报文段里应用层数据的最大长度,而不是指包括 TCP 首部的 TCP 报文段的最大长度。

TCP 为每块客户数据配上一个 TCP 首部,从而形成多个 TCP 报文段(TCP Segment)。这些报文段被下传给网络层,网络层将其分别封装在网络层 IP 数据报中。然后这些 IP 数据报被发送到网络中。当 TCP 在另一端收到一个报文段后,该报文段的数据就被放入该 TCP 连接的接收缓存中,如图 7-5 所示。应用程序从此缓存中读取数据流。TCP 连接的每一端都有各自的发送缓存和接收缓存。

图 7-5　TCP 发送缓存和接收缓存

从以上讨论可以看出,TCP 连接的组成包括:一台主机上的缓存、变量和与进程连接的套接字,以及另一台主机上的另一组缓存、变量和进程连接的套接字。在这两台主机之间的网络元素(路由器、交换机和中继器)中,没有为该连接分配任何缓存和变量。

7.3.3　TCP 报文段格式

TCP 是一种面向连接的、可靠的、基于字节流的传输层协议。TCP 的协议数据单元被称为分段(Segment),TCP 通过分段的交互来建立连接、传输数据、发出确认、进行差错控制、流量控制及关闭连接。分段分为两部分,即分段头和数据。所谓分段头就是 TCP 为了实现端到端可靠传输所加上的控制信息;而数据则是指由高层即应用层来的数据。

TCP 报文段首部的前 20 字节是固定的,后面有 4N 字节是根据需要而增加的选项(N 必须是整数)。因此 TCP 首部的最小长度是 20 字节。图 7-6 给出了 TCP 分段的格式。

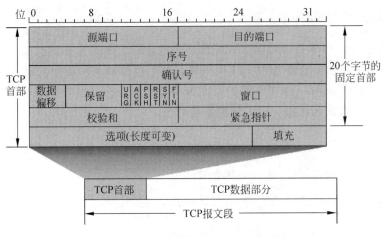

图 7-6 TCP 报文段首部格式

1. 端口号

端口号是用来标识同一台计算机的不同的应用进程。

(1) 源端口: 源端口和 IP 地址的作用是标识报文的返回地址。

(2) 目的端口: 指明接收方计算机上的应用程序接口。

TCP 报头中的源端口号和目的端口号同 IP 数据报中的源 IP 与目的 IP 唯一确定一条 TCP 连接。

2. 序号

序号和确认号是 TCP 可靠传输的关键部分。序号占 4B,序号范围是 $0 \sim 2^{32}-1$,共 2^{32} 个序号。序号增加到 $2^{32}-1$ 后,下一个序号就又回到 0。也就是说,序号使用 mod 2^{32} 运算。TCP 是面向字节流的。在一个 TCP 连接中传送的字节流中的每一个字节都按顺序编号。整个要传送的字节流的起始序号必须在连接建立时设置。首部中的序号指的是本报文段发送的数据组的第一个字节的序号。在 TCP 传送的流中,每一个字节一个序号。例如,一个报文段的序号为 300,此报文段数据部分共有 100B,则下一个报文段的序号为 400。所以序号确保了 TCP 传输的有序性。这个字段也叫做"报文段序号"。

3. 确认号

确认号占 4B,即 ACK,指明期望收到对方下一个报文段的第一个数据字节的序号,表明该序号之前的所有数据已经正确无误地收到。例如,B 正确收到了 A 发送过来的一个报文段,其序号字段值是 501,而数据长度是 200B(序号 $501 \sim 700$),这表明 B 正确收到了 A 发送的到序号 700 为止的数据。因此,B 期望收到 A 的下一个数据序号是 701,于是 B 在发送给 A 的确认报文段中把确认号置为 701。总之,若确认号为 N,表明到序号 $N-1$ 为止的所有数据都已正确接收。确认号只有当 ACK 标志为 1 时才有效。比如建立连接时,SYN 报文的 ACK 标志位为 0。

4. 数据偏移/首部长度

数据偏移占 4b。由于首部可能含有可选项内容，因此 TCP 报头的长度是不确定的，报头不包含任何任选字段则长度为 20B，4 位首部长度字段所能表示的最大值为 1111，转换为十进制为 15，15×32/8＝60，故报头最大长度为 60B。首部长度也叫数据偏移，是因为首部长度实际上指示了数据区在报文段中的起始偏移值。

5. 保留

为将来定义新的用途保留，现在一般置 0。

6. 控制位

控制位共 6 个，每一个标志位表示一个控制功能。

（1）紧急 URG：紧急指针标志，为 1 时表示紧急指针有效，为 0 则忽略紧急指针。它告诉系统此报文段中有紧急数据，应尽快传送（相当于高优先级的数据），而不要按原来的排队顺序来传送。例如，已经发送了很长的一个程序要在远地的主机上运行，但后来发现了一些问题，需要取消该程序的运行，因此用户从键盘发出中断命令（Ctrl＋C）。如果不使用紧急数据，那么这两个字符将存储在接收 TCP 的缓存末尾。只有在所有的数据被处理完毕后这两个字符才被交付接收方的应用进程。这样做就浪费了许多时间。

当 URG 置 1 时，发送应用进程就告诉发送方的 TCP 有紧急数据要传送。于是发送方 TCP 就把紧急数据插入到本报文段数据的最前面，而在紧急数据后面的数据仍是普通数据。这时要与首部中紧急指针（Urgent Pointer）字段配合使用。

（2）确认 ACK：确认序号标志，为 1 时表示确认号有效，为 0 表示报文中不含确认信息，忽略确认号字段。

（3）推送 PSH：Push 标志，为 1 表示是带有 Push 标志的数据，指示接收方在接收到该报文段以后，应尽快将这个报文段交给应用程序，而不是在缓冲区排队。当两个应用进程进行交互式的通信时，有时在一端的应用进程希望在输入一个命令后立即就能够收到对方的响应。在这种情况下，TCP 就可以使用推送（Push）操作。这时，发送方 TCP 把 PSH 置 1，并立即创建一个报文段发送出去。接收方 TCP 收到 PSH＝1 的报文段，就尽快地（即"推送"向前）交付接收应用进程，而不再等到整个缓存都填满了后再向上交付。

（4）复位 RST：重置连接标志，用于重置由于主机崩溃或其他原因而出现错误的连接。或者用于拒绝非法的报文段和拒绝连接请求。当 RST＝1 时，表明 TCP 连接中出现严重差错（如由于主机崩溃或其他原因），必须释放连接，然后再重新建立传输连接。RST 置 1 还用来拒绝一个非法的报文段或拒绝打开一个连接。RST 也可称为重建位或重置位。

（5）同步 SYN：同步序号，用于建立连接过程，在连接请求中，SYN＝1 和 ACK＝0 表示该数据段没有使用捎带的确认域，表明这是一个连接请求报文段。对方若同意建立连接，则应在响应的报文段中使 SYN＝1 和 ACK＝1。因此同步 SYN 置为 1，就表示这是一个连接请求或连接接受报文。

（6）终止 FIN：Finish 标志，用于释放连接，为 1 时表示发送方已经没有数据发送了，要求释放传输连接。

7. 窗口

滑动窗口大小,用来告知发送端接收端的缓存大小,以此控制发送端发送数据的速率,从而达到流量控制。窗口大小占 2B 即 16b,因而窗口大小最大为 65 535。窗口字段用来控制对方发送的数据量,单位为 B。在 TCP 中用接收端的接收能力的大小来控制发送端的数据发送量。TCP 连接的一端根据设置的缓存空间大小确定自己的接收窗口大小,然后通知对方以确定对方的发送窗口的上限。将 TCP 连接的两端分别记为 A 和 B。若 A 确定自己的接收窗口为 WIN,则 A 发送给 B 的 TCP 报文段的窗口字段中写入 WIN 的数值。即告诉 B 的 TCP,"你(B)在未收到我(A)的确认时所能够发送的数据量的上限就是从本首部中的确认号开始的 WIN 个字节。"所以 A 所设定的 WIN 既是 A 的接收窗口,同时也是 B 的发送窗口的上限。例如,A 在发送给 B 的报文段的首部中将窗口字段的值 WIN 置为 500,将确认号置为 201。即告诉 B:"你(B)在未收到确认的情况下,最多可向我(A)发送序号从 201 开始到 700 共 500 字节的数据"。B 在收到此报文段后,就用此窗口数值 500 作为 B 的发送窗口的上限值。

注意:B 向 A 发送的报文段的首部也有一个窗口字段,但这是根据 B 的接收能力来确定 A 的发送窗口上限。

8. 校验和

奇偶校验,此校验和是对整个 TCP 报文段,包括 TCP 头部和 TCP 数据,以 16 位字进行计算所得。由发送端计算和存储,并由接收端进行验证。

9. 紧急指针

只有当 URG 标志置 1 时紧急指针才有效。紧急指针是一个正的偏移量,和顺序号字段中的值相加表示紧急数据最后一个字节的序号。TCP 的紧急方式是发送端向另一端发送紧急数据的一种方式。

10. 选项和填充

最常见的可选字段是最长报文大小,又称为 MSS(Maximum Segment Size),每个连接方通常都在通信的第一个报文段(为建立连接而设置 SYN 标志为 1 的那个段)中指明这个选项,它表示本端所能接收的最大报文段的长度。选项长度不一定是 32 位的整数倍,所以要加填充位,即在这个字段中加入额外的零,以保证 TCP 头是 32 的整数倍。

11. 数据部分

TCP 报文段中的数据部分是可选的。在一个连接建立和一个连接终止时,双方交换的报文段仅有 TCP 首部。如果一方没有数据要发送,也使用没有任何数据的首部来确认收到的数据。在处理超时的许多情况中,也会发送不带任何数据的报文段。

注意:ACK、SYN 和 FIN 这些大写的单词表示标志位,其值要么是 1,要么是 0;而 ack、seq 小写的单词表示报文段确认序号和发送序号。

7.4 可靠数据传输原理

TCP 发送的报文段是交给 IP 层传送的。但 IP 层只能提供尽最大努力服务,也就是说,TCP 下面的网络所提供的是不可靠的传输。因此,TCP 必须采用适当的措施才能使两个传输层之间的通信变得可靠。可靠传输需要满足这两个要求:第一,传输信道不产生差错;第二,不管发送方以多快的速度发送数据,接收方总是能够来得及处理收到的数据。在这样的理想传输条件下,不需要采取任何措施就能够实现可靠传输。

但是实际的网络都不具备这两个理想条件,我们需要通过一些可靠传输的协议来实现这两个要求,从而达到可靠传输。当出现差错时让发送方重传出现差错的数据,同时在接收方来不及处理收到的数据时,及时告诉发送方适当降低发送数据的速度。通过这样的反馈重发机制,实现在不可靠的传输信道中的可靠传输。可靠传输协议被称为自动请求重传(Automatic Repeat reQuest,ARQ)。重传的请求是自动进行的,接收方不需要请求发送方重传某个出错的分组。ARQ 有两种常见的实现方法,即停止等待协议和连续 ARQ 协议。我们先从最简单的停止等待协议讲起。

7.4.1 停止等待协议

全双工通信的双方既是发送方也是接收方。为了讨论方便,仅考虑 A 发送数据而 B 接收数据并发送确认。因此 A 叫做发送方,而 B 叫做接收方。传输层传送的协议数据单元叫做报文段,网络层传送的协议数据单元叫做 IP 数据报。但在一般讨论问题时,都把它们简称为分组。停止等待协议是每发送完一个分组就停止发送,等待对方的确认,在收到确认后再发送下一个分组。为了方便讲述停止等待协议,分为无差错、出现差错、确认分组丢失和确认分组迟到 4 种情况介绍。

1. 无差错情况

发送方发送一个分组给接收方,然后接收方收到之后向发送方发送一个确认,发送方收到确认之后再发送下一个分组。图 7-7(a)是最简单的无差错情况。

2. 出现差错

图 7-7(b)是分组在传输过程中出现差错的情况。在这种情况下,接收方要丢弃分组,然后什么也不做,在发送方每次发送都会设置一个超时计时器,如果超过了时间还没有收到确认的话,那么发送方就再次发送,如果收到了确认,那么就撤销这个超时计时器。

在这里需要注意以下几点。

(1)发送方每次发送完分组之后需要暂时保留一下分组的副本,为重新发送做准备。只有在收到相应的确认后才能清除暂时保留的分组副本。

(2)分组和确认分组都必须要进行编号。这样才能明确是哪一个发送出去的分组收到了确认,而哪一个分组还没有收到确认。

(3)超时计时器设置的时间应该比分组传输的平均往返的时间多一点儿,以免造成确认分组还没有到达,就进行重新传输了,从而浪费资源。当然,如果重传时间设定的很长,那么通信的效率就会很低。然而,在传输层重传时间的准确设定是非常复杂的,这是因为已发送出的分组到底会经过哪些网络,以及这些网络将会产生多大的时延(取决于网络的拥塞情况),这些都是不确定因素。

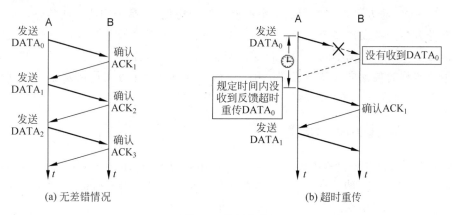

图 7-7　停等协议

3. 确认分组丢失

图 7-8(a)是分组在传输过程中确认丢失的情况。这时候超时计时器时间到,发送方要重新传送分组,接收方收到之后,发现是重复的,那么这时候就丢弃重复收到的这个分组,然后向发送方发送确认。不能认为已经发送过确认就不再发送,发送方之所以重传确认,就是因为发送方没有收到分组的确认。

4. 确认分组迟到

图 7-8(b)是分组在传输过程中确认迟到的情况。传输过程没有出现差错,但反馈的分组的确认迟到了,发送方会收到重复的确认。由于确认分组迟到,所以超时计时器的时间到,发送方重新发送分组,接收方收到之后,发现是重复的,丢弃这个分组,然后重新发送确认。

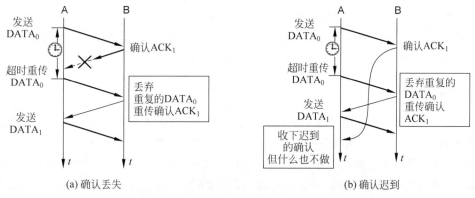

图 7-8　停等协议

通常发送方最终总是可以收到对所有发出的分组的确认。如果发送方不断重传分组但总是收不到确认,就说明通信线路太差,不能进行通信。

通过以上确认和重传机制,就可以在不可靠的传输网络上实现可靠的通信。停止等待协议的优点是简单,但是这种发送一个分组等待一个确认的方式使得通信效率很低。为了提高传输效率,发送方可以不使用低效率的停止等待协议,而是采用流水线传输。流水线传输就是发送方可连续发送多个分组,不必每发完一个分组就停顿下来等待对方的确认。这样可使信道上一直有数据不间断地在传送。显然,这种传输方式可以获得很高的信道利用率。这种流水线的传输方式就是连续 ARQ 协议。连续 ARQ 协议是指发送方可连续发送多个分组,不必每发完一个分组就停顿下来等待对方的确认。

7.4.2　连续 ARQ 协议

连续 ARQ 协议是指发送方可以连续发送一系列分组,即不用等前一分组被确认便可继续发送下一分组,效率大大提高。由于信道上一直有数据不间断地传送,连续 ARQ 方式可获得很高的信道利用率。

在连续 ARQ 方式中,需要在发送方设置一个较大的缓冲存储空间(称作重发表),用以存放若干待确认的分组。当发送方收到对某分组的确认后,便可从重发表中将该分组删除。所以,连续 ARQ 协议的传输效率大大提高,但相应地需要更大的缓冲存储空间。在这一协议中,当发送站点发送完一个数据分组后,不是停下来等待确认,而是可以连续再发送若干个数据分组。如果在此过程中又收到了接收端发来的确认,那么还可以接着发送数据分组。由于减少了等待时间,整个通信的吞吐量就提高了。

连续 ARQ 协议的实现过程如下。

(1) 发送方连续发送多个分组而不必等待确认的返回。

(2) 发送方在重发表中保存所发送的每个分组的备份。

(3) 重发表按先进先出(FIFO)队列规则操作。

(4) 接收端对每一个正确收到的分组返回一个确认。

(5) 每一个确认包含一个唯一的序号,随相应的确认返回。

(6) 接收方保存一个接收次序表,它包含最后正确收到的分组的序号。

(7) 当发送方收到相应分组的确认后,从重发表中删除该分组的备份。

(8) 当发送方检测出失序的确认后,便重发未被确认的分组。

以上过程是假定在传输过程中不发生差错的情况。如果出现差错,连续 ARQ 还有两种策略可以进一步处理,即回退 N 策略和选择重发策略。

1. 回退 N 策略

GO-back-N 策略的基本原理是,当接收方检测出失序的分组后,要求发送方重发最后一个正确接收的分组之后的所有未被确认的分组;或者当发送方发送了 N 个分组后,若发现该 N 分组的前一个分组在计时器超时后仍未返回其确认信息,则该分组被判为出错或丢失,此时发送方就不得不重新发送出错分组及其后的 N 分组。这就是 GO-back-N(退回 N)法名称的由来。因为对接收方来说,由于这一分组出错,就不能以正常的序号向它的高层递交数据,对其后发送来的 N 分组也可能都不能接收而丢弃。图 7-9 中假定发送完 8 号分组后,发现 2 号分组的确认返回信号在计时器超时后还未收到,则发送方只能退回到从 2 号分组开始重发以后所有已发的数据。GO-back-N 法操作过程如图 7-10 所示。

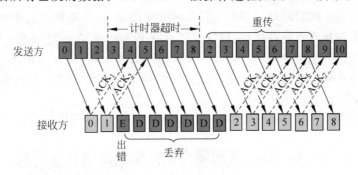

图 7-9 GO-back-N 举例 1

如图 7-10 所示,节点 A 向节点 B 发送分组。当节点 A 发完 0 号分组后,不是停止等待,而是继续发送后续的 1 号分组、2 号分组等。由于连续发送了许多分组,所以应答分组不仅要说明是对哪一分组进行确认或否认,而且应答分组本身也必须编号。

节点 B 正确地收到了 0 号分组和 1 号分组,并送交其主机。现在设 2 号分组出了差错,于是节点 B 就将有差错的 2 号分组丢弃。节点 B 运行的协议可以有两种选择:一种是在出现差错时就向节点 A 发送否认分组,另一种则是在出现差错时不做任何响应。我们现在假定采用后一种协议,这种协议比较简单,使用得较多。

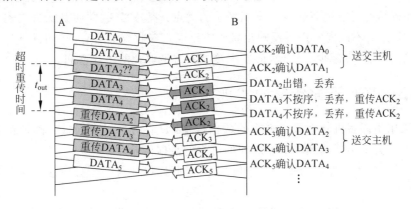

图 7-10 GO-back-N 举例 2

在等不到 2 号分组的确认而重传 2 号分组时,虽然节点 A 已经发完了 4 号分组,但仍必须向回走,将 2 号分组及其以后的各分组全部进行重传。Go-back-N 意思是当出现差错必须重传时,要向回走 N 个分组,然后再开始重传。

从原理不难看出,连续 ARQ 协议一方面因连续发送数据帧而提高了效率,但另一方面,在重传时又必须把原来已正确传送过的数据帧进行重传(但仅因这些数据帧之前有一个数据帧出了错),这样又使传送速率降低。由此可见,若传输信道的传输质量很差而误码率较大时,连续 ARQ 协议不一定优于停止等待协议。GO-back-N 可能将已正确传送到目的方的分组再重传一遍,这显然是一种浪费。

2. 选择性重发

另一种效率更高的策略是当接收方发现某分组出错后,其后继续送来的正确的分组虽然不能立即递交给接收方的高层,但接收方仍可收下来,存放在一个缓冲区中,同时要求发送方重新传送出错的那个分组。一旦收到重新传来的分组后,就可以和已存于缓冲区中的其余分组一起按正确的顺序交给高层。这种方法叫做选择性重发(Select Repeat),其工作过程如图 7-11 所示。

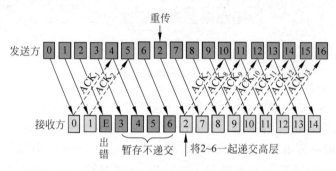

图 7-11　选择性重发举例

接收方一般采用累积确认的方式。即接收方不必对收到的分组逐个发送确认,而是对按序到达的最后一个分组发送确认,这样就表示:到这个分组为止的所有分组都已正确收到了。累积确认有优点也有缺点。累积确认的优点:容易实现,即使确认丢失也不必重传。累积确认的缺点:不能向发送方反映出接收方已经正确收到的所有分组的信息。

显然,选择性重发减少了浪费,但要求接收方有足够大的缓存空间。

7.4.3　TCP 可靠传输的实现

TCP 采用了许多机制来保证可靠的数据传输,如采用序列号、确认、滑动窗口协议等。TCP 的目的是为了实现端到端节点之间的可靠的数据传输。

首先,TCP 要为所发送的每一个分段加上序列号,保证每一个分段能被接收方接收,并只被正确地接收一次。

其次,TCP 采用具有重传功能的积极确认技术作为可靠数据流传输服务的基础。这里,"确认"是指接收端在正确收到分段之后向发送端回送一个确认信息。发送方将每个已发送的分段备份在自己的发送缓冲区里,而且在收到相应的确认之前是不会丢弃所保存的分段的。"积极"是指发送方在每一个分段发送完毕的同时启动一个定时器,假如定时器的定时期满而关于分段的确认信息尚未到达,则发送方认为该分段已丢失并主动重发。为了避免由于网络延迟引起迟到的确认和重复的确认,TCP 规定在确认信息中捎带一个分段的序号,使接收方能正确地将分段与确认联系起来。

第三,采用可变长的滑动窗口协议进行流量控制,以防止由于发送端与接收端之间的不匹配而引起数据丢失。TCP 采用可变长的滑动窗口,使得发送端与接收端可根据自己的CPU 和数据缓存资源对数据发送和接收能力做出动态调整,从而灵活性更强,也更合理。例如,假设主机 1 有一个大小为 4096B 长的缓冲区,向主机 2 发送 2048B 长度的数据分段,则在未收到主机 2 的关于该 2048B 长度分段的确认之前,主机 1 向其他主机只能声明自己有一个 2048B 长度的发送缓冲区。过了一段时间后,假定主机 1 收到了来自主机 2 的确认,但其中声明的窗口大小为 0,这表明主机 2 虽然已经正确收到主机 1 前面所发送的分段,但目前主机 2 已不能接收任何来自主机 1 的新的分段了,除非以后主机 2 给出窗口大于 0 的新信息。

7.5 TCP 的流量控制

尽管 TCP/IP 的网络层提供的是一种面向无连接的 IP 数据报服务,但传输层的 TCP 旨在向 TCP/IP 的应用层提供一种端到端的面向连接的可靠的数据流传输服务。TCP 常用于一次传输要交换大量报文的情形,如文件传输、远程登录等。

为了实现这种端到端的可靠传输,TCP 必须规定传输层的连接建立与拆除的方式、数据传输格式、确认的方式、目标应用进程的识别以及差错控制和流量控制机制等。与所有网络协议类似,TCP 将自己所要实现的功能集中体现在了 TCP 的协议数据单元中。

由于系统性能的不同,如硬件能力(包括 CPU、存储器等)和软件功能的差异,会导致发送方与接收方处理数据的速度有所不同。若一个发送能力较强的发送方给一个接收能力相对较弱的接收方发送数据,则接收方会因无能力处理所有收到的帧而不得不丢弃一些帧。如果发送方持续高速地发送,则接收方最终还会被“淹没”。流量控制的作用就是使发送方所发出的数据流量不要超过接收方所能接收的速率。流量控制的关键是需要有一种信息反馈机制,使发送方了解接收方是否具备足够的接收及处理能力。有各种不同的流量控制机制,这里介绍滑动窗口协议。

7.5.1 滑动窗口协议

滑动窗口(Sliding Window)是一种流量控制技术。滑动窗口概念不仅存在于数据链路层,也存在于传输层,两者有不同的协议,但基本原理是相近的。其中一个重要区别是,一个是针对帧的传送,另一个是字节数据的传送。

TCP 的滑动窗口协议中,滑动窗口以字节为单位。“窗口”对应的是一段可以被发送者发送的字节序列,其连续的范围称为“窗口”;“滑动”则是指这段“允许发送的范围”是可以随着发送的过程而变化的,方式就是按顺序“滑动”。TCP 滑动窗口分为接收窗口,发送窗口。滑动窗口协议的基本原理就是在任意时刻,发送方都维持了一个连续的允许发送的字节序号,称为发送窗口;同时,接收方也维持了一个连续的允许接收的字节序号,称为接收窗口。发送窗口和接收窗口的序号的上下界不一定要一样,甚至大小也可以不同。不同的滑动窗口协议窗口大小一般不同。发送方窗口内的序列号代表了那些已经被发送,但是还没有被确认的字节,或者是那些可以被发送的字节。

滑动窗口的大小意味着接收方还有多大的缓冲区可以用于接收数据。发送方可以通过滑动窗口的大小来确定应该发送多少字节的数据。当滑动窗口为 0 时,发送方一般不能再发送数据报,但有两种情况除外,一种情况是可以发送紧急数据,例如,允许用户终止在远端机上的运行进程。另一种情况是发送方可以发送一个 1B 的数据报来通知接收方重新声明它希望接收的下一字节及发送方的滑动窗口大小。

在滑动窗口协议中,接收方通过通告发送方自己的窗口大小,控制发送方的发送速度,从而达到防止发送方发送速度过快而导致自己被淹没的目的。早期的网络通信中,通信双方不会考虑网络的拥挤情况直接发送数据。由于大家不知道网络拥塞状况,同时发送数据,导致中间节点阻塞调包,谁也发不了数据,所以就有了滑动窗口机制来解决此问题。滑动窗口协议是用来改善吞吐量的一种技术,即容许发送方在接收任何应答之前传送附加的包。

为了方便讲述滑动窗口协议,我们假定以下前提。

(1)TCP 是全双工的协议,会话的双方都可以同时接收、发送数据。TCP 会话的双方都各自维护一个"发送窗口"和一个"接收窗口"。其中,各自的"接收窗口"大小取决于应用、系统、硬件的限制(TCP 传输速率不能大于应用的数据处理速率)。各自的"发送窗口"则要求取决于对端通告的"接收窗口",要求相同。TCP 的两端分别为发送者 A 和接收者 B,由于对等性(A 发 B 收和 B 发 A 收),我们以 A 发送 B 接收的情况作为例子,不考虑 B 发 A 的情况。

(2)发送窗口中相关的有 4 个概念:已发送并收到确认的数据(不在发送窗口和发送缓冲区之内)、已发送但未收到确认的数据(位于发送窗口之中)、允许发送但尚未发送的数据(位于发送窗口之中)以及发送窗口外发送缓冲区内暂时不允许发送的数据,如图 7-12 所示。

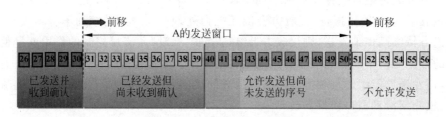

图 7-12   TCP 会话中的 4 类数据

(3)发送窗口是发送缓存中的一部分,是可以被 TCP 发送的那部分,其实应用层需要发送的所有数据都被放进了发送者的发送缓冲区。

TCP 建立连接的初始,A 收到 B 发来的确认报文段,B 会告诉 A 自己的接收窗口大小,比如为 20,而确认号是 31(这表明 B 期望收到的下一个序号是 31,而序号 30 为止的数据已经收到了),根据这两个数据,A 就构造出自己的发送窗口为 31~50,如图 7-13 所示。

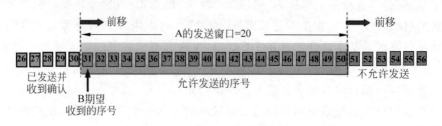

图 7-13   根据 B 给出的窗口值,A 构造自己的发送窗口

(4)每次成功发送数据之后,发送窗口收到接收方反馈的 ack 后,就会在发送缓冲区中按顺序移动,将接收方期望收到的新的数据包含到窗口中准备发送。

(5)对于 TCP 的接收方,在某一时刻在它的接收缓存内存在三种数据:"已接收""未接收准备接收""未接收并未准备接"。其中,"未接收准备接收"称为接收窗口。接收窗口的第一个字节序号之前一定是已经完全接收的,后面窗口里面的数据都是希望接收的,窗口后面的数据都是不希望接收的。

TCP 中的确认号 ack 指的是收到数据后给出的下一个确认号,确认号 ack 包含两个非常重要的信息:第一,ack 是指期望接收到的下一字节的序号 n,该 n 代表接收方已经接收到了前 $n-1$ 字节数据。例,假如接收端收到 1~1024 字节,它会发送一个确认号为 1025 的 ack;第二,当前窗口大小 m,如此发送方在接收到 ack 包含的这两个数据后就可以计算出还可以发送多少字节的数据给对方,假定当前发送方已发送到第 x 字节,则还可以发送的字节数就是 $y=m-(n-x)+1$。例如,窗口 $m=20$,希望接收到的下一字节序号 $n=52$,已发送到第 $x=35$ 字节,则还允许发送 4 个字节,即 52,53,54 和 55 字节(参见图 7-15)。

重点是发送方根据收到报文段中的 ack 确认号知道接收方期望收到的下一个字节的序号 n 以及窗口 m,还有当前已经发送的字节序号 x,算出还可以发送的字节数。发送端窗口的第一个字节序号一定是 ack 中期望收到的下一个字节序号,如图 7-14 所示。图中 52,53,54 和 55 字节都是允许新发送的字节序号。

图 7-14　发送窗口收到确认后向前滑动

TCP 并不是对每一个报文段都回复确认,可能会对两个报文段发送一个确认,也可能会对多个报文段发送一个确认,这就叫做累计确认。比如说发送方有 1、2、3 共三个报文段,先发送了 2,3 两个报文段,但是接收方期望收到 1 报文段,这个时候 2,3 报文段就只能放在缓存中等待报文 1 的空洞被填上,如果报文 1 一直不来,报文 2,3 也将被丢弃,如果报文 1 来了,那么会对这三个报文进行一次确认。

当发送方收到接收方反馈的 ack 确认号对后续字节的确认时窗口向前滑动,如图 7-14 所示。发送方收到接收方反馈的 ack=36 时,表示接收方已将 35 字节前的数据全部正确接收,发送窗口向前滑动。

注意:仅当发送方收到接收方的确认后才向前滑动。

要描述一个发送窗口的状态需要三个指针:P_1,P_2 和 P_3,如图 7-15 所示,指针都指向字节的序号。整个发送缓存中的几部分由指针指明,小于 P_1 的是已发送并已收到确认的部分,$P_3-P_1=A$ 为发送窗口,$P_2-P_1=$ 已发送但尚未收到确认的字节数,$P_3-P_2=$ 允许发送但尚未发送的字节数(又称为可用窗口),而大于 P_3 的是不允许发送的部分。

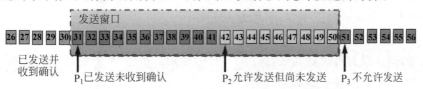

图 7-15　发送窗口初始状态

初始状态，A 的发送窗口为 20，并且发送了 31～41 共 11 个字节的数据，还允许发送 42～50 共 9 个字节数据，此时 A 没有收到关于 31～41 的确认，发送窗口不会向前滑动。

B 的接收窗口大小是 20，在接收窗口外小于序号 30 的数据是已经发送过确认，并且已经交付主机。因此 B 可以不再保留这些数据，接收窗口内的序号 31～50 的数据是允许接收的。在图 7-16(a)中，B 收到了序号为 32 和 33 的数据。这些数据没有按序到达，因为序号为 31 的数据没有收到(可能丢失，也可能滞留在网络中某处)。但是，由于 B 只能按序接收并对收到的数据中的最高序号给出确认，因此，此时 B 发送的确认报文段中的确认号仍然是 31，即下次期望收到的报文序号仍是 31。

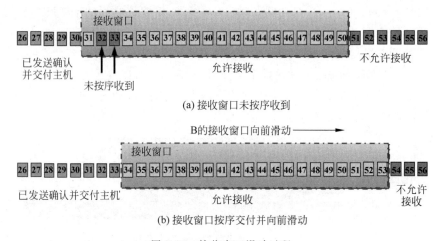

(a) 接收窗口未按序收到

(b) 接收窗口按序交付并向前滑动

图 7-16　接收窗口滑动过程

如果此时 B 收到了序号为 31 的数据，并把序号 31～33 的数据交付主机，接着把接收窗口向前移动三个序号，如图 7-16(b)所示。与此同时，B 会给 A 发送确认，其中接收窗口的大小仍是 20，但确认号是 34。表明 B 已经收到了到序号 33 为止的数据。紧接着，B 又收到了序号为 37,38 和 40 的数据，但这些都没有按序到达，只能先暂存在接收缓存中，如图 7-17 所示。

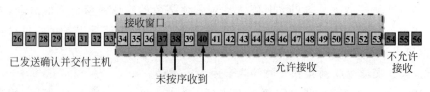

图 7-17　接收窗口未按序收到数据

当 A 收到了 B 反馈的确认后，就可以把发送窗口向前滑动三个序号，如图 7-18(a)所示，指针 P_1 和 P_3 都向前滑动三个序号，但指针 P_2 位置不动。此时 A 的可用窗口增大，即发送窗口中允许发送的数据变多，序号为 42～53。

A 在继续发送完序号 42～53 的数据后，指针 P_2 向前移动和 P_3 重合。发送窗口内的序号都已用完，但还没有再收到确认，如图 7-18(b)所示。由于 A 的发送窗口已满，可用窗口已减小到零，因此必须停止发送。

在实际网络传输中，存在这种可能性，就是发送窗口内所有的数据都已正确到达 B，B

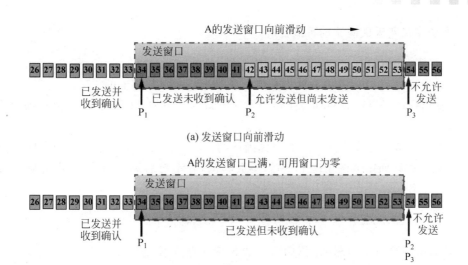

(a) 发送窗口向前滑动

(b) 发送窗口已满，不允许再发送

图 7-18 发送窗口滑动过程

也早已发出了确认。但是,所有的确认都滞留在网络中。在没有收到 B 的确认时,A 不能猜测:"或许 B 收到了吧!"为了保证可靠传输,A 只能认为 B 还没有收到这些数据。于是,A 在经过一段时间后(由超时计时器控制)就重传这部分数据,重新设置超时计时器,直到收到 B 的确认为止。如果 A 收到确认号落在发送窗口内,那么 A 就可以使发送窗口继续向前滑动,并发送新的数据。

根据以上所讨论的,我们还要强调以下三点。

第一,虽然 A 的发送窗口是根据 B 的接收窗口设置的,但在同一时刻,A 的发送窗口并不总是和 B 的接收窗口一样大。这是因为通过网络传送窗口值需要经历一定的时间滞后(这个时间是不确定的)。另外,发送方 A 还可能根据网络当时的拥塞情况适当减小自己的发送窗口数值。

第二,对于不按序到达的数据应如何处理,TCP 标准并无明确规定。如果接收方把不按序到达的数据一律丢弃,那么接收窗口的管理将会比较简单,但这样做对网络资源的利用不利(因为发送方会重复传送较多的数据)。因此 TCP 通常对不按序到达的数据是先临时存放在接收窗口中,等到字节流中所缺少的字节收到后,再按序交付上层的应用进程。

第三,TCP 要求接收方必须有累积确认的功能,这样可以减少传输开销。接收方可以在合适的时候发送确认,也可以在自己有数据要发送时把确认信息顺便捎带上。但请注意两点。一是接收方不应过分推迟发送确认,否则会导致发送方不必要的重传,这反而浪费了网络的资源。TCP 标准规定,确认推迟的时间不应超过 0.5s。若收到一连串具有最大长度的报文段,则必须每隔一个报文段就发送一个确认;二是捎带确认实际上并不经常发生,因为大多数应用程序很少同时在两个方向上发送数据。

最后强调一下,TCP 的通信是全双工通信,通信中的每一方都在发送和接收报文段。因此,每一方都有自己的发送窗口和接收窗口。

TCP 的滑动窗口主要有两个作用,一是提供 TCP 的可靠性,二是提供 TCP 的流控特性。同时滑动窗口机制还体现了 TCP 面向字节流的设计思路。

1．滑动窗口实现面向流的可靠性

（1）最基本的传输可靠性来源于"确认重传"机制。

（2）TCP 的滑动窗口的可靠性也是建立在"确认重传"基础上的。

（3）发送窗口只有收到对端对于本段发送窗口内字节的 ACK 确认，才会移动发送窗口的左边界。

（4）接收窗口只有在前面所有的段都确认的情况下才会移动左边界。当在前面还有字节未接收但收到后面字节的情况下，窗口不会移动，并不对后续字节确认，以此确保对端会对这些数据重传。

2．滑动窗口的流控特性

TCP 的滑动窗口是动态的，我们可以想象成小学常见的一个数学题，一个水池，体积 V，每小时进水量 V_1，出水量 V_2。当水池满了就不允许再注入了，如果有个液压系统控制水池大小，那么就可以控制水的注入速率和量。这样的水池就类似 TCP 的窗口。应根据自身的处理能力变化，通过本端 TCP 接收窗口大小来控制对对端的发送窗口流量限制。

应用程序在需要（如内存不足）时，通过 API 通知 TCP 协议栈缩小 TCP 的接收窗口。然后 TCP 协议栈在下个段发送时包含新的窗口大小通知给对端，对端按通知的窗口来改变发送窗口，以此达到减缓发送速率的目的。

7.5.2　利用滑动窗口实现流量控制

TCP 采用大小可变的滑动窗口机制实现流量控制功能。窗口的大小是字节。在 TCP 报文段首部的窗口字段写入的数值就是当前给对方设置发送窗口的数据的上限。

在数据传输过程中，TCP 提供了一种基于滑动窗口协议的流量控制机制，用接收端接收能力（缓冲区的容量）的大小来控制发送端发送的数据量。

在建立连接时，通信双方使用 SYN 报文段或 ACK 报文段中的窗口字段捎带着各自的接收窗口尺寸，即通知对方从而确定对方发送窗口的上限。在数据传输过程中，发送方按接收方通知的窗口尺寸和序号发送一定量的数据，接收方根据接收缓冲区的使用情况动态调整接收窗口尺寸，并在发送 TCP 报文段或确认段时捎带新的窗口尺寸和确认号通知发送方。

如图 7-19 所示，设主机 A 向主机 B 发送数据，双方确定的窗口值是 400，设一个报文段为 100B 长，序号的初始值为 1000（即 seq=1000）。在图 7-19 中，主机 B 进行了三次流量控制。第一次将窗口减小为 300B，第二次将窗口又减为 200B，最后一次减至零，即不允许对方再发送数据了。这种暂停状态将持续到主机 B 重新发出一个新的窗口值为止。

在以太网环境下，当发送端不知道对方窗口大小时，便直接向网络发送多个报文段，直至收到对方通告的窗口大小为止。但如果在发送方和接收方有多个路由器和较慢的链路时，就可能出现一些问题，一些中间路由器必须缓存分组，并有可能耗尽存储空间。这样就会严重降低 TCP 连接的吞吐量。这时采用了一种称为慢启动的算法，慢启动为发送方的 TCP 增加一个拥塞窗口，当与另一个网络的主机建立 TCP 连接时，拥塞窗口被初始化为一个报文段（即另一端通告的报文段大小），每收到一个 ACK，拥塞窗口就增加一个报文段（以

B为单位)。发送端取拥塞窗口与通告窗口中的最小值作为发送上限。拥塞窗口是发送方使用的流量控制,而通告窗口则是接收方使用的流量控制。开始时发送一个报文段,然后等待 ACK。当收到该 ACK 时,拥塞窗口从 1 增加到 2,即可发送两个报文段。当收到这两个报文段的 ACK 时,拥塞窗口就增加为 4,这是一种指数增加的关系。在某些互联网络的中间某些点上可能达到了 Internet 的容量,于是中间路由器开始丢弃分组,这时通知发送方它的拥塞窗口开得过大。

图 7-19　利用可变滑动窗口进行流量控制

7.6　TCP 连接管理

TCP 是面向连接的协议。传输连接是用来传送 TCP 报文的。TCP 的传输连接的建立和释放是每一次面向连接的通信中必不可少的过程。因此,传输连接就有三个阶段,即:连接建立、数据传送和连接释放。在可靠的 TCP 网络通信中,客户端和服务器端通信建立连接的过程可简单表述为三次握手(建立连接的阶段)和四次挥手(释放连接阶段)。传输连接管理就是使传输连接的建立和释放都能正常地进行。

7.6.1　TCP 的连接建立

TCP 采用三次握手建立连接,在连接建立过程中要解决以下三个问题:①要使每一方能够确知对方的存在;②要允许双方协商一些参数(如最大报文段长度、最大窗口大小、服务质量等);③能够对传输实体资源(如缓存大小、连接表中的项目等)进行分配。

TCP 连接可以由任何一方发起,也可以由双方同时发起。一旦一台主机上的 TCP 已经主动发起连接请求,运行在另一台主机上的 TCP 就被动地等待握手。图 7-20 给出了三次握手建立 TCP 连接的简单示意。

(1) 主机 A 向主机 B 发送 TCP 连接请求数据包,其中包含主机 A 的初始序列号 seq(A)$=x$。其中报文中同步标志位 SYN$=1$,ACK$=0$,表示这是一个 TCP 连接请求数据报文;序号 seq$=x$,表明传输数据时的第一个数据字节的序号是 x。

(2) 主机 B 收到请求后,会发回连接确认数据包。其中确认报文段中,标识位 SYN$=$

1,ACK＝1,表示这是一个 TCP 连接响应数据报文,并含主机 B 的初始序列号 seq(B)＝y,以及主机 B 对主机 A 初始序列号的确认号 ack(B)＝seq(A)＋1＝$x+1$。

(3) 第三次,主机 A 收到主机 B 的确认报文后,还需做出确认,即发送一个序列号 seq(A)＝$x+1$;确认号为 ack(A)＝$y+1$ 的报文。

不管是哪一方先发起连接请求,一旦连接建立,就可以实现全双向的数据传输,而不存在主从关系。TCP 将数据流看成字节的序列,将从用户进程接收的任意长的数据,分成不超过 64KB(包括 TCP 头在内)的分段,以适合 IP 数据报的载荷能力。所以对于一次传输要交换大量报文的应用(如文件传输、远程登录等),往往需要以多个分段进行传输。

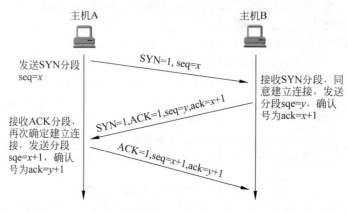

图 7-20　三次握手建立 TCP 连接

TCP 建立连接为什么需要第三次握手?

还要再发送一次确认是为了防止已失效的连接请求报文段突然又传到了 B,因而产生错误。已失效的报文段:正常情况下,A 发出连接请求,但因为丢失了,故而不能收到 B 的确认。于是 A 重新发出请求,然后收到确认,建立连接,数据传输完毕后,释放连接,A 发了两个,一个丢掉,一个到达,没有"已失效的报文段"。但是,在某种情况下,A 的第一个在某个节点滞留了,延误到达,本来这是一个早已失效的报文段,但是在 A 发送第二个,并且得到 B 的回应,建立了连接以后,这个报文段竟然到达了,于是 B 就认为,A 又发送了一个新的请求,于是发送确认报文段,同意建立连接,假若没有三次的握手,那么这个连接就建立起来了(有一个请求和一个回应),此时,A 收到 B 的确认,但 A 知道自己并没有发送建立连接的请求,因为不会理睬 B 的这个确认,于是,A 也不会发送任何数据,而 B 却以为新的连接建立了起来,一直等待 A 发送数据给自己,此时 B 的资源就被白白浪费了。但是如果采用三次握手的话,A 就不发送确认,那么 B 由于收不到确认,也就知道并没有要求建立连接。

简而言之,第三次握手,主机 A 发送一次确认是为了防止:如果客户端迟迟没有收到服务器返回的确认报文,这时它会放弃连接,重新启动一条连接请求;但问题是,服务器不知道客户端没收到,所以它会收到两个连接请求,白白浪费了一条连接开销。

7.6.2　TCP 的连接释放

数据传输完成后,还要进行 TCP 连接的拆除或关闭。TCP 使用修改的三次握手协议或四次握手过程来关闭连接,以结束会话。TCP 连接是全双工的,可以看成两个不同方向的单工数据流传输,所以一个完整连接的拆除涉及两个单向连接的拆除。TCP 连接的拆除如图 7-21 所示。

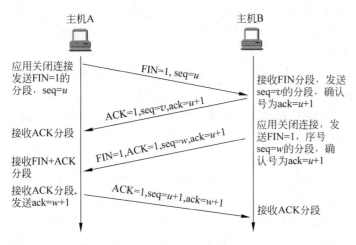

图 7-21 四次握手拆除 TCP 连接

假设主机 A 为客户端,主机 B 为服务器,其释放 TCP 连接的过程如下。

(1) 关闭客户端到服务器的连接:首先客户端 A 发送一个 FIN,用来关闭客户端到服务器的数据传送,然后等待服务器的确认。其中,终止标志位 FIN=1,序列号 seq=u。

(2) 服务器收到这个 FIN,它发回一个 ACK,确认号 ack 为收到的序号加 1 即 ack=$u+1$。

(3) 关闭服务器到客户端的连接,发送一个 FIN 给客户端。

(4) 客户段收到 FIN 后,并发回一个 ACK 报文确认,并将确认序号 ack 设置为收到序号加 1 即 ack=$w+1$。

首先进行关闭的一方将执行主动关闭,而另一方执行被动关闭。

主机 A 发送 FIN 后,进入终止等待状态,服务器 B 收到主机 A 连接释放报文段后,就立即给主机 A 发送确认,然后服务器 B 就进入 close-wait 状态,此时 TCP 服务器进程就通知高层应用进程,因而从 A 到 B 的连接就释放了。此时是"半关闭"状态。即 A 不可以发送给 B,但是 B 可以发送给 A。此时,若 B 没有数据报要发送给 A 了,其应用进程就通知 TCP 释放连接,然后发送给 A 连接释放报文段,并等待确认。A 发送确认后,进入 time-wait。

注意:此时 TCP 连接还没有释放掉,然后经过时间等待计时器设置的 2MSL 后,A 才进入到 close 状态。

TCP 拆除连接为什么要等待 2MSL 呢?

MSL 即 Maximum Segment Lifetime,也就是最大报文生存时间,它是任何报文在网络上存在的最长时间,超过这个时间报文将被丢弃。引用《TCP/IP 详解》中的话:"它(MSL)是任何报文段被丢弃前在网络内的最长时间。"RFC793 中规定 MSL 为 2min,实际应用中常用的是 30s、1min 和 2min 等。

TCP 的 TIME_WAIT 状态需要等待 2MSL,当 TCP 的一端发起主动关闭,在发出最后一个 ACK 包后,即第三次握手完成后发送了第四次握手的 ACK 包后就进入了 TIME_WAIT 状态,必须在此状态上停留两倍的 MSL 时间。等待 2MSL 时间的主要目的是怕最后一个 ACK 包对方没收到,那么对方在超时后将重发第三次握手的 FIN 包,主动关闭端接到重发的 FIN 包后可以再发一个 ACK 应答包。在 TIME_WAIT 状态时两端的端口不能使用,要等到 2MSL 时间结束才可继续使用。当连接处于 2MSL 等待阶段时任何迟到的报文段都将被丢弃。不过在实际应用中可以通过设置 SO_REUSEADDR 选项达到不必等待 2MSL 时间结束再使用此端口。概括原因如下。

(1) 为了保证 A 发送的最后一个 ACK 报文段能够到达 B。即最后这个确认报文段很有可能丢失,那么 B 会超时重传,然后 A 再一次确认,同时启动 2MSL 计时器,如此下去。如果没有等待时间,发送完确认报文段就立即释放连接的话,B 就无法重传了(连接已被释放,任何数据都不能重传了),因而也就收不到确认,就无法按照步骤进入 CLOSE 状态,即必须收到确认才能 close。

(2) 防止"已失效的连接请求报文段"出现在连接中。经过 2MSL,那些在这个连接持续的时间内,产生的所有报文段就可以都从网络中消失。即在这个连接释放的过程中会有一些无效的报文段滞留在各节点,但是,经过 2MSL,这些无效报文段就肯定可以发送到目的地,不会滞留在网络中。这样的话,在下一个连接中就不会出现上一个连接遗留下来的请求报文段了。

可以看出,B 结束 TCP 连接的时间比 A 早一点儿,因为 B 收到确认就断开连接了,而 A 还得等待 2MSL。

还有一个问题就是为什么 TCP 释放连接需要 4 次?

TCP 建立连接要进行三次握手,而断开连接要进行 4 次。这是由于 TCP 的半关闭造成的。因为 TCP 连接是全双工的(即数据可在两个方向上同时传递),所以进行关闭时每个方向上都要单独进行关闭。这个单方向的关闭就叫半关闭。当一方完成它的数据发送任务,就发送一个 FIN 来向另一方通告将要终止这个方向的连接。

注意:

(1) 发送了 FIN 只是表示这端不能继续发送数据(应用层不能再调用 send 发送),但是还可以接收数据。收到一个 FIN 只意味着这一方向上没有数据流动,一个 TCP 连接在收到一个 FIN 后仍能发送数据,比如,主机 A 收到主机 B 的 FIN 断开 TCP 连接请求,只是表示主机 B 已经发送完数据,主机 A 收到 FIN 后做出应答,并终止这个方向的数据传输,此时处于半关闭状态。但是主机 A 仍然可以发送数据,只有当主机 A 发送完数据并发送 FIN 给主机 B 时,主机 B 才停止这个方向的数据传输,并关闭 TCP 连接。

(2) 在很多时候,TCP 连接的断开都会由 TCP 层自动进行,例如,按 Ctrl+C 组合键终止了程序,TCP 连接依然会正常关闭。

7.7　TCP 拥塞控制

网络拥塞的对象是网络资源,包括链路宽带、节点缓存或处理能力等。在特定的时间内,当对网络中某种资源的需求超过了其可用部分时所出现的网络性能变差直至系统崩溃的现象叫做网络拥塞。

在某段时间,若对网络中某一资源的需求超过了该资源所能提供的可用部分,网络的性能就会变坏,这种情况就叫做拥塞(Congestion)。拥塞控制是为了防止过多的数据注入网络,使网络中的路由器或链路不致过载。

7.7.1 拥塞的原因及代价

在某段时间,若对网络中某资源的需求超过了该资源所能提供的可用部分,网络的性能就要变坏——产生拥塞(Congestion)。即出现资源拥塞的条件如下。

$$对资源需求的总和 > 可用资源 \qquad (7\text{-}1)$$

若网络中有许多资源同时产生拥塞,网络的性能就要明显变坏,整个网络的吞吐量将随输入负荷的增大而下降。

网络拥塞往往是由许多因素引起的。例如,当某个节点缓存的容量太小时,到达该节点的分组因无存储空间暂存而不得不被丢弃。现在设想该节点缓存的容量扩展到非常大,于是凡到达该节点的分组均可在节点的缓存队列中排队,不受任何限制。由于输出链路的容量和处理机的速度并未提高,因此在这队列中的绝大多数分组的排队等待时间将会大大增加,结果上层软件只好把它们进行重传。由此可见,简单地扩大缓存的存储空间同样会造成网络资源的严重浪费,因而解决不了网络拥塞的问题。

又如,处理机处理的速率太慢可能引起网络的拥塞。简单地将处理机的速率提高,可能会缓解上述情况,但往往又会将瓶颈转移到其他地方。问题的实质往往是整个系统的各个部分不匹配。只有所有的部分都平衡了,问题才会得到解决。

网络拥塞的危害有如下几点。

第一,当分组到达速率超过路由器输出链路的容量时,路由器要缓存已输入但无法立即输出的分组。所以网络拥塞带来的第一种危害是当分组以大于或接近链路容量的速率到达时,分组将承受很大的时延。

第二,当分组到达路由器时,若有限的缓存已满,分组就会被丢弃。所以网络拥塞带来的第二种危害就是发送方会因分组被路由器丢弃而进行不必要的重传,从而引起路由器消耗其链路带宽来重传不必要的分组副本。

第三,如果有一个分组在某路由器上被丢弃,传输路径上的前几跳路由器的工作就都是"劳而无功的"。所以网络拥塞带来的第三种危害就是当一个分组沿一条路径传输而最终被丢弃时,位于该路径上游的每台路由器中用于转发该分组的传输资源也都被浪费掉了。

可见,拥塞常常趋于恶化。如果一个路由器没有足够的缓存空间,它就会丢弃一些新到的分组。但当分组被丢弃时,这一分组稍后会被重传,甚至可能重传多次。这样会引起更多的分组流入网络和被网络中的路由器丢弃。可见拥塞引起的重传并不会缓解网络的拥塞,反而会加剧网络的拥塞。

7.7.2 拥塞控制的一般原理

拥塞控制与流量控制的关系密切,所谓拥塞控制就是防止过多的数据注入网络中,这样可以使网络中的路由器或链路不致过载。拥塞控制所要做的都有一个前提,就是网络能够承受现有的网络负荷。拥塞控制是一个全局性的过程,涉及所有的主机、所有的路由器,以及与降低网络传输性能有关的所有因素。但 TCP 连接的端点只要迟迟不能收到对方的确认信息,在网络中的某处很可能发生了拥塞,但这时却无法知道拥塞到底发生在网络的何处,也无法知道发生拥塞的具体原因。

　　流量控制往往指在给定的发送端和接收端之间的点对点通信量的控制,是端到端的问题。流量控制所要做的就是抑制发送端发送数据的速率,以便接收端来得及接收。

　　某些拥塞控制的控制算法是向发送端发送控制报文并告诉发送端,网络已出现故障,必须放慢发送速率,这一点又和流量控制相似。

　　进行拥塞控制需要付出代价。这首先需要获得网络内部流量分布的信息。在实施拥塞控制时,还需要在节点之间交换信息和各种命令,以便选择控制的策略和实施控制。这样就产生了额外开销。拥塞控制有时需要将一些资源(如缓存、带宽)分配给个别用户(或一些类别的用户)单独使用,这样就使得网络资源不能更好地实现共享。十分明显,在设计拥塞控制策略时,必须全面衡量得失。

　　实际网络情况中,随着提供的负载增大,网络吞吐量的增长速率逐渐减小。在网络吞吐量还没有饱和时,就已经有一部分分组被丢弃了。当网络的吞吐量远小于理想吞吐量时,网络就进入了轻度拥塞的状态。当提供的负载达到某一数值时,网络的吞吐量开始下降,这时网络就进入了拥塞状态。当提供的负载继续增大到某一数值时,网络的吞吐量就下降到零,此时进入死锁(DeadLock)。

　　从原理上讲,寻找拥塞控制的方案无非是寻找使不等式(7-1)不再成立的条件。这或者是增大网络的某些可用资源,或者是减少一些用户对某些资源的需求。但在采取某种措施时,还必须考虑到该措施所带来的其他影响。

　　实践证明,拥塞控制是很难设计的,因为它是一个动态的问题。当前网络正朝着高速化的方向发展,这很容易出现缓存不够大而造成分组的丢失。但分组的丢失是网络发生拥塞的征兆而不是原因。在许多情况下,甚至正是拥塞控制机制本身成为引起网络性能恶化甚至发生死锁的原因。

　　由于计算机网络是一个很复杂的系统,因此可以从控制理论的角度来看拥塞控制这个问题。这样,从大的方面看,可以分为开环控制和闭环控制两种方法。开环控制就是在设计网络时事先将有关发生拥塞的因素考虑周到,力求网络在工作时不产生拥塞。一旦整个系统运行起来,就不再中途进行改正了。

　　闭环控制是基于反馈环路的概念,主要有以下几种措施。

　　(1) 监测网络系统以便检测到拥塞在何时、何处发生。

　　(2) 把拥塞发生的信息传送到可采取行动的地方。

　　(3) 调整网络系统的运行以解决出现的问题。

7.7.3　TCP 的拥塞控制方法

　　TCP 进行拥塞控制的算法有 4 种,即慢开始(Slow-start)、拥塞避免(Congestion Avoidance)、快重传(Fast Retransmit)和快恢复(Fast Recovery)。为了讲述方便,假定:

　　(1) 数据单方向传送,对方只传送确认报文。

　　(2) 接收方总是有足够大的缓存空间,因而发送窗口的大小由网络的拥塞程度来决定。

1. 慢开始

　　发送方维持一个叫做拥塞窗口 cwnd(Congestion Window)的状态变量。拥塞窗口的大小取决于网络的拥塞程度,并且动态地在变化。发送方让自己的发送窗口等于拥塞窗口。

发送方控制拥塞窗口的原则是:只要网络没有出现拥塞,拥塞窗口就再增大一些,以便把更多的分组发送出去。只要网络出现拥塞,拥塞窗口就减小一些,以减少注入网络中的分组数,以缓解网络出现的拥塞。

发送方又是如何知道网络发生了拥塞呢?当网络发生拥塞时,路由器就要丢弃分组。因此只要发送方没有按时收到应当到达的确认报文,即只要出现了超时,网络就可能出现了拥塞,现在通信线路的质量一般都很好,因传输出错而丢弃分组的概率是很小的。因此,判断网络拥塞的依据就是出现了超时。

慢开始算法的原理:在主机刚刚开始发送报文段时,由于并不清楚网络的负荷情况,所以如果立即把大量数据字节注入网络,那么就有可能引起网络发生拥塞。经验证明,较好的方法是先探测一下,即由小到大逐渐增大发送窗口,也就是说,由小到大逐渐增大拥塞窗口数值。

2. 拥塞避免

拥塞避免算法的思路是让拥塞窗口 cwnd 缓慢地增大,即每经过一个往返时间 RTT 就把发送方的拥塞窗口 cwnd 加 1,而不是像慢开始阶段那样加倍增长,因此在拥塞避免阶段就有"加法增大"(Additive Increase,AI)的特点。这表明在拥塞避免阶段,拥塞窗口 cwnd 按线性规律缓慢增长,比慢开始算法的拥塞窗口增长速率缓慢得多。

3. 快重传

采用快重传算法可以让发送方尽早知道发生了个别报文段的丢失。快重传算法首先要求接收方不要等待自己发送数据时才进行捎带确认。要立即发送确认,即使收到了失序的报文段也要立即发出对已收到的报文段的重复确认。

4. 快恢复

当发送端收到连续三个重复的确认时,把慢开始门限 ssthresh 减半。由于发送方现在认为网络很可能没有发生拥塞,因此现在不执行慢开始算法,即拥塞窗口 cwnd 现在不设置为 1,而是设置为慢开始门限 ssthresh 减半后的数值,然后开始执行拥塞避免算法,使拥塞窗口缓慢地线性增大。

习题

一、术语解释
1. 网络进程　　2. 服务质量(QoS)　　3. TCP　　4. UDP
5. 端口号　　6. ARQ　　7. 套接字　　8. 报文段

二、单项选择题
1. TCP 连接采用(　　)方式建立。
　　A. 滑动窗口协议　　B. 三次握手　　C. 积极确认　　D. 端口
2. 计算机网络的最本质的活动是分布在不同地理位置的主机之间的(　　)通信。
　　A. Internet　　B. 数据交换　　C. 网络服务　　D. 进程

3. TCP 中,提供 FTP 数据传输的服务器端口号为(　　)。

    A. 21　　　　　　　B. 20　　　　　　　C. 80　　　　　　　D. 25

4. 设计传输层的目的是为了弥补通信子网服务质量的不足,提高数据传输服务的可靠性,确保网络(　　)。

    A. 安全　　　　　　B. 服务质量　　　　C. 连通　　　　　　D. 带宽

5. 使用 UDP 的网络应用,其数据传输的可靠性由(　　)负责。

    A. 传输层　　　　　B. 数据链路层　　　C. 应用层　　　　　D. 网络层

三、简答题

1. 试说明传输层在协议栈中的地位和作用。传输层的通信和网络层的通信有什么重要区别? 为什么传输层是必不可少的?

2. TCP/IP 的传输层为什么要设计两个不同服务的协议?

3. 试举例说明为何有些应用程序愿意采用不可靠的 UDP,而不愿意采用可靠的 TCP?

4. 什么是端口? 它在传输层的作用是什么?

5. 简述滑动窗口的原理。

6. 请说明传输层 TCP 采用了哪些机制来保证端到端节点之间的可靠传输?

7. 请举例说明你所知道的 TCP 端口和 UDP 端口,并说明它们提供的网络应用是什么。

8. 在停止等待协议中如果不使用编号是否可行? 为什么?

9. 假定使用连续 ARQ 协议,发送窗口大小是 3,而序号范围是[0,15],而传输媒体保证在接收方能够按序收到分组。在某一时刻,在接收方,下一个期望收到的序号是 5。

(1) 在发送方的发送窗口中可能出现的序号组合有哪些?

(2) 接收方已经发送出的但在网络中(还未到达发送方)的确认分组可能有哪些? 说明这些确认分组是用来确认哪些序号的分组。

10. 主机 A 向主机 B 连续发送了两个 TCP 报文段,其序号分别是 70 和 100。

(1) 第一个报文段携带了多少字节的数据?

(2) 主机 B 收到第一个报文段后发回的确认中的确认号应当是多少?

(3) 如果 B 收到第二个报文段后发回的确认中的确认号是 180,试问 A 发送的第二个报文段中的数据有多少字节?

(4) 如果 A 发送的第一个报文段丢失了,但第二个报文段到达了 B。B 在第二个报文段到达后向 A 发送确认。这个确认号应为多少?

11. 用具体例子说明为什么在传输连接建立时要使用三次握手。说明如不这样做可能会出现什么情况。

12. 在 TCP 的连接建立的三次握手过程中,为什么第三个报文段不需要对方的确认? 这会不会出现问题?

13. 什么是流量控制? 什么是拥塞控制?

14. 流量控制和拥塞控制最主要的区别是什么? 发送窗口的大小取决于流量控制还是拥塞控制?

15. 在停止等待协议中,如果收到重复的报文段时不予理睬(即悄悄地丢弃它而其他什么也不做)是否可行? 举出具体例子说明理由。

16. UDP 和 IP 的不可靠程度是否相同？请加以解释。

17. UDP 用户数据报的最小长度是多少？用最小长度的 UDP 用户数据报构成的最短 IP 数据报的长度是多少？

18. 某客户使用 UDP 将数据发送给一服务器，数据共 16B。计算在传输层的传输效率（有用字节与总字节之比）。

19. 假定主机 A 向 B 发送一个 TCP 报文段。在这个报文段中，序号是 50，而数据一共有 6B 长。在这个报文段中的确认字段是否应当写入 56？

20. 下面是以十六进制格式存储的一个 UDP 首部：CB84000D001C001C，①源端口号是什么？②目的端口号是什么？③这个用户数据报的总长度是多少？④数据长度是多少？⑤这个分组是从客户到服务器方向的，还是从服务器到客户方向的？⑥客户进程是什么？

21. 什么是连续 ARQ？连续 ARQ 有哪几种方式？它与简单停止-等待相比具有什么优越性？

第8章

应用层

应用层是 TCP/IP 的顶层,通过使用传输层提供的服务,直接向用户提供服务,是 TCP/IP 网络与用户之间的界面或接口。该层由若干面向用户提供服务的应用协议和支持这些应用的支撑协议组成,基于这些协议,应用层向用户提供了众多的网络应用。

应用层上的典型应用包括 Web 浏览、电子邮件、文件传输访问和远程登录等,与这些应用相关的协议包括文件传输协议(File Transfer Protocol,FTP)、简单电子邮件传输协议(Simple Mail Transfer Protocol,SMTP)、超文本传送协议(HyperText Transfer Protocol,HTTP)、简单文件传输协议(Trivial File Transfer Protocol,TFTP)和虚拟终端 Telnet。

(1) HTTP:HTTP 是当今互联网应用中使用最广泛的应用层协议,也是应用程序间远程通信所采用比较多的协议,用来在浏览器和 WWW 服务器之间传送超文本的协议。基于浏览器的 HTML、XML、JSON 等格式的文本都是通过 HTTP 进行传输的。它非常便捷,客户端向服务端请求服务时,只需发送路径、参数以及请求方法即可。请求方法常用的有 GET、POST、UPDATE、DELETE 等,它们组成 RESTful 架构风格的不可或缺的一部分。

(2) SMTP:用于实现电子邮件传输的应用协议。

(3) FTP:用于实现文件传输服务的协议。通过 FTP 用户可以方便地连接到远程服务器上,可以进行查看、删除、移动、复制、更名远程服务器上的文件内容的操作,并能进行上传文件和下载文件等操作。

(4) TFTP:用于提供小而简单的文件传输服务。从某个意义上来说,TFTP 是对 FTP 的一种补充,特别是在文件较小并且只有传输需求时该协议显得更加有效率。

(5) Telnet:实现虚拟或仿真终端的服务,允许用户把自己的计算机当作远程主机上的一个终端连接到远程计算机,并使用基于文本界面的命令控制和管理远程主机上的文件及其他资源。

为了使用户更加可靠、高效地访问网络应用服务,TCP/IP 模型的应用层还提供了一些专门的应用支撑协议,如域名服务(Domain Name Service,DNS)和简单网络管理协议(Simple Network Management Protocol,SNMP)。

(1) DNS:用于实现域名和 IP 地址之间的相互转换。

(2) SNMP:由于互联网结构复杂,拥有众多的操作者,因此需要好的工具进行网络管理,以确保网络运行的可靠性和可管理性。SNMP 提供了一种监控和管理计算机网络的有效方法,它已成为计算机网络管理的事实标准。

8.1 DNS 服务

许多应用层软件经常直接使用域名系统（Domain Name System,DNS），但计算机的用户只是间接而不是直接使用域名系统。Internet 采用层次结构的命名树作为主机的名字，并使用分布式的域名系统。名字到域名的解析是由若干个域名服务器程序完成的。域名服务器程序在专设的节点上运行，运行该程序的机器称为域名服务器。

8.1.1 域名系统概述

许多应用层软件经常直接使用域名系统（Domain Name System,DNS），但计算机的用户只是间接使用域名系统。标识 Internet 上的主机通常采用唯一的 IP 地址，IPv4 协议采用 32 位二进制表示，IPv6 协议采用 128 位二进制表示，用户连接到 Internet 上的某个主机时，显然不愿意记住这么长的 IP 地址，使用名字的原因是名字比数字更容易记忆。虽然大多数人能够记住常用的电话号码、地址以及其他相关特征数据，但是即使是点分十进制 IP 地址（如 61.144.43.225）也并不太容易记住，即便只是常用的也不是一件容易的事。相反大家愿意使用某种有具体含义的、易于记忆的名字，如 www.xatu.edu.cn，因此产生域名的概念。

早期的 Internet 络规模很小，整个网络中只存在很少的计算机，那个时候使用 hosts 文件来保存所有主机名字和相应的 IP 地址。用户输入一个主机名字后计算机通过查找这个 hosts 文件很快就能找到将这个主机名字对应的机器的 IP 地址。

理论上来说，可以只使用一台计算机作为域名服务器，在这台计算机中装入 Internet 上所有的主机名，并回答整个 Internet 中所有对 IP 地址的查询任务，但是随着 Internet 规模的扩大，这样的域名服务器肯定会因过负荷而无法提供正常的服务，并且一旦这台域名服务器出现故障，整个 Internet 就会因为无法解析域名而导致整个网络的瘫痪。

从 1983 年开始，Internet 开始采用以层次结构的命名树作为主机的名字，并使用分布式数据库作为域名数据库存储机制的分布式域名系统（DNS）。Internet 的域名系统被设计成为一个联机分布式数据库系统，并采用客户机/服务器（C/S）结构。DNS 使大多数名字都在本地解析，仅少量解析需要在 Internet 上通信，因此系统效率很高。由于 DNS 是分布式系统，即使某一个域名服务器出现故障，只影响其管辖的区域的域名解析，即使是这样我们也可以通过备用域服务器来提供更加可靠的域名解析服务。

DNS 是在 hosts 的基础上发展起来的。域名解析服务使用具有层次的名字空间，该模型使用分布式数据库代替了集中管理的 hosts 文件系统。DNS 允许用户在查找网络资源时使用用户友好的域名取代 IP 地址，域名相对过去的 hosts 文件中的主机名由于采用层次结构，更方便记忆和管理。当 DNS 客户端向 DNS 服务器发出 IP 地址的查询请求时，DNS 服务器通过主机名称解析，根据域名在 DNS 数据库中寻找到对应的 IP 地址。例如，新浪网站的 IP 地址是 202.106.184.200，几乎所有浏览该网站的用户都是使用 www.sina.com.cn，而并非使用 IP 地址来访问。域名一般有具体的含义便于记忆，如 www.sina.com.cn。域名一般不会改变，但是 IP 地址可能会由于某种原因而改变，比如主机移动到另一个网络中时 IP 地址必须跟着改变,当域名对应的 IP 地址改变时,只需要修改这种映射关系就可以定位到新的主机。

DNS 的工作原理如图 8-1 所示。

DNS 的工作任务是在计算机主机名与 IP 地址之间进行映像。DNS 工作在 OSI 参考模型的应用层,使用 TCP 和 UDP 作为传输协议。

当需要给某人打电话时,可能知道这个人的姓名,而不知道他的电话号码。这时,可通过查看电话号码簿查得他的电话号码,从而与他进行通话。由此可看出,电话号码簿的功能便是建立姓名与电话号码之间的映射关系。DNS 的功能类似于电话簿。当客户端向 DNS 服务器提出访问请求(如 www.sina.com.cn),DNS 服务器在收到客户端的请求后在数据库中查找相对的 IP 地址(202.106.184.200),并做出反应。如果该 DNS 服务器无法提供对应的 IP 地址,它就转给下一个 DNS 服务器继续完成查找,直到找到或者报告主机不存在之类的错误信息。

名字到域名的解析是由若干域名服务器程序协同工作完成的。域名服务器程序运行在专用的网络节点上,人们也常把运行域名服务系统的主机称为域名服务器。

8.1.2　Internet 域名结构

早期的 Internet 使用名字简短的非等级的名字空间系统。随着 Internet 上用户数增加,非等级的名字空间就很难管理一个很大的而且是经常变化的名字集合。因此出现采用层次树状结构的 DNS(Domain Name Service,域名服务)。域名服务类似全球邮政系统和电信系统。例如,一个完整的电话号码 0086-020-12345678,这个电话号码包含三个层次,其中,国际区号 0086 代表中国,国内地区号 020 代表广州,最后的 12345678 表示一个具体的用户的电话号码。同样,Internet 也采用类似的命名方法,这样任何一个连接在 Internet 上的主机或路由器,都可以分配一个唯一的层次结构的名字,即域名(Domain Name)。

"域"(Domain)是名字空间中一个可被管理的划分。一个域还可以继续划分为子域,而子域还可继续划分为子域的子域,这样就形成了顶级域、二级域、三级域等。域的层次结构如图 8-2 所示。

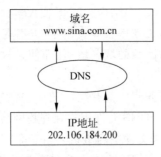

图 8-1　DNS 的工作原理

… .三级域名. 二级域名. 顶级域名

图 8-2　域的层次结构

域名的结构由若干个分量组成,各分量之间用小数点隔开,如 www.sina.com.cn,其中,cn 为代表中国的顶级域名;com 为 cn 下的二级域名,表示一般的工商、金融等企业;sina 为三级域名,表示 Sina 中国这个企业;www 是该企业下属的一台具体的主机。

域名是 Internet 上某一台计算机或计算机组的名称,用于在数据传输时标识计算机的电子方位(有时也指地理位置)。域名是由一串用点分隔的名字组成的,通常包含组织名,而且始终包括两个或三个字母的后缀,以指明组织的类型或该域所在的国家或地区。DNS 规定,域名中的标号都由英文字母和数字组成,每一级的域名长度不超过 63 个字母(为记忆方便最好不要超过 12 个),并且不区分大小写。域名中除连字符(—)外不能使用其他的标点符号。级别最低的域名写在最左边(如 www 主机),而级别最高的顶级域名则写在最右边(如 cn 表示中国的顶级域名)。完整的域名不超过 255 个字符。

目前,Internet 上的域名体系中共有三类顶级域名,一类是地理顶级域名,共有 243 个国家和地区的代码,例如,.cn 代表中国,.jp 代表日本,.uk 代表英国等;另一类是类别顶级域名,共有 7 个:.com(公司),.net(网络机构),.org(组织机构),.edu(教育),.gov(政府部门),.appa(美国军方),.int(国际组织)。由于 Internet 最初是在美国发展起来的,所以最初的域名体系也主要供美国使用,所以.gov,.edu,.arpa 虽然都是顶级域名,但却是美国使用的。只有.com,.net,.org 成了供全球使用的顶级域名。相对于地理顶级域名来说,这些顶级域名都是根据不同的类别来区分的,所以称为类别顶级域名。随着 Internet 的不断发展,新的顶级域名也根据实际需要不断被扩充到现有的域名体系中来。新增加的顶级域名是.biz(商业),.coop(合作公司),.info(信息行业),.aero(航空业),.pro(专业人士),.museum(博物馆行业),.name(个人)。

在这些顶级域名下,还可以再根据需要定义次一级的域名,如在我国的顶级域名.cn 下又设立了.com,.net,.org,.gov,.edu 以及我国各个行政区划的字母代表,如.bj 代表北京,.sh 代表上海等。图 8-3 是 Internet 域名体系的树状结构图。

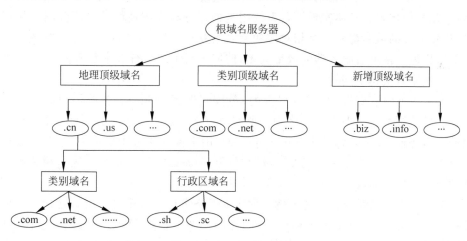

图 8-3 Internet 域名体系

域名只是个逻辑上的概念,并不反映计算机所在的物理地点。变长的域名和使用有助记忆的字符串,是为了便于人们使用。域名系统对下级域名的数量和含义没有明确的规定。各级域名由其上一级的域名管理机构管理。在 IPv4 中 IP 地址是定长的 32 位二进制数字,IPv6 中 IP 地址是定长的 128 位二进制数字。域名中的"点"和点分十进制 IP 地址(如 192.168.0.1)中的"点"并无一一对应的关系。点分十进制 IP 地址中一定是包含三个"点",但域名中"点"的数目则不一定正好是三个。

当一个公司向 InterNIC 注册了域名时,InterNIC 会把相应信息放到根服务器上,让其在整个 Internet 上传播。DNS 服务器周期性地和其他 DNS 服务器上的 DNS 数据库同步,并检查其他服务器上的新表项,如发现新的表项就更新自己的 DNS 数据库,这个过程通常称为传播。一个新注册的域名大约能够在 3～4 天内完成整个传播过程。

顶级域为一个注册的域名授权一个特定 DNS 服务器,这样就减轻了顶级域控制器为每一个 Internet 上的 DNS 请求做处理的负担。域和区经常成对出现,一个区在名字世界中是一个基本域,它授权给另一个 DNS 服务器以便管理。sina. com. cn 是一个区,但 www. sina. com. cn 实际上是那个区内的一个子域。管理的责任授权给一个基本的 DNS 服务器,Sina 中国站点的基本 DNS 服务器是 taurus. sina. com. cn,其 IP 地址是 61. 172. 201. 226,因为指定 taurus 为 Sina 中国站点的基本 DNS,那么它也是 sina. com. cn 的基本区。这个服务器的指定所有者是 root @sina. com. cn,在 SOA 中为 root. taurus. sina. com. cn。

我国在二级域名. edu 下申请注册三级域名则由中国教育和科研计算机网网络中心负责。在二级域名. edu 之外的其他二级域名下申请注册三级域名的,则应向中国互联网网络信息中心 CNNIC 申请。

需要强调的是,Internet 的名字空间是按照机构的组织来划分的,与物理的网络无关,与 IP 地址中的“子网”也没有关系。

8.1.3　域名服务器

DNS(Domain Name Server,域名服务器)是进行域名(Domain Name)和与之相对应的 IP 地址(IP Address)转换的服务器。DNS 中保存了一张域名和与之相对应的 IP 地址的表,以解析消息的域名。具体实现域名系统则是使用分布在各地的域名服务器。从理论上讲,可以让每一级的域名都有一个相对应的域名服务器,使所有的域名服务器构成一个树状结构。但这样做会使域名服务器的数量太多,使域名系统的运行效率降低。DNS 就采用划分“区”的方法来解决这个问题。

一个服务器所负责管辖的(或有权限的)范围叫做区(Zone)。各单位根据具体情况来划分自己管辖范围的区。但在一个区中的所有节点必须是能够连通的。每一个区设置相应的权限域名服务器(Authoritative Name Server),用来保存该区中的所有主机的域名到 IP 地址的映射。DNS 的管辖范围不是以“域”为单位,而是以“区”为单位。区是域名服务器实际管辖的范围。区可以等于或小于域,但一定不能大于域。

图 8-4 是区的不同划分方法的举例。假定 abc 公司有下属部门 x 和 y,部门 x 下面又有三个分部门 u,v 和 w,而 y 下面还有其下属部门 t。图 8-4 表示 abc 公司划分了两个区(大的公司可能要划分多个区):x. abc. com 和 y. abc. com。这两个区都隶属于域 abc. com,各自都设置了相应的权限域名服务器。不难看出,区是“域”的子集。

图 8-5 以图 8-4 中公司 abc 划分的两个区为例,给出了 DNS 树状结构图。

这种 DNS 树状结构图可以更准确地反映出 DNS 的分布式结构。在图 8-5 中的每一个域名服务器都能够进行部分域名到 IP 地址的解析。当某个 DNS 不能进行域名到 IP 地址的转换时,它就设法找互联网上别的域名服务器进行解析。从图 8-5 可看出,互联网上的 DNS 也是按照层次安排的。每一个域名服务器都只对域名体系中的一部分进行管辖。

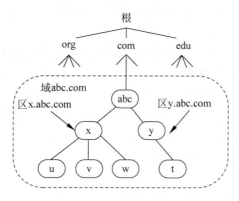

图 8-4　DNS 划分区的举例

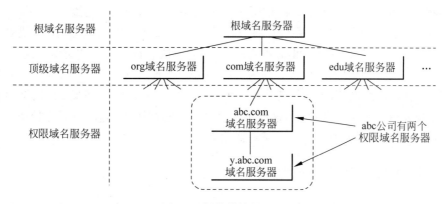

图 8-5　树状结构的 DNS

根据域名服务器所起的作用,可以把域名服务器划分为以下 4 种不同的类型。

(1) 根域名服务器(Root Name Server):根域名服务器是最高层次的域名服务器,所有的根域名服务器都知道所有的顶级域名服务器的域名和 IP 地址。根域名服务器是最重要的域名服务器。不管是哪一个本地域名服务器,若要对互联网上任何一个域名进行解析,只要自己无法解析,就首先求助于根域名服务器。在互联网上共有 13 个不同 IP 地址的根域名服务器,它们的名字是用一个英文字母命名,从 a 一直到 m(前 13 个字母)。根域名服务器并不直接把域名直接转换成 IP 地址。在使用迭代查询时,根域名服务器把下一步应当找的顶级域名服务器的 IP 地址告诉本地域名服务器。

(2) 顶级域名服务器(即 TLD 服务器):这些域名服务器负责管理在该顶级域名服务器注册的所有二级域名。当收到 DNS 查询请求时,就给出相应的回答(可能是最后的结果,也可能是下一步应当找的域名服务器的 IP 地址)。

(3) 权限域名服务器:负责一个区的域名服务器。当一个权限域名服务器还不能给出最后的查询回答时,就会告诉发出查询请求的 DNS 客户,下一步应当找哪一个权限域名服务器。

(4) 本地域名服务器(Local Name Server):本地域名服务器对域名系统非常重要。当一个主机发出 DNS 查询请求时,这个查询请求报文就发送给本地域名服务器。由此可看出本地域名服务器的重要性。每一个 Internet 服务提供者 ISP,或一个大学,甚至一个大学里的系,都可以拥有一个本地域名服务器,这种域名服务器有时也称为默认域名服务器。

为了提高域名服务器的可靠性,DNS 域名服务器都把数据复制到几个域名服务器来保存,其中的一个是主域名服务器(Master Name Server),其他的是辅助域名服务器(Secondry Name Server),当主域名服务器出故障时,辅助域名服务器可以保证 DNS 的查询工作不会中断。主域名服务器定期把数据复制到辅助域名服务器中,而更改数据只能在主域名服务器中进行。这样就保证了数据的一致性。

当然,域名服务器也有自身的优点和不足。

(1) 优点:之所以域名解析不需要很长时间,是因为上网接入商,比如北京电信、河南电信等,为了要加速用户打开网页的速度,通常在他们的 DNS 中缓存了很多域名的 DNS 记录。这样这个接入商的用户要打开某个网页时,接入商的服务器不需要去查询域名数据库,而是把自己缓存中的 DNS 记录直接使用,从而加快用户访问网站的速度。

(2) 缺点:缺点是 ISP 的缓存会存储一段时间,只在需要的时候才更新,而更新的频率没有什么标准。有的 ISP 可能一小时更新一次,有的可能长达一两天才更新一次,所以新注册的域名一般来说解析反倒比较快。因为所有的 ISP 都没有缓存,用户访问时 ISP 都是要查询域名数据库,得到最新的 DNS 数据。而老域名如果更改了 DNS 记录,但世界各地的 ISP 缓存数据却并不是立即更新的,这样不同 ISP 下的不同用户,有的可以比较快地获取新的 DNS 记录,有的就要等 ISP 缓存的下一次更新。

8.1.4　DNS 域名解析过程

(1) 客户应用程序调用客户端一个称为解析器的库函数,将目的主机的域名作为参数传给解析器。

(2) 解析器通过网络向本地域名服务器 53 号端口发送一个以 UDP 数据报封装的 DNS 请求报文,询问与该域名对应的 IP 地址。

(3) 本地域名服务器查找自己的域名数据库(映射文件),将域名对应的 IP 地址组成一个以 UDP 数据报封装的 DNS 响应报文,返回给解析器;若在本地域名数据库中查不到,则此域名服务器就暂时成为全球 DNS 中的一个客户,并向其他域名服务器发出查询请求,直至找到能回答请求的域名服务器为止,并将解析结果响应给本地域名服务器;本地域名服务器再将解析结果返回给客户端解析器。

(4) 客户端解析器最终收到响应报文后,再将解析得到的 IP 地址返回给应用程序。

在 DNS 解析过程中,一般会采用以下三种查询方式。

1. 递归查询

主机向本地域名服务器的查询一般都是采用递归查询,即如果主机所询问的本地域名服务器不知道被查询域名的 IP 地址,那么本地域名服务器就以 DNS 客户的身份,向其他根域名服务器继续发出查询请求报文,而不是让该主机自己进行下一步的查询。因此,递归查询返回的查询结果或是所要查询的 IP 地址,或是报错,如图 8-6 所示。

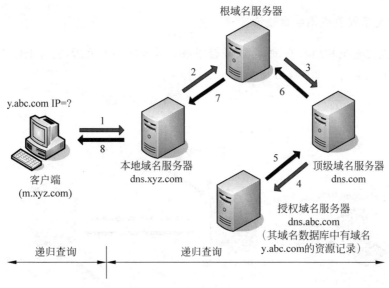

图 8-6 递归查询

2．迭代查询

本地域名服务器向根服务器的查询通常采用迭代查询，即当根域名服务器收到本地域名服务器发出的迭代查询请求报文时，要么给出所要查询的 IP 地址，要么告诉本地域名服务器"下一次应向哪个域名服务器进行查询"。然后让本地域名服务器进行后续的查询。根域名服务器通常把自己知道的顶级域名服务器的 IP 地址告诉本地域名服务器，让本地域名服务器再向顶级域名服务器查询。顶级域名服务器在收到本地域名服务器的查询请求后，要么给出所要查询的 IP 地址，要么告诉本地域名服务器下一步应当向哪一个权限域名服务器进行查询。本地域名服务器就这样进行迭代查询，如图 8-7 所示。

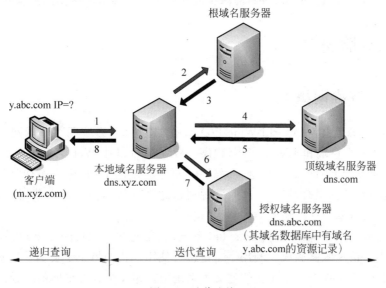

图 8-7 迭代查询

3．递归与迭代查询相结合查询

递归与迭代查询相结合查询，可以减轻根域名服务器一半负担，实际上的大多数查询都采用第三种方式进行。如图 8-8 所示。

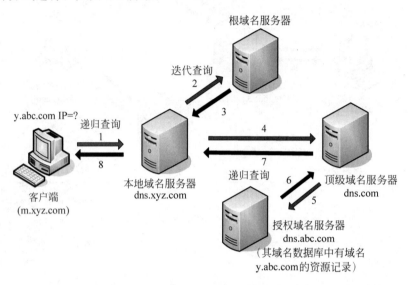

图 8-8　递归与迭代相结合的查询

每个域名服务器都维护一个高速缓存，存放最近用过的名字以及从何处获得名字映射信息的记录。这样可大大减轻根域名服务器的负荷，使 Internet 上的 DNS 查询请求和回答报文的数量大为减少。

为保持高速缓存中的内容正确，域名服务器应为每项内容设置计时器，并处理超过合理时间的项。当权限域名服务器回答一个查询请求时，在响应中都指明绑定有效存在的时间值。增加此时间值可减少网络开销，而减少此时间值可提高域名转换的准确性。

8.2　Web 服务

8.2.1　万维网概述

WWW 即环球信息网（World Wide Web），中文名字为"万维网""环球网"等，常简称为 Web。分为 Web 客户端和 Web 服务器程序。WWW 可以让 Web 客户端（常用浏览器）访问浏览 Web 服务器上的页面。在这个系统中，每个有用的事物，称为一样"资源"；并且由一个全局"统一资源标识符"标识；这些资源通过超文本传输协议传送给用户，而后者通过单击链接来获得资源。这种访问方式称为"链接"。

万维网是分布式超媒体（Hypermedia）系统，它是超文本（Hypertext）系统的扩充。一个超文本由多个信息源链接成。利用一个链接可使用户找到另一个文档。这些文档可以位于世界上任何一个接在 Internet 上的超文本系统中。超文本是万维网的基础。

超媒体与超文本的区别是文档内容不同。超文本文档仅包含文本信息，而超媒体文档还包含其他表示方式的信息,如图形、图像、声音、动画,甚至活动视频图像。

8.2.2 万维网的工作方式

万维网以客户机/服务器方式工作。浏览器就是在用户计算机上的万维网客户程序。万维网文档所驻留的计算机则运行服务器程序,因此这个计算机也称为万维网服务器。客户程序向服务器程序发出请求,服务器程序向客户程序送回客户所要的万维网文档。在一个客户程序主窗口上显示出的万维网文档称为页面(Page)。万维网的工作流程如图 8-9所示。

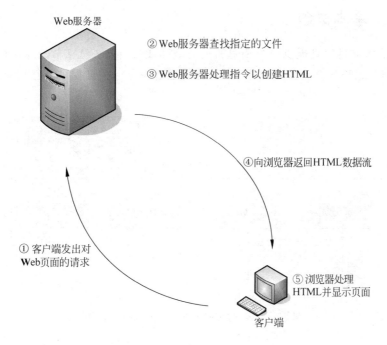

Web服务器

②Web服务器查找指定的文件

③Web服务器处理指令以创建HTML

④向浏览器返回HTML数据流

① 客户端发出对Web页面的请求

⑤浏览器处理HTML并显示页面

客户端

图 8-9　Web 工作流程

8.2.3 万维网必须解决的问题

万维网必须解决以下问题。

(1) 怎样标识分布在整个 Internet 上的万维网文档?

使用统一资源定位符(Uniform Resource Locator,URL)来标识万维网上的各种文档。每一个文档在整个 Internet 的范围内具有唯一的 URL。

(2) 用何种协议实现万维网上各种超链的链接?

在万维网客户程序与万维网服务器程序之间进行交互所使用的协议,是超文本传送协议(HyperText Transfer Protocol,HTTP)。HTTP 是一个应用层协议,它使用 TCP 连接进行可靠的传送。

(3) 怎样使各种万维网文档都能在互联网上的各种计算机上显示出来,同时使用户清楚地知道在什么地方存在着超链?

超文本标记语言（HyperText Markup Language，HTML）使得万维网页面的设计者可以很方便地用一个超链接从本页面的某处链接到互联网上的任何一个万维网页面，并且能够在自己的计算机屏幕上将这些页面显示出来。

（4）怎样使用户能够很方便地找到所需的信息？

为了在万维网上方便地查找信息，用户可使用各种搜索工具（即搜索引擎）。

8.3　Telnet 服务

8.3.1　基本概念

Telnet 协议的目的是提供一个相对通用的、双向的、面向 8 位字节的通信机制。它的主要目标是允许界面终端设备和面向终端的过程能通过一个标准过程进行互相交互，如图 8-10 所示。

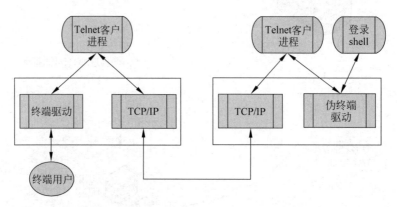

图 8-10　客户机/服务器模式的 Telnet 简图

由于设备在硬件和软件上的差别非常大，以至于不同系统中的数据表示可能很不相同，所以很可能当用户发送一些字符时，远程系统不能正确地解释这些字符。解决方法是提供一种所有系统都能理解的共同语言，网络虚拟终端 NVT 提供了这种共同性，每个系统上的 Telnet 实现都必须使用和解译 NVT。除此之外，Telnet 采用 Client/Server 的模型，Client 和 Server 通过相互发送 Telnet 命令来进行相应的动作。

1．网络虚拟终端

网络虚拟终端（Network Virtual Terminal，NVT）是虚拟设备，连接的双方，即客户机和服务器，都必须把它们的物理终端和 NVT 进行相互转换。也就是说，不管客户进程终端是什么类型，操作系统必须把它转换为 NVT-ASCII 格式。同时，不管服务器进程的终端是什么类型，操作系统必须能够把 NVT 格式转换为终端所能够支持的格式。NVT 是带有键盘和打印机的字符设备。用户按键产生的数据被发送到服务器进程，服务器进程回送的响应则输出到打印机上。默认情况下，用户按键产生的数据是发送到打印机上的，但是可以看到这个选项是可以改变的。NVT 终端输出控制码如表 8-1 所示。

表 8-1 NVT 终端输出控制码

名 称	代 码	说 明
NULL	0	无操作
（换行）LF	10	将打印头移到下一打印行
回车（CR）	13	将打印头移到当前行左边界
响铃（BEL）	7	产生一个可听或可见的信号
横向制表（HT）	9	将打印头移到下一个横向制表停止位
纵向制表（HT）	11	将打印头移到下一个纵向制表停止位
换页	12	将打印头移到下一页的顶部，保持水平位置

术语 NVT ASCII 代表 7 比特的 ASCII 字符集，网间网协议族都使用 NVT ASCII。每个 7 比特的字符都以 8 比特格式发送，最高位比特为 0。行结束符以两个字符 CR（回车）和紧接着的 LF（换行）这样的序列表示，即以\r\n 来表示。单独的一个 CR 也是以两个字符序列来表示，它们是 CR 和紧接着的 NULL（字节 0），以\r\0 表示。

2. Telnet 客户机/服务器模型

由于 Telnet 的功能基于本地用户访问远程计算机，所以客户机/服务器模型非常适合这一应用。Telnet 会话是在一个 TCP 连接上进行的，客户机必须用服务器端口 23 发起一次连接，该端口为 Telnet 协议的默认端口。

一次典型的 Telnet 会话是从 TCP 连接打开后即开始，服务器向客户发送一个欢迎报文和一个登入提示。用户提供其用户名和密码以通过身份验证。如果身份验证成功，远程计算机会将其系统 shell 提供给用户，然后用户就能使用该远程系统。只要 Telnet 会话处于活动状态，该 TCP 连接就可以一直保持下去。由于 TCP 允许多个连接，每个连接由双方的一对套接字标识，所以 Telnet 能处理来自不同用户的多个会话，当 Telnet 会话结束时，TCP 连接按正常的 TCP 终止过程终止。

8.3.2 Telnet 命令

在 Telnet 会话中除了发送正常的数据之外，双方还可以用于不同目的的命令。由于命令在不同的系统中已经存在，但使用不同的代码，所以必须使用"共同命令码"表示它们。

所有命令的前面都要放置一个十进制值为 255 的特殊字符，称为"解释为命令"。如果要发送一个值为 255 的数据字节，必须将它发送两次，以避免接收者将该数据与转义命令混淆。Telnet 命令结构如图 8-11 所示。

IAC(255)	Telnet 命令	助记符

图 8-11 Telnet 命令结构

表 8-2 列出了 Telnet 协议的命令。

表 8-2　**Telnet 协议的命令**

命 令 名 称	命 令 代 码	命 令 值	说　　　明
文件结束	EOF	236	文件结束符
挂起进程	SUPS	237	挂起当前进程（作业控制）
异常终止	ABORT	238	异常终止进程
记录结束	EPR	239	记录结束符
子协商结束	SE	240	子协商参数结束
无操作	NOP	241	无操作
数据标记	DM	242	一个同步数据流部分
断开	BRK	243	终端上有 break 键盘
中断进程	IP	244	中断、挂起、放弃或终止一个用户进程
放弃输出	AO	245	继续执行进程，但不向终端输出
是否运行	AYT	246	检测远程计算机是否仍然活着
擦除字符	EC	247	删除最后一个未删除的字符
擦除行	EL	248	删除当前输入行的所有数据
继续	GA	249	半双工方式，告知对方可以发送
子协商	SB	250	提示对已指定选项的子协商开始
同意启动	WILL	251	设备同意执行或继续执行指定的选项
拒绝启动	WONT	252	设备拒绝执行或继续执行指定的选项
认可请求	DO	253	请求对方的启动指定选项或启动对方请求
拒绝请求	DON'T	254	请求对方停止指定选项
译为命令	IAC	255	后面是一个命令

8.3.3　Telnet 选项及协商

当接收者收到一个 IAC 字符时，它知道下一个字节是命令，如果该命令有选项，则选项紧跟随命令字节之后。Telnet 选项如表 8-3 所示。

表 8-3　**Telnet 选项**

选项代码	选　　项	说　　　明
0	二进制传输	允许使用 8 位二进制数据格式
1	回显	实现几种回显方式
3	消除 GO Ahead	禁止使用 GO Ahead 命令，在全双工方式下使用
5	状态	请求一个 Telnet 选项的状态
6	定时标记	协商在数据流中插入定时标识，用于同步目的
10	NAOCRD	输出回车处理，用于协商如何处理回车
11	NAOHTS	输出横向制表停止，用于协商横向制表的停止位置
12	NAOHTD	输出横向制表停止处理
13	NAOFFD	输出换页处理，用于协商如何处理换页
14	NAOVTS	输出纵向制表停止，用于协商纵向制表的停止位置
15	NAOVTD	输出纵向制表停止处理
16	NAOLFD	输出换行处理，用于协商如何处理换行

续表

选项代码	选　项	说　明
17	扩展 ASCII	协商如何处理换行
24	终端类型	协商使用一种特定的终端类型
31	NAWS	协商终端窗口的大小
32	终端速率	告知终端速率
33	切换流控制	使能和禁止两个设备间的流控制
34	行模式	允许客户每次发送一行数据

如果客户机和服务器双方都同意使用某个 Telnet 选项，则可以使能该选项。任何一个设备都可以发起协商过程，另一个设备必须回答同意还是拒绝该请求。图 8-12 演示了设备间 Telnet 选项协商的基本流程。

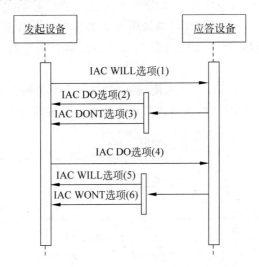

图 8-12　设备间 Telnet 选项协商的基本流程

（1）发起者发送一个 WILL 命令(1)，告知它想使用一个特定的选项。应答者如果同意使用这个选项就发送一个 DO 命令(2)，如果拒绝就发送一个 DONT 命令(3)。

（2）发起者发送一个 DO 命令(4)，请求另一个设备使用一个特定的选项，应答者如果同意使用这个选项，就发送一个 WILL 命令(5)，如果拒绝就发送一个 WONT 命令。

为了避免潜在的协商循环，发起者不应该为了确认一个已经在用的选项而发送 WILL 或 DO；类似地，如果在一个请求中的选项已经在用，应答者就不应该使用 DO 或 WILL 来确认这个请求。

（1）一个设备发送一个 WONT 命令告知它要停止使用一个选项，另一个设备必须用一个 DONT 命令来应答。

（2）一个设备发送一个 DONT 命令来告知另一个设备停止使用一个选项，另一个设备必须用一个 WONT 命令应答。

图 8-13 表示了一个协商使用"消除 GO Ahead"选项的 Telnet 会话。

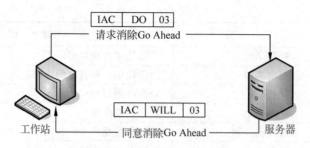

图 8-13　Telnet 选项使能示例

8.3.4　Telnet 子选项协商

有些选项只有两个状态,有些选项则需要额外的参数来控制选项如何工作。在这些情况下要使用子协商命令,允许设备发送与选项有关的数据。该数据是用一个特殊的序列发送的,从一个 SB 命令开始,后面跟随的是选项号和选项所需要的参数,用 SE 命令结束该序列。

图 8-14 表示一个例子,发送者请求使用终端类型,应答者同意该请求,由于需要额外的数据来指定要使用的终端类型,所以再次发送一个选项子协商命令。

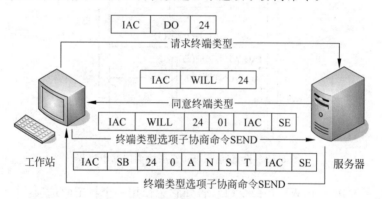

图 8-14　Telnet 选项子协商示例

8.3.5　Telnet 操作模式

Telnet 是常用的远程登录手段,有两种操作模式:Telnet 命令模式和 Telnet 会话模式。连接到 Telnet 服务器后,Telnet 客户端会自动进入 Telnet 会话模式,此模式最常见。在会话模式下,所有按键将通过网络发送到 Telnet 服务器,并可在 Telnet 服务器上由在该处运行的任何程序进行处理。Telnet 命令模式允许在本地将命令发送到 Telnet 客户端服务本身,例如,打开到远程主机的连接、关闭到远程主机的连接、显示操作参数、设置终端选项、打印状态信息和退出程序。

1. 命令运行

当开始运行 Telnet 时,情况如何呢? 一个应用系统由两部分组成:Client——这就是

Telnet 简介所说的客户机,另一部分是 Server——这是运行于网络计算机上提供服务的系统,称之为服务器。而网络则是提供两者(Client 与 Server)通信的工具。

这里要求客户机必须做到:

(1) 建立一个网络与服务器间的 TCP 连接;

(2) 以方便的方式接收输入;

(3) 对某些标准的格式化输入做重新格式化并传送给服务器;

(4) 以某些标准的格式从服务器中接收输出;

(5) 重新格式化显示给自己的输出。

2. 服务调用

服务器软件是运行于主机上提供服务的系统,如果没有运行服务系统,也就不能提供相应的服务。某一类服务被调用,它就可以:

(1) 通知网络软件,让它准备连接;

(2) 等待一个标准的格式化要求的产生;

(3) 服务请求;

(4) 传送一个标准格式的结果给客户;

(5) 重新等待。

一个服务器应该能够处理各种客户,有的是运行在同类的计算机上的,而有的是运行在 IBM/PCs,Macintoshes,Amigas 等各种不同的机器上。为了做到这一点,服务器必须具有一套通信规则,这种规则通常叫做协议。由于 Telnet 协议用于两个应用层之间,所以叫做应用层协议。任何人都可以在任何类型的计算机上编制一个客户机。只要这个客户机可以上网通信并遵守协议,它就可以进入服务器。实际上也就是说,用户的 Macintosh 可以使用 Telnet 和其他的 Internet 的工具,从而能让很多不同的系统为其工作。

就使用来说,一个应用层协议通常允许客户机和服务器有不同的数据设定,并通告客户机和服务器使用相互的通信方式。这些经常是由每行开始的几个字节的文本程序来完成的。如果服务器发送一个以 TXT 字符开头的行命令给客户,那么这行 TXT 后边其他的数据就被送入屏幕显示。如果一行的开始是以 CMD 开始,则表明这些信息是从服务软件到客户软件。使用者是看不到这些的,这是因为在信息传送到时这些控制信号已去掉了。

Telnet 可发送除了 escape 的任何字符到远程主机上,因为 escape 字符在 Telnet 中是客户机的一个特殊的命令模式,按 Ctrl+]组合键可进入命令模式。这是默认的 Telnet 客户端转义符。

但要注意不要与键盘上的 Esc 键混淆,我们可以设定 escape 为任意某个字符,只是对 Telnet 来说意味着该字符不可能再被传送到远程主机上,而 Esc 键是一非打印字符,Telnet 用它来删除远程系统中的命令。而且还应记住,escape 字符并不总以 Ctrl+]组合键来表示。

可以仅输入 Telnet,后面不带机器字句。这种情况下所看到的是 Telne>;,这是告知 Telnet 在等待输入命令,比如输入问号"?",那么就得到一个有用的命令表:

```
telnet:
Commands may be abbreviated,Commands are:
```

```
open: connect to a site
close: close currect connection
quit: exit telnet
display: display operating parameters
send: transmit special characters ('send' for more)
set: set operating parameters('set' for more)
status: print status information
toggle: toggle operating parameters('toggle' for more)
mode: try to enter line－by－line or character－at－a－time mode
?: print help information
```

命令有很多,甚至还有子命令,下面介绍常用的几个。

1) Close

该命令用于终止连接。它自动切断与远程系统的连接,也可以用它退出 Telnet,在冒失地进入一个网络主机时,如果想退出的话,就可以用到这个命令。

2) Open

用 Open 来与一个命名机器连接,要求给出目标机器的名字或 IP 地址。如果未给出机器名,Telnet 就将要你选择一个机器名。

注意:在使用 Open 命令之前应该先用 Close 来关闭任何已经存在的连接。

3) Set ECHO

Set ECHO 用于本地的响应是 On 或是 Off。作用是要不要把输出的内容显示在屏幕上。和 DOS 中的 ECHO 基本上是一样。如果机器是处于 ECHO ON 的话,想改变为 OFF,那么就可以输入 SET ECHO,想再改变回 ECHO OFF,那么就再输入 SET ECHO 就可以了。

4) Set escape char

Set escape char 建立 escape 字符到某个特殊的符号,若想用某种控制符号来代替,可以用 asis 或者输入符号“^”加字母 b(如^b)。在正常工作时,是不需要用 escape 这个字符的,并且这个被用作 escape 的符号不应该再被使用。这类似于许多程序中对键盘上的每一个键设定其真正的含义。但如果正在运行一个 daisy-chained 应用系统,那么可以重新议定 escape 字符的特征便是很有用的。例如,用 Telnet 从系统 A 到系统 B,接着又用 Telnet 注册进入系统 C。如果正在系统 C 上工作时出了故障,那么当 escape 代表符是相同时,就没法中断系统 B 到系统 C 的连接。输入 escape 代表符,将总是处于系统 A 的命令模式。如果在每个 Telnet 部分使用不同的 escape 代表符,便可以通过输入适当的符号,来选择其中一个命令模式,这也可以用于其他的应用中(像终端仿真)。

5) Quit

用 Quit 可顺利地退出 Telnet 程序。

6) Z

Z 用于保留 Telnet 但暂时回到本地系统执行其他命令。并且在 Telnet 中的连接以及其他的选择在 Telnet 恢复时仍被保留。

7) Carriage Return

Carriage Return 表示回车,用于从命令模式返回到所连接的远程机器上。另外,还有许多其他的命令可以退出命令模式。

8.4 文件传输协议

8.4.1 FTP 概述

文件传输协议(File Transfer Protocol,FTP)是 Internet 上使用最广泛的文件传送协议。FTP 提供交互式的访问,允许客户指明文件的类型与格式(如指明是否使用 ASCII 码),并允许文件具有存取权限(如访问文件的用户必须经过授权,并输入有效口令)。FTP 屏蔽了各计算机系统的细节,因而适合于在异构网络中任意计算机间传送文件。

在 Internet 发展的早期阶段,用 FTP 传送文件约占整个 Internet 的通信量的三分之一,而由电子邮件和域名系统所产生的通信量总和还小于 FTP 所产生的通信量。一直到 1995 年,WWW 的通信量才首次超过了 FTP。FTP 和 TFTP 都是文件共享协议中的一大类,即复制整个文件,其特点是:若要存取一个文件,就必须先获得一个本地的文件副本。如果要修改文件,只能对文件的副本进行修改,然后再将修改后的文件副本传回到原节点。FTP 工作在 TCP/IP 模型的应用层,基于 TCP,FTP 客户端和服务器之间的连接是可靠的,面向连接的,为数据的传输提供了可靠的保证。

文件共享协议中的另一大类是联机访问。联机访问意味着允许多个程序同时对一个文件进行存取。和数据库系统不同之处是用户不需要调用一个特殊的客户进程,而是由操作系统提供对远地共享文件进行访问的服务,就如同对本地文件的访问一样。这就使用户可以用远程文件作为输入和输出来运行任何应用程序,而操作系统中的文件系统则提供对共享文件的透明存取。透明存取的优点是:将原来用于处理本地文件的应用程序用来处理远程文件时,不需要对该应用程序做明显的改动。属于文件共享协议的有网络文件系统(Network File System,NFS)。NFS 最初是在 UNIX 操作系统环境下实现文件和目录的共享。NFS 可使本地计算机共享远程的资源,就像这些资源在本地一样。由于 NFS 原先是美国 Sun 公司在 TCP/IP 网络上创建的,因此目前 NFS 主要应用在 TCP/IP 网络上。然而现在 NFS 也可在 OS/2、Windows、NetWare 等操作系统上运行。NFS 还没有成为互联网的正式标准,现在的版本 4(NFSv4)是 2000 年年底发布的,目前还只是建议标准。

8.4.2 FTP 的基本工作原理

网络环境中的一项基本应用就是将文件从一台计算机中复制到另一台可能相距很远的计算机中。初看起来,在两个主机之间传送文件是很简单的事情。其实这往往非常困难。原因是众多的计算机厂商研制出的文件系统有数百种,且差别很大。经常遇到的问题是:

(1)计算机存储数据的格式不同。

(2)文件的目录结构和文件命名的规定不同。

(3)对于相同的文件存取功能,操作系统使用的命令不同。

(4)访问控制方法不同。

FTP 只提供文件传送的一些基本的服务,它使用 TCP 可靠的传输服务。FTP 的主要功能是减少或消除在不同操作系统下处理文件的不兼容性。

　　FTP 使用客户机/服务器方式。一个 FTP 服务器进程可同时为多个客户进程提供服务。FTP 的服务器进程由两大部分组成：一个主进程，负责接受新的请求；另外有若干个从属进程，负责处理单个请求。

　　主进程的工作步骤如下。

　　(1) 打开熟知端口(端口号为 21)，使客户进程能够连接上；

　　(2) 等待客户进程发出连接请求；

　　(3) 启动从属进程来处理客户进程发来的请求，从属进程对客户进程的请求处理完毕后即终止，但从属进程在运行期间根据需要还可能创建其他一些子进程；

　　(4) 回到等待状态，继续接受其他客户进程发来的请求，主进程与从属进程的处理是并发地进行。

　　FTP 的工作情况如图 8-15 所示。图中的椭圆圈表示在系统中运行的进程。图中的服务器端有两个从属进程：控制进程和数据传送进程。为简单起见，服务器端的主进程没有画上。在客户端除了控制进程和数据传送进程外，还有一个用户界面进程用来和用户接口。

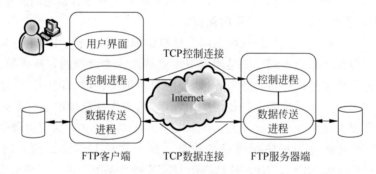

图 8-15　FTP 使用的两个 TCP 连接

　　在进行文件传输时，FTP 的客户端和服务器之间要建立两个并行的 TCP 连接：“控制连接”和“数据连接”。控制连接在整个会话期间一直保持打开，FTP 客户所发出的传送请求，通过控制连接发送给服务器端的控制进程，但控制连接并不用来传送文件。实际用于传送文件的是“数据连接”。服务器端的控制进程在接收到 FTP 客户发送来的文件传输请求后就创建“数据传送进程”和“数据连接”，用来连接客户端和服务器端的数据传送进程。数据传送进程实际完成文件的传送，在传送完毕后关闭“数据传送连接”并结束运行。由于 FTP 使用了一个分离的控制连接，因此 FTP 的控制信息是带外传送的。

　　当客户进程向服务器进程发出建立连接请求时，要寻找连接服务器进程的熟知端口(21)，同时还要告诉服务器进程自己的另一个端口号码，用于建立数据传送连接。接着，服务器进程用自己传送数据的熟知端口(20)与客户进程所提供的端口号码建立数据传送连接。由于 FTP 使用了两个不同的端口号，所以数据连接和控制连接不会发生混乱。

　　FTP 并非对所有的数据传输都是最佳的。例如，计算机 A 上运行的应用程序要在远程计算机 B 的一个很大的文件末尾添加一行信息。若使用 FTP，则应先将此文件从计算机 B 传送到计算机 A，添加上这一行信息后，再用 FTP 将此文件传送到计算机 B，来回传送这样大的文件很花时间。实际上这种传送是不必要的,因为计算机 A 并没有使用该文件的内容。

然而网络文件系统 NFS 则采用另一种思路。NFS 允许应用进程打开一个远程文件,并能在该文件的某一个特定的位置上开始读写数据。这样,NFS 可使用户只复制一个大文件中的一个很小的片段,而不需要复制整个大文件。对于上述例子,计算机 A 中的 NFS 客户软件,把要添加的数据和在文件后面写数据的请求一起发送到远程计算机 B 中的 NFS 服务器,NFS 服务器更新文件后返回应答信息。这样在网络上传输的只是少量的修改数据。

8.4.3 简单文件传输协议

TCP/IP 协议族中还有一个简单文件传输协议(Trivial File Transfer Protocol,TFTP),它是一个很小且容易实现的文件传输协议。TFTP 的版本 2 是互联网的正式标准(RFC1350)。虽然 TFTP 也使用客户机/服务器方式,但它使用 UDP 数据报,因此 TFTP 需要有自己的差错改正措施。TFTP 只支持文件传输而不支持交互。TFTP 没有庞大的命令集,没有列目录的功能,也不能对用户进行身份鉴别。

TFTP 的优点主要有两个。第一,TFTP 可用于 UDP 环境。例如,当需要将程序或文件同时向许多机器下载时就往往需要使用 TFTP。第二,TFTP 代码所占的内存较小。这对较小的计算机或某些特殊用途的设备是很重要的。这些设备不需要硬盘,只需要固化了 TFTP 和 UDP 以及 IP 的小容量只读存储器即可。当接通电源后,设备执行只读存储器中的代码,在网络上广播一个 TFTP 请求。网络上的 TFTP 服务器就发送响应,其中包括可执行二进制程序。设备收到此文件后将其放入内存,然后开始运行程序。这种方式增加了灵活性,也减少了开销。

TFTP 的主要特点如下。

(1) 每次传输的数据报文中有 512B 的数据,但最后一次可以不足 512B。

(2) 数据报文按序编号,从 1 开始。

(3) 支持 ASCII 码或二进制传送。

(4) 可对文件进行读或写。

(5) 使用很简单的首部。

TFTP 发送完一个文件块后就等待对方的确认,确认时应指明所确认的编号。发送完数据后在规定时间内收不到确认就要重发数据 PDU。发送确认 PDU 的一方,若在规定时间内收不到下一个文件块,也要重发确认 PDU。这样就可保证文件的传送不致因某一数据报的丢失而失败。

在一开始工作时,TFTP 客户进程发送一个读请求报文或写请求报文给 TFTP 服务器进程,其熟知端口号码为 69。TFTP 服务器进程要选择一个新的端口和 TFTP 客户进程进行通信。若文件长度恰好为 512B 的整数倍,则在文件传输完毕后,还必须在最后发送一个只含首部而无数据的数据报文。若文件长度不是 512B 的整数倍,则最后传送数据报文中的数据段一定不满 512B,这正好可作为文件结束的标志。

习题

一、术语解释

1. DNS   2. HTTP   3. URL   4. HTML

二、单项选择题

1. 以下用于用户从邮箱中读出邮件的协议是(   )。

    A. SMTP   B. POP3   C. PPP   D. ICMP

2. OSI 模型中支持程序间诸如电子邮件、文件传输和 Web 浏览的是(   )。

    A. 应用层   B. 表示层   C. 传输层   D. 网络层

3. 下列有关于 WWW 浏览的协议是(   )。

    A. HTTP   B. IPX/SPX   C. X.25   D. TCP/IP

4. 以下不属于邮件协议的是(   )。

    A. SMTP   B. POP3   C. PPP   D. IMAP

5. 下面属于应用层协议的是(   )。

    A. SNMP   B. ICMP   C. UDP   D. FTP

6. 将域名转换成 IP 地址的协议是(   )。

    A. ARP   B. BGP   C. DNS   D. TCP

三、简答题

1. Internet 的域名结构是怎样的？它与目前的电话网的号码结构有何异同之处？

2. 域名系统的主要功能是什么？域名系统中的本地域名服务器、根域名服务器、顶级域名服务器以及权限域名服务器有何区别？

3. 举例说明域名转换过程。域名服务器中的高速缓存的作用是什么？

4. 根据本章关于 DNS 工作原理的叙述，并结合自己所在客户机的 DNS 配置，简述在浏览器的地址栏中输入 http://www.sina.com.cn 请求后，返回网页的分析过程。

5. 假定一个超链从一个万维网文档链到另一个万维网文档时，由于万维网文档上出现了差错而使得超链指向一个无效的计算机名字。这时浏览器将向用户报告什么？

6. 远程登录 Telnet 的主要特点是什么？什么叫做虚拟终端？

7. 文件传送协议 FTP 的主要工作过程是怎样的？为什么说 FTP 是带外传送控制信息？主进程和从属进程各起什么作用？

8. 结合 FTP 的工作过程，总结对计算机网络层次模型、各层之间的关系及网络协议的认识。

第9章 计算机网络安全

病毒、防黑客任重道远,如何将各种网络隐患消除在萌芽状态,使网络在一个安全环境中运行,是每个网络工作者必须考虑的工作范畴,为此本章介绍有关网络安全方面的知识。

9.1 网络安全问题概述

9.1.1 计算机网络安全

1. 网络安全的定义

计算机网络安全是指网络系统的硬件、软件及其系统中的数据受到保护,不因偶然的或者恶意的原因而遭到破坏、更改、泄漏,确保系统能连续、可靠、正常地运行,使网络服务不中断。网络安全从本质上讲就是网络上信息的安全。

从狭义的保护角度来说,计算机网络安全是指计算机及其网络系统资源及信息资源不受自然和人为有害因素的威胁与危害。从广义来说,凡是涉及计算机网络上信息的保密性、完整性、可用性、真实性和可控性的相关技术理论,都是计算机网络安全研究的领域。还包括信息设备的物理安全,如场地环境保护、防盗措施、防火措施、防雷击措施、防水措施、防静电措施、电源保护、计算机及网络设备的防辐射等。

网络安全在技术层面是一门涉及计算机科学、网络技术、通信技术、密码技术、信息安全技术、应用数学、数论和信息论等多种学科的综合性学科。

2. 计算机网络安全的特征

计算机网络安全应具有以下4个方面的特征。

1) 保密性

保密性是指信息不泄漏给非授权的用户、实体或过程,或供其利用的特性。即防止信息泄漏给非授权个人或实体,信息只为授权用户使用。

2) 完整性

完整性是指数据未经授权不能进行改变,信息在存储或传输过程中保持不被修改、不被破坏和丢失的特征。完整性是一种面向信息的安全性,它要求保持信息的原样,即信息的正确生成和正确存储与传输。

3）可用性

可用性是指可被授权实体访问并按需求使用的特性。即网络信息服务在需要时，允许授权用户或实体使用的特性，或者是网络部分受损或需要降级使用时，仍能为授权用户提供有效服务的特性。

4）可控性

可控性是指对信息的传播及信息的内容具有控制能力。

9.1.2　网络所面临的安全威胁

1. 计算机网络安全威胁的来源

影响计算机网络安全的因素很多，有些因素可能是有意的，也可能是无意的；可能是天灾，也可能是人祸。计算机网络安全威胁的来源主要有以下三个。

1）天灾

天灾是指不可控制的自然灾害，如雷击、地震等。天灾轻将造成正常的业务工作混乱，天灾重则将造成系统中断和无法估量的损失。

2）人为因素

人为因素可分为有意和无意两种类型。人为的无意失误和各种各样的误操作都可能造成严重的不良后果，如文件的误删除、输入错误的数据、操作员安全配置不当等。有意因素是指人为的恶意攻击、违纪、违法和犯罪行为，它是计算机网络面临的最大威胁。

3）系统本身原因

由于计算机硬件系统及网络设备的故障，软件的漏洞以及软件的"后门"等系统本身存在的问题而引起网络安全方面的威胁。

2. 威胁的具体表现形式

针对网络安全的特征，威胁具体表现在以下几个方向。

1）窃听，破坏数据保密性

攻击者通过监视网络数据获得敏感信息，从而导致信息泄密。如图 9-1 所示，A 给 B 发送的数据被 C 窃取，主要表现为网络上的信息仅被窃听而不破坏网络中传输的信息。攻击者往往以此为基础，再利用其他工具进行更具破坏性的攻击。

2）篡改，破坏数据完整性

攻击者对合法用户之间传输的数据进行修改、插入、删除，再将伪造的信息发送给接收者，以取得有益于攻击者的响应，干扰用户的正常使用，起到信息误导的作用。这就是纯粹的信息破坏。如图 9-2 所示，A 给 B 发送的数据被 C 截取并篡改后再发给 B。

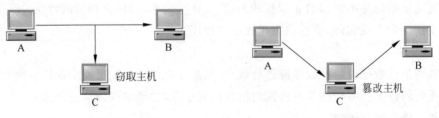

图 9-1　窃听数据示意图　　　　　　图 9-2　篡改数据示意图

3）拒绝服务攻击，破坏数据可用性

攻击者不断对网络服务系统进行干扰，改变其正常的作业流程，执行无关程序使系统响应减慢甚至瘫痪，影响或阻止合法用户获得服务。

4）电子欺骗

通过假冒合法用户的身份来进行网络攻击，从而达到掩盖攻击者真实身份，嫁祸他人的目的。

5）非授权访问

没有预先经过同意，就使用网络或计算机资源就被认为是非授权访问。它主要有以下几种形式：假冒、身份攻击、非法用户进入网络系统进行违法操作、合法用户以未授权方式进行操作等。如图9-3所示，A对B是合法用户，C假冒A给B发送非法数据进行攻击。

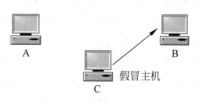

图9-3　非授权访问示意图

6）传播病毒

通过网络传播计算机病毒，其破坏性非常高，严重的可使整个网络陷入瘫痪，而且用户很难防范。

7）间谍软件、广告程序和垃圾邮件攻击

近年来在全球范围内流行的攻击方式是钓鱼式攻击，利用间谍软件、广告程序和垃圾邮件将用户引入恶意网站，这些网站看起来与正常网站没有什么两样，但犯罪分子通常会以升级账户为理由要求用户提供机密资料。

网络威胁的形式多种多样，层出不穷，应对网络攻击的措施也不断推陈出新，主要有网络病毒检测和防范，防火墙应用和网络入侵检测系统。

9.2　计算机病毒

9.2.1　计算机病毒概述

1. 计算机病毒的定义

计算机病毒有很多种定义，从广义上讲，凡是能引起计算机故障，破坏计算机中数据的程序统称为计算机病毒。现今国外流行的定义为：计算机病毒是一段附着在其他程序上的、可以实现自我繁殖的程序代码。在国内，《中华人民共和国计算机信息系统安全保护条例》的定义为："计算机病毒是指编制或者在计算机程序中插入的破坏计算机功能或者数据，影响计算机使用，并且能够自我复制的一组计算机指令或者程序代码。"此定义具有法律性和权威性。

2. 计算机病毒的发展过程

1983年11月3日，弗雷德·科恩（Fred Cohen）博士研制出一种在运行过程中可以复制自身的破坏性程序，伦·艾德勒曼（Len Adleman）将它命名为计算机病毒（Computer Viruses）。

计算机病毒在 20 世纪 90 年代开始大规模流行。1984 年,美国人 Thompson 开发出了针对 UNIX 操作系统的病毒程序(当时未给它命名)。1988 年 11 月 2 日晚,美国康尔大学研究生罗特·莫里斯(R. T. Morris)利用计算机系统存在的弱点,将计算机蠕虫病毒投放到网络中,使该病毒程序迅速扩展。至第二天凌晨,病毒从美国东海岸传到西海岸,造成了大批计算机瘫痪,遭受攻击的包括 5 个计算机中心和 12 个地区节点,连接着政府、大学、研究所和拥有政府合同的 250 000 台计算机,直接经济损失达 9600 万美元。这是自计算机出现以来最严重的一次计算机病毒侵袭事件。

随着计算机技术的发展,有越来越多的病毒出现。1995 年在北美地区流行着一种"宏"病毒,与传统病毒相比,宏病毒编写更为简单,但它传播速度快,可以在多平台上交叉感染,危害极大。据专家估计,宏病毒的感染率高达 40% 以上,即每发现 100 个病毒就有 40 个是宏病毒。在国内,最初让人关注的病毒是 1982 年出现的"黑色星期五"病毒、"米氏病毒"和"小球病毒"等。由于当时网络没有普及,因此没有造成病毒的广泛流行。

现在,由于网络的普及,计算机成为开放网络的一个节点,使得病毒可以长驱直入。计算机病毒非但没有得到抑制,数量反而与日俱增,所造成的危害也越来越大,甚至会造成网络的一时瘫痪。

3. 计算机病毒的分类

目前出现的计算机病毒种类繁多,同时,一种病毒也可能发生多种变形。根据计算机病毒的特征和表现的不同,计算机病毒有多种分类方法。

1) 按传染方式分类

传染是计算机病毒的一个主要特征。计算机病毒按其传染方式可分为三种类型,分别是引导型、文件型和混合型病毒。

(1) 引导型病毒:指传染计算机系统磁盘引导程序的计算机病毒。它是一种开机即可启动的病毒,先于操作系统而存在。这类病毒将自身的部分或全部代码寄生在引导扇区,即修改系统的引导扇区,在计算机启动时这些病毒首先取得控制权,减少系统内存,修改磁盘读写中断,在系统存取操作磁盘时进行传播,影响系统工作效率。典型例子有大麻病毒、小球病毒等。

(2) 文件型病毒:指传染可执行文件的计算机病毒。这类计算机病毒传染计算机的可执行文件(通常为 .com 或 .exe、.ovl 文件等)以及这些文件在执行过程中所使用的数据文件。在用户调用染毒的执行文件时,病毒被激活。典型例子有黑色星期五病毒、维也纳病毒和宏病毒等。

(3) 混合型病毒:指传染可执行文件又传染引导程序的计算机病毒。它兼有文件型和引导型病毒的特点。因此,混合型病毒的破坏性更大,传染的机会多,查杀病毒更困难。

2) 按寄生方式分类

寄生是计算机病毒赖以存在的方式。计算机病毒按其寄生方式可分为 4 种类型,分别是代替型、链接型、转储型和源码病毒。

(1) 代替型病毒:是指计算机病毒在传染病毒宿主之后,计算机病毒用自身代码的部分或全部代替正常程序的部分或全部,从而使宿主程序不能正常运行。有些攻击操作系统的病毒,在发作时用自己的逻辑运行模块取代操作系统原来的逻辑运行模块,使操作系统不能正常运行自己的功能。

（2）链接型病毒：是将计算机病毒程序代码链接到被传染的宿主程序代码的首部、中部或尾部，对原来的程序不做修改。这种病毒较为常见，大部分文件型病毒都属于这一类。

（3）转储型病毒：是指计算机病毒将原合法程序的代码转移到存储介质的其他部位，而病毒代码占据原合法程序的位置。一旦这种病毒感染了一个文件，就很难被发现，隐蔽性较好。

（4）源码病毒：主要利用 Java、VBS、ActiveX 等网络编程语言编写，放在电子邮件的附件 HTML 主页中，进入到感染的计算机中执行。在用户使用浏览器来阅读这些带有病毒的网页或者打开邮件的附件时，病毒就不知不觉地侵入用户的机器中。这些病毒除了可以通过网络传播外，还可以通过网络将计算机内的机密泄漏出去。

3）按危害程度分类

严格地说，只要是计算机病毒，就会对系统造成一定的危害，只是不同的计算机病毒造成的危害程度不同。计算机病毒按其危害程度可分为三种类型，分别为良性病毒、恶性病毒和中性病毒。

（1）良性病毒：又称表现型病毒。它只是为了以一种特殊的方式表现其存在，如显示某项信息、发出蜂鸣声或播放一段音乐，不直接破坏计算机的软件、硬件资源，相对而言对系统的危害较小。但是这类病毒还是具有潜在的破坏性，它使内存空间减少，占用磁盘空间，与操作系统和应用程序争抢 CPU 的控制权，降低系统运行效率等。

（2）恶性病毒：又称破坏型病毒。它的目的就是对计算机的软件和硬件进行恶意的攻击，使系统遭到严重的破坏，如破坏数据、彻底删除硬盘上的文件或格式化磁盘，它们甚至可能攻击硬盘，破坏主板，导致系统死机而无法工作，甚至在网络上高速传播，致使网络瘫痪等，因此恶性病毒非常危险，造成的危害十分严重。

（3）中性病毒：是指那些既不对计算机系统造成直接破坏，又没有表现症状，只是疯狂地复制自身的计算机病毒，也就是常说的蠕虫型病毒。从总体上来说，它的危害程度介于良性病毒与恶性病毒之间。说其危害程度轻，是指有的蠕虫型病毒不做其他的破坏，只是在硬盘上疯狂地复制自身，挤占硬盘的大量存储空间，但不对文件造成直接破坏；说其危害程度重，是指有的蠕虫型病毒大量复制自身，耗尽了系统资源，使系统不堪重负而崩溃。典型的蠕虫有 Exporer. Zip. Worm、Melissa、红色代码等。

4）按攻击对象划分

（1）攻击 DOS 的病毒：它们都可以运行 DOS 操作系统。在已发现的病毒中，攻击 DOS 的病毒种类最多、数量最多，且每种病毒都有变种，所以这种病毒传播得非常广泛。小球病毒是国内发现的第一个 DOS 病毒。

（2）攻击 Windows 的病毒：攻击 Windows 的病毒多种多样，其中的宏病毒变形很多，有感染 Word 的宏病毒，有感染 Excel 的宏病毒，还有感染 Access 的宏病毒。其中，感染 Word 的宏病毒最多。Concept 病毒是世界上首例攻击 Windows 的宏病毒。

（3）攻击网络的病毒：随着网络用户的增加，网络病毒的传播速度更快，范围更广，病毒造成的危害更大。如 GPI 病毒是世界上第一个专门攻击计算机网络的病毒。

9.2.2　计算机病毒的特征

计算机病毒是一种特殊的程序,所以它除了具有与其他正常程序一样的特性外,还具有与众不同的基本特征。通过对计算机病毒的研究,可以总结出它的几个特征。

1. 传染性

计算机病毒的传染性是指病毒具有把自身复制到其他程序中的特性。传染性是病毒的基本属性,是判断一个可疑程序是否是病毒的主要依据。病毒一旦入侵系统,它就会寻找符合传染条件的程序或存储介质,确定目标后将自身代码插入其中,达到自我繁殖的目的。计算机病毒一般有自己的标志。当染毒程序被运行时,病毒被激活,它监视着计算机系统的运行,一旦发现某个程序没有自己的标志,就立刻发起攻击,传染给无毒程序。

2. 潜伏性

计算机病毒的潜伏性是指病毒具有依附其他媒体而寄生的能力,也称隐蔽性。病毒程序为了达到不断传播并破坏系统的目的,一般不会在传染某一程序后立即发作,否则就暴露了自身。因此,它通常附着在正常程序或磁盘较隐蔽的地方,也有个别的病毒以隐含文件的方式出现。一般情况下,系统被感染病毒后,用户是感觉不到它的存在的,只有病毒发作后或者系统出现什么不正常的反应时,用户才能察觉。病毒的潜伏性与病毒的传染性相辅相成,病毒可以在潜伏阶段传播,潜伏性越大,传播的范围越广。

3. 破坏性

计算机病毒的破坏性是指病毒破坏文件或数据,甚至损坏主板,干扰系统的正常运行。任何病毒只要入侵系统就会对系统及应用程序产生不同程度的影响。病毒的破坏性只有在病毒发作时才能体现出来。病毒破坏的严重程度取决于病毒制造者的目的和技术水平。轻者只是影响系统的工作效率,占用系统资源,造成系统运行不稳定。重者则可以破坏或删除系统的重要数据和文件,或者加密文件、格式化磁盘,甚至攻击计算机硬件,导致整个系统瘫痪。

4. 可触发性

计算机病毒的可触发性是指病毒因某个事件或某个数值的出现,诱发病毒发作。为了不让用户发现,病毒必须隐藏起来,少做动作。但如果完全不动,又失去了作用。因此,病毒为了既隐蔽自己,又保持杀伤力,就必须设置合理的触发条件。每种计算机病毒都有自己预先设计好的触发条件,这些条件可能是时间、日期、文件类型或使用文件的次数这样特定的数据等。满足触发条件的时候,病毒发作,对系统或文件进行感染或破坏。条件不满足的时候,病毒继续潜伏。

5. 针对性

计算机病毒的针对性是指病毒的运行需要特定的软、硬件环境,只能在特定的操作系统和硬件平台上运行,并不能传染所有的计算机系统或所有的计算机程序。如一些病毒只传

染给计算机中的.com 或.exe 文件,一些病毒只破坏引导扇区,或者针对某一类型机器,如
IBM PC 的病毒就不能传染到 Macintosh 机上。同样,攻击 DOS 的病毒也不能在 UNIX 操
作系统下运行等。

6. 衍生性

计算机病毒可以演变,在演变过程中形成多种形态,即计算机病毒具有衍生性。计算机
病毒是一段特殊的程序或代码,只要了解病毒程序的人就可以将程序随意改动,只要原程序
有所变化,也许只是将发作日期或者是攻击对象发生简单变化,表现出不同的症状,便衍生
出另一种不同于原版病毒的新病毒,这种衍生出的病毒被称为病毒的变种。由于病毒的变
种,对于病毒的检测来说,病毒变得更加不可预测,加大了反病毒的难度。

9.2.3 计算机网络病毒

1. 计算机网络病毒的特点

随着计算机技术及网络技术的发展,计算机网络病毒呈现出一些新的特点。

(1) 入侵计算机网络的病毒形式多样。既有单用户微型计算机上常见的某些计算机病
毒,如感染磁盘系统区的引导型病毒和感染可执行文件的文件型病毒,也有专门攻击计算机
网络的网络型病毒,如特洛伊木马病毒及蠕虫病毒。

(2) 不需要寄主。传统型病毒的一个特点就是一定有一个"寄主"程序,病毒就隐藏在
这些程序里。最常见的就是一些可执行文件,像扩展名为.exe 及.com 的文件,以及以.doc
文件为"寄主"的宏病毒。现在,在网络上不需要寄主的病毒也出现了。例如,Java 和
ActiveX 的执行方式,是把程序代码写在网页上。当与这个网站连接时,浏览器就把这些程
序代码读下来。这样,使用者就会在神不知鬼不觉的状态下,执行了一些来路不明的程序。

(3) 电子邮件成为新的载体。随着因特网技术的发展,电子邮件已经成为广大用户进
行信息交流的重要工具。但是,计算机病毒也得到了迅速的发展,电子邮件作为媒介使计算
机病毒传播得尤为迅速,引起各界广泛关注。

(4) 利用操作系统安全漏洞主动攻击。目前一些网络病毒能够通过网络扫描操作系统
漏洞,一旦发现漏洞后自主传播其病毒,甚至能在几个小时就传遍全球。

2. 计算机网络病毒的传播方式

计算机应用的普及使信息交换日益频繁,信息共享也成为一种发展趋势,所以病毒入侵
计算机系统的途径也成倍增长。通常把病毒入侵途径划分为两大类:传统方式和 Internet
方式,如图 9-4 所示。

1) 传统方式

病毒通过硬盘、CD-ROM 及局域网络感染可以归为病毒入侵的传统方式。在计算机进
行文件交换、执行程序或启动过程中,病毒可能入侵计算机。因此,计算机上所有接收信息
的方式都使病毒入侵成为可能。

2) Internet 方式

Internet 正在逐步成为病毒入侵的主要途径。病毒可以通过 Internet 上的电子邮件、

图 9-4　病毒传播方式

网页和文件下载入侵联网计算机,此外还有利用操作系统的漏洞主动入侵联网计算机系统的病毒。如果在互联网中网页只是单纯用 HTML 写成的话,那么要传播病毒的机会可以说是非常小的。

但是,为了让网页看起来更生动、更丰富,许多语言被开发出来,其中最有名的就数 Java 和 ActiveX 了。Java 和 ActiveX 的执行方式,是把程序码写在网页上,使该网页成为新一代病毒的寄生场所。另外,被宏病毒感染的文档可以很容易地通过 Internet 以几种不同的方式发送,如电子邮件、FTP 或 Web 浏览器。同样,在打开莫名其妙的邮件或者下载一些有毒程序的时候,计算机已经通过互联网中毒了。

3. 计算机网络病毒的危害性

在现阶段,由于计算机网络系统的各个组成部分、接口以及各连接层次的相互转换环节都不同程度地存在着某些漏洞和薄弱环节,而网络软件方面的保护机制不完善,使得病毒通过感染网络服务器,进而在网络上快速蔓延,并影响到各网络用户的数据安全以及机器的正常运行。一些良性病毒不直接破坏正常代码,只是为了表示它存在,可能会干扰屏幕的显示,或使计算机的运行速度减慢。一些恶性病毒会明确地破坏计算机的系统资源和用户信息,造成无法弥补的损失。所以计算机网络一旦染上病毒,其影响要远比单机染毒更大,破坏性也更大。

计算机网络病毒的危害大致会表现在如下几个方面。

(1) 破坏磁盘文件分配表(FAT 表),使磁盘上的信息丢失,这时使用 DIR 命令查看文件,会发现文件还在,但文件名与文件的主体已失去联系,文件已无法使用了。

(2) 删除硬盘上的可执行文件或数据文件,使文件丢失。

(3) 修改或破坏文件中的数据,这时文件的格式是正常的,但内容已发生了变化。

(4) 产生垃圾文件,占据磁盘及内存空间,使磁盘空间逐渐减少或者使一些大程序运行不畅。

(5) 破坏硬盘的主引导扇区,使计算机无法启动。

(6) 对整个磁盘或磁盘的特定扇区进行格式化,使磁盘中的全部或部分信息丢失,受损的数据难以恢复。

(7) 对 CMOS 进行写入操作,破坏 CMOS 中的数据,使计算机无法工作。

(8) 非法使用及破坏网络中的资源,破坏电子邮件,发送垃圾信息,占用网络带宽等。

(9) 占用 CPU 运行时间,使主机运行效率降低。

（10）破坏外设的正常工作。如屏幕不能正常显示，干扰用户的操作；破坏键盘输入程序，封锁键盘、换字和震铃等，使用户的正常输入出现错误；干扰打印机，使之出现间歇性打印或假报警。

（11）破坏系统设置或对系统信息加密，使用户系统工作紊乱。

9.2.4　计算机病毒检测方法

检测计算机上是否被病毒感染，通常可以分为两种方法：手工检测和自动检测。

手工检测是指通过一些工具软件，如 Debug、Pctools、Nu 和 Sysinfo 等进行病毒的检测。其基本过程是利用这些工具软件，对易遭病毒攻击和修改的内存及磁盘的相关部分进行检测，通过与正常情况下的状态进行对比来判断是否被病毒感染。这种方法要求检测者熟悉机器指令和操作系统，操作比较复杂，容易出错，且效率较低，适合计算机专业人员，因而无法普及。但是，使用该方法可以检测和识别未知的病毒，以及检测一些自动检测工具不能识别的新病毒。

自动检测是指通过一些诊断软件和杀毒软件，来判断一个系统或磁盘是否有毒，如使用瑞星、金山毒霸等。该方法可以方便地检测大量病毒，且操作简单，一般用户都可以进行。但是，自动检测工具只能识别已知的病毒，而且它的发展总是滞后于病毒的发展，所以自动检测工具总是对某些病毒不能识别。

对病毒进行检测可以采用手工方法和自动方法相结合的方式。一般归纳起来常用以下6种技术来检测病毒。

1. 病毒码扫描法

病毒码扫描软件由两部分组成：一部分是病毒码库，另一部分是利用该代码库进行扫描的扫描程序。病毒扫描程序能识别的计算机病毒的数目完全取决于病毒代码库内所含病毒的种类有多少。显而易见，病毒代码库中病毒种类越多，扫描程序能识别的病毒就越多。

每当执行扫毒程序时，便能立刻扫描目标文件，并与病毒码对比，既能侦测到是否有病毒，同时还能判断是什么病毒。病毒码扫描法又快又有效率，误报警率很低，对病毒了解不多的人也可以用它来查毒，大多数防毒软件均采用这种方式，但其缺点是无法侦测到未知的新病毒及已变种的病毒，另外对病毒代码库的维护是一项艰巨而复杂的工作，需要具备许多专业知识的反病毒人员来完成。尽管如此，病毒码扫描法仍然是今天用得最为广泛的查毒方法。

2. 对比法

对比法是将原始备份的正常无毒对象与被检测的可疑对象进行比较，如果相比较后发现内容不一致，就可以认为有病毒存在。该方法思想比较简单，实现起来较为容易。对比法可以针对文件的长度或内容进行比较，但是只比较文件的长度和内容有时候会出现误报，有时候一些操作会引起文件长度和内容的合法变化。也有一些病毒在感染文件时并不能引起文件长度的改变。

3. 行为监测法

行为监测法是一种监测计算机行为的常驻式扫描技术。通过对病毒的深入分析和总结,发现病毒的一些共同行为。如计算机病毒常常攻击硬盘的主引导扇区、分区表以及文件分配表和文件目录区。也有一些病毒常常在 FAT 表上标注坏簇来隐藏自己,还有一种常用的方法就是修改中断向量,病毒常攻击的中断有磁盘输入输出中断(13H)、绝对读中断(25H)、绝对写中断(26H)以及时钟中断(08H)等。这些行为具有特殊性,一般不会在正常程序中出现,或者很少出现。

4. 软件模拟法

软件模拟实验技术专门用来对付多态性的病毒。有些病毒在每次传染时,都以不同的随机数加密于每个中毒的文件中,使每个中毒文件的表现都有所差异,病毒代码也同时发生变化。因为没有固定的病毒码,传统病毒码对比的方式根本就无法找到这种病毒。软件模拟实验技术则是在其设计的虚拟机器(Virtual Machine)上模拟 CPU 的执行过程,让 CPU 假执行病毒的变体引擎解码程序,安全并确实地将多态性病毒解开,使其显露原本的面目。

利用模拟实验法可以及时地发现新病毒,监测病毒的运行,待病毒自身的密码破译后,提取特征串或特征字作为此病毒的病毒码,从而掌握新病毒的类型和大致结构,为制定相应的反病毒措施提供条件,以后再发现这种病毒,就可以用病毒码扫描法识别这种病毒。

5. 实时 I/O 扫描

实时 I/O 扫描的目的在于即时地对计算机上的输入输出数据做病毒码对比的工作,希望能够在病毒尚未被执行之前,就能够防堵下来,即将病毒防御于门外。理论上,这样的实时扫描技术会影响到数据的输入/输出速度。但是使用实时扫描技术,文件输入进来之后,就等于扫过一次毒了。如果扫描速度能够提高很多的话,这种方法确实能对数据起到一个很好的保护作用。

6. 网络监测法

网络监测法是一种检查、发现网络病毒的方法。根据网络病毒主要通过网络传播的特点,感染网络病毒的计算机一般会发送大量的数据包,产生突发的网络流量,有的还开放固定的 TCP/IP 端口。用户可以通过流量监视、端口扫描和网络监听来发现病毒,这种方法对查找局域网内感染网络病毒的计算机比较有效。

一般在检测病毒的时候,通常是几种方法相结合,以达到更好的查毒的目的。

9.2.5　计算机病毒的防范

病毒的繁衍方式、传播方式不断地变化,反病毒技术也应该在与病毒对抗的同时不断推陈出新,现在防治感染病毒主要有两种手段:一是用户遵守和加强安全操作控制措施,在思想上要重视病毒可能造成的危害;二是在安全操作的基础上,使用硬件和软件防病毒工具,使病毒无法逾越计算机安全保护的屏障,病毒便无法广泛传播。实践证明,通过这些防护措施和手段,可以有效地降低计算机系统被病毒感染的概率,保障系统的安全稳定运行。对病毒的预防在病毒防治工作中起到主导作用,防治病毒要从以下几个方面着手。

1．在思想和制度方面

1）加强立法,健全管理制度

对信息资源要有相应的立法。为此,国家专门出台了《中华人民共和国计算机信息系统安全保护条例》《中华人民共和国信息网络国际联网管理暂行规定》来约束用户的行为,保护守法的计算机用户的合法权益。除国家制定的法律、法规外,凡使用计算机的单位都应制定相应的管理制度,避免蓄意制造、传播病毒的恶性事件发生。

2）加强教育和宣传,打击盗版

加强计算机安全教育,使计算机的使用者能学习和掌握一些必备的反病毒知识和防范措施,使网络资源得到正常合理的使用,防止信息系统及其软件的破坏,防止非法用户的入侵干扰,防止有害信息的传播。

现在盗版软件泛滥,这也是造成病毒泛滥的原因之一。因此,加大执法力度,打击非法的盗版活动,使用正版软件是截断病毒扩散的重要手段。

2．在技术措施方面

除管理方面的措施外,防止计算机病毒的感染和蔓延还应采取有效的技术措施。应采用纵深防御的方法,采用多种阻塞渠道和多种安全机制对病毒进行隔离,这是保护计算机系统免遭病毒危害的有效方法。内部控制和外部控制相结合,设置相应的安全策略。常用的方法有系统安全、软件过滤、文件加密、生产过程控制、后备恢复和安装防病毒软件等措施。

1）系统安全

对病毒的预防依赖于计算机系统本身的安全,而系统的安全又首先依赖于操作系统的安全。开发并完善高安全性的操作系统并向上迁移,例如,从 DOS 平台移至安全性较高的UNIX 或 Windows 2000 平台,并且跟随版本和操作系统补丁的升级而全面升级,是有效防止病毒入侵和蔓延的一种根本手段。

2）软件过滤

软件过滤的目的是识别某一类特殊的病毒,防止它们进入系统和不断复制。对于进入系统内的病毒,一般采用专家系统对系统参数进行分析,以识别系统的不正常处和未经授权的改变。也可采用类似疫苗的方法识别和清除。

3）软件加密

软件加密是对付病毒的有效技术措施,由于开销较大,目前只用于特别重要的系统。软件加密就是将系统中可执行文件加密,若施放病毒者不能在可执行文件加密前得到该文件,或不能破译加密算法,则该文件不可能被感染。即使病毒在可执行文件加密前传染了该文件,该文件解码后,病毒也不能向其他可执行文件传播,从而杜绝了病毒的复制。

4）备份恢复

定期或不定期地进行磁盘文件备份,可确保每一个细节的准确、可靠,在万一系统崩溃时最大限度地恢复系统。对付病毒破坏最有效的办法就是制作备份,将程序和数据分别备份在不同的磁盘上,当系统遭遇病毒袭击时,可通过与后备副本比较或重新装入一个备份的、干净的源程序来解决。

5）建立严密的病毒监视体系

后台实时扫描病毒的应用程序也可有效地防御病毒的侵袭。它能对 E-mail 的附加部分、下载的 Internet 文件（包括压缩文件）以及正在打开的文件进行实时扫描检测，确认无异常后再继续向下执行，若有异常，则给出信息并停止执行。及时对反病毒软件进行升级，能有效地防止病毒的入侵和扩散。对于联网的计算机最好使用网络版的反病毒软件，这样便于集中管理、软件升级和病毒监控。

6）在内部网络出口进行访问控制

网络病毒一般都使用某些特定的端口收发数据包以进行网络传播，在网络出口的防火墙或路由器上禁止这些端口访问内部网络，可以有效地防止内部网络中计算机感染网络病毒。

9.3　防火墙

9.3.1　什么是防火墙

1. 防火墙的概念

防火墙的本义原是指房屋之间修建的那道墙，这道墙可以防止火灾发生的时候蔓延到别的房屋。然而，多数防火墙里都有一个重要的门，允许人们进入或离开房屋，因此，防火墙在提供增强安全性的同时也允许必要的访问。

计算机网络安全领域中的防火墙（Firewall）指位于不同网络安全域之间的硬件和软件的组合，作为不同网络安全域之间通信的唯一通道，并根据用户的有关安全策略（允许、拒绝、监视、记录）控制进出不同网络安全域的访问。原理如图 9-5 所示。一般都将防火墙内的网络称为"可信赖的网络"，而将外部的公用网络称为"不可信赖的网络"。防火墙可用来解决内联网和外联网的安全问题。还有一个 DMZ（DeMilitarized Zone），即隔离区，它是为了解决安装防火墙后外部网络的用户不能访问内部网络服务器的问题，设立的一个非安全系统与安全系统之间的缓冲区，该缓冲区位于企业内部网络和外部网络之间的小网络区域内。

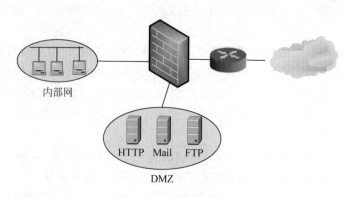

内部网

HTTP　Mail　FTP

DMZ

图 9-5　防火墙系统模型

在 Internet 上防火墙是一种非常有效的网络安全模型,通过它可以隔离风险区域(即 Internet 或有一定风险的网络)与安全区域(即通常讲的内部网络)的连接,同时不妨碍本地网络用户对风险区域的访问。防火墙可以监控进出网络的通信,仅让安全、核准了的信息进入,抵制对本地网络安全构成威胁的数据。因此,防火墙的作用是防止不希望的、未授权的通信进出被保护的网络,迫使用户强化自己的网络安全政策,简化网络的安全管理。

防火墙本身必须具有很强的抗攻击能力,以确保其自身的安全性。简单的防火墙可以只用路由器实现,复杂的可以用主机、专用硬件设备及软件甚至一个子网来实现。通常意义上讲的硬防火墙为硬件防火墙,它是通过专用硬件和专用软件的结合来达到隔离内、外部网络的目的,价格较贵,但效果较好,一般小型企业和个人很难实现。软件防火墙是通过软件的方式来实现,价格便宜,但这类防火墙只能通过一定的规则来达到限制一些非法用户访问内部网的目的。防火墙安装和投入使用后,要想充分发挥它的安全防护作用,必须对它进行跟踪和动态维护,要与商家保持密切的联系,时刻注视商家的动态,商家一旦发现其产品存在安全漏洞,会尽快发布补救产品,并对防火墙进行更新。

2. 防火墙的基本功能

防火墙是网络安全政策的有机组成部分,通过控制和监测网络之间的信息交换和访问行为来实现对网络安全的有效管理,防止外部网络不安全的信息流入内部网络和限制内部网络的重要信息流到外部网络。防火墙的功能有两个:一个是阻止,另一个是允许。"阻止"就是阻止某种类型的通信通过防火墙(从外部网络到内部网络,或反过来)。"允许"的功能与"阻止"恰好相反。不过在大多数情况下防火墙的主要功能是"阻止"。

从总体上看,防火墙应具有以下 5 大基本功能。

(1) 过滤进、出内部网络的数据。

(2) 管理进、出内部网络的访问行为。

(3) 封堵某些禁止的业务。

(4) 记录通过防火墙的信息内容和活动。

(5) 对网络攻击进行检测和报警。

除此以外,有的防火墙还根据需求包括其他的功能,如网络地址转换功能(NAT)、双重 DNS、虚拟专用网络(VPN)、扫毒功能、负载均衡和计费等功能。

为实现以上功能,在防火墙产品的开发中,广泛地应用网络拓扑技术、计算机操作系统技术、路由技术、加密技术、访问控制技术以及安全审计技术等。

注意:"绝对阻止所不希望的通信"和"绝对防止信息泄漏"一样,是很难做到的。简单地购买一个商用防火墙往往不能得到所需要的保护,但正确地使用防火墙则可将安全风险降低到可接受水平。

3. 防火墙的局限性

通常防火墙可以保护内部网络不受外界的侵袭和干扰,但随着网络技术的发展,网络结构日趋复杂,传统防火墙在使用的过程中暴露出以下的不足和弱点。

(1) 防火墙不能防范不经过防火墙的攻击。没有经过防火墙的数据,防火墙无法检查。传统的防火墙在工作时,入侵者可以伪造数据绕过防火墙或者找到防火墙中可能敞开的后门。

（2）防火墙不能防止来自网络内部的攻击和安全问题。网络攻击中有相当一部分攻击来自网络内部，对于那些对企业心怀不满或假意卧底的员工来说，防火墙形同虚设。防火墙可以设计为既防外也防内，但绝大多数单位因为不方便，不要求防火墙防内。

（3）由于防火墙性能上的限制，因此它通常不具备实时监控入侵的能力。

（4）防火墙不能防止策略配置不当或错误配置引起的安全威胁。防火墙是一个被动的安全策略执行设备，就像门卫一样，要根据政策规定来执行安全，而不能自作主张。

（5）防火墙不能防止受病毒感染文件的传输。防火墙本身并不具备查杀病毒的功能，即使集成了第三方的防病毒的软件，也没有一种软件可以查杀所有的病毒。

（6）防火墙不能防止利用服务器系统和网络协议漏洞所进行的攻击。黑客通过防火墙准许的访问端口对该服务器的漏洞进行攻击，防火墙不能防止。

（7）防火墙不能防止数据驱动式的攻击。当有些表面看来无害的数据邮寄或拷贝到内部网的主机上并被执行时，可能会发生数据驱动式的攻击。

（8）防火墙不能防止内部的泄密行为。如果防火墙内部的一个合法用户主动泄密，防火墙是无能为力的。

（9）防火墙不能防止本身的安全漏洞的威胁。防火墙保护别人有时却无法保护自己，目前还没有厂商绝对保证防火墙不会存在安全漏洞。因此对防火墙必须提供某种安全保护。

由于防火墙的局限性，因此仅在内部网络入口处设置防火墙系统，不能有效地保护计算机网络的安全。而入侵检测系统（Intrusion Detection System，IDS）可以弥补防火墙的不足，它为网络提供实时的监控，并且在发现入侵的初期采取相应的防护手段。IDS作为必要附加手段，已经为大多数组织机构的安全构架所接受。

9.3.2　防火墙的类型

1. 按组成结构分类

目前广泛应用的防火墙按组成结构可分为以下三种。

1）软件防火墙

网络版的软件防火墙运行于特定的计算机上，它需要客户预先安装好的操作系统的支持，一般来说这台计算机就是整个内部网络的网关。软件防火墙就像其他的软件产品一样，需要先在计算机上安装并做好配置才可以使用。

2）硬件防火墙

这里说的硬件防火墙针对芯片级防火墙来说是所谓的硬件防火墙。它们最大的差别在于是否基于专用的硬件平台。目前市场上大多数防火墙都是这种所谓的硬件防火墙，它们都基于PC架构，就是说，它们和普通的家庭用的PC没有太大区别。在这些PC架构计算机上运行一些经过裁剪和简化的操作系统，最常用的有UNIX、Linux和FreeBSD系统。

3）芯片级防火墙

基于专门的硬件平台，核心部分就是ASIC芯片，所有的功能都集成做在芯片上。专有的ASIC芯片促使它们比其他种类的防火墙速度更快，处理能力更强，性能更高。

2．按采用的技术分类

常见防火墙按采用的技术分类主要有包过滤防火墙（也叫网络级防火墙）和代理防火墙（应用级网关、电路级网关和规则检查防火墙等），每种防火墙都有各自的优缺点。

1）包过滤防火墙

数据包过滤（Packet Filtering）技术是第一代防火墙技术，也是最简单最常用的防火墙。其技术依据是网络中的分包传输技术，它工作在 OSI 模型的网络层。网络上的数据都是以"包"为单位进行传输的，数据被分割成为一定大小的数据包，每一个数据包中都会包含一些特定信息，如数据的 IP 源地址、IP 目标地址、封装协议（TCP、UDP、ICMP 等）、TCP/UDP 源端口和目标端口等。当这些信息包被送上 Internet 时，路由器会读取接收者的 IP 地址并选择一条合适的物理线路发送出去。信息包可能经由不同的路线抵达目的地，当所有的包抵达目的地后会重新组装还原。包过滤防火墙会检查所有通过的信息包中的 IP 地址，并按照系统管理员所给定的过滤规则进行过滤。如果防火墙设定某一 IP 地址的站点为不适宜访问的话，从这个地址来的所有信息都会被防火墙屏蔽掉。

包过滤防火墙也称为筛选防火墙。一个常见的包过滤防火墙的例子就是 Cisco2503 路由器。这种类型的防火墙需要大量的手工配置才能生效。也就是说，网络管理员需要配置防火墙以接受或拒绝某种类型的流量。防火墙一般根据一定的规则来接受或拒绝数据，这些规则包括：

(1) 源和目标 IP 地址。

(2) 源和目标端口（例如，支持 TCP/UDP 连接，FTP、Telnet 和 SNMP 等的端口）。

(3) TCP、UDP 和 ICMP。

(4) 包的状态如果是一个新的数据流中的第一个包或是一个后续的包。

(5) 包的状态如果是从私有网络出来的或是进去的。

(6) 包的状态如果是从网络的哪个程序发起或要传输到哪个程序。

下面是上述访问规则的一个实例。

(1) 允许网络 123.1.0.0 使用 FTP（端口号为 21）访问主机 150.0.0.1。

(2) 允许 IP 地址为 202.103.1.18 和 202.103.1.14 的用户 Telnet（端口号 23）到主机 150.0.0.2 上。

(3) 允许任何地址的 E-mail（端口号 25）进入主机 150.0.0.3。

(4) 允许任何 WWW 数据（端口号 80）通过。

(5) 不允许其他数据包进入。

包过滤防火墙的优点是它对于用户来说是透明的，处理速度快而且易于维护，通常作为第一道防线。包过滤路由器通常没有用户的使用记录，这样我们就不能得到入侵者的攻击记录。另外，包过滤防火墙还具有配置烦琐的缺点。包过滤防火墙的另一个关键的弱点就是不能在用户级别上进行过滤，即不能鉴别不同的用户和防止 IP 地址被盗用。

2）代理防火墙

代理防火墙是一种较新型的防火墙技术，它分为应用层网关、电路层网关和规则检查防火墙。

代理防火墙通过编程来弄清用户应用层的流量，并能在用户层和应用协议层提供访问控制。而且，还可记录所有应用程序的访问情况，记录和控制所有进出流量的能力是代理防火墙的主要优点之一，代理防火墙一般是运行代理服务器的主机。

(1) 应用级网关(Application Level Gateways)。应用级网关是在网络应用层上建立协议过滤和转发功能。它针对特定的网络应用服务协议使用指定的数据过滤逻辑，并在过滤的同时，对数据包进行必要的分析、登记和统计，形成报告。应用级网关就是代理服务器。它适用于特定的 Internet 服务，如 HTTP、FTP 等。应用级网关比一般的包过滤更为可靠，而且会详细地记录所有的访问状态信息。但是应用级网关也存在一些不足之处：首先它会使访问速度变慢，因为它不允许用户直接访问网络；另外，应用级网关需要对一个特定的Internet 服务安装相应的代理服务软件。常用的应用级服务（如 HTTP、FTP、Telnet 和Rlogin 等）已有了相应的代理服务软件。但对于新开发的应用，可能没有相应的代理服务软件。应用级网关有较好的访问控制，是目前最安全的防火墙技术。但应用级网关缺乏"透明度"。在实际使用中，用户在受信任的网络上通过防火墙访问 Internet 时，经常会发现存在延迟并且必须进行多次登录(login)才能访问 Internet 或 Intranet。

数据包过滤和应用网关防火墙有一个共同的特点，就是它们仅依靠特定的逻辑判断是否允许数据包通过。一旦满足逻辑，则让防火墙内外的计算机系统建立直接联系，防火墙外部的用户便有可能直接了解防火墙内部的网络结构和运行状态，这就给非法访问和攻击提供了机会。

(2) 电路级网关。电路级网关又称为状态监视防火墙，状态监视防火墙安全特性非常好，它采用了一个在网关上执行网络安全策略的软件引擎，称为检测模块。检测模块在不影响网络正常工作的前提下，采用抽取相关数据的方法对网络通信的各层实施监测，抽取部分数据，即状态信息（如 SYN 同步，ACK 确认），并动态地保存起来作为以后指定安全决策的参考。检测模块一般支持多种协议和应用程序。和前两种防火墙不同，当用户的请求到达电路级网关时，检测模块要抽取有关数据进行分析，并结合网络配置和安全规定做出接纳、拒绝、报警或给该通信加密等处理动作。

(3) 规则检查防火墙。规则检查防火墙结合了包过滤防火墙、电路级网关和应用级网关的特定。它同包过滤防火墙一样，可以根据 IP 地址和端口号过滤进出的数据包。它也像电路级网关一样，能够检查 SYN 和 ACK 标记和序列数字是否逻辑有序。当然，它也像应用级网关一样，可以在 OSI 模型的应用层上，检查传输的信息是否符合公司网络的安全规则。目前在市场上流行的防火墙大多属于规则检查防火墙。

总的来说，防火墙对网络安全起到了一定的保护作用，但并非万无一失。必须根据网络的需要来正确选用、合理配置防火墙，不能认为简单地通过购买一个防火墙，在 LAN 与Internet 之间安装它就能够提供很高的安全性。相反，首先应考虑要过滤哪种类型的数据，然后进行相应的配置，进一步的完善就是需要考虑这些规则的例外情况。比如，假设某位人力资源部的经理要在办公室之外进行招聘新人的工作，并且需要访问存有工资信息的服务器。此时，网络管理员就可以创建一个例外，以使人力资源部经理的工作站的 IP 地址传输的数据能到达那台服务器。在网络专业中，在过滤规则上创建一个例外称为在防火墙上"挖一个洞"。

9.4 木马防治

9.4.1 木马的由来

木马即"特洛伊木马"(Trojan horse),这个名称来源于古希腊神话《木马屠城记》。古希腊有大军围攻特洛伊城,久久无法攻下。于是有人献计制造一只高二丈的大木马,假装作战马神,让士兵藏匿于巨大的木马中,大部队假装撤退而将木马摈弃于特洛伊城下。城中得知解围的消息后,遂将"木马"作为奇异的战利品拖入城内,全城饮酒狂欢。到午夜时分,全城军民尽入梦乡,藏匿于木马中的将士打开密门,顺绳而下,开启城门及四处纵火,城外伏兵涌入,部队里应外合,最终占领特洛伊城。后世称这只大木马为"特洛伊木马"。如今黑客程序借用其名,有"一经潜入,后患无穷"之意。

完整的木马程序一般由两个部分组成:一个是服务端程序,一个是控制端程序。"中了木马"就是指安装了木马的服务端程序,若你的计算机被安装了服务端程序,则拥有控制端程序的计算机就可以通过网络控制你的计算机,这时你计算机上的各种文件、程序,以及在你计算机上使用的账号、密码就无安全可言了。

木马程序不能算是一种病毒,但越来越多的新版杀毒软件,也可以查、杀木马,所以也有不少人称木马程序为黑客病毒。

9.4.2 木马的特征与危害

木马的基本特征如下。

1. 具有隐蔽性

隐蔽性是其首要的特征,木马与其他所有的病毒相似,它必须隐藏在计算机的系统之中,它会想尽一切办法不让用户发现它。

2. 具有自动运行性

木马程序是一个当系统启动时即自动运行的程序,所以它必须潜入在启动配置文件中,如 win. ini、system. ini、winstart. bat 以及启动组等文件之中。

3. 具有欺骗性

木马程序要达到其长期隐蔽的目的,就必须借助系统中已有的文件,以防被发现。

4. 具备自动恢复功能

现在,很多木马程序中的功能模块已不再是由单一的文件组成的,而是具有多重备份,可以相互恢复。

5. 能自动打开特别的端口

木马程序潜入用户计算机的目的不是为了破坏系统,主要是为了获取系统中有用的信息。

6. 功能的特殊性

通常,木马的功能都是十分特殊的,除了普通的文件操作以外,还有些木马具有搜索Cache中的口令、设置口令、扫描目标机器的IP地址、进行键盘记录、远程注册表的操作以及锁定鼠标等功能。

7. 黑客程序组织化

以往还从未发现有什么公开化的病毒组织,多数病毒是由个别人出于好奇,想试一下自己的病毒程序开发水平而做的,但他绝对不敢公开,因为一旦发现是有可能被判坐牢或罚款,这样的例子已不再是什么新闻了。

木马在黑客入侵中也是一种不可缺少的工具。就在2000年10月28日,一个黑客入侵了美国微软的门户网站,而网站的一些内部信息则是被一种叫做QAZ的木马传出去的。就是这小小的QAZ让庞大的微软丢尽了颜面。

人们一般只谈“毒”色变,因为病毒一般会带来直接的破坏,比如删除数据、格式化硬盘等,对木马却重视不够,其实它们比病毒的危害更大,当你发现自己的账号或密码丢失时,为时已晚。木马主要危害表现在窃取密码、文件操作、修改注册表、对系统进行操作等方面。

9.5 网络入侵检测技术

入侵检测系统(Intrusion Detection System,IDS)是一种对网络传输进行即时监视,在发现可疑数据传输时发出警报或者采取主动反应措施的网络安全系统,是一种主动的安全防护技术。网络入侵技术通常利用网络或系统存在的漏洞和安全缺陷进行攻击,最终以窃取目标主机的信息或破坏系统为主要目的。因此,当某些系统缺陷、安全漏洞被修补之后,这些入侵方式也就很难得逞了。通常情况下,入侵都是以信息搜集为前提,对目标系统的脆弱点采取相应攻击入侵手段,从而达到入侵目的。网络入侵时时刻刻都在发生,其方式也可谓五花八门,具体种类更是无从列举,以下介绍目前常见的入侵类型。

9.5.1 常见的网络入侵类型

1. 扫描探测和嗅探

扫描探测攻击是指攻击者通过在得到目标IP地址空间后,利用特定的软件对其进行扫描或嗅探,根据扫描技术侦察得知目标主机的扫描端口是否处于激活状态,主机提供了哪些服务,提供的服务中是否含有某些缺陷,及服务器的操作系统,从而为以后的入侵攻击打下基础。扫描探测是攻击的第一步,大多数入侵者都会在对系统发动攻击之前进行扫描。端口扫描活动是针对TCP和UDP端口的,NULL端口扫描,FIN端口扫描,XMAS端口扫描,这是几个比较类似的扫描方式。入侵者发送一个TCP包出去,如果收到带有RST标志的包,表示端口是关闭的,如果什么包也没有收到,就有端口打开的可能性。漏洞扫描是针对软硬件系统平台存在某些形式的脆弱性,扫描方式主要有CGI漏洞扫描、POP3漏洞扫描、HTTP 漏洞扫描等,这些漏洞扫描都是建立在漏洞库基础之上的,最后再把扫描结果与漏洞库数据进行匹配得到漏洞信息。为降低被防火墙或 IDS 检测到的风险,攻击者则会采用比较隐蔽的扫描方式,如慢扫描或分布式扫描等。扫描技术正向着高速、隐蔽、智能化的方向发展。然而扫描作为一种主动攻击行为很容易被发现,而嗅探则要隐蔽得多,嗅探是指攻击者对网络上流通的所有数据包进行分析,从而获取并筛选出对自己入侵有用的信息。常用工具如 Sniffer Pro 等。除了扫描和嗅探,入侵者还会利用一些比较实用的软件,诸如 ping、nslookup、traceroute、whois 等对目标系统网络结构等进行探测。

2. 拒绝服务攻击

DoS 是 Denial of Service 的简称,即拒绝服务攻击,指利用网络协议的缺陷来耗尽被入侵目标的资源,使得被入侵主机或网络不能提供正常的服务和资源访问,最终使得目标系统停止响应甚至崩溃,是网络上攻击比较频繁,影响严重的一类攻击。攻击示意图如图 9-6 所示,连续发出带虚假地址的请求,使服务器不断回复到虚假地址,消耗系统资源。

分布式拒绝服务 DDoS 攻击的基础是传统的 DoS 攻击。DDoS 通过控制大量的计算机,并将它们联合起来形成一个攻击平台,对目标网络发起发动 DoS 攻击,从而大大地提高了拒绝服务攻击的破坏力。DDoS 攻击通过感染了特殊恶意软件的计算机所组成的"僵尸网络"(Botnet)来实现。大量 DDoS 攻击旨在关闭系统,然后无声地进入网络而不被检测到。拒绝服务攻击已成为一种严重危害网络的恶意攻击。目前,DoS 具有代表性的攻击手段包括 Ping of Death、TearDrop、UDPflood、SYNflood、IP Spoofing DoS 等。

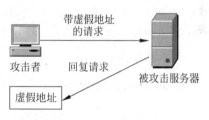

图 9-6 拒绝服务攻击示意

3. 欺骗类攻击

欺骗类攻击是攻击者较常使用的攻击手段之一,常见的有 IP 欺骗攻击、Web 欺骗和 ARP 欺骗攻击。

IP 地址欺骗是突破防火墙常用的方法,它同时也是其他一系列攻击方法的基础。之所以使用这个方法,是因为 IP 自身的缺点。IP 欺骗攻击指攻击者通过篡改其发送的数据包的源 IP 地址,来骗取目标主机信任的一种网络欺骗攻击方法。其原理是利用了主机之间的正常信任关系,也就是 RPC 服务器只依靠数据源 IP 地址来进行安全校验的特性,通过 IP 地址进行安全认证的如 rlogin、rsh 远程服务等。使用加密方法或进行包过滤可以防范 IP 欺骗。

Web 欺骗是一种建立在 Internet 基础之上,十分危险却又不易察觉的非法欺诈行为。攻击者切断用户与 Web 目标服务器之间的正常连接,制造一系列假象如虚假连接、图表、单表等掩盖体,欺骗用户做出错误的决策,从而建立一条从用户到攻击者主机,再到 Web 目标服务器的连接,最终控制着从 Web 目标服务器到用户的返回数据。这种攻击方式常被称为"来自中间的攻击"。Web 欺骗的发生可能导致重要的账号密码的泄漏,严重者当用户进行网购或登录网银时被欺骗则会造成巨大的经济损失。防御的方法有:查看 HTML 是否可疑或观察所单击的 URL 链接是否正确,禁止浏览器中的 JavaScript 功能等。

ARP 欺骗攻击是一种利用 ARP 漏洞,通过伪造 IP 地址和 MAC 地址实现欺骗的攻击技术。攻击者常利用它进行中间人攻击和拒绝服务类攻击等。由于攻击者通常都使用比较专业的欺骗攻击如 arpspoof 等,使得这种攻击具有较高的普及率和成功率。ARP 欺骗又可分为两种:对路由器 ARP 表的欺骗和对内网 PC 的网关欺骗。当欺骗攻击发生时,可导致所有的路由器数据只能发送给错误的 MAC 地址,从而使得正常主机无法收到信息,大多数情况下甚至会造成大面积掉线。认证技术和中间件技术增加了攻击者 ARP 欺骗的难度,使攻击行为不易达成。

4. SQL 注入式攻击

SQL 注入式攻击,简称隐码攻击。SQL 注入漏洞是盛行已久的攻击者对数据库进行攻击的常用手段,攻击者通过网站程序源码中的漏洞进行 SQL 注入攻击,渗透获得想得知的数据,获得数据库的访问权限等,获得账号及密码是其中最基础的目的,甚至会造成数据库服务器被攻击、系统管理员账户被篡改等后果。CSDN 泄密事件就是由 SQL 注入漏洞所引发的。由于 SQL 注入手法非常灵活,语句构造也很巧妙,且是从正常的 WWW 端口进入访问,看起来和普通的 Web 页面很相似,所以目前的防火墙一般对 SQL 的注入都不会发出警告,加上用户平时如果对 IIS 日志不太注意,极有可能被长时间的入侵都毫无知觉。使用 SQL 通用防注入系统的程序,或用其他更安全的方式连接 SQL 数据库等可以有效防止 SQL 注入式攻击。

5. 利用黑客软件攻击

因为攻击者获得攻击软件比较方便,操作简单,所以利用已有的黑客软件攻击也是现在 Internet 上比较常见的一种攻击手法。例如,Back Orifice、Sub Seven、冰河等都是比较著名的特洛伊木马,它们能非法地取得计算机的最高级权限,达到对其完全控制的目的,除了能进行文件的读写操作之外,也能实现对主机的密码获取等操作。这类黑客软件一般由服务器端和客户端组成,当攻击者进行攻击时,使用客户端程序连接到已安装好服务器端程序的远程计算机,这些服务器端程序都很小,通常都会捆绑于某些应用软件上,因而很难被发现。例如,当用户运行一个下载的实用软件时,黑客软件的服务器端就同时自动安装完成了,而且大部分黑客软件的重生能力比较强,用户不太容易对其进行检测和彻底清除。特别是最近出现了一种 TXT 文件欺骗手法,表面看上去是一个 TXT 文本文件,但实际上却是一个附带黑客程序的可执行程式,另外有些程序也会伪装成常见的图片和其他格式的文件。

9.5.2　入侵检测和防范技术

1. 身份认证和访问控制技术

身份认证是网络中用于确认操作者身份的一项技术,认证可以基于如下一个或几个因素:信息因素,如口令、密码;身份因素,如智能卡;生物因素,如指纹虹膜等。信息因素和身份因素认证虽然简单易用,但都属于不安全的身份认证方式,因为其存在潜在的泄漏和丢失风险。

目前最为安全的身份认证方式是动态密码。用户使用唯一的终端获取动态口令,且动态密码每 60 秒变换一次,密码一次有效,它产生 6 位或 8 位动态数字进行一次一密的方式认证。这种技术目前被广泛运用于网上银行、VPN 和电子商务领域。为了增强安全性通常使用不同认证方法相结合的方式进行身份认证。

访问控制技术是一种用于控制用户能否进入系统,以及进入系统的用户能够读写的数据集的网络安全技术,其目标是防止对保护资源进行非授权的访问,其核心思想是:将访问权限与对应的角色相联系,通过给用户分配合适的角色,让用户与访问权限相关联,从而达到规避入侵风险的作用。

访问控制技术可分为自主访问控制和强制访问控制两种。目前的主流操作系统,如 Linux 和 Windows 等操作系统都提供自主访问控制功能。但自主访问控制的权限很大,极易造成信息泄漏,而且不能防范特洛伊木马的攻击。强制访问控制虽然能够防范特洛伊木马和限制用户滥用权限,且具有更高的安全性,但其实现的代价也更大,一般只用在对安全级别要求比较高的军事上。

2. 密码技术

密码是一项很早就已经使用的防止信息泄漏或篡改的重要技术,现在已经被广泛运用于金融、通信和信息安全等领域。密码技术的基本思想就是把信息伪装以隐藏其真实内容,即对信息做一定的数学变化,防止未授权者对信息的攻击。密码技术包括加密和解密两方面。原有信息称为明文(P),变换后的信息形式称为密文(C),明文变成密文的过程叫做加密(E),密文还原成明文的过程叫做解密(D)。其中,加密技术包括两个元素:算法和密钥。

根据密钥类型的不同可以把密码技术分为两类:一类是对称加密,即加密密钥和解密密钥相同,或一个可由另一个导出;另一类是非对称加密,即加密密钥公开,解密密钥不公开,从一个不能推导出另一个。

常用的加密算法有以下几个。

(1) DES 算法:DES 的算法是对称的,既能用作加密又可用作解密。DES 算法具有的安全性极高,至今,除了用穷举法对 DES 算法进行攻击外,还没有发现其他更为有效的攻击方法。但随着计算机运算速度越来越快,对密码强度的需求也越来越高,可以通过增加 DES 的密钥长度来达到更高的抗攻击性。

(2) RSA 算法:RSA 是 Rivest、Shamir 和 Adleman 提出来的基于数论的公钥加密算法,它能够抵抗到目前为止已知的所有密码攻击,已被 ISO 推荐为公钥数据加密标准,其加密基础是大数分解和素数检测。

(3) AES 算法:高级加密标准,即下一代的加密算法标准,特点是结构简单,速度快,安全性高,目前 AES 标准的一个实现是 Rijndael 算法。

(4) MD5 算法:MD5 是计算机安全领域广泛使用的一种散列函数,用来为消息的完整性提供保护,还广泛运用于操作系统的登录认证上,如 UNIX 登录密码、数字签名等方面。

加密技术被信息安全领域应用在很多方面,但最广泛的运用是电子商务和 VPN 上。

3. IPS 技术

入侵防御系统(Intrusion Prevention System,IPS)可以深度检测流经的数据流量,第一时间对恶意数据进行拦截以阻断攻击,对滥用数据进行限流以保护网络带宽资源,是一种积极主动的入侵检测和防御系统。简单地说,可认为 IPS 就是防火墙技术加上入侵检测系统,在 IDS 监测的功能上又增加了主动响应的功能。

IPS 的产生就是因为 IDS 只能发现入侵,但不能主动抵御入侵。IPS 既可以做到及时发现入侵,又能主动抵御入侵。IPS 的部署位置介于防火墙和网络的设备之间。因此,如果检测到攻击,IPS 会在攻击扩散侵入到网络的其他地方之前阻止它。

可以看出,基于网络的 IDS 只是存在于网络之外起到报警的作用,而 IPS 则同时具备检测和防御功能,可检测到 IDS 检测不到的攻击行为,黑客较难破坏入侵攻击数据,与操作系统无关,具有双向检测防御功能。

根据网络情况和实际需要,通常将 IPS、防火墙和 IDS 一起协同使用,共同保护计算机网络的安全。

4. VPN 技术

虚拟专用网(Virtual Private Network,VPN)技术比较复杂,是一门集通信技术、密码技术和认证技术的交叉科学。它通过网络层利用数据包封装技术和密码技术,使得数据包在公共数据网中通过加密的安全途径进行传播,从而在网络中建立起一个临时的、安全的、稳定的隧道连接,即使传输的数据被截获,也很难将数据进行解密。因此 VPN 技术比传统的网络安全技术具有更强的安全性和可靠性。形象一点儿说,VPN 就是用了一根看不见又无限长的网线,把很远的计算机连在了一起,且不受地域限制。VPN 示意图如图 9-7 所示,一个集团总部网络可以通过 VPN 和不在同一城市的子公司网络相连。

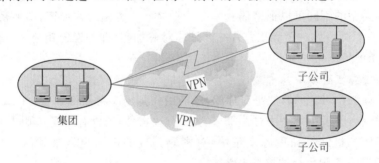

图 9-7　VPN 示意图

VPN 技术的特点是:通信成本比较低;传输数据比较安全可靠;连接十分方便灵活;可扩充性较好;对网络的完全自主控制等。

VPN 技术在公共网络中保证私有数据的身份认证,安全性和保密性。安全问题是 VPN 技术的核心问题。防火墙技术、隧道技术和加密技术共同了保证并实现了 VPN 技术的安全性。现有的 VPN 解决方案主要有:基于 IPSec 的 VPN 解决方案;基于 SSL 的应用层 VPN 解决方案和 MPLS VPN 解决方案等。

VPN 技术历经多年的发展创新,已经从之前的第一代发展到了现在的第三代。第三代 VPN 在技术上有明显的突破,最为明显的特征是实施简单,易用性也非常强,它适用于任何网络环境,即能够实现通过任何设备和任何上网方式,在任何地点、任何时间对授权局域网内部资源的远程访问;其次,它采用 P2P(Peer to Peer)传输原理,解决了连接速度、南北互联等问题。

习题

一、术语解释

1. 计算机病毒　　2. 对称式加密　　3. 非对称式加密　　4. 入侵检测

二、单项选择题

1. 网络的安全性不包括下面的(　　)。

  A. 保密性　　　　　B. 易用性　　　　　C. 可用性　　　　　D. 完整性

2. 为了保证数据的真实性,可采用(　　)。

  A. 访问控制　　　　B. 加密机制　　　　C. 数字签名　　　　D. 路由控制

三、简答题

1. 什么是信息的完整性、可用性、保密性?

2. 什么是计算机病毒? 病毒具有哪些特征?

3. 计算机病毒包括哪几类? 各有什么特点? 常见的杀病毒软件有哪些?

4. 什么是防火墙? 在网络中为什么要设置防火墙?

5. 设置防火墙的目的是什么? 防火墙的局限性有哪些?

6. 防火墙分为哪几类? 防火墙软件有哪些? 各有哪些功能特点?

7. 什么是木马? 具有哪些特征? 常见的木马清除软件有哪些?

8. 什么是拒绝服务攻击(DoS)?

9. AES 与 DES 相比较有哪些特点?

10. 简述公开密钥密码机制的原理和特点。

11. 在网络安全中,什么是入侵检测? 入侵检测的一般步骤是什么?

12. 根据数据分析方法分类,入侵检测系统有哪些类型?

第10章

综合网络实验

本章紧紧围绕工程实际的任务需求展开论述,以目前的主流网络设备为主进行介绍。交换机和路由器以 Cisco 设备为主进行理论讲解,并利用 Cisco 的模拟器进行实训内容的配置,详细介绍了常用的实验配置步骤,包括基本配置、VLAN 配置、生成树协议配置、静态路由配置、RIP、OSPF、访问控制列表(ACL)和地址转换(NAT)配置等。

10.1 双绞线的制作

10.1.1 实验目的

识别双绞线的制作工具及测试工具,掌握 5 类非屏蔽双绞线(UTP)连接器(RJ-45 头)的制作方法。

10.1.2 实验要求

(1)复习双绞线制作的相关知识,理解 RJ-45 头引脚的含义,理解双绞线制作的标准。

(2)按照实验步骤完成双绞线的制作。

(3)理解每一步实验的作用,并记录在实验报告中。

(4)上交实验报告。

10.1.3 实验环境

需要斜口钳(或剪刀)一把,剥线钳一把,压线钳一把,测试器一台,双绞线若干米。

10.1.4 实验内容和步骤

(1)剥线。利用斜口钳剪下至少 0.6m 长的双绞线,然后再利用剥线钳将双绞线的外皮除去 2～3cm。

注意:有一些双绞线电缆上含有一条柔软的尼龙绳,若在剥除双绞线外皮时,觉得裸露出的部分太短,就可以紧握双绞线外皮,再捏住尼龙线往外皮的下方拉开,就可以得到较长的裸露线。

(2) 分离线对。将裸露的双绞线中的橙色对线剥向自己的前方,棕色对线剥向靠近自己的方向,绿色对线剥向左方,蓝色对线剥向右方,上——橙、左——绿、下——棕、右——蓝。

(3) 排列线序。将绿色对线与蓝色对线放在中间位置,而橙色对线与棕色对线保持不动,即放在靠外的位置。

小心地剥开每一对线,在这里遵循 T568B 的标准来制作接头,所以线对颜色的顺序应该是从左起:白橙、橙、白绿、蓝、白蓝、绿、白棕、棕。

(4) 剪线。将裸露出的参差不齐的双绞线用剪刀或斜口钳修剪整齐,使线对露出约 14mm 的长度。

(5) 压线。最后再将双绞线的每一根线依序放入 RJ-45 接头的引脚内,第一只引脚内应该放白橙色的线,以此类推。确定双绞线的每根线已经正确放置之后,就可以用 RJ-45 压线钳压接 RJ-45 接头。

注意:市面上还有一种 RJ-45 接头的保护套,可以防止接头在拉扯时造成接触不良。使用这种保护套时,需要在压接 RJ-45 接头之前就将这种胶套插在双绞线电缆上。

(6) 制作另一端的 RJ-45 接头。重复(1)~(5)。

注意:因为计算机与集线器之间是直通连接,所以另一端 RJ-45 接头的针脚接法完全一样。完成后的连接线两端的 RJ-45 接头无论引脚和顺序都完全一样。

(7) 测试。按上述步骤制作好双绞线后,可以使用测试器,测试一下是否制作成功。

10.2 Wireshark 分析协议

10.2.1 实验目的

Wireshark 的原名是 Ethereal,新名字是 2006 年起用的。当时 Ethereal 的主要开发者决定离开他原来供职的公司,并继续开发这个软件。但由于 Ethereal 这个名称的使用权已经被原来那个公司注册,Wireshark 这个新名字也就应运而生了。Wireshark 是一个网络封包分析软件。网络封包分析软件的功能是撷取网络封包,并尽可能显示出最为详细的网络封包资料。网络封包分析软件的功能可想象成“电工技师使用电表来量测电流、电压、电阻”的工作——只是将场景移植到网络上,并将电线替换成网络线。

Wireshark 是世界上最流行的网络分析工具。这个强大的工具可以捕捉网络中的数据,并为用户提供关于网络和上层协议的各种信息。与很多其他网络工具一样,Wireshark 也使用 pcap network library 来进行封包捕捉。网络管理员使用 Wireshark 来检测网络问题,网络安全工程师使用 Wireshark 来检查信息安全相关问题,开发者使用 Wireshark 来为新的通信协定除错,普通使用者使用 Wireshark 来学习网络协定的相关知识。当然,有的人也会“居心叵测”地用它来寻找一些敏感信息。

Wireshark 不是入侵侦测软件(Intrusion Detection Software,IDS)。对于网络上的异常流量行为,Wireshark 不会产生警示或是任何提示。然而,仔细分析 Wireshark 撷取的封包能够帮助使用者对于网络行为有更清楚的了解。Wireshark 不会对网络封包产生内容上的修改,它只会反映出目前流通的封包信息。Wireshark 本身也不会送出封包至网络上。

通过实验了解协议分析仪 Wireshark(原为 Ethereal)的功能和工作原理,了解协议分析仪的基本特点;掌握使用协议分析仪分析协议的方法;了解 ping 命令的工作过程;了解 TCP、UDP、IP、DNS 等协议的工作过程。

10.2.2 实验要求

(1) 学习捕获选项的设置和使用。

(2) 使用 Wireshark 分析仪捕获一段 ping 命令的数据流,并分析其工作过程。

(3) 设置显示过滤器,以显示所选部分的捕获数据。

(4) 完成网络监视功能测试。

(5) 实现数据报文解码分析。

(6) 保存捕获的数据,分别是 TEXT 文件和 XML 文件。

10.2.3 实验内容和步骤

1. 安装并运行 Wireshark

Wireshark 安装界面如图 10-1 所示。

2. 开始捕获

单击 Start 按钮开始捕获,几分钟后就捕获到许多的数据包了。主界面如图 10-2 所示。

如图 10-2 所示,可看到很多捕获的数据。第一列是捕获数据的编号;第二列是捕获数据的相对时间,从开始捕获算为 0.000s;第三列是源地址;第四列是目的地址;第五列是数据包的信息。选中第

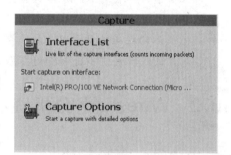

图 10-1　Wireshark 捕获界面

一个数据帧,然后从整体上看 Wireshark 的窗口,主要被分成三部分:上面部分是所有数据帧的列表;中间部分是数据帧的描述信息;下面部分是帧里面的数据。

No.	Time	Source	Destination	Protocol	Length	Info
52	3.585797	192.168.1.102	111.19.130.199	TCP	54	62050 → 80 [ACK] Seq=1 Ack=2 Win=517 Len=0
53	3.605611	111.19.130.199	192.168.1.102	TCP	60	80 → 62051 [FIN, ACK] Seq=1 Ack=1 Win=980 Len=0
54	3.605687	192.168.1.102	111.19.130.199	TCP	54	62051 → 80 [ACK] Seq=1 Ack=2 Win=516 Len=0
55	3.606056	111.19.130.199	192.168.1.102	TCP	60	80 → 62049 [FIN, ACK] Seq=1 Ack=1 Win=980 Len=0
56	3.606106	192.168.1.102	111.19.130.199	TCP	54	62049 → 80 [ACK] Seq=1 Ack=2 Win=517 Len=0
57	3.608043	fe80::2c19:596:6fc:…	ff02::1:3	LLMNR	89	Standard query 0x5b72 AAAA DEV269997
58	3.608474	192.168.1.5	224.0.0.252	LLMNR	69	Standard query 0x5b72 AAAA DEV269997
59	3.608792	fe80::2c19:596:6fc:…	ff02::1:3	LLMNR	89	Standard query 0x229a A DEV269997
60	3.609257	192.168.1.5	224.0.0.252	LLMNR	69	Standard query 0x229a A DEV269997
61	3.769415	Tp-LinkT_21:fd:34	Broadcast	ARP	60	Who has 192.168.1.7? Tell 192.168.1.1
62	3.947999	192.168.1.5	192.168.1.255	NBNS	92	Name query NB DEV269997<00>
63	4.090397	111.19.130.199	192.168.1.102	TCP	60	80 → 62052 [FIN, ACK] Seq=1 Ack=1 Win=1384 Len=0

> Frame 52: 54 bytes on wire (432 bits), 54 bytes captured (432 bits) on interface 0
> Ethernet II, Src: LcfcHefe_63:a3:c6 (28:d2:44:63:a3:c6), Dst: Tp-LinkT_21:fd:34 (ec:26:ca:21:fd:34)
> Internet Protocol Version 4, Src: 192.168.1.102, Dst: 111.19.130.199
> Transmission Control Protocol, Src Port: 62050, Dst Port: 80, Seq: 1, Ack: 2, Len: 0

```
0000  ec 26 ca 21 fd 34 28 d2  44 63 a3 c6 08 00 45 00   .&.!.4(. Dc....E.
0010  00 28 e5 2c 40 00 80 06  00 00 c0 a8 01 66 6f 13   .(.,@... .....fo.
0020  82 c7 f2 62 00 50 8f 7f  f0 ed 79 84 23 10 50 10   ...b.P.. ..y.#.P.
0030  02 05 b4 03 00 00                                  ......
```

图 10-2　捕获数据包

3. 开始分析数据

(1) DNS 分析。在 Filter 后面的编辑框中输入"dns"(注意是小写),然后回车或者单击 Apply 按钮,如图 10-3 所示。

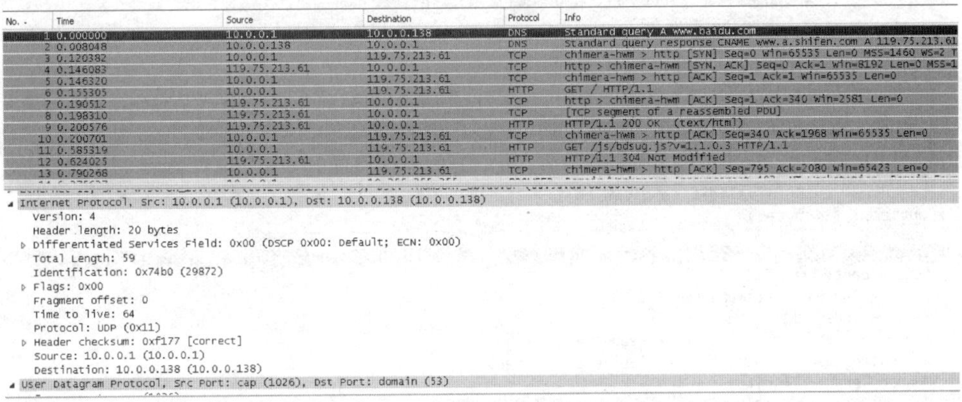

No. ·	Time	Source	Destination	Protocol	Info
1 0.000000		10.0.0.1	10.0.0.138	DNS	Standard query A www.baidu.com
2 0.008048		10.0.0.138	10.0.0.1	DNS	Standard query response CNAME www.a.shifen.com A 119.75.213.61
3 0.120382		10.0.0.1	119.75.213.61	TCP	chimera-hwm > http [SYN] Seq=0 Win=65535 Len=0 MSS=1460 WS=2 T
4 0.146083		119.75.213.61	10.0.0.1	TCP	http > chimera-hwm [SYN, ACK] Seq=0 Ack=1 Win=8192 Len=0 MSS=1
5 0.146320		10.0.0.1	119.75.213.61	TCP	chimera-hwm > http [ACK] Seq=1 Ack=1 Win=65535 Len=0
6 0.155305		10.0.0.1	119.75.213.61	HTTP	GET / HTTP/1.1
7 0.190512		119.75.213.61	10.0.0.1	TCP	http > chimera-hwm [ACK] Seq=1 Ack=340 Win=2581 Len=0
8 0.198310		119.75.213.61	10.0.0.1	TCP	[TCP segment of a reassembled PDU]
9 0.200576		119.75.213.61	10.0.0.1	HTTP	HTTP/1.1 200 OK (text/html)
10 0.200701		10.0.0.1	119.75.213.61	TCP	chimera-hwm > http [ACK] Seq=340 Ack=1968 Win=65535 Len=0
11 0.585319		10.0.0.1	119.75.213.61	HTTP	GET /js/bdsug.js?v=1.1.0.3 HTTP/1.1
12 0.624025		119.75.213.61	10.0.0.1	HTTP	HTTP/1.1 304 Not Modified
13 0.790268		10.0.0.1	119.75.213.61	TCP	chimera-hwm > http [ACK] Seq=795 Ack=2080 Win=65423 Len=0

```
▷ Internet Protocol, Src: 10.0.0.1 (10.0.0.1), Dst: 10.0.0.138 (10.0.0.138)
    Version: 4
    Header length: 20 bytes
  ▷ Differentiated Services Field: 0x00 (DSCP 0x00: Default; ECN: 0x00)
    Total Length: 59
    Identification: 0x74b0 (29872)
  ▷ Flags: 0x00
    Fragment offset: 0
    Time to live: 64
    Protocol: UDP (0x11)
  ▷ Header checksum: 0xf177 [correct]
    Source: 10.0.0.1 (10.0.0.1)
    Destination: 10.0.0.138 (10.0.0.138)
▲ User Datagram Protocol, Src Port: cap (1026), Dst Port: domain (53)
```

图 10-3 DNS 数据包分析

(2) UDP 分析。UDP 数据包分析如图 10-4 所示。

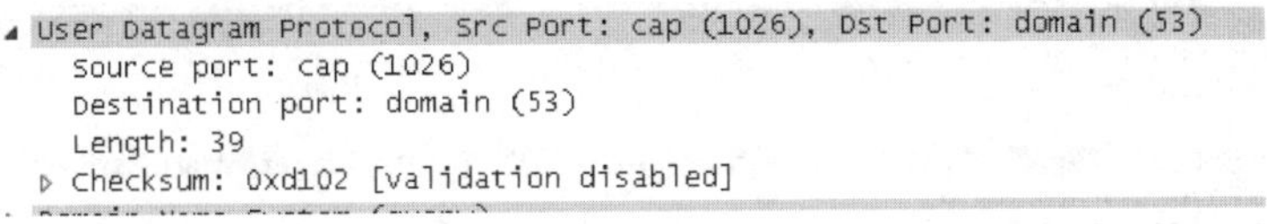

```
▲ User Datagram Protocol, Src Port: cap (1026), Dst Port: domain (53)
    Source port: cap (1026)
    Destination port: domain (53)
    Length: 39
  ▷ Checksum: 0xd102 [validation disabled]
```

图 10-4 UDP 数据包分析

(3) HTTP 连接、IP 包分析。HTTP 连接、IP 包分析如图 10-5 所示。

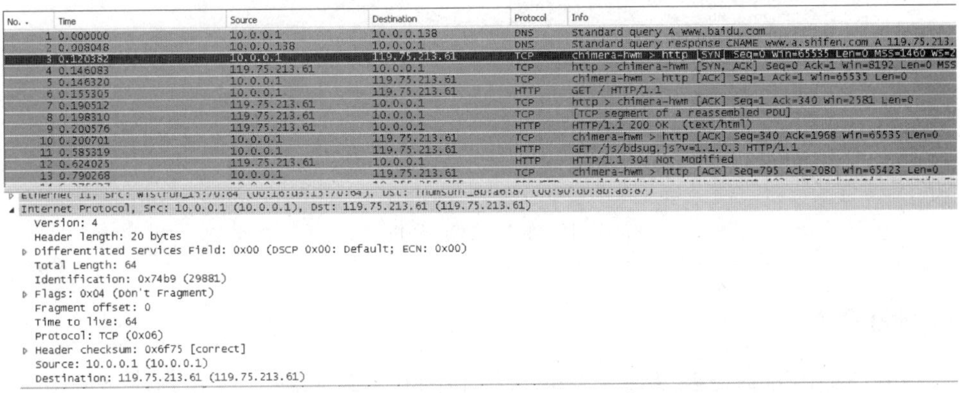

No. ·	Time	Source	Destination	Protocol	Info
1 0.000000		10.0.0.1	10.0.0.138	DNS	Standard query A www.baidu.com
2 0.008048		10.0.0.138	10.0.0.1	DNS	Standard query response CNAME www.a.shifen.com A 119.75.213.
3 0.120382		10.0.0.1	119.75.213.61	TCP	chimera-hwm > http [SYN] Seq=0 Win=65535 Len=0 MSS=1460 WS=2
4 0.146083		119.75.213.61	10.0.0.1	TCP	http > chimera-hwm [SYN, ACK] Seq=0 Ack=1 Win=8192 Len=0 MSS
5 0.146320		10.0.0.1	119.75.213.61	TCP	chimera-hwm > http [ACK] Seq=1 Ack=1 Win=65535 Len=0
6 0.155305		10.0.0.1	119.75.213.61	HTTP	GET / HTTP/1.1
7 0.190512		119.75.213.61	10.0.0.1	TCP	http > chimera-hwm [ACK] Seq=1 Ack=340 Win=2581 Len=0
8 0.198310		119.75.213.61	10.0.0.1	TCP	[TCP segment of a reassembled PDU]
9 0.200576		119.75.213.61	10.0.0.1	HTTP	HTTP/1.1 200 OK (text/html)
10 0.200701		10.0.0.1	119.75.213.61	TCP	chimera-hwm > http [ACK] Seq=340 Ack=1968 Win=65535 Len=0
11 0.585319		10.0.0.1	119.75.213.61	HTTP	GET /js/bdsug.js?v=1.1.0.3 HTTP/1.1
12 0.624025		119.75.213.61	10.0.0.1	HTTP	HTTP/1.1 304 Not Modified
13 0.790268		10.0.0.1	119.75.213.61	TCP	chimera-hwm > http [ACK] Seq=795 Ack=2080 Win=65423 Len=0

```
▷ Ethernet II, Src: wistron_13:7d:04 (00:16:d3:13:7d:04), Dst: Thomson_80:a6:87 (00:90:d0:80:a6:87)
▲ Internet Protocol, Src: 10.0.0.1 (10.0.0.1), Dst: 119.75.213.61 (119.75.213.61)
    Version: 4
    Header length: 20 bytes
  ▷ Differentiated Services Field: 0x00 (DSCP 0x00: Default; ECN: 0x00)
    Total Length: 64
    Identification: 0x74b9 (29881)
  ▷ Flags: 0x04 (Don't Fragment)
    Fragment offset: 0
    Time to live: 64
    Protocol: TCP (0x06)
  ▷ Header checksum: 0x6f75 [correct]
    Source: 10.0.0.1 (10.0.0.1)
    Destination: 119.75.213.61 (119.75.213.61)
```

图 10-5 HTTP 连接、IP 包分析

4. TCP 分析

TCP 分析如图 10-6 所示。

```
▲ Transmission Control Protocol, Src Port: chimera-hwm (4009), Dst Port: http (80), Seq: 0, Len: 0
    Source port: chimera-hwm (4009)
    Destination port: http (80)
    [Stream index: 1]
    Sequence number: 0    (relative sequence number)
    Header length: 44 bytes
  ▲ Flags: 0x02 (SYN)
      0... .... = Congestion Window Reduced (CWR): Not set
      .0.. .... = ECN-Echo: Not set
      ..0. .... = Urgent: Not set
      ...0 .... = Acknowledgement: Not set
      .... 0... = Push: Not set
      .... .0.. = Reset: Not set
    ▷ .... ..1. = Syn: Set
      .... ...0 = Fin: Not set
    Window size: 65535
  ▷ Checksum: 0x196f [validation disabled]
  ▷ Options: (24 bytes)

▲ Transmission Control Protocol, Src Port: http (80), Dst Port: chimera-hwm (4009), Seq: 0, Ack: 1, Len: 0
    Source port: http (80)
    Destination port: chimera-hwm (4009)
    [Stream index: 1]
    Sequence number: 0    (relative sequence number)
    Acknowledgement number: 1    (relative ack number)
    Header length: 24 bytes
  ▲ Flags: 0x12 (SYN, ACK)
      0... .... = Congestion Window Reduced (CWR): Not set
      .0.. .... = ECN-Echo: Not set
      ..0. .... = Urgent: Not set
      ...1 .... = Acknowledgement: Set
      .... 0... = Push: Not set
      .... .0.. = Reset: Not set
    ▷ .... ..1. = Syn: Set
      .... ...0 = Fin: Not set
    Window size: 8192

▲ Transmission Control Protocol, Src Port: chimera-hwm (4009), Dst Port: http (80), Seq: 1, Ack: 1, Len: 0
    Source port: chimera-hwm (4009)
    Destination port: http (80)
    [Stream index: 1]
    Sequence number: 1    (relative sequence number)
    Acknowledgement number: 1    (relative ack number)
    Header length: 20 bytes
  ▲ Flags: 0x10 (ACK)
      0... .... = Congestion Window Reduced (CWR): Not set
      .0.. .... = ECN-Echo: Not set
      ..0. .... = Urgent: Not set
      ...1 .... = Acknowledgement: Set
      .... 0... = Push: Not set
      .... .0.. = Reset: Not set
      .... ..0. = Syn: Not set
      .... ...0 = Fin: Not set
    Window size: 65535
  ▷ Checksum: 0x14b1 [validation disabled]
  ▷ [SEQ/ACK analysis]
```

图 10-6　TCP 分析

5. ping 命令

在 DOS 下使用 ping 命令,发出 4 个包,收到 4 个包,丢失率为零。源 IP 地址:210.31.40.191,目的 IP 地址:210.31.40.190;TTL 值为 128,可判断目的主机操作系统为 Windows,如图 10-7 所示。

分析:

源 IP 地址:210.31.40.191。

目的 IP 地址:210.31.40.190。

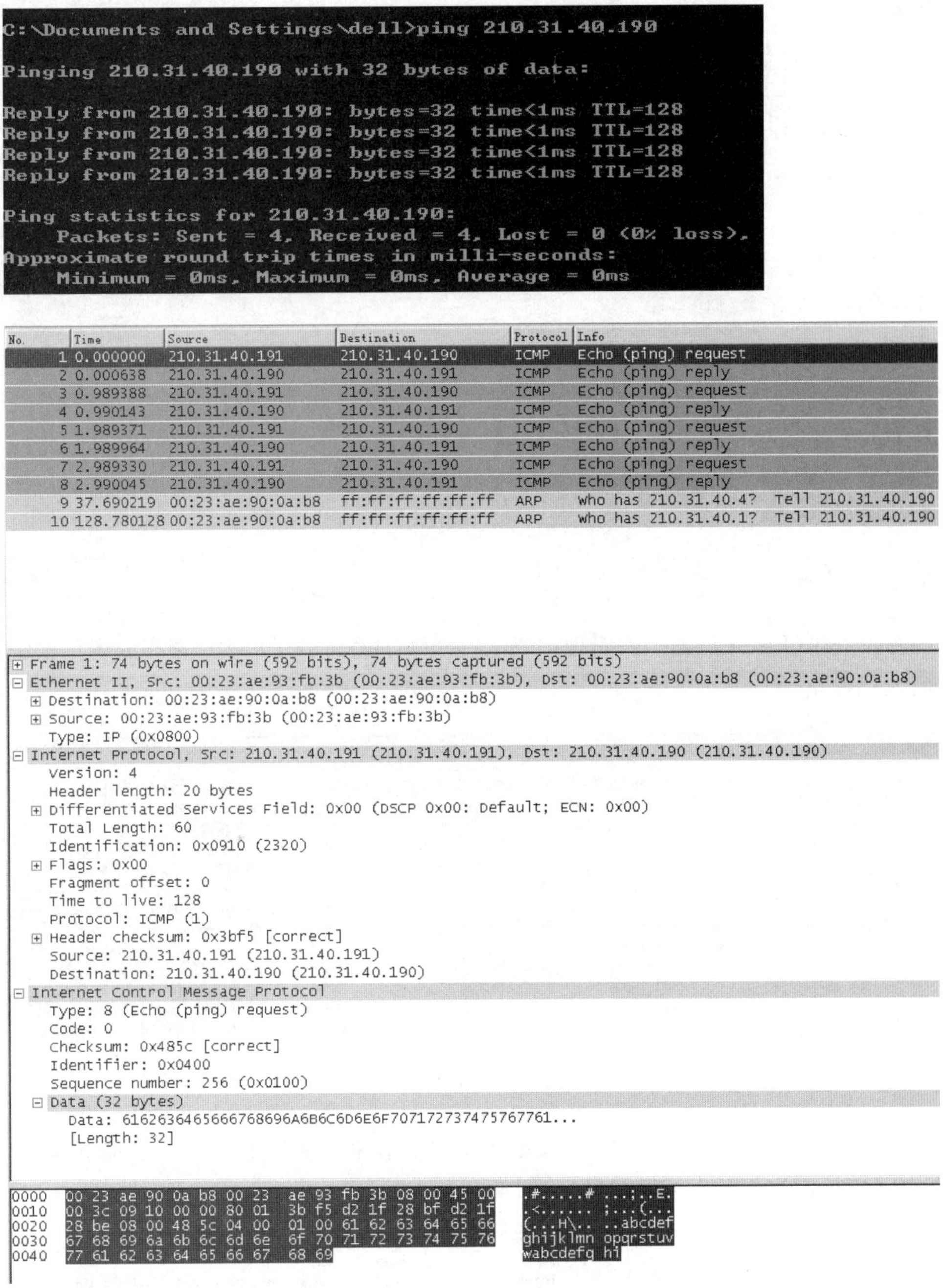

```
C:\Documents and Settings\dell>ping 210.31.40.190

Pinging 210.31.40.190 with 32 bytes of data:

Reply from 210.31.40.190: bytes=32 time<1ms TTL=128
Reply from 210.31.40.190: bytes=32 time<1ms TTL=128
Reply from 210.31.40.190: bytes=32 time<1ms TTL=128
Reply from 210.31.40.190: bytes=32 time<1ms TTL=128

Ping statistics for 210.31.40.190:
    Packets: Sent = 4, Received = 4, Lost = 0 <0% loss>,
Approximate round trip times in milli-seconds:
    Minimum = 0ms, Maximum = 0ms, Average = 0ms
```

No.	Time	Source	Destination	Protocol	Info
1	0.000000	210.31.40.191	210.31.40.190	ICMP	Echo (ping) request
2	0.000638	210.31.40.190	210.31.40.191	ICMP	Echo (ping) reply
3	0.989388	210.31.40.191	210.31.40.190	ICMP	Echo (ping) request
4	0.990143	210.31.40.190	210.31.40.191	ICMP	Echo (ping) reply
5	1.989371	210.31.40.191	210.31.40.190	ICMP	Echo (ping) request
6	1.989964	210.31.40.190	210.31.40.191	ICMP	Echo (ping) reply
7	2.989330	210.31.40.191	210.31.40.190	ICMP	Echo (ping) request
8	2.990045	210.31.40.190	210.31.40.191	ICMP	Echo (ping) reply
9	37.690219	00:23:ae:90:0a:b8	ff:ff:ff:ff:ff:ff	ARP	who has 210.31.40.4? Tell 210.31.40.190
10	128.780128	00:23:ae:90:0a:b8	ff:ff:ff:ff:ff:ff	ARP	who has 210.31.40.1? Tell 210.31.40.190

```
⊞ Frame 1: 74 bytes on wire (592 bits), 74 bytes captured (592 bits)
⊟ Ethernet II, Src: 00:23:ae:93:fb:3b (00:23:ae:93:fb:3b), Dst: 00:23:ae:90:0a:b8 (00:23:ae:90:0a:b8)
  ⊞ Destination: 00:23:ae:90:0a:b8 (00:23:ae:90:0a:b8)
  ⊞ Source: 00:23:ae:93:fb:3b (00:23:ae:93:fb:3b)
    Type: IP (0x0800)
⊟ Internet Protocol, Src: 210.31.40.191 (210.31.40.191), Dst: 210.31.40.190 (210.31.40.190)
    Version: 4
    Header length: 20 bytes
  ⊞ Differentiated Services Field: 0x00 (DSCP 0x00: Default; ECN: 0x00)
    Total Length: 60
    Identification: 0x0910 (2320)
  ⊞ Flags: 0x00
    Fragment offset: 0
    Time to live: 128
    Protocol: ICMP (1)
  ⊞ Header checksum: 0x3bf5 [correct]
    Source: 210.31.40.191 (210.31.40.191)
    Destination: 210.31.40.190 (210.31.40.190)
⊟ Internet Control Message Protocol
    Type: 8 (Echo (ping) request)
    Code: 0
    Checksum: 0x485c [correct]
    Identifier: 0x0400
    Sequence number: 256 (0x0100)
  ⊟ Data (32 bytes)
      Data: 6162636465666768696A6B6C6D6E6F707172737475767761...
      [Length: 32]
```

```
0000  00 23 ae 90 0a b8 00 23  ae 93 fb 3b 08 00 45 00   .#.....# ...;..E.
0010  00 3c 09 10 00 00 80 01  3b f5 d2 1f 28 bf d2 1f   .<...... ;...(...
0020  28 be 08 00 48 5c 04 00  01 00 61 62 63 64 65 66   (...H\.. ..abcdef
0030  67 68 69 6a 6b 6c 6d 6e  6f 70 71 72 73 74 75 76   ghijklmn opqrstuv
0040  77 61 62 63 64 65 66 67  68 69                     wabcdefg hi
```

图 10-7　ping 命令分析

头部长度：20 字节。

TTL 值为 128,可判断目的主机操作系统为 Windows。

版本：4。

总长度：60。

变时：0×0910。

标志：

0.. =Reserved bit ：Not set 保留位；

.0. =Don't fragment ：Not set 分片；

..0= More fragments ：Not set 最后一片；

Fragment offset：0 一片偏移。

协议：TCP。

头部校验和：源 210.31.40.191，目的 210.31.40.190。

IMCP：

类型：8。

代码：0。

校验和：0x485c。

标识符：0x0400。

序列号：256。

6. ARP 分析

在图 10-8 中 Filter 后面的编辑框中输入"arp"（注意是小写），然后回车或者单击编辑框右边的"→"按钮。

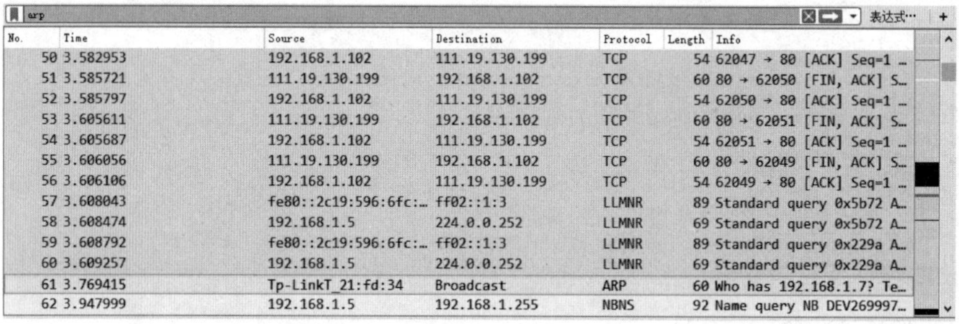

No.	Time	Source	Destination	Protocol	Length	Info
50	3.582953	192.168.1.102	111.19.130.199	TCP	54	62047 → 80 [ACK] Seq=1 …
51	3.585721	111.19.130.199	192.168.1.102	TCP	60	80 → 62050 [FIN, ACK] S…
52	3.585797	192.168.1.102	111.19.130.199	TCP	54	62050 → 80 [ACK] Seq=1 …
53	3.605611	111.19.130.199	192.168.1.102	TCP	60	80 → 62051 [FIN, ACK] S…
54	3.605687	192.168.1.102	111.19.130.199	TCP	54	62051 → 80 [ACK] Seq=1 …
55	3.606056	111.19.130.199	192.168.1.102	TCP	60	80 → 62049 [FIN, ACK] S…
56	3.606106	192.168.1.102	111.19.130.199	TCP	54	62049 → 80 [ACK] Seq=1 …
57	3.608043	fe80::2c19:596:6fc:…	ff02::1:3	LLMNR	89	Standard query 0x5b72 A…
58	3.608474	192.168.1.5	224.0.0.252	LLMNR	69	Standard query 0x5b72 A…
59	3.608792	fe80::2c19:596:6fc:…	ff02::1:3	LLMNR	89	Standard query 0x229a A…
60	3.609257	192.168.1.5	224.0.0.252	LLMNR	69	Standard query 0x229a A…
61	3.769415	Tp-LinkT_21:fd:34	Broadcast	ARP	60	Who has 192.168.1.7? Te…
62	3.947999	192.168.1.5	192.168.1.255	NBNS	92	Name query NB DEV269997…

图 10-8　ARP 分析(一)

显示区域只有 ARP，其他的协议数据包都被过滤掉，如图 10-9 所示。单击最上面一行，在中间协议内容部分有三行数据，前面都有一个">"。

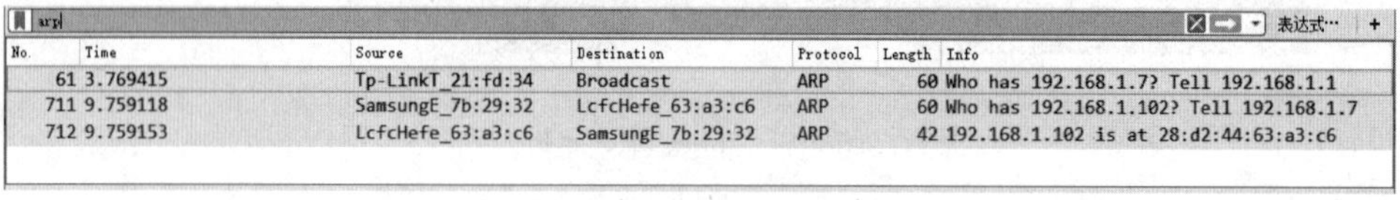

No.	Time	Source	Destination	Protocol	Length	Info
61	3.769415	Tp-LinkT_21:fd:34	Broadcast	ARP	60	Who has 192.168.1.7? Tell 192.168.1.1
711	9.759118	SamsungE_7b:29:32	LcfcHefe_63:a3:c6	ARP	60	Who has 192.168.1.102? Tell 192.168.1.7
712	9.759153	LcfcHefe_63:a3:c6	SamsungE_7b:29:32	ARP	42	192.168.1.102 is at 28:d2:44:63:a3:c6

图 10-9　ARP 分析(二)

单击第一行中的">"，就会展开显示第一行详细内容，结果如图 10-10 所示。

在图 10-10 中可以看到这个帧的一些基本信息。

帧的编号：61(捕获时的编号)。

```
v Frame 61: 60 bytes on wire (480 bits), 60 bytes captured (480 bits) on interface 0
  > Interface id: 0 (\Device\NPF_{68A4F902-5A82-4C97-AD0F-B6C65E038B70})
    Encapsulation type: Ethernet (1)
    Arrival Time: May 16, 2018 13:04:37.115777000 中国标准时间
    [Time shift for this packet: 0.000000000 seconds]
    Epoch Time: 1526447077.115777000 seconds
    [Time delta from previous captured frame: 0.160158000 seconds]
    [Time delta from previous displayed frame: 0.000000000 seconds]
    [Time since reference or first frame: 3.769415000 seconds]
    Frame Number: 61
    Frame Length: 60 bytes (480 bits)
    Capture Length: 60 bytes (480 bits)
    [Frame is marked: False]
    [Frame is ignored: False]
    [Protocols in frame: eth:ethertype:arp]
    [Coloring Rule Name: ARP]
    [Coloring Rule String: arp]
  > Ethernet II, Src: Tp-LinkT_21:fd:34 (ec:26:ca:21:fd:34), Dst: Broadcast (ff:ff:ff:ff:ff:ff)
  > Address Resolution Protocol (request)
```

图 10-10 ARP 分析(三)

帧的大小:60 字节。再加上 4 个字节的 CRC 计算在里面,就刚好满足最小 64 字节的要求。

帧被捕获的日期和时间:May 16,2018……

帧装载的协议:ARP。

……

再收起第一行,展开第二行,如图 10-11 所示。

```
> Frame 61: 60 bytes on wire (480 bits), 60 bytes captured (480 bits) on interface 0
v Ethernet II, Src: Tp-LinkT_21:fd:34 (ec:26:ca:21:fd:34), Dst: Broadcast (ff:ff:ff:ff:ff:ff)
  v Destination: Broadcast (ff:ff:ff:ff:ff:ff)
      Address: Broadcast (ff:ff:ff:ff:ff:ff)
      .... ..1. .... .... .... .... = LG bit: Locally administered address (this is NOT the factory default)
      .... ...1 .... .... .... .... = IG bit: Group address (multicast/broadcast)
  v Source: Tp-LinkT_21:fd:34 (ec:26:ca:21:fd:34)
      Address: Tp-LinkT_21:fd:34 (ec:26:ca:21:fd:34)
      .... ..0. .... .... .... .... = LG bit: Globally unique address (factory default)
      .... ...0 .... .... .... .... = IG bit: Individual address (unicast)
    Type: ARP (0x0806)
    Padding: 00000000000000000000000000000000000000
> Address Resolution Protocol (request)
```

图 10-11 ARP 分析(四)

目的地址(Destination):ff:ff:ff:ff:ff:ff(这是个 MAC 地址,这个 MAC 地址是一个广播地址,就是局域网中的所有计算机都会接收这个数据帧)。

源地址(Source):Tp-LinkT_21:fd:34 (ec:26:ca:21:fd:34)。

帧中封装的协议类型:0x0806,这个是 ARP 的类型编号。

Padding:协议中填充的数据,为了保证帧最少有 64 字节。

收起第二行,展开第三行,显示 ARP 的核心内容,如图 10-12 所示。

地址解析协议(请求)。

硬件类型:以太网。

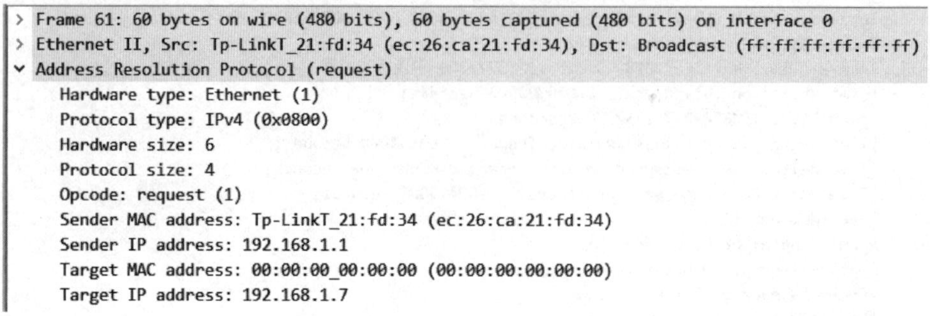

```
> Frame 61: 60 bytes on wire (480 bits), 60 bytes captured (480 bits) on interface 0
> Ethernet II, Src: Tp-LinkT_21:fd:34 (ec:26:ca:21:fd:34), Dst: Broadcast (ff:ff:ff:ff:ff:ff)
∨ Address Resolution Protocol (request)
     Hardware type: Ethernet (1)
     Protocol type: IPv4 (0x0800)
     Hardware size: 6
     Protocol size: 4
     Opcode: request (1)
     Sender MAC address: Tp-LinkT_21:fd:34 (ec:26:ca:21:fd:34)
     Sender IP address: 192.168.1.1
     Target MAC address: 00:00:00_00:00:00 (00:00:00:00:00:00)
     Target IP address: 192.168.1.7
```

图 10-12　ARP 分析(五)

协议类型：IPv4。

硬件大小：6。

协议大小：4。

发送方 MAC 地址：ec:26:ca:21:fd:34

发送方 IP 地址：192.168.1.1

目的 MAC 地址：00:00:00:00:00:00

目的 IP 地址：192.168.1.7

7. Tracert 命令

Tracert(跟踪路由)是路由跟踪实用程序,用于确定 IP 数据报访问目标所采取的路径。Tracert 命令用 IP 生存时间（TTL）字段和 ICMP 错误消息来确定从一个主机到网络上其他主机的路由。

通过向目标发送不同 IP 生存时间（TTL）值的"Internet 控制消息协议（ICMP）"回应数据包,Tracert 诊断程序确定到目标所采取的路由。要求路径上的每个路由器在转发数据包之前至少将数据包上的 TTL 递减 1。数据包上的 TTL 减为 0 时,路由器应该将"ICMP 已超时"的消息发回源系统。

Tracert 先发送 TTL 为 1 的回应数据包,并在随后的每次发送过程将 TTL 递增 1,直到目标响应或 TTL 达到最大值,从而确定路由。通过检查中间路由器发回的"ICMP 已超时"的消息确定路由。某些路由器不经询问直接丢弃 TTL 过期的数据包,这在 Tracert 实用程序中看不到,如图 10-13 所示。

跟踪 210.31.32.4,如图 10-14 所示。

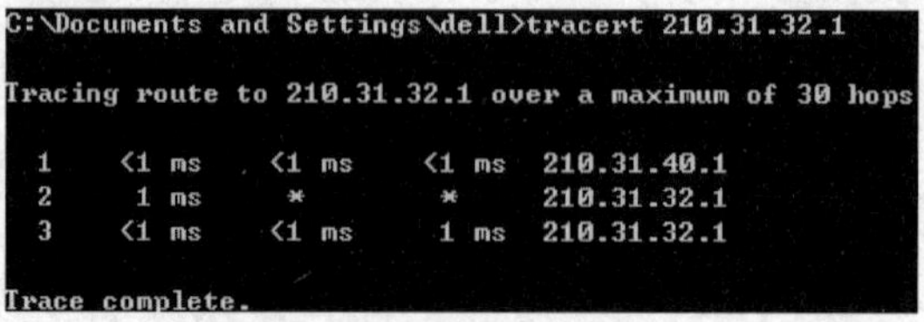

```
C:\Documents and Settings\dell>tracert 210.31.32.1

Tracing route to 210.31.32.1 over a maximum of 30 hops

  1    <1 ms    <1 ms    <1 ms  210.31.40.1
  2     1 ms      *        *    210.31.32.1
  3    <1 ms    <1 ms     1 ms  210.31.32.1

Trace complete.
```

图 10-13　Tracert 命令

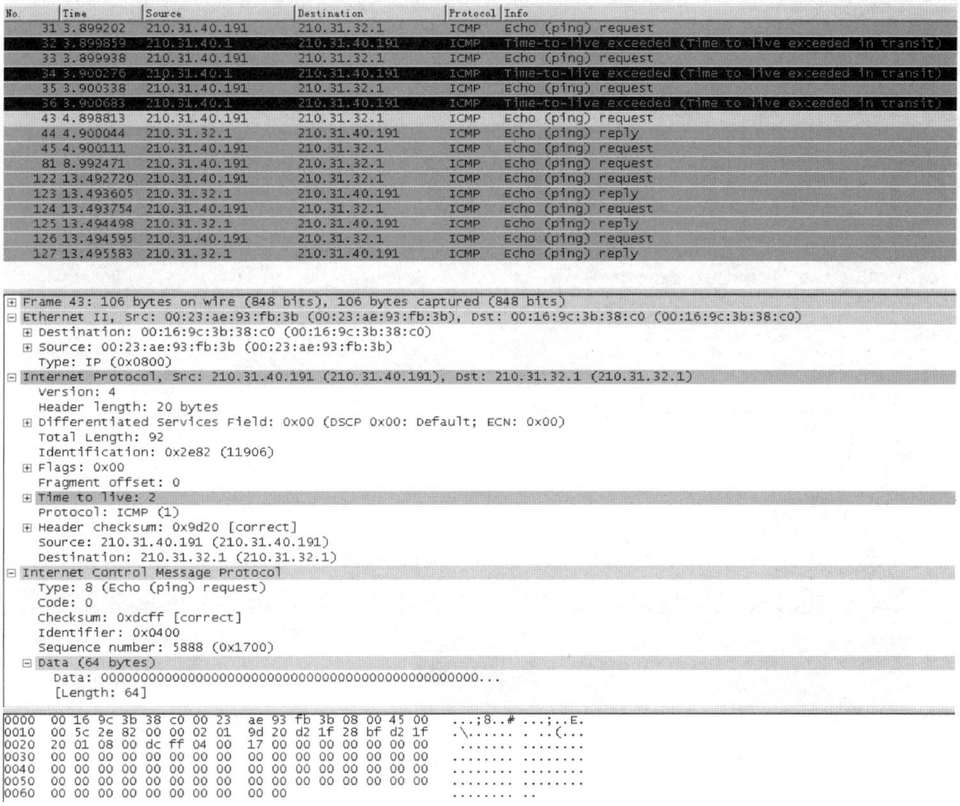

No.	Time	Source	Destination	Protocol	Info
31	3.899202	210.31.40.191	210.31.32.1	ICMP	Echo (ping) request
32	3.899859	210.31.40.1	210.31.32.1	ICMP	Time-to-live exceeded (Time to live exceeded in transit)
33	3.899938	210.31.40.191	210.31.32.1	ICMP	Echo (ping) request
34	3.900276	210.31.40.1	210.31.32.1	ICMP	Time-to-live exceeded (Time to live exceeded in transit)
35	3.900338	210.31.40.191	210.31.32.1	ICMP	Echo (ping) request
36	3.900683	210.31.40.1	210.31.32.1	ICMP	Time-to-live exceeded (Time to live exceeded in transit)
43	4.898813	210.31.40.191	210.31.32.1	ICMP	Echo (ping) request
44	4.900044	210.31.32.1	210.31.40.191	ICMP	Echo (ping) reply
45	4.900111	210.31.40.191	210.31.32.1	ICMP	Echo (ping) request
81	8.992471	210.31.40.191	210.31.32.1	ICMP	Echo (ping) request
122	13.492720	210.31.40.191	210.31.32.1	ICMP	Echo (ping) request
123	13.493605	210.31.32.1	210.31.40.191	ICMP	Echo (ping) reply
124	13.493754	210.31.40.191	210.31.32.1	ICMP	Echo (ping) request
125	13.494498	210.31.32.1	210.31.40.191	ICMP	Echo (ping) reply
126	13.494595	210.31.40.191	210.31.32.1	ICMP	Echo (ping) request
127	13.495583	210.31.32.1	210.31.40.191	ICMP	Echo (ping) reply

```
⊞ Frame 43: 106 bytes on wire (848 bits), 106 bytes captured (848 bits)
⊟ Ethernet II, Src: 00:23:ae:93:fb:3b (00:23:ae:93:fb:3b), Dst: 00:16:9c:3b:38:c0 (00:16:9c:3b:38:c0)
  ⊞ Destination: 00:16:9c:3b:38:c0 (00:16:9c:3b:38:c0)
  ⊞ Source: 00:23:ae:93:fb:3b (00:23:ae:93:fb:3b)
    Type: IP (0x0800)
⊟ Internet Protocol, Src: 210.31.40.191 (210.31.40.191), Dst: 210.31.32.1 (210.31.32.1)
    Version: 4
    Header length: 20 bytes
  ⊞ Differentiated Services Field: 0x00 (DSCP 0x00: Default; ECN: 0x00)
    Total Length: 92
    Identification: 0x2e82 (11906)
  ⊞ Flags: 0x00
    Fragment offset: 0
  ⊞ Time to live: 2
    Protocol: ICMP (1)
  ⊞ Header checksum: 0x9d20 [correct]
    Source: 210.31.40.191 (210.31.40.191)
    Destination: 210.31.32.1 (210.31.32.1)
⊟ Internet Control Message Protocol
    Type: 8 (Echo (ping) request)
    Code: 0
    Checksum: 0xdcff [correct]
    Identifier: 0x0400
    Sequence number: 5888 (0x1700)
  ⊟ Data (64 bytes)
    Data: 00000000000000000000000000000000000000000000000000...
    [Length: 64]
```

```
0000  00 16 9c 3b 38 c0 00 23  ae 93 fb 3b 08 00 45 00   ...;8..# ...;..E.
0010  00 5c 2e 82 00 00 02 01  9d 20 d2 1f 28 bf d2 1f   .\...... . ..(...
0020  20 01 08 00 dc ff 04 00  17 00 00 00 00 00 00 00    ....... ........
0030  00 00 00 00 00 00 00 00  00 00 00 00 00 00 00 00   ........ ........
0040  00 00 00 00 00 00 00 00  00 00 00 00 00 00 00 00   ........ ........
0050  00 00 00 00 00 00 00 00  00 00 00 00 00 00 00 00   ........ ........
0060  00 00 00 00 00 00 00 00  00 00                     ........ ..
```

图 10-14　跟踪 210.31.32.4

Tracert 跟踪百度，如图 10-15 和图 10-16 所示。

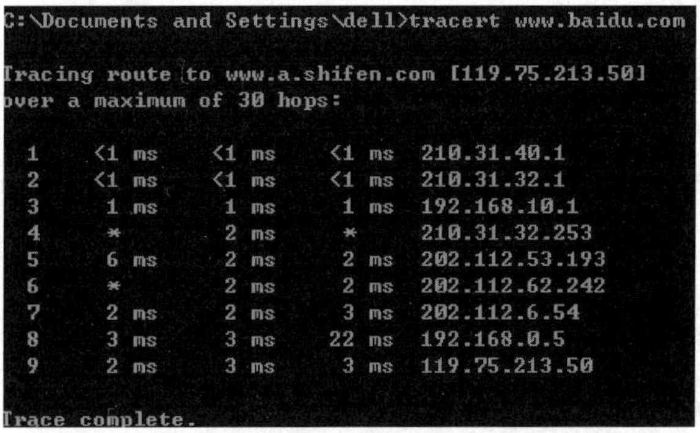

图 10-15　跟踪百度(一)

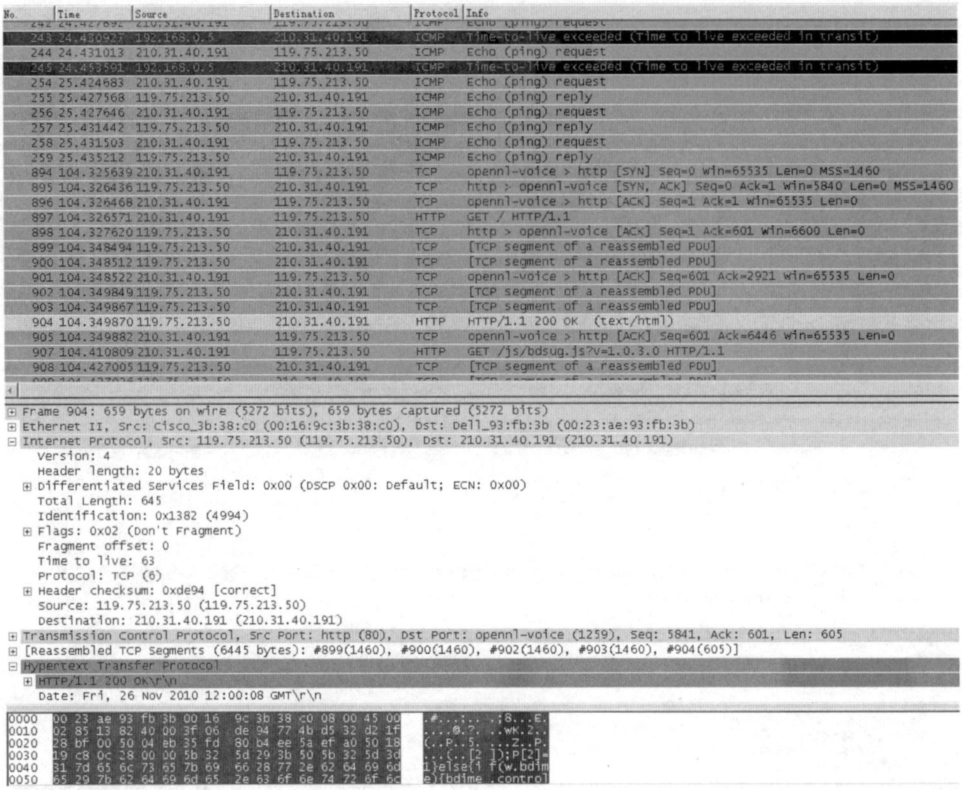

图 10-16　跟踪百度(二)

10.3　交换机基本配置

10.3.1　实验目的

对于一台没有定义 IP 地址与子网掩码以及默认网关的交换机,用户不能直接通过网络管理它。用户必须对新出厂的交换机进行一系列基本配置,才能正常使用及管理交换机。基本配置包括:交换机的名称、IP 地址与子网掩码、默认网关、Enable 管理密码、Telnet 密码等的配置。

10.3.2　实验要求

(1) 学习交换机的几种工作模式,能够熟练应用快捷键。

(2) 掌握交换机的基本配置命令,会查看命令参数。

(3) 掌握交换机各接口的配置方法,会查看检测接口状态。

(4) 会查看交换机的状态信息,会保存配置文件。

10.3.3　实验内容和步骤

1. 对话模式配置

第一次进入交换机后,会出现如下界面,按照提示就可以对交换机进行基本配置。

```
———System Configuration Dialog———
At any point you may enter a question mark'?'for help.
Use Ctrl + C to abort configuration dialog at any prompt.
Default settings are in square brackets'[]'.
Continue with configuration dialog?[yes/no]:y          // 询问是否要进入配置对话状态
Would you like to assign a ip address?[yes/no]:y        // 询问是否要设置 IP 地址
Enter IP address:192.168.1.10                           // 输入 IP 地址
Enter IP netmask:255.255.2 55.0                         // 输入子网掩码
Enter host name[Switch]:Myswitch                        // 输入交换机名称
The enaDle secret is a one—way cryptographlc secret use
instead of the enable password when it exists.
Enter enable secret:123456                              // 输入 Enable 管理密码
Would you like to configure a Telnet password?[yes/no]:y
Enter Telnet password:123456                            // 输入 Telnet 密码
Would you like to disable web service?[yes/no]:y        // 询问是否要将 Web 服务关闭
The following configuration command script was created:
interface VLAN 1
ip address 192.168.1.10 255.255.255.0 !
hostname Myswitch
end
Use this configuration?[yes/no]:y                       // 询问是否要将这些配置保存
Building configuration...
OK
```

配置完成后,交换机会根据用户输入的配置自动创建一个启动配置文件(startup-config),下次启动过程中便使用该配置文件,无须用户再干预。

注意:

(1)允许用户不为交换机配置 IP 地址和地址掩码。

(2)在配置过程中默认将 Web 服务关闭,用户如果需要通过 Web 管理交换机,则配置 Web 服务时需要选择 n 以打开 Web 服务。

(3)在特权模式下输入 setup 命令。使用该命令时会重复上述的操作步骤,提示用户输入新的 IP 地址和掩码等设置,如同配置一台新出厂交换机。该操作会导致交换机原有的配置全部丢失,如果配置文件已经存在,该操作将会删除文件的全部内容并将根据用户的输入对文件进行更新。建议在使用 setup 操作之前备份当前的参数文件。

2. 命令模式配置

当用户需要更改现有的配置或重新配置交换机时,可以通过 CLI 界面,在其中输入相关的命令来实现。交换机的配置命令有很多,这里介绍几条基本配置命令。

1)交换机命名

默认情况下,系统名称和系统命令提示符均为 switch,在全局配置模式下使用 hostname 命令可以更改交换机的命名。

```
switch>enabl e                      // 进入特权配置模式
switch#configure terminal           // 进入全局配置模式
switch(config)#hostname<name>
```

设置交换机名称,其中,<name>是设置的交换机名字,长度不能超过 255 个字节。例如:

```
switch(config)#hostname teacher     //交换机命名为 teacher
teacher(config)#no hostname         //取消刚才设置的交换机名字,恢复到默认值
```

可以在特权模式下使用命令 show snmp 来查看交换机的名称:

```
switch(config)#end                  // 回到特权配置模式
switch#show snmp                     // 查看交换机的名称
Hostname:switch
```

当然,也可以在特权模式下用命令 show running-config 查看刚才的设置,其中就可以看到交换机的名称设置。

2) 限制访问

对交换机的访问有以下几种方式: 通过 PC 对交换机进行管理,通过对交换机进行远程 Telnet 管理,通过对交换机进行远程 Web 管理,通过工作站对交换机进行远程 SNMP 管理。

后面三种方式均要通过网络传输,可以根据需要来禁止用户通过这三种访问方式中的一种或几种来访问交换机;可以通过关闭驻留在交换机上的 Telnet Server、Web Server、SNMP Agent 来分别禁用这三种访问方式。

默认情况下,交换机上的 Tellet Server、SNMP Agent 处于打开状态,Web Server 处于关闭状态。如果同时禁止了 Telnet 和 Web 这两种访问方式,则若想再打开这两种访问方式,就只能通过第一种方式登录后,用相应的命令打开这两种方式。

```
switch>enable                       // 进入特权配置模式
switch#configure terminal           // 进入全局配置模式
// 关闭交换机上的 Telnet Server,禁止使用 Telnet 命令对交换机进行访问
switch(config)#no enable services telnet-server
// 关闭交换机上的 SNMP Agent,禁止使用 SNMP 管理工作站对交换机进行访问
switch(config)#no enable services snmp-agent
// 开启交换机上的 Web Server,允许使用 Web 方式对交换机进行访问
switch(config)#enable services web-server
switch(config)#end                  // 回到特权配置模式
// 显示交换机上 Telnet Server,Web Server,SNMP Agent 的当前状态
switch#show services
Snmp-agent:Disabled
Telnet-server:Enabled
Web-server:Disabled
```

也可以在特权配置模式下使用 show running-config 命令查看刚才的配置,里面可以查看到 Telnet Server、Web Server 和 SNMP Agent 的当前状态信息。

当然,也可以使用下面的命令开启和关闭相应的访问方式。

```
// 开启交换机上的 Telnet Server,允许使用 Telnet 命令对交换机进行访问
switch(config)#enable services telnet-server
// 关闭交换机上的 Web Server,禁止使用 Web 方式对交换机进行访问
```

```
switch(config)#no enable services web-server
// 开启交换机上的 SNMP Agent,允许使用 SNMP 管理工作站对交换机进行访问
switch(config)#enable services snmp-agent
```

除了使用上面介绍的方法来限制对交换机的访问外,还可以通过检查来访者的 IP 更为准确地控制外界的访问。可以为 Telnet 或 Web 的访问方式配置一个或多个合法的访问 IP,只有使用这些合法 IP 的用户才能使用 Telnet 或 Web 方式访问交换机,使用其他 IP 地址访问都将被拒绝。具体配置命令如下。

```
switch(config)#services telnet host host-ip[mask]
```

说明:host-ip 指明能够使用 Telnet 方式管理交换机的合法用户的 IP。可以通过多次使用此命令来配置多个合法用户的 IP,也可以通过设置掩码的方式来配置一个网段的 IP,若不配置则表示不限制使用者的 IP 地址。

```
switch(config)# services web host host-ip[mask]
```

说明:host-ip 指明能够使用 Web 方式管理交换机的合法用户的 IP。可以通过多次使用此命令来配置多个合法用户的 IP,也可以通过设置掩码的方式来配置一个网段的 IP。若不配置则表示不限制使用者的 IP 地址。

在全局配置模式下使用 no services telnet host host-ip[mask]和 no services web host host_ip[mask]命令来删除已配置的合法访问 IP,使用 no services telnet all 和 no services web all 命令来删除所有的 IP 地址。

例如,只允许 IP 地址为 192.168.12.54 和 192.168.12.55 的用户以及 192.168.5.* 网段的用户通过 Telnet 方式管理交换机:

```
switch(config)#services telnet host 192.168.12.54
switch(config)#services telnet host 192.168.12.55
switch(config)#services telnet host 192.168.12.0 255.255.255.0
```

3. 交换机端口与 MAC 的绑定

交换型网络一般对客户机的位置要求很随意,只要在交换型局域网范围内任何位置均可以连接到网络。但从网络管理的角度而言,一旦发生网络故障,很难快速准确地定位根源主机,所以在交换型网络的管理当中,经常将交换机端口与客户机 MAC 地址进行绑定。也就是说,特定主机只有在某个特定端口下发出数据帧,才能被交换机接收并转发到网络上,如果这台主机移动位置,连接到其他交换端口上,则端口拒绝数据流入,这样就有效保证了网络的安全,方便了管理。

Cisco 交换机对违反 MAC 绑定的通信有以下三种处理方式。

(1) Protect(保护方式)。当安全端口绑定地址表达到上限时,不属于绑定范围内的源 MAC 地址数据帧将被自动丢弃,交换机不会通过日志文件通知管理人员。由于保护方式会禁止任何 VLAN 数据帧,所以不应该将这种方式应用在 trunk 端口。

(2) Shutdown(关闭方式)。为 Cisco 交换机的默认动作,当违反端口绑定的通信发生时,交换机端口被关闭,同时进行日志记录并将违反计数器累加 1。一旦端口被关闭,需要手工采用 no shutdown 或 errdisable recovery cause psecure-violation 命令开启。

（3）Restrict（限制方式）。当安全端口绑定地址表达到上限时，不属于绑定范围内的源 MAC 地址数据帧被自动丢弃，同时交换机会在日志文件记录并将违反次数计数器累加 1。

【例 10-1】 交换机静态绑定 MAC 地址。

交换机 switchA 通过 Fa0/1 接口与 switchB 级联，PC1 与 PC2 都需经过 switchA 的 Fa0/1 端口访问 PC3。由于 PC2 是受限用户，所以需要将 PC1 的 MAC 地址与 switchA 的 Fa0/1 进行绑定，只允许 PC1 访问 PC3，网络拓扑如图 10-17 所示。

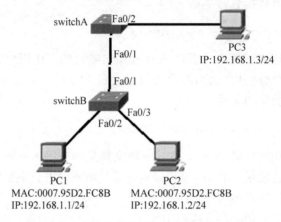

图 10-17 静态绑定 MAC 地址示例网络拓扑

（1）在交换机 switchA 上的 Fa0/1 端口上开启端口安全功能并且进行静态 MAC 地址的绑定。主要配置内容如下所示。

```
switchA#conf t
Enter configuration commands, one per line. End with CNTL/Z.
switchA(config)#int fastEthernet 0/1
//开启交换机端口安全
switchA(config-if)#switchport port-security
//注意端口模式必须为access或者trunk模式,动态端口不允许开启端口安全
Command rejected: FastEthernet0/1 is a dynamic port.
//设置端口模式为access
switchA(config-if)#switchport mode access
switchA(config-if)#switchport port-security            //开启端口安全
//将PC1的MAC地址与Fa0/1端口静态绑定,默认只能绑定一个MAC地址
switchA(config-if)#switchport port-security mac-address 00-07-95-D2-FC-8B
switchA(config-if)#end
```

（2）查看端口安全信息，显示交换机 Fa0/1 端口已经绑定了一个 MAC 地址，安全动作是 shutdown（默认），内容如下所示。

```
switchA#show port-security
Secure Port    MaxSecureAddr    CurrentAddr    SecurityViolation    Security Action
               (Count)          (Count)        (Count)
----------------------------------------------------------------------------------
   Fa0/1          1                1               0                 Shutdown
----------------------------------------------------------------------------------
Total Addresses in System (excluding one mac per port) : 0
Max Addresses limit in System (excluding one mac per port) : 6144
```

```
interface    Show secure interface
|            Output modifiers
<cr>
```

通过 show port-security address 命令查看绑定的具体 MAC 地址,刚才手工添加的静态 MAC 地址已经在端口安全地址表中,内容如下所示。

```
switchA#show port-security address
        Secure Mac Address Table
-------------------------------------------------------------------------------
Vlan      Mac Address      Type                 Ports     Remaining Age
                                                            (mins)
----      -----------      ----                 -----     -------------
1         0007.95d2.fc8b   SecureConfigured     Fa0/1     -
-------------------------------------------------------------------------------
Total Addresses in System (excluding one mac per port)    : 0
Max Addresses limit in System (excluding one mac per port) : 6144
```

(3) 使用 ping 命令测试。PC1 到 PC3 连通正常,而 PC2 到 PC3 无法连通,表明 switchA 的 Fa0/1 端口拒绝了除 PC1 外的其他 MAC 地址。

【例 10-2】 交换机绑定多个 MAC 地址示例。

本案例中的拓扑图与例 10-1 中的一致,如图 10-17 所示。要求 switchA 的 Fa0/1 端口改变默认设置,要求绑定多个 MAC 地址,使得除 PC1 外的其他计算机都可以访问 PC3。

(1) 设置 Fa0/1 端口的绑定 MAC 地址最大数量,并且绑定 PC1 的 MAC 地址。

```
switchA(config)#int Fa0/1                    // 进入 Fa0/1 接口配置子模式
// Fa0/1 绑定的最大 MAC 地址数量为 3
switchA(config-if)#switchport port-security maximum 3
//当与端口绑定发生冲突时(非绑定 MAC 地址数据帧通过 Fa0/1 接口),安全动作为 restrict
switchA(config-if)#switchport port-security violation restrict
// 静态绑定 PC1 的 MAC 地址
switchA(config-if)#switchport port-security mac-address 00-07-95-D2-FC-8B
switchA(config-if)#end
```

(2) 查看动态绑定的 MAC 地址。由于绑定的 MAC 地址数为三个,静态绑定了 PC1 的 MAC 地址,所以其余两个 MAC 地址由交换机 Fa0/1 端口动态绑定,即当端口安全地址表中绑定的 MAC 地址数未达到上限时,会根据通过端口的数据帧源 MAC 地址自动绑定,直到达到绑定上限值。

当 PC2 或者其他计算机与 PC3 通信后,switchA 的 Fa0/1 端口会自动绑定它们的 MAC 地址,端口安全地址表信息如下所示。

```
switchA#show port-security address
        Secure Mac Address Table
-------------------------------------------------------------------------------
Vlan      Mac Address      Type                 Ports     Remaining Age
                                                            (mins)
----      -----------      ----                 -----     -------------
1         0007.95d2.fc8b   SecureConfigured     Fa0/1     -
1         0007.95d2.feec   SecureDynamic        Fa0/1     -
1         001d.4614.821a   SecureDynamic        Fa0/1     -
-------------------------------------------------------------------------------
```

```
Total Addresses in System (excluding one mac per port)      : 2
Max Addresses limit in System (excluding one mac per port)  : 6144
```

（3）若要减小端口安全地址表的绑定最大值，需要先清除动态绑定信息，否则会由于设置的最大值小于地址表中的条目而导致配置失效。现在将安全地址表绑定最大值设为 2，主要配置内容如下所示。

```
switchA#clear port-security dynamic            // 清除端口安全地址表的动态绑定 MAC 地址
switchA#conf t
Enter configuration commands, one per line. End with CNTL/Z.
switchA(config)#int Fa0/1
switchA(config-if)#switchport port-security maximum 2      // 设置绑定的最大值为 2
switchA(config-if)#exit
```

（4）查看 Fa0/1 的端口安全绑定信息，其内容如下所示。

```
switchA#show port-security interface fastEthernet 0/1
Port Security                : Enabled
Port Status                  : Secure-up
Violation Mode               : Restrict
Aging Time                   : 0 mins
Aging Type                   : Absolute
SecureStatic Address Aging   : Disabled
Maximum MAC Addresses        : 2
Total MAC Addresses          : 2
Configured MAC Addresses     : 1
Sticky MAC Addresses         : 0
Last Source Address:Vlan     : 001d.4614.821a:1
Security Violation Count     : 4
```

4. 端口镜像配置

在集线器连接的共享式网络当中，集线器无论收到什么数据，都会将数据按照广播的方式在各个端口发送出去，这种广播式通信方式会造成网络带宽的浪费，但对管理设备而言可以有效地收集和监听网络数据。在交换式网络当中，由于交换机只会将数据发送给某个特定端口，这样的方式提高了网络效率，但在监听和检测某个或者所有端口的通信数据时变得很困难。为了有效解决这一问题，可以在交换机中做配置使交换机将某个或者多个端口的流量在必要的时候复制下来并且发送给网管设备所在的端口，从而实现网管设备对交换端口的监视。这种配置方式被称为端口镜像。

端口镜像技术可以将一个源端口的数据流量完全复制到另外一个目的端口进行实时分析，而且不影响被镜像端口的工作。在本书所涉及的网络协议和数据包分析的案例中，均采用这种技术将被监控端口配置成镜像源端口，将装有网络协议分析捕获软件的监控机所连接的端口配置成镜像目标端口，实现实时监控。目前在交换式网络管理与安全方面，端口镜像技术得到了广泛的应用。

端口镜像的源端口配置命令为：

```
Switch(config)# monitor <session number> source interface <interface-list> [rx/tx/both]
```

功能：指定镜像源端口；本命令的 no 操作为删除镜像源端口。

参数：< *session number* >为镜像事务编号，取值范围为 1～100；< *interface-list* >为源镜像端口列表；*rx* 为源镜像端口接收的流量，*tx* 为源镜像端口发送的流量，*both* 为进出的所有流量。

举例：设置镜像源端口为 Fa0/1～Fa0/4 的发出流量。

```
switch(config)♯monitor session 1 source interface fastethernet 0/1 - 4 tx
```

端口镜像的目标端口配置命令为：

```
switch(config)♯monitor < session number > destination interface < interface - number >
```

功能：指定镜像目标端口，该端口和监控机相连；本命令的 no 操作为删除镜像目标端口。

参数：< *session number* >为镜像事务编号，其编号值要和配置源端口的事务编号保持一致；< *interface-number* >为目标镜像端口编号。

举例：设置镜像目标端口为 Fa0/15。

```
switch(config)♯monitor seesion 1 destination interface fastethernet 0/15
```

10.4 VLAN 划分及 VLAN 间通信

10.4.1 实验目的

交换机在没有划分虚拟网络时，都默认属于 VLAN1，可以相互通信。通过创建VLAN，可以隔离 VLAN 间的数据流量，一个接口只能属于一个 VLAN，实现了 VLAN 的划分。如果需要实现不同的 VLAN 间的通信，则需要借助三层交换机的路由功能，通过识别数据包的 IP 地址，查找路由表进行选路转发。通过本次实验理解 VLAN 的概念并掌握VLAN 的划分以及 VLAN 间通信的配置方法。

10.4.2 实验要求

(1) 了解二层交换机工作原理；
(2) 理解 VLAN 的概念，掌握 VLAN 的配置；
(3) 掌握 VLAN 的划分方法；
(4) 掌握通过以太网子接口实现 VLAN 间通信的配置方法。

10.4.3 实验内容和步骤

1. VLAN 划分配置

PC1 与 PC2 分别通过交换机的 Fa0/0 与 Fa0/1 相连，IP 地址与子网掩码分别为：192.168.1.1/24 与 192.168.1.2/24。现在需要将 PC2 划分到 VLAN2，PC1 划分到 VLAN1，

使得两台计算机属于不同虚拟局域网,从而在逻辑上隔离开来,网络拓扑如图 10-18 所示。

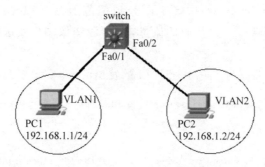

图 10-18　VLAN 划分示例拓扑

（1）在交换机上创建 VLAN2,由于 VLAN1 始终存在,且所有端口默认以 access 模式属于 VLAN1,所以不用创建 VLAN1 和对 Fa0/2 进行 VLAN 划分。主要配置内容如下所示。

```
Switch > en
Switch # conf t
Enter configuration commands, one per line. End with CNTL/Z.
Switch(config) # vlan 2                    // 创建 VLAN2,VID = 2
Switch(config - vlan) # name test          // VLAN2 取名为 test
Switch(config - vlan) # exit
Switch(config) # int Fa0/2                 // 进入 Fa0/2 接口配置子模式
// 端口模式为访问模式,这样 Fa0/2 只能划分到一个 VLAN
Switch(config - if) # switchport mode access
// 将 Fa0/2 以非标记端口角色划分到 VLAN2,其中 PVID 等于 VID,均为 2
Switch(config - if) # switchport access vlan 2
Switch(config - if) # exit
Switch(config) # exit
% SYS - 5 - CONFIG_I: Configured from console by console
Switch # write                             // 保存配置内容
Building configuration...
[OK]
```

（2）通过 show vlan brief 命令查看本交换机上的 VLAN 信息,从中可以看到 Fa0/1 划分到 VLAN1 和 Fa0/2 接口属于 VLAN2,内容如下所示。

```
Switch # show vlan brief
VLAN   Name                             StatusP    Ports
----   ------------------------------   -------
       ------------------------------
1      default                          active     Fa0/1, Fa0/3, Fa0/4, Fa0/5
                                                   Fa0/6, Fa0/7, Fa0/8, Fa0/9
                                                   Fa0/10, Fa0/11, Fa0/12, Fa0/13
                                                   Fa0/14, Fa0/15, Fa0/16, Fa0/17
                                                   Fa0/18, Fa0/19, Fa0/20, Fa0/21
                                                   Fa0/22, Fa0/23, Fa0/24, Gig0/1
                                                   Gig0/2
2      test                             active     Fa0/2
```

1002	fddi－default	active
1003	token－ring－default	active
1004	fddinet－default	active
1005	trnet－default	active

（3）使用 ping 命令验证 PC1 与 PC2 的连通性，测试显示无法连通。这是由于两台计算机属于不同 VLAN，交换机在内部交换时禁止将 VLAN1 的数据帧送往不属于同一虚拟局域网的 Fa0/2 端口，除非使用三层互联设备，否则无法互相通信。

2．交换机主干端口工作方式配置

为了理解交换机的 trunk 端口工作方式，此时划分了 VLAN1（默认）和 VLAN2，将 Fa0/2 设置为主干端口，由于主干端口可属于多个 VLAN，本例中该端口允许通过全部 VLAN 数据帧，网络拓扑如图 10-18 所示。

（1）创建 VLAN1 和 VLAN2，此过程可参阅 10.4.3 节第一部分 VLAN 划分配置（如图 10-18 所示）。

（2）将 Fa0/2 端口设置为主干端口，并允许全部 VLAN 数据帧通过，主要配置过程如下所示。

```
Switch(config)♯int Fa0/2
Switch(config－if)♯switchport trunk encapsulation dot1q      //封装格式为 IEEE 802.1q 协议帧
Switch(config－if)♯switchport mode trunk                     // Fa0/2 端口模式为主干模式

％LINEPROTO－5－UPDOWN: Line protocol on Interface FastEthernet0/1, changed state to down
％LINEPROTO－5－UPDOWN: Line protocol on Interface FastEthernet0/1, changed state to up
// 允许所有 VLAN 标记帧通过该端口，即 Fa0/2 属于 VLAN1 和 VLAN2
Switch(config－if)♯switchport trunk allowed vlan all
// 由于 trunk 具有标记和非标记端口的两种角色，需要设置端口的 PVID，
// 该值必须来自 Fa0/2 所属的 VID(取值为 1 和 2)，这里设置 PVID＝1，
// 即 PVID 等于 VLAN1 的标识
Switch(config－if)♯switchport trunk native vlan 1
<省略!>
```

（3）在 PC1 使用 ping 命令测试到 PC2 的连通性，测试通过。在 PC2 上开启 Wireshark 捕获 PC1 发来的请求数据，其格式如图 10-19 所示。

分析：PC1 所连接的 Fa0/1 属于 VLAN1，由于 Fa0/2 被配置为 trunk 端口，且允许所有 VLAN 数据通过（相当于属于所有 VLAN），所以 Fa0/2 属于 VLAN1 与 VLAN2，这两个接口具有属于 VLAN1 的共同属性。PC1 发往 PC2 的数据经 Fa0/1 打标（Tagged），其中，标记帧的 VID＝1，遵从入口规则，再从交换机内部发送到 Fa0/2（遵从转发规则），而 Fa0/2 的 PVID＝1，所以 Fa0/2 遵从出口规则去掉标记（Untagged），经还原的 MAC 帧到达 PC2。同理，PC2 响应也是相同的过程，所以双方可以正常通信。

（4）将 Fa0/2 的 PVID 设置为 2，配置命令为：

```
Switch(config－if)♯switchport trunk native vlan 2
```

再次在 PC1 使用 ping 命令测试到 PC2 的连通性，测试无法通过。PC2 上开启 Wireshark 捕获 PC1 发来的请求数据，其格式如图 10-20 所示。

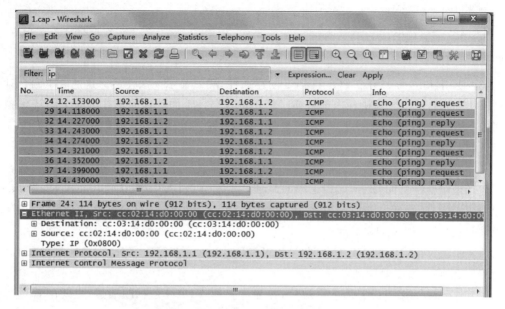

图 10-19　trunk 工作方式示意(一)

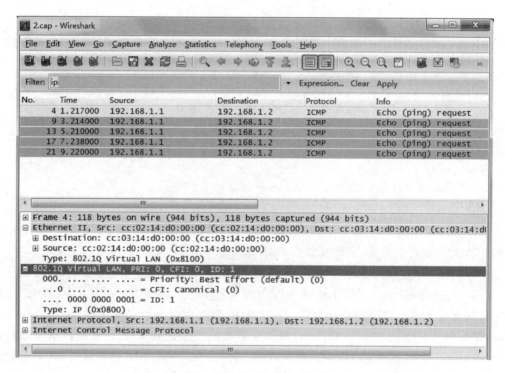

图 10-20　trunk 工作方式示意(二)

分析: PC1 发往 PC2 的数据经 Fa0/1 打标(标记帧的 VID=1,遵从入口规则),再从交换机内部发送到 Fa0/2(遵从转发规则,两个端口均属于 VLAN1),而 Fa0/2 的 PVID=2,所以 Fa0/2 遵从出口规则不去掉标记直接发出,这样 IEEE 802.1q 标记帧到达 PC2。由于 PC2 无法识别 IEEE 802.1q 标记帧,故无法做出响应,所以双方无法通信。

注意：捕获 IEEE 802.1q 协议数据帧需要支持该协议的网卡或者使用网络协议分析仪（比如 ideal multipro 网络性能检测仪）。

3. VLAN 跨交换机通信配置

一个局域网中由两台交换机 switchA 与 switchB 连接，共划分了两个虚拟局域网 VLAN1 和 VLAN2。两个 VLAN 分别连接在两个交换机上，这样同一个 VLAN 通信需要跨越两台交换设备，网络拓扑如图 10-21 所示。

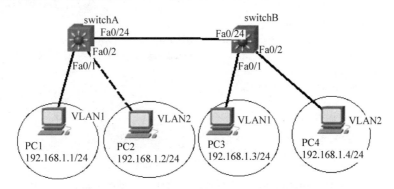

图 10-21　VLAN 跨交换机通信网络拓扑

（1）首先在两台交换机上划分 VLAN1 和 VLAN2，由于两台交换机的多个 VLAN 通信均要通过 Fa0/24 端口，所以 Fa0/24 端口需配置成主干端口允许多个 VLAN 通过。主要配置过程如下所示。

```
switchA(config)＃vlan 2
switchA(config－vlan)＃exit
switchA(config)＃int Fa0/2
switchA(config－if)＃switchport mode access
switchA(config－if)＃switchport access vlan 2
switchA(config－if)＃exit
switchA(config)＃int Fa0/24
switchA(config－if)＃switchport trunk encapsulation dot1q
switchA(config－if)＃switchport mode trunk

% LINEPROTO－5－UPDOWN: Line protocol on Interface FastEthernet0/24, changed state to down
% LINEPROTO－5－UPDOWN: Line protocol on Interface FastEthernet0/24, changed state to up
switchA(config－if)＃switchport trunk allowed vlan all
switchA(config－if)＃exit

switchB(config)＃vlan 2
switchB(config－vlan)＃exit
switchB(config)＃int Fa0/2
switchB(config－if)＃switchport mode access
switchB(config－if)＃switchport access vlan 2
switchB(config－if)＃exit
switchB(config)＃int Fa0/24
switchB(config－if)＃switchport trunk encapsulation dot1q
```

```
switchB(config-if)#switchport mode trunk

%LINEPROTO-5-UPDOWN: Line protocol on Interface FastEthernet0/24, changed state to down
%LINEPROTO-5-UPDOWN: Line protocol on Interface FastEthernet0/24, changed state to up
switchB(config-if)#switchport trunk allowed vlan all
switchB(config-if)#exit
```

（2）查看交换机 trunk 端口的信息，以 switchB 交换机为例，可以看到 switchB 上的 Fa0/24 为主干端口，其 PVID＝1 且封装协议为 IEEE 802.1q 协议（见粗体部分）。

```
switchB#show interfaces trunk
Port         Mode            Encapsulation    Status        Native vlan
Fa0/24       on              802.1q           trunking      1

Port         Vlans allowed on trunk
Fa0/24       1-1005

Port         Vlans allowed and active in management domain
Fa0/24       1,2,1002,1003,1004,1005

Port         Vlans in spanning tree forwarding state and not pruned
Fa0/24       1,2,1002,1003,1004,1005
```

（3）测试同一 VLAN 是否跨交换机进行通信，在 PC1 上执行 ping 命令，测试到 PC3 的连通性，测试通过。这是因为 PC1 与 PC3 均属于 VLAN1，且两个交换机的级联端口 Fa0/24 配置为主干，允许全部 VLAN 数据帧通过，所以可以正常通信。

注意：switchA 与 switchB 的 Fa0/24 必须均为 trunk 模式，且 PVID 必须保持一致，否则在对数据帧打标记（Tagged）或者去标记（Untagged）的过程中会出现混乱，影响数据传输。

10.5　交换机生成树协议配置

10.5.1　实验目的

交换机在做冗余连接时会出现广播风暴和 MAC 地址漂移的严重网络故障，如果没有任何其他措施，交换机会立即陷入瘫痪。在交换机中使用生成树协议可以有效地规避二层环路防止广播风暴，从而让交换机网络在保证冗余的情况下没有环路风险。生成树的目的是维护一个无回路的网络。当一个设备识别到一个拓扑回路，阻塞一个或多个冗余端口时，无回路路径即被完成。通过本次实验掌握生成树协议的基本原理并掌握其配置方法。

10.5.2　实验要求

（1）掌握生成树的概念，理解其工作原理；

（2）通过观察生成树状态，能够分析生成树的工作过程；

（3）掌握生成树的应用要求。

10.5.3 实验内容和步骤

1. 生成树协议工作过程

Cisco 交换机默认情况下是允许 IEEE 802.1d 生成树协议的,在本案例中,不需要做出任何配置交换机间就可运行 STP,网络全部由百兆链路连接,所以端口开销相同,均为默认值 19。三台交换机的桥优先级均为默认值 32 768,所以当形成了网络环路需要启用生成树协议构造一棵树时,选择的根网桥 ID 应该是由这 4 台交换机的 MAC 地址决定的桥 MAC 最小的根网桥,根网桥的所有端口均为指定端口,处于转发状态,网络拓扑如图 10-22 所示。

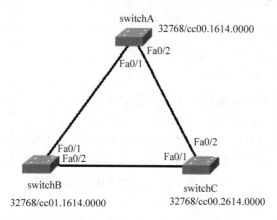

图 10-22 生成树协议工作示例网络拓扑

(1) 确定根桥。生成树在网络中刚启动时,交换机的各个连接端口处于 listening 状态,彼此都认为自己是根桥。以 switchA 为例,通过 Fa0/1 和 Fa0/2 端口向其他两个交换机发送 BPDU,其中 4 元向量见表 10-1。

表 10-1 switchA 的端口 4 元向量

Interface	RootId	RootPathCost	DesignatedBridgeID	DesignatedPortID
F0/1	32768cc0016140000	0	32768cc0016140000	128.1
F0/2	32768cc0016140000	0	32768cc0016140000	128.2

第一次 BPDU 交换后,三台交换机分别接收到对端发送来的 BPDU,它们会将自身的 RootID 与接收到的对端 BPDU 中的 RootID 比较优先级,因为 switchA 的 RootID 值最小,所以三台交换机确定了 switchA 为根桥。

在任何一台交换机上可以通过 show spanning-tree root 命令查看根桥。在 switchB 中可以看到根桥标识为 switchA,显示内容如下所示。

```
switchB # show spanning - tree root
VLAN1
  Root  ID      Priority    32768
                Address     cc00.1614.0000
                Cost        19
                Port        2 (FastEthernet0/1)
                Hello Time  2 sec Max Age 20 sec Forward Delay 15 sec
```

（2）非根桥确定根端口（RootPort）。在确定了根网桥之后，其他交换机 switchB 与 switchC 都会在两个端口中接收到来自根 switchA 的 BPDU。以 switchB 为例，当确定它从 Fa0/1 和 Fa0/2 分别接收了相同的根 BPDU 后，即会计算接收的 BPDU 的路径花销积累，此时从 BPDU 中得出从 Fa0/2 收来的 BPDU 的根路径开销为 38，而 Fa0/1 接收的根路径开销为 19，因此确定 Fa0/1 端口是能够更直接到达根网桥的路径，其成为非根桥 switchB 的唯一根端口。同理，switchC 也会确认其 Fa0/2 端口而非 Fa0/1 端口成为它的唯一的根端口。使用 show spanning-tree root port 命令可以查看非根交换机的根端口，内容如下所示。

```
switchB#show spanning-tree root port
VLAN1           FastEthernet0/1

switchC#show spanning-tree root port
VLAN1           FastEthernet0/2
```

（3）确定指定端口和阻塞端口。在一条链路上，必须要有一个指定端口，负责转发数据。switchB 和 switchC 分别在 Fa0/2 和 Fa0/1 处都接收到了来自 switchA 的 BPDU，接收端口会将对端的桥标识与自己的桥标识比较优先级，如果本桥标识优先则本端口为指定端口，否则就为根端口或者阻塞端口。本案例中，由于 switchB 优于 swtichC 的桥标识，所以 switchB 的 Fa0/2 端口为指定端口，而 switchC 的 Fa0/1 端口不是根端口，所以是阻塞端口以防止环路的产生。

在 switchB 中通过 show spanning-tree interface 命令可以查看从 Fa0/2 发往 switchC 的 BPDU，其中包含指定桥 ID、指定端口 ID 和根路径累积开销，内容如下所示。

```
switchB#show spanning-tree interface Fa0/2
Port 3 (FastEthernet0/2) of VLAN1 is forwarding
   Port path cost 19, Port priority 128, Port Identifier 128.3.
   Designated root has priority 32768, address cc00.1614.0000
   Designated bridge has priority 32768, address cc01.1614.0000
   Designated port id is 128.3, designated path cost 19
   Timers: message age 0, forward delay 0, hold 0
   Number of transitions to forwarding state: 1
   BPDU: sent 3986, received 1
```

同样，在 switchC 中查看 Fa0/1 的生成树信息，可以看到该端口已阻塞，内容如下所示。

```
switchC#show spanning-tree interface Fa0/1
Port 2 (FastEthernet0/1) of VLAN1 is blocking
   Port path cost 19, Port priority 128, Port Identifier 128.2.
   Designated root has priority 32768, address cc00.1614.0000
   Designated bridge has priority 32768, address cc01.1614.0000
   Designated port id is 128.3, designated path cost 19
   Timers: message age 3, forward delay 0, hold 0
   Number of transitions to forwarding state: 1
   BPDU: sent 211, received 6714
```

（4）检查完整的生成树结构信息。分别在三台交换机上使用 show spanning-tree 命令查看生成树结构和各自交换机在树状结构中的位置和端口角色。本案例生成树结构信息如下所示。

```
switchA#show spanning-tree
VLAN1 is executing the ieee compatible Spanning Tree protocol
  Bridge Identifier has priority 32768, address cc00.0e68.0000
  Configured hello time 2, max age 20, forward delay 15
  We are the root of the spanning tree
  Topology change flag not set, detected flag not set
  Number of topology changes 1 last change occurred 00:04:25 ago
          from FastEthernet0/1
  Times: hold 1, topology change 35, notification 2
          hello 2, max age 20, forward delay 15
  Timers: hello 1, topology change 0, notification 0, aging 300
 Port 2 (FastEthernet0/1) of VLAN1 is forwarding
  Port path cost 19, Port priority 128, Port Identifier 128.2.
  Designated root has priority 32768, address cc00.0e68.0000
  Designated bridge has priority 32768, address cc00.0e68.0000
  Designated port id is 128.2, designated path cost 0
  Timers: message age 0, forward delay 0, hold 0
  Number of transitions to forwarding state: 1
  BPDU: sent 149, received 2


 Port 3 (FastEthernet0/2) of VLAN1 is forwarding
  Port path cost 19, Port priority 128, Port Identifier 128.3.
  Designated root has priority 32768, address cc00.0e68.0000
  Designated bridge has priority 32768, address cc00.0e68.0000
  Designated port id is 128.3, designated path cost 0
  Timers: message age 0, forward delay 0, hold 0
  Number of transitions to forwarding state: 1
  BPDU: sent 148, received 1

switchB#show spanning-tree
VLAN1 is executing the ieee compatible Spanning Tree protocol
  Bridge Identifier has priority 32768, address cc01.0e68.0000
  Configured hello time 2, max age 20, forward delay 15
  Current root has priority 32768, address cc00.0e68.0000
  Root port is 2 (FastEthernet0/1), cost of root path is 19
  Topology change flag not set, detected flag not set
  Number of topology changes 1 last change occurred 00:05:32 ago
          Cfrom FastEthernet0/1
  Times: hold 1, topology change 35, notification 2
          hello 2, max age 20, forward delay 15
  Timers: hello 0, topology change 0, notification 0, aging 300
 Port 2 (FastEthernet0/1) of VLAN1 is forwarding
  Port path cost 19, Port priority 128, Port Identifier 128.2.
  Designated root has priority 32768, address cc00.0e68.0000
  Designated bridge has priority 32768, address cc00.0e68.0000
  Designated port id is 128.2, designated path cost 0
  Timers: message age 2, forward delay 0, hold 0
```

Number of transitions to forwarding state: 1

BPDU: sent 2, received 182

Port 3 (FastEthernet0/2) of VLAN1 is forwarding

Port path cost 19, Port priority 128, Port Identifier 128.3.

Designated root has priority 32768, address cc00.0e68.0000

Designated bridge has priority 32768, address cc01.0e68.0000

Designated port id is 128.3, designated path cost 19

Timers: message age 0, forward delay 0, hold 0

Number of transitions to forwarding state: 1

BPDU: sent 183, received 2

switchC♯show spanning‑tree

VLAN1 is executing the ieee compatible Spanning Tree protocol

Bridge Identifier has priority 32768, address cc02.0e68.0000

Configured hello time 2, max age 20, forward delay 15

Current root has priority 32768, address cc00.0e68.0000

Root port is 3 (FastEthernet0/2), cost of root path is 19

Topology change flag not set, detected flag not set

Number of topology changes 0 last change occurred 00:07:06 ago

Times: hold 1, topology change 35, notification 2

hello 2, max age 20, forward delay 15

Timers: hello 0, topology change 0, notification 0, aging 300

Port 2 (FastEthernet0/1) of VLAN1 is blocking

Port path cost 19, Port priority 128, Port Identifier 128.2.

Designated root has priority 32768, address cc00.0e68.0000

Designated bridge has priority 32768, address cc01.0e68.0000

Designated port id is 128.3, designated path cost 19

Timers: message age 2, forward delay 0, hold 0

Number of transitions to forwarding state: 0

BPDU: sent 2, received 215

Port 3 (FastEthernet0/2) of VLAN1 is forwarding

Port path cost 19, Port priority 128, Port Identifier 128.3.

Designated root has priority 32768, address cc00.0e68.0000

Designated bridge has priority 32768, address cc00.0e68.0000

Designated port id is 128.3, designated path cost 0

Timers: message age 1, forward delay 0, hold 0

Number of transitions to forwarding state: 1

BPDU: sent 1, received 213

经过以上分析，可以总结出生成树的运算步骤和方法，如表 10-2 所示。

表 10-2　生成树运算步骤和方法

步　　骤	先　比　较	其　次　比　较	最　后　比　较
根交换机的确定	交换机优先级	交换机 MAC 地址	
非根交换机的根端口确定	根开销	交换机 ID	上游交换机端口 ID
非根链路阻塞端口的选择	交换机 ID		

表 10-2 中的交换机 ID 由交换机优先级（默认 32768）和交换机 MAC 地址组成；交换机端口 ID 由端口优先级（默认 128）和端口号组成；根开销为到根桥开销的累积，即接收 BPDU 的端口开销与接收的 BPDU 的 RootPathCost 之和。

2. STP 配置

三台交换机形成冗余链接，在两个交换区域中都形成了网络环路。其中，switchA 与 switchB 的 Fa0/2 <—> Fa0/2 链路布线环境好，容易维护，所以需要这条链路的端口处于转发状态，而阻塞 Fa0/1 <—> Fa0/1 链路；同样，switchB 与 switchC 的 Fa0/4 <—> Fa0/2 链路也需要转发，而阻塞它们的 Fa0/3 <—> Fa0/1 链路；还需要 switchB 为根桥。如果采用默认 STP 运算结果不符合要求，所以需要手工配置 STP 参数，使得生成树结果符合需求，网络拓扑如图 10-23 所示。

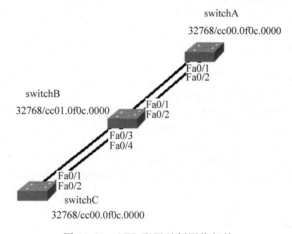

图 10-23 STP 配置示例网络拓扑

（1）查看默认 STP 生成树信息。以 switchA 为例，可以看出该交换机为根桥，因为其桥 ID 最小，内容如下所示。

```
switchA # show spanning - tree

VLAN1 is executing the ieee compatible Spanning Tree protocol
   Bridge Identifier has priority 32768, address cc00.0Fa0c.0000
   Configured hello time 2, max age 20, forward delay 15
   We are the root of the spanning tree
   Topology change flag not set, detected flag not set
   Number of topology changes 1 last change occurred 00:25:38 ago
           from FastEthernet0/1
   Times: hold 1, topology change 35, notification 2
           hello 2, max age 20, forward delay 15
   Timers: hello 0, topology change 0, notification 0, aging 300

Port 2 (FastEthernet0/1) of VLAN1 is forwarding
   Port path cost 19, Port priority 128, Port Identifier 128.2.
   Designated root has priority 32768, address cc00.0Fa0c.0000
   Designated bridge has priority 32768, address cc00.0Fa0c.0000
```

```
    Designated port id is 128.2, designated path cost 0
    Timers: message age 0, forward delay 0, hold 0
    Number of transitions to forwarding state: 1
    BPDU: sent 783, received 0

Port 3 (FastEthernet0/2) of VLAN1 is forwarding
    Port path cost 19, Port priority 128, Port Identifier 128.3.
    Designated root has priority 32768, address cc00.0Fa0c.0000
    Designated bridge has priority 32768, address cc00.0Fa0c.0000
    Designated port id is 128.3, designated path cost 0
    Timers: message age 0, forward delay 0, hold 0
    Number of transitions to forwarding state: 1
    BPDU: sent 783, received 0
```

查看 switchB 上的生成树简略信息，可以看到 Fa0/2 端口阻塞，不符合实际需求。内容如下所示。

```
switchB# show spanning - tree brief

VLAN1
  Spanning tree enabled protocol ieee
  Root ID    Priority     32768
             Address      cc00.0Fa0c.0000
             Cost         19
             Port         2 (FastEthernet0/1)
             Hello Time   2 sec  Max Age 20 sec  Forward Delay 15 sec

  Bridge ID  Priority     32768
             Address      cc01.0Fa0c.0000
             Hello Time   2 sec  Max Age 20 sec  Forward Delay 15 sec
             Aging Time 300

Interface                           Designated
Name              Port ID Prio Cost Sts Cost  Bridge ID                Port ID
---------------- ----- ---- ---- ----- ------------------- ---------
FastEthernet0/1   128.2  128       19 FWD      0 32768 cc00.0Fa0c.0000 128.2
FastEthernet0/2   128.3  128       19 BLK      0 32768 cc00.0Fa0c.0000 128.3
FastEthernet0/3   128.4  128       19 FWD     19 32768 cc01.0Fa0c.0000 128.4
FastEthernet0/4   128.5  128       19 FWD     19 32768 cc01.0Fa0c.0000 128.5
```

查看 switchC 生成树简略信息，Fa0/2 端口处于阻塞状态，也不符合实际需求。内容如下所示。

```
switchC# show spanning - tree brief

VLAN1
Spanning tree enabled protocol ieee
  Root ID    Priority     32768
             Address      cc00.0Fa0c.0000
             Cost         38
             Port         2 (FastEthernet0/1)
```

```
              Hello Time       2 sec Max Age 20 sec Forward Delay 15 sec

  Bridge ID   Priority         32768
              Address          cc02.0Fa0c.0000
              Hello Time       2 sec Max Age 20 sec Forward Delay 15 sec
              Aging Time 300


Interface                                    Designated
Name                     Port ID Prio Cost Sts Cost Bridge ID              Port ID
--------------------     -----   ----  ----- --- ----- --------------      -------
FastEthernet0/1          128.2   128    19 FWD    19 32768 cc01.0Fa0c.0000 128.4
FastEthernet0/2          128.3   128    19 BLK    19 32768 cc01.0Fa0c.0000 128.5
```

（2）配置 switchB 为根桥。因为根桥的计算依据是桥 ID 最小，桥 ID 由桥优先级和桥 MAC 地址构成，桥 MAC 地址是硬件固化的，所以只有修改 switchB 的桥优先级，使其小于 switchA。这样 switchB 就为根桥。主要配置内容如下所示。

```
switchB > en
switchB♯conf t
Enter configuration commands, one per line. End with CNTL/Z.
// 定义本交换机为生成树的根桥,实际上是将优先级设为8192,见阴影部分
// STP 只能运行在一个 VLAN 中,默认是 VLAN1
switchB(config)♯spanning - tree vlan 1 root primary
VLAN 1 bridge priority set to 8192
VLAN 1 bridge max aging time unchanged at 20
VLAN 1 bridge hello time unchanged at 2
VLAN 1 bridge forward delay unchanged at 15
<省略!>
```

注意：也可以采用 spanning-tree vlan 1 priority < priority-value >命令直接修改桥优先级。

（3）使得 switchA 与 switchB 的 Fa0/2 <—> Fa0/2 处于转发状态。因为目前已经将 switchB 设置为根桥，所以其 Fa0/2 端口是指定端口。但是目前在 switchA 上的两个端口，由于它们到根桥的开销是一样的，而 switchA 上的 Fa0/1 端口连接的是 switchB 上的 Fa0/1 端口，优先级更高，所以 Fa0/1 是非根端口，Fa0/2 端口是阻塞端口。所以为了改变这种情况，可以减小 Fa0/2 端口的开销值，使其到根桥开销优于 Fa0/1 端口，这样 Fa0/2 端口就成为非根端口，而 Fa0/1 就被阻塞。主要配置内容如下所示。

```
switchA(config)♯int Fa0/2
// 将端口开销值设为 10,默认是 19,这样到根桥开销就小于 Fa0/1
switchA(config - if)♯spanning - tree cost 10
switchA(config - if)♯end
```

STP 运算过后，会生成一条新的树，查看 switchA 的生成树简略信息，可以看到 Fa0/2 处于转发状态，而 Fa0/1 被阻塞，已经符合要求了。显示内容如下所示。

```
switchA♯show spanning - tree brief

<省略!>

  Bridge ID  Priority      32768
```

```
Address      cc00.0Fa0c.0000
Hello Time   2 sec Max Age 20 sec Forward Delay 15 sec
Aging Time 300
```

```
Interface                              Designated
Name              Port ID  Prio  Cost    Sts  Cost  Bridge ID            Port ID
----------------- -------  ---   ----    ---  ----  ------------------   -----
FastEthernet0/1   128.2    128    19 BLK       0    8192 cc01.0Fa0c.0000 128.2
FastEthernet0/2   128.3    128    10 FWD       0    8192 cc01.0Fa0c.0000 128.3
```

（4）使得 switchB 与 switchC 的 Fa0/4 <一> Fa0/2 处于转发状态。解决方法同步骤
（3），或者修改 switchB 中的 Fa0/4 端口优先级，使其优于 Fa0/3 的优先级，这样根据 STP
算法，switchC 的 Fa0/2 接收的 BPDU 优先级高于 Fa0/1 的 BPDU，所以 Fa0/2 为非根端口
转发，而 Fa0/1 被阻塞。修改 switchB 的 Fa0/4 端口优先级的主要内容如下所示。

```
switchB(config)♯ int Fa0/4
// 将 Fa0/4 端口优先级值设为 120,默认为 128,使得 Fa0/4 端口优先级高于 Fa0/3
switchB(config - if)♯ spanning - tree port - priority 120
switchB(config - if)♯ end
```

修改端口优先级后，待 STP 重新运算结束，查看 switchC 的生成树简略信息，观察到
Fa0/2 为转发状态以及 Fa0/1 被阻塞，符合实际需求。内容如下所示。

```
switchC♯ show spanning - tree brief
```

```
<省略!>
```

```
Interface                              Designated
Name              Port ID Prio  Cost    Sts  Cost  Bridge ID            Port ID
----------------- -----   ----  ----    ---  ----  ------------------   -------
FastEthernet0/1   128.2   128    19 BLK       0    8192 cc01.0Fa0c.0000 128.4
FastEthernet0/2   128.3   128    19 FWD       0    8192 cc01.0Fa0c.0000 120.5
```

经过以上分析和配置 STP 参数，已经完成了要求。在使用 STP 时需要注意，转发延时
的默认值为 15s，Hello 时间间隔为 2s，所以 STP 运行的范围应该限制在 7 个交换区域内。

10.6　路由器基本配置

10.6.1　实验目的

学习路由器的几种模式，掌握通过 Console 登录 Cisco 路由器的方法；掌握常用的
Cisco IOS 基本的配置命令，会查看命令参数，并掌握应用快捷键；掌握路由器各接口的配
置方法，会查看检测接口状态，会查看路由器的状态信息，会保存配置文件。

10.6.2　实验要求

（1）了解路由器各模式主要实现的功能。
（2）查看了解命令参数。

（3）注意特权执行模式密码的设置：当同时设置了明文密码和加密的密码时，加密的密码生效。

10.6.3　路由器的模式

（1）用户 EXEC 模式：这是"只能看"模式，用户只能查看一些路由器的信息，不能更改。

（2）特权 EXEC 模式：这种模式支持调试和测试命令，详细检查路由器，配置文件操作和访问配置模式。

（3）配置模式：这种模式提供控制台上的交互式的对话，以帮助新用户创建第一次的基本配置。

（4）全局配置模式：这种模式实现强大的执行简单配置任务的单行命令。

（5）其他的配置子模式：这些子模式提供更多详细的具体配置。

（6）RXBOOT 模式：这是维持模式，可以恢复丢失的口令。

10.6.4　实验内容和步骤

如果采用真实的设备进行实验，那么需按照图示的要求在 R1 及 R2 这两台路由器的以太网接口之间连接一条网线（图 10-24 中的 Fa0/0 表示的是路由器的一个快速以太网接口，FE 是 FastEthernet 的缩写，"0/0"的第一个 0 表示槽位 Slot，第二个 0 表示接口编号）。当然，可能实际互连的接口并非两者的 Fa0/0 接口，如果不是 Fa0/0，则请在配置接口时按照实际情况进行相应的配置。

1. 接口配置

1）以太网接口配置

以太网接口是最常见的一种路由器接口，在未配置接口之前，路由器还不具备任何路由功能。默认情况下，路由器以太网接口是 shutdown（关闭）状态。要启用某一以太网接口，需要使用 no shudown 命令，将接口状态更改为 up（开启）状态。

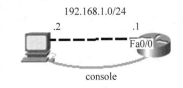

图 10-24　配置路由器接口拓扑图

【例 10-3】　以太网接口配置示例（连接方式如图 10-24 所示）。

```
Router(config)♯ interface fastEthernet 0/0          //进入接口配置子模式
Router(config-if)♯ ip address 192.168.1.1 255.255.255.0   //配置 IP 和掩码
Router(config-if)♯ no shutdown                       //开启接口，默认接口关闭状态

% LINK-5-CHANGED: Interface FastEthernet0/0, changed state to up
% LINEPROTO-5-UPDOWN: Line protocol on Interface FastEthernet0/0, changed state to up
```

当对路由器 Fa0/0 接口配置 IP 后，使用 no shudown 开启接口后，IOS 会有两条消息提示，如阴影部分所示，这两条消息非常重要，第一条表示 Fa0/0 接口连接的链路物理层上没有问题，状态开启。第二条表示链路的数据链路层运行正常，第二层协议状态开启。只有这

两条均满足,接口才算开启完成,否则无法正常工作。

【例 10-4】 接口状态变化示例(连接方式如图 10-24 所示)。

断开 Fa0/0 与计算机连接的物理线路,观察 Fa0/0 接口状态变化。由于实际物理链路出现断路故障,即使用 no shudown 命令开启了端口,但数据链路层协议也无从正常工作,line protocol 依旧处于 down 状态。使用 show interfaces 或者 show ip interface brief 命令查看接口状态信息。

```
Router#show interfaces fastEthernet 0/0
FastEthernet0/0 is up, line protocol is down (disabled)
    Hardware is Lance, address is 0090.0c5a.c401 (bia 0090.0c5a.c401)
    Internet address is 192.168.1.1/24
    MTU 1500 bytes, BW 100000 kbit, DLY 100 usec, rely 255/255, load 1/255
    <以下省略!>
```

2) 串行接口配置

要在两台路由器之间建立点到点的连接,可以使用 DTE-DCE 交叉电缆(V.35 电缆)将两台路由器的 serial 串行接口连接起来,串行接口之间的链路可以封装为 HDLC、PPP、Frame-relay 和 X.25 等多种帧格式。Cisco 路由器点对点的 serial 串行接口之间的链路默认帧封装格式为 HDLC。另外,要使两个串口之间能够通信,还必须提供时钟频率。

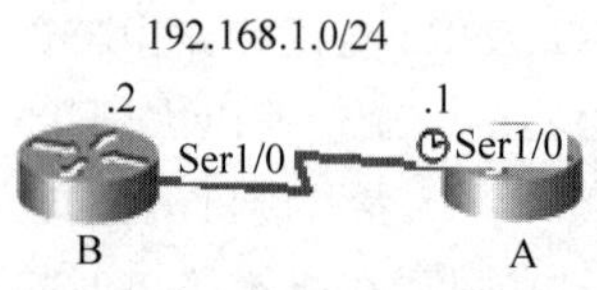

在学习了以太网接口配置命令后,将上例换成串行链路,配置串行接口 serial 1/0 的过程与以太网接口配置过程类似。

【例 10-5】 串行接口配置示例(网络拓扑如图 10-25 所示)。

图 10-25　串行接口连接拓扑图

A 路由的基本配置:

```
Router#confi t                                          //进入全局配置模式
Router(config)#hostname routerA                         //对路由器命名为 routerA
routerA(config)#interface serial 1/0                    //进入接口配置子模式
routerA(config-if)#ip address 192.168.1.1 255.255.255.0 //配置 IP 与掩码
routerA(config-if)#no shutdown                          //开启接口
```

B 路由器也做同样的配置:

```
Router#conf t
Router(config)#hostname rouerB
rouerB(config)#interface serial 1/0
rouerB(config-if)#ip address 192.168.0.2 255.255.255.0
rouerB(config-if)#no shutdown
%LINK-5-CHANGED: Interface Serial1/0, changed state to down
```

基本配置完成后,使用 show ip interface brief 命令查看串行接口状态,发现 Serial1/0 状态仍然不能开启。

```
routerA#show ip interface brief
Interface          IP-Address        OK? Method Status                 Protocol
Serial1/0          192.168.1.1       YES manual down                   down
Serial1/1          unassigned        YES manual administratively down  down
Vlan1              unassigned        YES manual administratively down  down
```

分析其原因,是因为串行链路两个接口必须有一个是 DCE 设备,必须在 DCE 设备接口上配置时钟速率,以便向串行链路提供时钟信号,才能使链路工作。默认条件下,路由器串行接口为 DTE 设备,要改变默认设置必须经过以下两步。

(1) 将串行电缆的 DCE 端连接到路由器 A 的串行接口;

(2) 使用 clock rate 命令配置串行接口上的时钟速率。

在实际的网络连接中,路由器为 DTE 设备,电信接入设备 DSU/CSU(用于同步线路的 Modem)为 DCE 设备,DTE 连接 CSU/DSU,再通过几千米长的传输线路连接电信公司机房中的广域网传输设备。由于在实验环境中没有使用 CSU/DSU,因此,需要人工指定哪些路由器为 DCE,哪些路由器为 DTE,同时,DCE 还需提供时钟频率。

A 路由器是 DCE 设备,因为它的串行接口连接的是电缆 DCE 端。可以通过查看串行电缆间的连接器来区分 DTE 和 DCE,DTE 电缆的连接器为插头型,而 DCE 电缆的连接器为插孔性。如果不方便查看的话,也可以使用 show controllers 命令来确定路由器接口连接的是电缆的哪一端。确定了 DCE 设备后,即可使用 clock rate 命令来设置时钟,可用的时钟频率(b/s)包括 1200、2400、9600、19 200、38 400、56 000、64 000、72 000、125 000、148 000、500 000、800 000、1 000 000、1 300 000、2 000 000 以及 4 000 000。其中,有些比特率在某些串行口上不支持,因此需要选择正确的时钟速率。

通过查看 A 路由器的串口连接线插头形状,看到 A 为 DCE 设备,再配置时钟速率。

```
routerA(config)♯interface serial 1/0
routerA(config-if)♯clock rate 64000          //DCE 设备的时钟速率为 64000b/s
routerA♯show controllers                     //查看串行接口的 DCE/DTE 属性和时钟速率
<省略!>
Interface Serial1/0
Hardware is PowerQUICC MPC860
DCE V.35, clock rate 64000                    //A 路由器为 DCE 设备,并且提供时钟信号
idb at 0x81081AC4, driver data structure at 0x81084AC0
SCC Registers:
<省略!>
```

最后检验串行接口配置,只有当链路的两端都经过正确配置后,串行接口才为 up 状态。

```
routerA♯show ip interface brief
Interface        IP-Address      OK? Method Status           Protocol
Serial1/0        192.168.1.1     YES manual up               up
Vlan1            unassigned      YES manual administratively down down
```

2. 基本路由器配置

当网络管理人员配置路由器时,通过控制台建立与路由器的连接会话后,就可以对路由器进行一些常规配置和管理了。除了进行接口配置外,还需要进行一些基本配置,主要包括:

(1) 路由器命名;

(2) 设置口令;

（3）保存配置；

（4）删除配置；

（5）检验配置。

基本路由器配置命令表如表 10-3 所示。

表 10-3　基本路由器配置命令表

路由器命名	Router(config)＃ hostname＜name＞
设置进入特权模式口令	Router(config)＃ enable secret＜password＞
设置 Console 口配置口令	Router(config)＃ line console 0 Router(config)＃ password＜password＞ Router(config)＃ login
设置 Telnet 登录口令	Router(config)＃ line vty 0 4 Router(config)＃ password＜password＞ Router(config)＃ login
保存配置	Router(config)＃ copy running-config startup-config Router(config)＃ write
删除配置	Router(config)＃ setd
检查配置	Router(config)＃ show running-config Router(config)＃ show ip route Router(config)＃ show ip interface brief Router(config)＃ show interfaces

按如图 10-26 所示网络拓扑完成路由器基本配置。

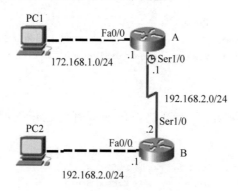

图 10-26　基本路由器配置拓扑图

1）配置主机名

对路由器 A 命名为 routerA 的操作如下。

```
Router＞enable                                   //进入特权执行模式
Router＃configure terminal                       //进入全局配置模式
Enter configuration commands, one per line. End with CNTL/Z.
Router(config)＃hostname routerA                 //设置路由器名为 routerA
routerA(config)＃                                //命名成功
```

设置 routerB 采用同样操作。

2）设置特权模式密码

```
routerA(config)♯enable password cisco          //设置密码为 cisco
```

或者

```
routerA(config)♯enable secret cisco
```

设置 enable 密码(特权模式)有两种方法：enable password 和 enable secret。区别是后者会对密码进行加密,因而具有更高的安全性。

3）设置控制台密码

```
routerA(config)♯line console 0                //进入控制台配置模式
routerA(config-line)♯password cisco_console   //设置控制台密码为 cisco_console
routerA(config-line)♯login                    //使密码即时生效
```

4）设置 VTY 密码

```
routerA(config)♯line vty 0 4                   //进入 vty 配置模式
routerA(config-line)♯password cisco_telnet    //设置 Telnet 登录密码为 cisco_telnet
routerA(config-line)♯login                     //使密码即时生效
```

5）查看配置文件

我们可以在特权执行模式下,用 show running-config 命令查看当前配置信息,加粗部分是刚才配置的信息。

```
routerA♯show running-config
Building configuration...

Current configuration : 624 bytes
version 12.4
no service password-encryption
!
hostname routerA
enable password cisco
!
<省略!>
!
line con 0
 password cisco_console
 login
line vty 0 4
 password cisco_telnet
 login
end
```

6）保存当前配置信息

配置完路由器后,可以对当前配置信息进行保存。默认情况下,配置文件保存在 NVRAM 中。保存配置信息应在特权执行模式下执行 copy running-config startup-config 或者 write 命令,runnnig-config 与 startup-config 两个配置文件其实是同一个文件的两个实例,它们所处的环境不同,当执行保存命令后,两个文件保持一致。

```
routerA # copy running - config startup - config
Destination filename [startup - config]?        //直接回车确定
Building configuration...
[OK]
```

7）配置接口并检测连通性

配置 routerA 和 routerB 的接口，使得 PC1 与 PC2 连通。

routerA 配置：

```
routerA(config) # interface fastEthernet 0/0
routerA(config - if) # ip address 172.168.1.1 255.255.255.0
routerA(config - if) # no shutdown

% LINK - 5 - CHANGED: Interface FastEthernet0/0, changed state to up
% LINEPROTO - 5 - UPDOWN: Line protocol on Interface FastEthernet0/0, changed state to up
routerA(config - if) # exit
routerA(config) # interface serial 1/0
routerA(config - if) # ip address 192.168.2.1 255.255.255.0
routerA(config - if) # no shutdown

% LINK - 5 - CHANGED: Interface Serial1/0, changed state to down
routerA(config - if) # clock rate 64
routerA(config - if) # clock rate 64000
routerA(config - if) # exit
routerA(config) # exit
% SYS - 5 - CONFIG_I: Configured from console by console
routerA # copy running - config startup - config
Destination filename [startup - config]?
Building configuration...
[OK]
```

routerB 配置：

```
routerB(config) # interface fastEthernet 0/0
routerB(config - if) # ip address 172.168.2.1 255.255.255.0
routerB(config - if) # no shutdown
% LINK - 5 - CHANGED: Interface FastEthernet0/0, changed state to up
% LINEPROTO - 5 - UPDOWN: Line protocol on Interface FastEthernet0/0, changed state to up
routerB(config - if) # exit
routerB(config) # interface serial 1/0
routerB(config - if) # ip address 192.168.2.2 255.255.255.0
routerB(config - if) # no shutdown

% LINK - 5 - CHANGED: Interface Serial1/0, changed state to up
routerB(config - if) # exit
```

最后使用 show ip interface 命令查看路由器接口状态，检测接口全部正常开启，工作正常。其中，B 路由器接口状态如下所示。

```
routerB # show ip interface brief
Interface            IP - Address      OK? Method Status      Protocol
FastEthernet0/0      172.168.2.1       YES manual up          up
Serial1/0            192.168.2.2       YES manual up          up
```

8）删除配置文件

如果要将配置文件删除，可以在特权执行模式下使用 erase startup-config 命令，删除启动配置文件后，需要使用 reload 命令重新启动，这样路由器就恢复到默认初始状态。

注意：启动前不能使用保存命令，否则 runninng-config 文件会被保存为 startup-config 文件，即当前配置又保存到启动配置文件中，这样会引起删除命令失效。

```
routerA#erase startup-config          //删除启动配置文件
Erasing the nvram filesystem will remove all configuration files! Continue? [confirm]
//直接回车确认
[OK]
Erase of nvram: complete
%SYS-7-NV_BLOCK_INIT: Initialized the geometry of nvram
routerA#reload                        //重新启动路由器,注意重启前不保存当前配置
```

10.7 静态路由配置

10.7.1 实验目的

路由器在没有配置路由时，只能实现与它直连的网络间的通信，为了实现在更大范围的网络间通信，需要进行路由配置，路由包括静态路由、默认路由和动态路由几类，本次实验只完成静态路由。静态路由是在路由器中设置的固定的路由表，除非网络管理员干预，否则静态路由不会发生变化。由于静态路由不能对网络的改变做出反应，一般用于网络规模不大、拓扑结构固定的网络中。静态路由的优点是简单、高效、可靠。在所有的路由中，静态路由的优先级最高，当它与动态路由的内容发生冲突时，以静态路由为准。当一个数据包在路由器中进行寻址时，路由器首先查找静态路由，如果查到则根据相应的静态路由转发数据包，如果没有对应信息则再查找动态路由。通过本次实验理解静态路由的概念、意义和特点，并掌握静态路由的配置方法。

10.7.2 实验要求

（1）巩固 Cisco IOS 的基本配置；

（2）掌握静态路由原理和配置方法；

（3）掌握默认路由原理和配置命令。

10.7.3 实验内容和步骤

1. 配置命令

命令格式：

```
router(config)# ip route <network-address> <subnet-mask>
{<next hop address>/<exit-interface>}
```

参数说明：

<network-address>和<subnet-mask>表示目标网络地址和目标网络掩码；<next hop address>表示下一跳路由接口地址；<exit-interface>表示送出接口，即本路由从哪一个接口转发出数据包至目标网络。

本实验的关键命令如表 10-4 所示。

表 10-4　配置静态路由基本命令

模　式	命　令	功　能
Router(config-if)#	ip addressip-add subnet-mask	配置某接口 IP
Router(config-if)#	noip address	删除某接口 IP
(config)#	ip routeip-add subnet-mask 下一跳 ip-add	设置静态路由
(config)#	no ip routeip-add subnet-mask 下一跳 ip-add	删除静态路由
#	show ip route	查看路由表
#	show ip interface brief	查看端口简表

【例 10-6】　静态路由配置示例(网络拓扑如图 10-26 所示)。

在图 10-26 中,路由器 A 目前只知道与其直接相连的网络,还不知道远程网络 172.168.2.0/24,路由器 B 同样也不知道 172.168.1.0/24。首先测试网络的连通性,测试结果如下所示。

```
routerA#ping 172.168.2.1              //路由器 A 测试远程网络的连通性
Type escape sequence to abort.
Sending 5, 100-byte ICMP Echos to 172.168.2.1, timeout is 2 seconds:
...
Success rate is 0 percent (0/5)       //远程网络并没有连通
```

目前网络还没有实现全连通,所以要对路由器配置静态路由,为 routerA 配置静态路由:

```
routerA(config)# ip route 172.168.2.0 255.255.255.0 192.168.2.2
```

或者采用送出接口代替下一跳地址,配置命令如下所示。

```
routerA(config)# ip route 172.168.2.0 255.255.255.0 serial 1/0
```

为 routerB 配置静态路由:

```
routerB(config)# ip route 172.168.1.0 255.255.255.0 192.168.2.1
```

或者

```
routerB(config)# ip route 172.168.1.0 255.255.255.0 serial 1/0
```

通过 show ip route 命令查看路由表,路由表内容如下所示。

```
routerA#show ip route
Codes: C - connected, S - static, I - IGRP, R - RIP, M - mobile, B - BGP
       D - EIGRP, EX - EIGRP external, O - OSPF, IA - OSPF inter area
       N1 - OSPF NSSA external type 1, N2 - OSPF NSSA external type 2
```

```
E1 - OSPF external type 1, E2 - OSPF external type 2, E - EGP
i - IS-IS, L1 - IS-IS level-1, L2 - IS-IS level-2, ia - IS-IS inter area
* - candidate default, U - per-user static route, o - ODR
P - periodic downloaded static route
```

Gateway of last resort is not set

```
        172.168.0.0/24 is subnetted, 2 subnets
C       172.168.1.0 is directly connected, FastEthernet0/0
S       172.168.2.0 [1/0] via 192.168.2.2
C       192.168.2.0/24 is directly connected, Serial1/0
```

从路由表看到 routerA 的远程网络 172.168.2.0/24 已经添加到路由表中,其中路由条目的含义如下。

(1) S 代表静态路由代码。

(2) 172.168.2.0 代表该路由的目标网络地址。

(3) /24 代表目标网络的掩码,该掩码显示在上一行(父路由)中。

(4) [1/0]代表静态路由的管理距离值为1。

(5) via 192.168.2.2 代表下一跳路由器的 IP 地址,即 routerB 的 serial 1/0 接口。

2. 递归路由查找

在路由器转发数据包之前,路由表必须确定转发数据包的送出接口。例 10-6 中的 routerA 路由表为:

```
        172.168.0.0/24 is subnetted, 2 subnets
C       172.168.1.0 is directly connected, FastEthernet0/0
S       172.168.2.0 [1/0] via 192.168.2.2
C       192.168.2.0/24 is directly connected, Serial1/0
```

从路由表中看到,192.168.2.0/24 是一个直接相连网络,送出接口为 serial1/0,路由器将数据包转发到 172.168.2.0 网络上经历了两次路由表查找。

(1) 路由器检查数据包的目标 IP 地址与静态路由 172.168.2.0/24 匹配,要送到下一跳地址 192.168.2.2。

(2) 下一跳地址 192.168.2.2/24 与直连网络 192.168.2.0/24 相匹配,将数据包由送出接口 Serial1/0 送出。

对于只具有下一跳地址的路由信息,都必须使用路由表中有送出接口的路由信息来解析下一跳路由地址,这个过程称为递归路由查找。

思考:如果关闭例子中的 serial1/0 接口,路由表将会发生什么变化?

为了更加有效地进行路由查找,配置静态路由可以使用送出接口代替下一跳地址。将例 10-5 中的 routerA 静态路由中的下一跳改为送出接口,如下所示。

```
routerA(config)#no ip route 172.168.2.0 255.255.255.0 192.168.2.2
routerA(config)#ip route 172.168.2.1 255.255.255.0 serial 1/0
routerA(config)#exit
% SYS-5-CONFIG_I: Configured from console by console
routerA#show ip route
```

```
Gateway of last resort is not set
     172.168.0.0/24 is subnetted, 2 subnets
C     172.168.1.0 is directly connected, FastEthernet0/0
S     172.168.2.0 is directly connected, Serial1/0
C     192.168.2.0/24 is directly connected, Serial1/0
```

如加粗部分所示,带送出接口的静态路由信息显示为直连网络,但其和带有下一跳 IP 地址的静态路由优先级一样,仍然为 1。

对于串行点到点网络和以太网络而言,静态路由中使用送出接口使得路由查找效率更高,因为路由器只需一次就可以查找到送出接口,省去了解析下一跳地址而对路由进行的递归查询过程。

3. 特殊路由

特殊路由在路由表中占有举足轻重的地位,目的是有效减少目的网络数量,有效提高路由查找速度,优化路由表。

1) 静态路由汇总

路由表条数如果较少,则搜索的速度更快。如果可以使用一条静态路由代替多条静态路由,则可以减小路由条目。在许多情况下,一条静态路由可代替数百甚至数千条路由。比如,10.0.0.0/16、10.1.0.0/16 和 10.2.0.0/16,这些网络可以用一个网络地址 10.0.0.0/8 来代替。

如果符合以下两条要求,则多条静态路由可以汇总成为一条静态路由。

(1) 目的网络可以汇总成为一个网络地址,应避免产生路由黑洞。

(2) 多条静态路由都使用相同的送出接口或者下一跳 IP 地址。

下面以如图 10-27 所示的网络拓扑为例说明特殊路由的使用。

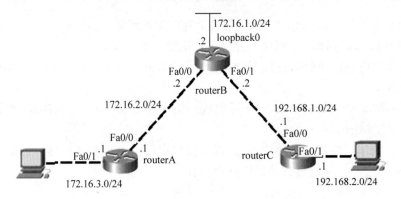

图 10-27　特殊路由示例拓扑图

【例 10-7】 静态路由配置示例(网络拓扑如图 10-27 所示)。

在对 routerA、routerB 和 routerC 路由器进行基本配置后,再分别给它们配置静态路由,以 routerC 为例,配置命令如下所示。

```
routerC(config)# ip route 172.16.1.0 255.255.255.0 192.168.1.2
routerC(config)# ip route 172.16.2.0 255.255.255.0 192.168.1.2
```

```
routerC(config)♯ip route 172.16.3.0 255.255.255.0 192.168.1.2
<省略!>
routerC♯show ip route
       172.16.0.0/24 is subnetted, 3 subnets
S      172.16.1.0 [1/0] via 192.168.1.2
S      172.16.2.0 [1/0] via 192.168.1.2
S      172.16.3.0 [1/0] via 192.168.1.2
C     192.168.1.0/24 is directly connected, FastEthernet0/0
C     192.168.2.0/24 is directly connected, FastEthernet0/1
```

通过 show ip route 命令查看路由表,阴影部分的三条静态路由均通过相同的下一跳地址 192.168.1.2 转发,这三条路由可以汇总成为一条路由。汇总路由时应采用最长匹配原则,可以将这三条路由汇总为 192.168.0.0/22。要配置汇总路由,必须先删除原来配置的静态路由信息,配置命令如下所示。

```
routerC(config)♯no ip route 172.16.1.0 255.255.255.0 192.168.1.2
routerC(config)♯no ip route 172.16.2.0 255.255.255.0 192.168.1.2
routerC(config)♯no ip route 172.16.3.0 255.255.255.0 192.168.1.2
<省略!>
routerC(config)♯ip route 172.26.0.0 255.255.252.0 192.168.1.2
routerC♯show ip route

       172.16.0.0/30 is subnetted, 1 subnets
S      172.16.0.0 [1/0] via 192.168.1.2
C     192.168.1.0/24 is directly connected, FastEthernet0/0
C     192.168.2.0/24 is directly connected, FastEthernet0/1
```

通过这条汇总路由(阴影部分所示),数据包的目的地址仅需要与 172.16.0.0 网络地址最左侧的 22 位匹配,都会由这条汇总路由的下一跳地址转发。最后使用 ping 命令检测网络的连通性,各个网络均连通正常。检测结果如下所示。

```
routerC♯ping 172.16.1.2
Type escape sequence to abort.
Sending 5, 100-byte ICMP Echos to 172.16.1.2, timeout is 2 seconds:
!!!!!
Success rate is 100 percent (5/5), round-trip min/avg/max = 20/44/80 ms


routerC♯ping 172.16.2.1
Type escape sequence to abort.
Sending 5, 100-byte ICMP Echos to 172.16.2.1, timeout is 2 seconds:
.!!!!
Success rate is 80 percent (4/5), round-trip min/avg/max = 50/65/80 ms


routerC♯ping 172.16.3.1
Type escape sequence to abort.
Sending 5, 100-byte ICMP Echos to 172.16.3.1, timeout is 2 seconds:
!!!!!
Success rate is 100 percent (5/5), round-trip min/avg/max = 30/54/80 ms
```

2）默认静态路由

默认路由使用全零作为目标网络地址来表示全部路由，如果路由表中没有一条具体路由被匹配，那么就选择默认路由作为匹配路由。默认路由使用的条件如下。

（1）将外面的网络注入到本路由器所在的路由域内，比如将连接到 ISP 网络的边缘路由器上需要配置默认静态路由。

（2）路由表中没有其他路由与数据包的目的 IP 相匹配。

（3）末节路由器上（仅有另外一台路由器与之相连，和其他网络通信只能通过另外一台路由转发）需要默认静态路由。

配置默认静态路由的命令为：

ip route 0.0.0.0 0.0.0.0 {exit-interface/next hop ip-address}

默认静态路由的特点是网络地址和掩码全为 0，其余参数与普通静态路由一致。

【例 10-8】　默认路由配置示例（网络拓扑如图 10-27 所示）。

routerA 与 routerC 均为末节路由，除了直连网络外，它们要与其他网络通信，数据包必须通过 routerB，所以这两个末节路由器适合配置默认路由。以 routerA 为例，配置命令如下。

先删除原来的静态路由：

```
routerA(config)# no ip route 172.16.1.0 255.255.255.0 172.16.2.2
routerA(config)# no ip route 192.168.1.0 255.255.255.0 172.16.2.2
routerA(config)# no ip route 192.168.2.0 255.255.255.0 172.16.2.2
```

配置静态路由：

```
routerA(config)# ip route 0.0.0.0 0.0.0.0 fastEthernet 0/0
```

查看路由表：

```
routerA# show ip route
Gateway of last resort is 0.0.0.0 to network 0.0.0.0
      172.16.0.0/24 is subnetted, 2 subnets
C        172.16.2.0 is directly connected, FastEthernet0/0
C        172.16.3.0 is directly connected, FastEthernet0/1
S*       0.0.0.0/0 is directly connected, FastEthernet0/0
```

看到静态路由标志 S 旁边有个 * 号，该星号表明此条静态路由是一条默认路由（默认路由不一定是静态的）。默认路由在路由器上十分常见，配置了默认路由后，路由器不需要存储 Internet 中所有的网络路由，而可以存储一条默认路由来代表不在路由表中的任何网络，提高了路由表搜索的效率。

4. 静态路由配置实例

按如图 10-28 所示制作网络拓扑，路由器的型号自行选择。

路由器在没有配置路由时，只能实现与它直连的网络间的通信，为了实现在更大范围的网络间通信，需要进行路由配置。路由包括静态路由、默认路由和动态路由几类，本次实验只完成静态路由。

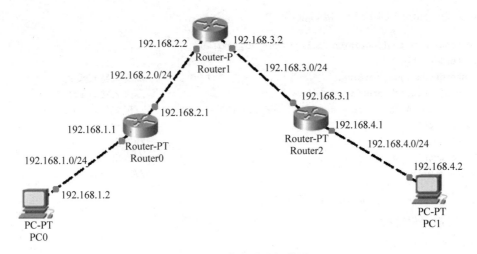

图 10-28 静态路由拓扑图

静态路由是一种由网管手工配置的路由路径,网管必须了解路由器的拓扑连接,通过手工方式指定路由路径,而且在网络拓扑发生变动时,也需要网管手工修改路由路径。

1)基本配置

对网络中计算机和路由器的每个接口都要进行配置。

(1)配置计算机 PC0 的 IP 地址和网关,如图 10-29 所示。

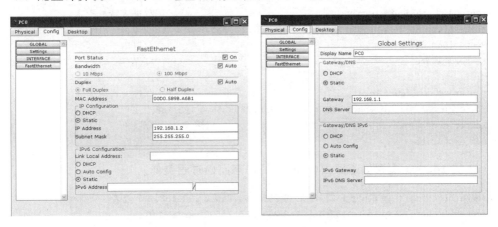

图 10-29 配置 IP 地址和网关

(2)为 router0 的 Fa0/0 接口配置。

```
Continue with configuration dialog? [yes/no]: no
Router > enable
Router # configure terminal                             //进入特权模式
Router(config) # interface Fa0/0                         //进入接口 Fa0/0
Router(config - if) # ip address 192.168.1.1 255.255.255.0    //配置接口 Fa0/0
Router(config - if) # no shutdown                        //启动
Router(config - if) # exit                               //退出
Router(config) # exit                                    //退出
Router # write                                           //写入保存
```

（3）为 router0 的 Fa1/0 接口配置。

```
Continue with configuration dialog? [yes/no]: no
Router > enable
Router # configure terminal                              //进入特权模式
Router(config) # interface Fa1/0                          //进入接口 Fa1/0
Router(config - if) # ip address 192.168.2.1 255.255.255.0  //配置接口 Fa0/0
Router(config - if) # no shutdown                         //启动
Router(config - if) # exit                                //退出
Router(config) # exit                                     //退出
Router # write                                            //写入保存
```

对于 PC1、router1 和 router2 的配置类似。

2）配置远程链路

查看 router0 路由：

```
Router # show ip route

C    192.168.1.0/24 is directly connected, FastEthernet0/0
C    192.168.2.0/24 is directly connected, FastEthernet1/0
```

该路由器的远程网络并没有连通，需要对路由配置静态路由。

（1）为 router0 配置静态路由。

```
routerA # configure terminal                             //进入特权模式
routerA(config) # ip route 192.168.3.0 255.255.255.0 192.168.2.2
Router(config) # exit                                    //退出
Router # write                                           //保存
```

```
routerA # configure terminal                             //进入特权模式
routerA(config) # ip route 192.168.4.0 255.255.255.0 192.168.2.2
Router(config) # exit                                    //退出
Router # write                                           //保存
```

（2）为 router1 配置静态路由（route2 的静态路由过程类似）。

```
routerB(config) # ip route 192.168.1.0 255.255.255.0 192.168.2.1 或者
routerB(config) # ip route 192.168.1.0 255.255.255.0 serial 1/0
```

通过 show ip route 命令查看路由表。

```
routerA # show ip route
Codes: C - connected, S - static, I - IGRP, R - RIP, M - mobile, B - BGP
       D - EIGRP, EX - EIGRP external, O - OSPF, IA - OSPF inter area
   N1 - OSPF NSSA external type 1, N2 - OSPF NSSA external type 2
       E1 - OSPF external type 1, E2 - OSPF external type 2, E - EGP
   i - IS - IS, L1 - IS - IS level - 1, L2 - IS - IS level - 2, ia - IS - IS inter area
       * - candidate default, U - per - user static route, o - ODR
   P - periodic downloaded static route

Gateway of last resort is not set
```

```
     192.168.0.0/24 is subnetted, 2 subnets
C       192.168.1.0 is directly connected, FastEthernet0/0
S       192.168.2.0 [1/0] via 192.168.2.2
C       192.168.2.0/24 is directly connected, Serial1/0
```

router1 的远程网络 192.168.2.0/24 已经添加到路由表中。其中：

(1) S 代表静态路由代码。

(2) 192.168.2.0 代表该路由的目标网络地址。

(3) /24 代表目标网络的掩码，该掩码显示在上一行（父路由）中。

(4) [1/0]代表静态路由的管理距离值为 1。

(5) via 192.168.2.2 代表下一跳路由器的 IP 地址，即 routerB 的 serial1/0 接口。

结果分析：配置完成后，用 ping 命令检查，所有 PC 之间都是可以连通的，查看各路由器的路由表，应能看到所有网络。

3）如何检测网络连通

方法一：通过 simulation，进行 capture，可以设置过滤协议为 ICMP，ARP。

方法二：用 ping 命令。

10.8 动态路由 RIP 配置

10.8.1 实验目的

相比静态路由而言，动态路由是网络中的路由器之间相互通信、传递路由信息、利用收到的路由信息更新路由表的过程。动态路由协议能实时地适应网络结构的变化，如果路由更新信息表明发生了网络变化，动态协议就会重新计算路由，并发出新的路由更新信息。这些信息通过各个网络，引起各个路由器重新启动其路由算法，并更新各自的路由表以动态地反映网络拓扑变化。动态路由适用于网络规模大、网络拓扑复杂的网络。RIP 是一种分布式的基于距离矢量的路由协议，它使用"跳数"，即 Metric 来衡量到达目标地址的路由距离。RIP 中路由器只与自己相邻的路由器交换信息，范围限制在 15 跳之内。通过此次实验理解动态路由 RIP 的概念及原理，掌握 RIP 的配置。

10.8.2 实验要求

(1) 了解动态路由协议的概念；

(2) 掌握 RIP 的工作机制；

(3) 了解路由汇总的概念及掌握 RIP 自动汇总、手工汇总机制。

10.8.3 实验内容和步骤

本实验以一个复杂的网络拓扑为案例，来说明如何在路由器中配置 RIPv2 协议，使得各个网络能够连通。

【例 10-9】 RIPv2 配置示例(网络拓扑如图 10-30 所示)。

1. 基本配置及检验

1) 基本配置

根据图 10-30,对路由器 routerA、routerB 和 routerC 分别进行配置,RIPv2 协议配置的主要命令为:

```
router(config) # network < connected − network >
```

其中,参数< connected-network >表示路由器的直连网络号。

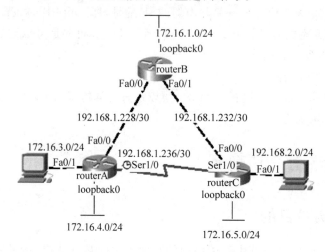

图 10-30　RIPv2 配置示例拓扑图

routerA 路由器的基本配置:

```
Router > enable                                     //进入到路由器的特权配置模式
Router # configure terminal                         //进入全局模式
Enter configuration commands, one per line. End with CNTL/Z.
Router(config) # hostname routerA                   //路由器命名为 routerA
routerA(config) # interface fastEthernet 0/0        //进入接口配置子模式下
routerA(config − if) # ip address 192.168.1.229 255.255.255.252
//配置 Fa0/0 的 IP 和掩码
routerA(config − if) # no shutdown                  //开启接口,以太网接口默认关闭

% LINK − 5 − CHANGED: Interface FastEthernet0/0, changed state to up
routerA(config − if) # exit
routerA(config) # interface fastEthernet 0/1
routerA(config − if) # ip address 172.16.3.1 255.255.255.0
routerA(config − if) # no shutdown

% LINK − 5 − CHANGED: Interface FastEthernet0/1, changed state to up
% LINEPROTO − 5 − UPDOWN: Line protocol on Interface FastEthernet0/1, changed state to up
routerA (config − if) # exit
routerA (config) # interface loopback 0             //创建环回接口 loopback0

% LINK − 5 − CHANGED: Interface Loopback0, changed state to up
% LINEPROTO − 5 − UPDOWN: Line protocol on Interface Loopback0, changed state to up
```

//配置环回接口 IP,表示路由器连接了 172.16.4.0/24 这个网络
//但该网络实际上是虚拟网络,并不存在
routerA(config - if)♯ip address 172.16.4.1 255.255.255.0
routerA(config - if)♯exit
routerA(config)♯interface serial 1/0
routerA(config - if)♯ip address 192.168.1.237 255.255.255.252
routerA(config - if)♯no shutdown
routerA(config - if)♯clock rate 64000

% LINEPROTO - 5 - UPDOWN: Line protocol on Interface Serial1/0, changed state to up
routerA(config - if)♯exit
routerA(config)♯router rip   // 进入 RIP 协议配置模式
routerA(config - router)♯version 2   // 注明版本 2,否则是配置版本 1 协议
routerA(config - router)♯network 172.16.3.0   // 以下是宣告路由器的直连网络
routerA(config - router)♯network 172.16.4.0
routerA(config - router)♯network 192.168.1.228
routerA(config - router)♯network 192.168.1.236
routerA(config - router)♯exit
routerA(config)♯exit

% SYS - 5 - CONFIG_I: Configured from console by console
routerA♯write   // 保存配置
Building configuration...
[OK]

同理,routerB 的基本配置如下。

Router > enable
Router♯configure t
Router♯configure terminal
Enter configuration commands, one per line. End with CNTL/Z.
Router(config)♯hostname routerB
routerB(config)♯interface fastEthernet 0/0
routerB(config - if)♯ip address 192.168.1.230 255.255.255.252
routerB(config - if)♯no shutdown

% LINK - 5 - CHANGED: Interface FastEthernet0/0, changed state to up
% LINEPROTO - 5 - UPDOWN: Line protocol on Interface FastEthernet0/0, changed state to up
routerB(config - if)♯exit
routerB(config)♯interface loopback 0

% LINK - 5 - CHANGED: Interface Loopback0, changed state to up
% LINEPROTO - 5 - UPDOWN: Line protocol on Interface Loopback0, changed state to up
routerB(config - if)♯ip address 172.16.1.1 255.255.255.0
routerB(config - if)♯exit
routerB(config)♯interface fastEthernet 0/1
routerB(config - if)♯ip address 192.168.1.234 255.255.255.252
routerB(config - if)♯no shutdown

% LINK - 5 - CHANGED: Interface FastEthernet0/1, changed state to up
% LINEPROTO - 5 - UPDOWN: Line protocol on Interface FastEthernet0/1,

```
changed state to up
routerB(config)♯router rip                            // 进入路由配置子模式
routerB(config-router)♯version 2                       // 使用 RIPv2
routerB(config-router)♯network 192.168.1.228           // 以下是宣告 routerB 的直连网段
routerB(config-router)♯network 192.168.1.232
routerB(config-router)♯network 172.16.1.0
routerB(config-router)♯exit
routerB(config)♯exit
routerB♯write
Building configuration...
[OK]
```

routerC 的基本配置如下。

```
Router>enable
Router♯configure terminal
Enter configuration commands, one per line. End with CNTL/Z.
Router(config)♯hostname routerC
routerC(config)♯interface fastEthernet 0/0
routerC(config-if)♯ip address 192.168.1.233 255.255.255.252
routerC(config-if)♯no shutdown

%LINK-5-CHANGED: Interface FastEthernet0/0, changed state to up
%LINEPROTO-5-UPDOWN: Line protocol on Interface FastEthernet0/0,
changed state to up
routerC(config-if)♯exit
routerC(config)♯interface loopback 0

%LINK-5-CHANGED: Interface Loopback0, changed state to up
%LINEPROTO-5-UPDOWN: Line protocol on Interface Loopback0, changed state to up
routerC(config-if)♯ip address 172.16.5.1 255.255.255.0
routerC(config-if)♯exit
routerC(config)♯interface fastEthernet 0/1
routerC(config-if)♯ip address 192.168.2.1 255.255.255.252
routerC(config-if)♯no shutdown

%LINK-5-CHANGED: Interface FastEthernet0/1, changed state to up
%LINEPROTO-5-UPDOWN: Line protocol on Interface FastEthernet0/1,
changed state to up
routerC(config-if)♯exit
routerC(config)♯interface serial 1/0
routerC(config-if)♯ip address 192.168.1.238 255.255.255.252
routerC(config-if)♯no shutdown
routerC(config-if)♯exit
routerC(config)♯router rip
routerC(config-router)♯version 2
routerC(config-router)♯network 172.16.5.0           // 以下宣告 routerC 的直连网段
routerC(config-router)♯network 192.168.1.232
routerC(config-router)♯network 192.168.2.0
routerC(config-router)♯exit
routerC(config)♯exit
```

```
routerC#write
Building configuration...
[OK]
```

2）路由检验

路由基本配置只是本例中最初始的工作,网络工程技术人员应该养成检测接口和网络状态的良好习惯。下面将检验网络的连通性和查看路由接口的状态。

在 routerA 中使用 ping 命令测试至各个网段的连通性,发现 routerA 至 172.16.5.0 网络传输出现严重的丢包现象,数据包正确传输率只有 40%,测试结果如下。

```
routerA#ping 172.16.5.1                          //测试到 routerC 的环回接口的连通性
Type escape sequence to abort.
Sending 5, 100-byte ICMP Echos to 172.16.5.1, timeout is 2 seconds:
.!.!.

Success rate is 40 percent (2/5), round-trip min/avg/max = 50/55/60 ms
```

使用 show ip route 命令检查各个路由器的路由表信息,内容如下。

```
routerA# show ip route
Gateway of last resort is not set
     172.16.0.0/16 is variably subnetted, 3 subnets, 2 masks
R       172.16.0.0/16 [120/1] via 192.168.1.238, 00:00:11, Serial1/0
                       [120/1] via 192.168.1.230, 00:00:10, FastEthernet0/0
C       172.16.3.0/24 is directly connected, FastEthernet0/1
C       172.16.4.0/24 is directly connected, Loopback0
     192.168.1.0/30 is subnetted, 3 subnets
C       192.168.1.228 is directly connected, FastEthernet0/0
R       192.168.1.232 [120/1] via 192.168.1.230, 00:00:10, FastEthernet0/0
                       [120/1] via 192.168.1.238, 00:00:11, Serial1/0
C       192.168.1.236 is directly connected, Serial1/0
R     192.168.2.0/24 [120/1] via 192.168.1.238, 00:00:11, Serial1/0
```

检查 routerA 路由表,发现通往所有目标网络的路由均已收敛,其中,172.16.0.0/16 是条汇总路由,可以从 192.168.1.238 和 192.168.1.230 两个下一跳地址转发,起到了负载均衡的作用。再检查 routerB 的路由表信息,具体如下。

```
routerB#show ip route
     Gateway of last resort is not set

         172.16.0.0/16 is variably subnetted, 2 subnets, 2 masks
     R       172.16.0.0/16 [120/1] via 192.168.1.229, 00:00:18, FastEthernet0/0
                           [120/1] via 192.168.1.233, 00:00:14, FastEthernet0/1
     C       172.16.1.0/24 is directly connected, Loopback0
         192.168.1.0/30 is subnetted, 3 subnets
     C       192.168.1.228 is directly connected, FastEthernet0/0
     C       192.168.1.232 is directly connected, FastEthernet0/1
     R       192.168.1.236 [120/1] via 192.168.1.233, 00:00:14, FastEthernet0/1
```

检查路由发现 172.16.0.0/16 是条汇总路由,分别由两条下一跳接口转发,而 172.16.5.0/24

这个网络也被汇总进去了,所以也会从两条路径分别转发。这样就出现偏差,因为从下一跳地址 192.168.1.229 转发的路径通往 routerA,在 routerA 路由表中通往 172.16.5.0/24 的路由被汇总成了 172.16.0.0/16,这条路由又被转发到了 routerB,这样就导致通往 172.16.5.0/24 之间形成了路由环路,导致一部分数据正确传输,另一部分数据从环路传送而无法到达,这就是问题所在。从以上分析可以看出,经过基本配置 RIPv2 协议后,由于该协议自动汇总路由,导致网络工作不正常。

最后检查 routerC 的路由表,如下。

```
routerC#show ip route
Gateway of last resort is not set

     172.16.0.0/16 is variably subnetted, 2 subnets, 2 masks
R       172.16.0.0/16 [120/1] via 192.168.1.237, 00:00:11, Serial1/0
                      [120/1] via 192.168.1.234, 00:00:07, FastEthernet0/0
C       172.16.5.0/24 is directly connected, Loopback0
     192.168.1.0/30 is subnetted, 3 subnets
R       192.168.1.228 [120/1] via 192.168.1.234, 00:00:07, FastEthernet0/0
                      [120/1] via 192.168.1.237, 00:00:11, Serial1/0
C       192.168.1.232 is directly connected, FastEthernet0/0
C       192.168.1.236 is directly connected, Serial1/0
     192.168.2.0/30 is subnetted, 1 subnets
C       192.168.2.0 is directly connected, FastEthernet0/1
```

routerC 路由表信息也存在 172.16.0.0/16 这条汇总路由的问题,如果由 routerC 通往 172.16.3.0/24 和 172.16.4.0/24 这两条网络,也会从两条路径转发。如果从第一条路径,即以 192.168.1.237 作为下一跳接口转发,数据可以正确到达,但从第二条路径就要经过 routerB 转发。从 routerB 的路由信息知道,routerB 到达这两条网络的路由被汇总成了 172.16.0.0/16,也是分别通过 routerA 和 routerC 两个路由转发的,这样就在 routerB 与 routerC 之间形成了路由环路这个隐患,导致由 routerC 到 rouerA 的网络的部分数据丢失。

使用 ping 命令测试由 routerC 到 routerA 所连接的 172.16.3.0/24 的连通性,如下。

```
routerC#ping 172.16.3.1

Type escape sequence to abort.
Sending 5, 100-byte ICMP Echos to 172.16.3.1, timeout is 2 seconds:
.!!!.
Success rate is 60 percent (3/5), round-trip min/avg/max = 20/30/40 ms
```

正如上面分析的那样,routerC 至 routerA 之间存在链路隐患,这是因为路由环路所造成的。

2. 自动汇总

经过 RIPv2 的基本配置后,发现 routerA、routerB 和 routerC 之间的路由信息出现了故障,在 routerA 路由表中并没有 rouerC 所连接的 172.16.5.0/24 的信息,并且 routerA 与 routerB 在 172.16.0.0/16 这条汇总路由上出现了环路。为了进一步检查原因,使用 debug ip rip 命令调试(使用 debug 命令后,如果不需调试则使用 undebug all 命令关闭),检查

RIPv2 正在发送网络地址和子网掩码的具体内容,如下。

```
routerA#debug ip rip
RIP protocol debugging is on
<省略!>
RIP: received v2 update from 192.168.1.230 on FastEthernet0/0
      172.16.0.0/16 via 0.0.0.0 in 1 hops
      192.168.1.232/30 via 0.0.0.0 in 1 hops
      192.168.2.0/24 via 0.0.0.0 in 2 hops
RIP: received v2 update from 192.168.1.238 on Serial1/0
      172.16.0.0/16 via 0.0.0.0 in 1 hops
      192.168.1.232/30 via 0.0.0.0 in 1 hops
      192.168.2.0/24 via 0.0.0.0 in 1 hops
routerA#undebug all
All possible debugging has been turned off
```

从 RIP 的调试信息看到,routerA 从 Fa0/0 接口接收到 routerB 通告来的路由是汇总的有类网络地址:172.16.0.0/16,跳数值为 1,而不是单个的 172.16.1.0/24。同样,routerB 从 routerA 接收到的路由通告也是汇总路由,如下。

```
routerB#debug ip rip
RIP protocol debugging is on
<省略!>
RIP: received v2 update from 192.168.1.229 on FastEthernet0/0
      172.16.0.0/16 via 0.0.0.0 in 1 hops
      192.168.1.236/30 via 0.0.0.0 in 1 hops
      192.168.2.0/24 via 0.0.0.0 in 2 hops
```

routerA 发到 routerB 的路由通告包含三条路由信息,其中,routerA 将其直连网络 172.16.3.0/24 和 172.16.4.0/24 汇总成了 172.16.0.0/16 这个标准 B 类网络后才通告给 routerB。默认情况下,RIPv2 和 RIPv1 一样都会在主网边界上自动汇总路由。由于 routerA,routerB 和 routerC 所连接的 172.16.0.0 各个子网不连续,所以汇总后出现错误。在本案例的网络拓扑中,路由器汇总情况如图 10-31 所示。

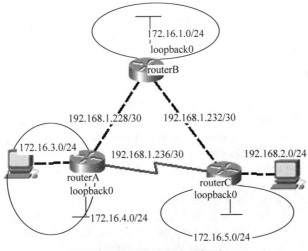

图 10-31　路由汇总示例图

经以上分析得出：由于子网不连续，而 RIPv2 生成路由信息在发送更新信息前需要汇总路由，才造成目前网络出现的丢包隐患。

问题找到后，可以采取以下两种解决方法。

（1）重新分配子网。重新划分子网，使得子网在网络中连续分布，不应该被其他网段隔离开。

（2）禁用自动汇总。命令格式为：

```
router(config - router) # no auto - summary
```

注意：此命令对 RIPv1 版本无效。

禁用自动汇总后，RIPv2 不会在主网边界路由器上将子网汇总为有类主网地址。关闭自动汇总后，RIPv2 将在路由更新中包含所有子网以及相应的掩码信息，本例中禁用自动汇总的配置如下所示。

```
routerA(config) # router rip
routerA(config - router) # no auto- summary

routerB(config) # router ri
routerB(config - router) # no auto- summary

routerC(config) # router ri
routerC(config - router) # no auto- summary
```

在各个路由器上关闭自动汇总功能后，查看 routerA 的通告路由信息，如下。

```
routerA # debug ip rip
<省略!>
RIP: sending v2 update to 224.0.0.9 via FastEthernet0/0 (192.168.1.229)
RIP: build update entries
        172.16.3.0/24 via 0.0.0.0, metric 1, tag 0
        172.16.4.0/24 via 0.0.0.0, metric 1, tag 0
        172.16.5.0/24 via 0.0.0.0, metric 2, tag 0
        192.168.1.236/30 via 0.0.0.0, metric 1, tag 0
        192.168.2.0/30 via 0.0.0.0, metric 2, tag 0
```

从 routerA 通告的 RIPv2 路由信息看出，通过 Fa0/0 接口宣告的路由没有被汇总。routerB 和 routerC 也同样没有汇总信息，再次检查 routerA 路由表，如下。

```
routerA # show ip route
<省略!>
     172.16.0.0/24 is subnetted, 4 subnets
R       172.16.1.0 [120/1] via 192.168.1.230, 00:00:12, FastEthernet0/0
C       172.16.3.0 is directly connected, FastEthernet0/1
C       172.16.4.0 is directly connected, Loopback0
R       172.16.5.0 [120/1] via 192.168.1.238, 00:00:09, Serial1/0
     192.168.1.0/30 is subnetted, 3 subnets
C       192.168.1.228 is directly connected, FastEthernet0/0
R       192.168.1.232 [120/1] via 192.168.1.230, 00:00:12, FastEthernet0/0
                      [120/1] via 192.168.1.238, 00:00:09, Serial1/0
C       192.168.1.236 is directly connected, Serial1/0
```

```
        192.168.2.0/30 is subnetted, 1 subnets
R       192.168.2.0 [120/1] via 192.168.1.238, 00:00:09, Serial1/0
```

不连续子网 172.16.1.0/24 与 172.16.5.0/24 已经单独形成路由信息，routerA 路由表已经完全收敛，同样，检查 routerB 和 routerC 路由信息也完全收敛，并未出现环路故障。测试链路连通性，没有丢包现象，传输完全正确，如下。

```
routerA#ping 172.16.5.1
Type escape sequence to abort.
Sending 5, 100 - byte ICMP Echos to 172.30.100.1, timeout is 2 seconds:
!!!!!
Success rate is 100 percent (5/5), round - trip min/avg/max = 60/78/110 ms
```

总结：网络故障找到后，经过分析得知是网络分配了不连续子网，而 RIPv2 协议默认自动汇总是开启的，所以导致链路丢包故障。找到问题的根源后，关闭自动汇总，网络运行良好。无类路由协议（RIPv2）可同时带有网络地址和掩码，尽管 Cisco 路由器默认自动汇总开启，但这类协议无须像 RIPv1 协议那样在主网边界将这些网络汇总为有类地址。所以，无类路由协议支持 VLSM。对于使用 VLSM 编址方案的网络而言，必须使用无类路由协议来传播所有的网络及其掩码，但这并不意味着自动汇总对网络总是有危害，自动汇总后的一条信息代表多条路由信息，可以使发送和接收的路由更新更小，从而提高了网络带宽利用率。但在不连续网络子网拓扑中，就会带来潜在风险，本案例这种情况就不适合自动汇总了。

3. 被动接口

本案例中，routerA 的 Fa0/1 接口连接的是 PC，loopback0 接口是一个实验用的环回接口。通过查看 routerA 路由通告信息，发现 routerA 也会把路由信息从这些接口组播出去，如下。

```
routerA#debug ip rip
RIP protocol debugging is on
RIP: sending v2 update to 224.0.0.9 via FastEthernet0/1 (172.16.3.1)
RIP: build update entries
        172.16.1.0/24 via 0.0.0.0, metric 2, tag 0
        172.16.4.0/24 via 0.0.0.0, metric 1, tag 0
        172.16.5.0/24 via 0.0.0.0, metric 2, tag 0
        192.168.1.228/30 via 0.0.0.0, metric 1, tag 0
        192.168.1.232/30 via 0.0.0.0, metric 2, tag 0
        192.168.1.236/30 via 0.0.0.0, metric 1, tag 0
        192.168.2.0/30 via 0.0.0.0, metric 2, tag 0
```

尽管 routerA 的 Fa0/1 接口连接的 LAN 上并没有 RIP 设备，但 routerA 仍然会从该接口发送更新。routerA 无法得知该接口所连接的是否有 RIP 设备，因此每 30 秒就会发送一次更新，这样就在不必要的链路接口上组播或者广播更新信息，导致 LAN 上传播了大量无用的信息包。

为了解决上述问题，可以把不需要通告路由信息的接口配置成被动接口（Passive Interface），被动接口可以阻断路由更新通过该接口传输，但仍然允许向其他路由器通告该接口所连接的网络。

被动接口命令：

```
router(config-router)#passive-interface<interface-type><interface-number>
```

其中,参数< interface-type >代表接口类型,< interface-number >代表接口编号。

目前本例的网络已经正常工作了,但为了优化网络,可以将 routerA 路由器的 loopback0 接口和 Fa0/1 接口配置成被动接口,提高接口的带宽利用率。同理,routerB 的 loopback0 接口,routerC 的 loopback0 与 Fa0/1 接口都需要配置成被动接口。配置过程如下所示。

```
routerA(config)#router rip
routerA(config-router)#passive-interface fastEthernet 0/1
routerA(config-router)#passive-interface loopback 0

routerB(config)#router rip
routerB(config-router)#passive-interface loopback 0

routerC(config)#router rip
routerC(config-router)#passive-interface fastEthernet 0/1
routerC(config-router)#passive-interface loopback 0
```

依次在各个路由器把没有 RIP 邻居的接口设置为被动接口,以阻止它们发送路由更新信息,最后使用 show ip protocols 命令检验被动接口,如下。

```
routerA#show ip protocols
Routing Protocol is "rip"
Sending updates every 30 seconds, next due in 7 seconds
Invalid after 180 seconds, hold down 180, flushed after 240
Outgoing update filter list for all interfaces is not set
Incoming update filter list for all interfaces is not set
Redistributing: rip
<省略!>
Passive Interface(s):
    FastEthernet0/1
    Loopback0
Routing Information Sources:
    Gateway         Distance        Last Update
    192.168.1.230      120          00:00:00
    192.168.1.238      120          00:00:24
Distance: (default is 120)
```

4. 默认路由

RIP 是应用较早的动态路由协议,在 ISP 与客户之间以及不同 ISP 之间使用非常广泛。现在的网络中,客户是不需要与 ISP 交换路由更新的,即连接到 ISP 的客户路由器不需要 Internet 上所有路由的完整列表。一般而言,这些客户路由器上都有一条默认路由指向 Internet,当客户路由器没有通往本地子网的路由时,将所有数据流量发送到 ISP 路由器。将本案例稍做修改,在 routerB 上指定一个 null0 接口(空接口),假设该接口连接到 Internet

上,AS(自治系统)内所有局域网络均通过该接口连接上 Internet。那么可以在 routerB 上配置一条静态路由,让该接口作为外网的出接口,如图 10-32 所示。

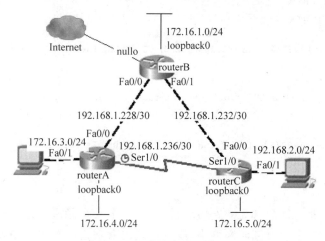

图 10-32　默认路由网络拓扑

路由器 B 配置默认路由信息,如下。

```
routerB(config)♯ip route 0.0.0.0 0.0.0.0 null0
routerB(config)♯exit
% SYS - 5 - CONFIG_I: Configured from console by console
routerB♯show ip route

Gateway of last resort is 0.0.0.0 to network 0.0.0.0

<省略!>
S *    0.0.0.0/0 is directly connected, Null0
```

这样在 routerB 路由表中,所有未到 AS 内部网络的数据包默认均会被转发到空接口 null0 上。

注意:空接口将丢弃所有转发到该接口的数据,形成黑洞,本案例没有实际连接到 Internet 上,只是虚拟通过该接口通往外网,在实际工作中,是不能用空接口连接物理网络的。

通过查看路由表,看到默认路由已经添加上。

默认路由添加后,需要在 routerA 和 routerC 路由表中也添加默认路由,使得这两个路由器中也有指向 Internet 的路径,以便它们所连接的网络也能连上互联网。可以分别给 routerA 和 routerB 配置默认路由,也可以让 RIP 传播默认路由,省去了配置的麻烦和可能带来的错误。传播默认路由的命令如下。

```
routerB(config)♯router rip
routerB(config - router)♯default - information originate
```

通过在 routerB 中配置默认路由传播,那么 routerB 就将该条默认路由通过 RIP 通告给它的邻居,routerB 和 routerC 均会形成一条通过 routerB 作为下一跳路由通往 Internet 的默认路由信息。使用 show ip route 命令查看两个路由中的路由表,发现默认路由已经传播并添加进路由表中。

```
routerA # show ip route
Gateway of last resort is 192.168.1.230 to network 0.0.0.0
<省略!>
R *    0.0.0.0/0 [120/1] via 192.168.1.230, 00:00:18, FastEthernet0/0

routerC # show ip route
Gateway of last resort is 192.168.1.234 to network 0.0.0.0

<省略!>
R *    0.0.0.0/0 [120/1] via 192.168.1.234, 00:00:05, FastEthernet0/0
```

5. RIP 身份认证

任何路由协议都可能收到无效路由更新,这是一个安全隐患。造成这些无效路由更新的原因可能是恶意攻击者试图阻断网络,或者是试图欺骗路由器将更新发送到错误目的地来截获数据包。对路由信息进行身份验证可以有效杜绝此类问题,使用身份验证可以确保路由器只接受配置了相同密码或身份信息的路由器发送来的路由信息。

有两种类型的 RIP 的身份验证:明文口令和 MD5 算法。明文口令只是用来防止将一个配置错误的路由器加入到 RIPv2 协议网络,而更好的安全措施是使用 MD5 算法。为了在路由器配置中增加验证功能,必须启动 RIP 验证机制,指定它的验证类型(明文口令或 MD5 算法),并配置验证密钥。验证必须在各个接口分别指定。对本案例做出配置,分别以明文和 MD5 密文形式对 rouerA 和 routerC 配置身份验证,如下。

```
routerA(config) # key chain rip_authentication        //创建密码链,取名 rip_authentication
routerA(config-keychain) # key 1
//在 rip_authentication 密码链中创建编号为 1 的密码
routerA(config-keychain-key) # key-string cisco        //密码为 cisco
routerA(config-keychain-key) # exit
routerA(config-keychain) # exit
routerA(config) # interface serial1/0                  //进入 serial1/0 接口配置模式
routerA(config-if) # ip rip authentication mode text   //设置密码为明文方式验证
routerA(config-if) # ip rip authentication key-chain rip_authentication
//使用 rip_authentication 密码链中的密码,即 cisco
routerA(config-if) # exit
```

同理,routerC 也要做出相同配置,如下。

```
routerC(config) # key chain c_rip                      //创建密码链,取名 c_rip
routerC(config-keychain) # key 1                       //在 c_rip 密码链中创建编号为 1 的密码
routerC(config-keychain-key) # key-string cisco
//密码为 cisco,必须和 routerA 一致
routerC(config-keychain-key) # exit
routerC(config-keychain) # exit
routerC(config) # interface serial1/0                  //进入 s1/0 接口配置模式
routerC(config-if) # ip rip authentication mode text   //设置密码为明文方式验证
```

```
routerC(config-if)♯ip rip authentication key-chain c_rip
//使用 c_rip 密码链中的密码,即 cisco
routerC(config-if)♯exit
```

使用 MD5 验证的方法同明文验证一致,只是在接口认证模式使用如下命令。

```
router(config-if)♯ip rip authentication mode md5
```

RIP 身份认证的特点如下。

(1) 明文方式认证过程中,被认证路由发送最小的 key-id 和密码给对方,若想通过认证,被认证路由和认证方的 key-id 和密码都必须一致,如有一个不同,就无法通过认证。以上配置中 routerA 与 routerC 均被设置了一个 key-id 为 1,内容为 cisco 的密码,所以双方可以互相通过 RIP 认证。

(2) 密文方式认证过程中,被认证路由也是发送最小的 key-id 和密码给对方,如果认证方有同样的 key-id,就比较密码是否一致,如一致,就通过认证。否则认证方就在自己所有大于被认证 key-id 的密码编号中找出最小编号,比较其密码,如果一致就通过认证,否则不通过认证。

10.9 动态路由 OSPF 配置

10.9.1 实验目的

OSPF 协议是一个被设计为适于在一个自治系统内操作的链接状态协议,通过在 OSPF 域内的每个路由器中维持一个一致的拓扑数据库来运作。该数据库中存放着各路由器上每条网络链路的状态(即各接口的状态),路由器以此来决定去往自治系统内各网络的最短路径。路由器将每条网络链路的信息送给它的所有相邻路由器,从而更新它们的拓扑数据库,并传播这些信息到其他路由器。OSPF 协议使用 Dijkstra 算法计算拓扑数据库中的信息来生成从执行计算的路由器到各目的网络的最短路径,得到的最短路径将标明到各目的地的最佳下一跳路由器。用于到达最佳下一跳路由器的 IP 地址和接口将被填入 IP 路由选择表中。因为所有路由器拥有相同的拓扑数据库,所以尽管每个路由器从它自己的角度寻找到达各目的地的最短路径,但最短路径都是一致的。在小型网络上,基本的 OSPF 协议配置与 RIP 配置差别不大。但当把 OSPF 协议应用于规模较大的网络时,它就会变得很复杂,需要考虑区域设计、冗余、即时链路以及验证等多种因素。通过此次实验理解动态路由 OSPF 协议的概念及原理,掌握 OSPF 协议的配置。

10.9.2 实验要求

(1) 了解 OSPF 协议的特点,掌握 OSPF 的配置方法;
(2) 了解 OSPF 多区域的概念及配置;
(3) 学会识别 OSPF 路由;
(4) 了解 OSPF 区域内路由汇总的方法。

10.9.3 实验内容和步骤

1. 基本配置

本案例将从一个简单的 OSPF 协议配置讲起,比较 RIPv2 协议配置,OSPF 协议配置中增加的主要内容是：AS 内能够分成更小的区域,每个区域都编了号,而且必须存在区域 0,它就是主干区域。所有的其他区域都直接或通过虚链路连接到主干区域上。为了优化操作,各区域内所包含的路由器个数保持在 50~100 个。

【例 10-10】 OSPF 协议基本配置示例(网络拓扑如图 10-33 所示)。

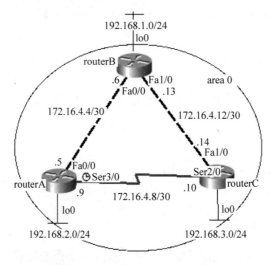

图 10-33　OSPF 基本配置拓扑

接口配置不再重复,具体配置命令可参阅 10.6 节内容。OSPF 配置示例如下。

```
    <省略!>
routerA(config)♯router ospf 1
// 以下是宣告直连网络,这些网络均属于主干区域
routerA(config-router)♯network 192.168.2.0 0.0.0.255 area 0
routerA(config-router)♯network 172.16.4.8 0.0.0.3 area 0
routerA(config-router)♯network 172.16.4.4 0.0.0.3 area 0
routerA(config-router)♯exit

routerB(config)♯router ospf 1
// 以下是宣告直连网络,这些网络均属于主干区域
routerB(config-router)♯network 172.16.4.4 0.0.0.3 area 0
routerB(config-router)♯network 172.16.4.12 0.0.0.3 area 0
routerB(config-router)♯network 172.16.4.12 0.0.0.3 area 0
routerB(config-router)♯network 192.168.1.0 0.0.0.255 area 0
routerB(config-router)♯exit

routerC(config)♯router ospf 1
// 以下是宣告直连网络,这些网络均属于主干区域
routerC(config-router)♯network 192.168.3.0 0.0.0.255 area 0
```

```
routerC(config - router)♯network 172.16.4.8 0.0.0.3 area 0
routerC(config - router)♯network 172.16.4.8 0.0.0.3 area 0
routerC(config - router)♯network 172.16.4.12 0.0.0.3 area 0
routerC(config - router)♯exit
```

查看 routerA 路由表,所有网络信息全部正确收敛。默认情况下,OSPF 协议不在主网边界路由器上进行路由汇总。routerA 路由表如下。

```
routerA♯show ip route
<省略!>
Gateway of last resort is not set

        172.16.0.0/30 is subnetted, 3 subnets
C       172.16.4.8 is directly connected, Serial3/0
O       172.16.4.12 [110/2] via 172.16.4.6, 00:00:44, FastEthernet0/0
C       172.16.4.4 is directly connected, FastEthernet0/0
        192.168.1.0/32 is subnetted, 1 subnets
O       192.168.1.1 [110/2] via 172.16.4.6, 00:00:44, FastEthernet0/0
C       192.168.2.0/24 is directly connected, Loopback0
        192.168.3.0/32 is subnetted, 1 subnets
O       192.168.3.1 [110/3] via 172.16.4.6, 00:00:44, FastEthernet0/0
```

2. OSPF 区域

OSPF 是专门为大型网络而设计的一种链路状态路由协议,在大型网络中可能遇到如下问题。

(1) LSDB 非常庞大,占用了路由器大量的存储空间。

(2) 路由器计算最小生成树耗时增加,CPU 负担沉重。

(3) 网络结构经常发生变化,产生网络动荡现象。

为了解决以上问题,OSPF 协议采用区域概念来创建一个有层次的设计,这种设计将 OSPF 区域划分成若干个小区域,以降低路由器上内存和计算的负载。每个区域都用一个数字来标识,而且必须存在一个骨干区域(标识为区域 0),一些(零个或更多个)附加区域必须连接到主干区域。注意:路由器不属于任何区域,而是它的接口被分配到一个特定区域。

OSPF 协议对所在的不同区域的路由器进行身份标识,规定了 4 种类型的路由器:内部路由器、区域边界路由器、主干路由器以及自治系统边界路由器。

(1) 内部路由器。

路由器的所有接口都位于一个区域内,仅需要一个链路状态数据库。

(2) 主干路由器。

路由器中至少有一个接口位于主干区域,可以是内部路由器或者区域边界路由器。

(3) 区域边界路由器。

连接多个区域的路由器被称作区域边界路由器(ABR),其至少有一个接口存在于主干区域内。这些路由器将在 OSPF 协议的配置中指定多个区域,其接口处于不同的区域中。ABR 对相互连接的区域路由进行汇总,并将有关网络路由信息通告给主干区域。反之,ABR 将收集到的主干区域路由通告回各附加区域。

（4）自治系统边界路由器。

连接多个自治系统（AS）的路由器，其用于连接并运行其他 AS 的路由协议。

1）OSPF 多区域

OSPF 的区域层次化特性可以使路由器使用更少的选择路径，而且减少网络出现问题时的故障排除工作量，更容易进行故障监视，更容易配置并且操作开销更小。多区域连接时使用边界路由器，使得区域内的通信报文必须限定在本区域内活动，而发往其他区域的报文必须通过 ABR 转发。即使两个区域连接到一个非 ABR 路由器，那么报文必须发送到 ABR，再由它转发到其他区域。

【例 10-11】 OSPF 多区域配置示例（网络拓扑如图 10-34 所示）。

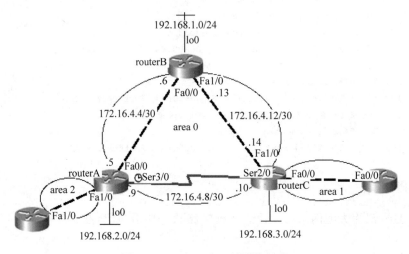

图 10-34　OSPF 多区域网络拓扑

本案例中 routerA 和 routerC 均是主干区域与其他区域的连接设备，这两个路由器的角色属于边界路由器。路由器基本配置省略，OSPF 多区域配置如下。

```
<省略!>
routerA(config)# router ospf 1
routerA(config-router)# network 172.16.4.4 0.0.0.3 area 0
// 宣告主干区域直连网络
routerA(config-router)# network 172.16.4.8 0.0.0.3 area 0
routerA(config-router)# network 202.117.66.4 0.0.0.3 area 2
//202.117.66.4 接口属于区域 2
<省略!>

routerB(config)# router ospf 1
routerB(config-router)# network 172.16.4.4 0.0.0.3 area 0
// 宣告主干区域直连网络
routerB(config-router)# network 172.16.4.4 0.0.0.3 area 0
routerB(config-router)# network 172.16.4.12 0.0.0.3 area 0
<省略!>

routerC(config)# router ospf 1
routerC(config-router)# network 172.16.4.12 0.0.0.3 area 0
```

```
routerC(config - router) # network 172.16.4.8 0.0.0.3 area 0
routerC(config - router) # network 202.117.67.4 0.0.0.3 area 1
//该网段接口属于区域1
<省略!>

routerD(config) # int Fa1/0
routerD(config - if) # ip address 202.117.66.6 255.255.255.252
routerD(config - if) # no shu
routerD(config - if) # exit
routerD(config) # router ospf 1
routerD(config - router) # network 202.117.66.4 0.0.0.3 area 2
//该网段接口属于区域2
<省略!>

routerE(config) # int Fa0/0
routerE(config - if) # ip address 202.117.67.6 255.255.255.252
routerE(config - if) # no shu
routerE(config - if) # exit
routerE(config) # router ospf 1
routerE(config - router) # network 202.117.67.4 0.0.0.3 area 1
//该网段接口属于区域1
<省略!>
```

通过 show ip route 命令查看各个路由器的路由表,其中,routerB 的路由表内容如下。

```
routerB > show ip route
Gateway of last resort is not set

       172.16.0.0/30 is subnetted, 3 subnets
C      172.16.4.4 is directly connected, FastEthernet0/0
O      172.16.4.8 [110/782] via 172.16.4.5, 00:00:16, FastEthernet0/0
                   [110/782] via 172.16.4.13, 00:00:16, FastEthernet1/0
C      172.16.4.12 is directly connected, FastEthernet1/0
C      192.168.1.0/24 is directly connected, Loopback0
       202.117.66.0/30 is subnetted, 1 subnets
O IA   202.117.66.4 [110/2] via 172.16.4.5, 00:00:16, FastEthernet0/0
       202.117.67.0/30 is subnetted, 1 subnets
O IA   202.117.67.4 [110/2] via 172.16.4.13, 00:00:16, FastEthernet1/0
```

从 routerB 的路由表信息可以看到,区域1与区域2的两个网络分别以 IA(OSPF Inter Area)互连区域路由形式汇聚。请注意 IA 的 Metric 值为2,这是因为路由器认为 IA 指示的网络是与 ABR 路由直接相连,是通过 ABR 挂接到主干区域0上的。所以,对于 routerB 而言,它所形成的最小生成树如图 10-35 所示。

2)虚链接

在 OSPF 协议网络中,主干区域必须一直维持完全连接状态,所有区域必须连入区域0。所以要确保区域0拥有足够的链路,以避免单条链路故障而引起的主干分割。

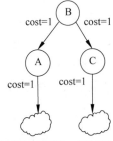

图 10-35 主干路由中 IA 示意图

但有些时候不得不分割开区域 0,那么可以配置一个虚链接作为连接主干区域与其他分离区域的链路,这条链路可以看作一条通过其他区域保持区域 0 连通的隧道。

【例 10-12】 虚连接区域配置示例(网络拓扑如图 10-36 所示)。

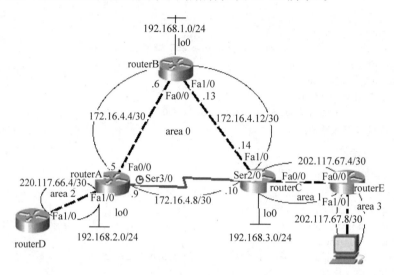

图 10-36 OSPF 虚连接网络拓扑

从图 10-36 中看到,area 0 主干区域直连了两个附加区域 area 1 和 area 2,但 area 3 没有直接连在主干区域上,而是通过 routerE 和 area 1 相连,这样主干区域没有将所有区域相连,造成主干分割的情况出现。如果没有虚连接,那么 area 3 中的路由信息只能在本区域内传播,无法到达主干,同样主干与其他区域的路由信息也无法传送进这个区域,那么 area 3 中的网络就会从整个网络中割裂出去。解决方案就是在 area 1 区域中配置 routerC 与 routerE 间的链路为虚链接。对于 OSPF 协议而言,会将虚链接看做主干区域的链路,那么就将割裂开的 area 3 和 area 0 重新连接起来。

首先查看 routerC 的邻接路由信息,routerE 已经和 routerC 建立了完全邻接关系,其中,routerE 的路由 ID 是 202.117.67.9,如下。

```
routerC#show ip ospf neighbor          // 查看 routerC 的邻居信息
Neighbor ID     Pri  State      Dead Time    Address        Interface
192.168.1.1     1    FULL/BDR   00:00:30     172.16.4.13    FastEthernet1/0
192.168.2.1     1    FULL/ -    00:00:36     172.16.4.9     Serial2/0
202.117.67.9    1    FULL/BDR   00:00:34     202.117.67.6   FastEthernet0/0
```

各个路由器配置 OSPF 协议,详细配置过程省略。由于 routerE 处在区域 1 与区域 3 的边界,可以将 routerE 的 Fa0/0 接口和 routerC 的 Fa0/0 接口之间的链路配置为虚连接,这样区域 3 就通过这条虚链路连接到了主干区域上。配置命令格式为:

router(config-router)#area <area-id> virtual-link <neighbor-routerid>

参数< area-id >代表虚连接所属的区域号,< neighbor-routerid >代表虚连接对端路由器 ID。

配置过程如下所示。

```
routerC♯conf t
Enter configuration commands, one per line. End with CNTL/Z.
routerC(config)♯router ospf 1
routerC(config-router)♯area 1 virtual-link 202.117.67.9
// 虚连接区域为 area 1,对端路由器 ID 为 202.117.67.9,即 routerE

<省略!>

routerE(config)♯router ospf 1
routerE(config-router)♯area 1 virtual-link 192.168.3.1
// 虚连接区域为 area 1,对端路由器 ID 为 192.168.3.1,即 routerC
00:09:44: % OSPF-4-ERRRCV: Received invalid packet: mismatch area ID, from backbone area
must be virtual-link but not found from 202.117.67.5, FastEthernet0/0
routerE(config-router)♯exit
routerE(config)♯exit
<省略!>
```

查看路由表信息,其中,routerB 的路由内容如下所示。

```
routerB♯show ip route
Gateway of last resort is not set

     202.117.66.0/30 is subnetted, 1 subnets
O IA    202.117.66.4 [110/2] via 172.16.4.5, 00:06:30, FastEthernet0/0
     202.117.67.0/30 is subnetted, 2 subnets
O IA    202.117.67.8 [110/3] via 172.16.4.14, 00:06:30, FastEthernet1/0
O IA    202.117.67.4 [110/2] via 172.16.4.14, 00:06:30, FastEthernet1/0
     172.16.0.0/30 is subnetted, 3 subnets
O       172.16.4.8 [110/65] via 172.16.4.14, 00:06:30, FastEthernet1/0
                   [110/65] via 172.16.4.5, 00:06:30, FastEthernet0/0
C       172.16.4.12 is directly connected, FastEthernet1/0
C       172.16.4.4 is directly connected, FastEthernet0/0
C       192.168.1.0/24 is directly connected, Loopback0
     192.168.2.0/32 is subnetted, 1 subnets
O       192.168.2.1 [110/2] via 172.16.4.5, 00:06:30, FastEthernet0/0
     192.168.3.0/32 is subnetted, 1 subnets
O       192.168.3.1 [110/2] via 172.16.4.14, 00:06:33, FastEthernet1/0
```

从加粗部分看到,area 3 中的网络 202.117.67.8/30 已经添加进 routerB 的路由中,整个网络的路由全部正确收敛。正是配置了虚链接,才使得 area 3 没有割裂出去。

最后,使用命令 show ip ospf virtual-link 命令查看虚链接(见阴影部分),内容如下。

```
routerC♯show ip ospf virtual-links
Virtual Link OSPF_VL0 to router 202.117.67.9 is up
  Run as demand circuit
  DoNotAge LSA allowed.
  Transit area 1, via interface FastEthernet0/0, Cost of using 1
  Transmit Delay is 1 sec, State POINT_TO_POINT,
  Timer intervals configured, Hello 10, Dead 40, Wait 40, Retransmit 5
    Hello due in 00:00:05
    Adjacency State FULL (Hello suppressed)
```

```
Index 3/4, retransmission queue length 0, number of retransmission 1
First 0x0(0)/0x0(0) Next 0x0(0)/0x0(0)
Last retransmission scan length is 1, maximum is 1
Last retransmission scan time is 0 msec, maximum is 0 msec
```

3) 桩域与完全桩域

由于 ISP 运行的 OSPF 网络会包含大量的外部路由,所以 OSPF 规定除主干区域外的附加区域可以配置为具有特殊属性的桩域(Sub Area)。桩域又被称为残域,该区域的特点是一条默认路由经过 ABR 分布到该区域。AS(自治系统)外部的路由信息是通过 ASBR 将LSA 重新发布,并传播到自治系统内部路由器的路由表,同样,ABR 将 ASBR 发布来的外部路由汇总,再向其连接的区域内的路由器按照洪泛法传递。但除了区域 0 外,很少有区域需要整个外部路由的集合,将所有外部路由信息传递到这些区域是不必要的。在桩区域内,路由器的链路状态数据库不包含 AS 外部的路由信息。为了保证到自治系统外的路由依旧可达,由该区域的 ABR 生成一条默认路由,将所有该区域内的路由器在找不到目的路由时把数据通过 ABR 转发到 AS 外部的目的网络。在有许多外部链路的网络中,配置桩域可以减少本区域内路由表和数据库条目,因而其网络性能得到提高。

桩域对于非主干区域而言是一种可选的配置,但并不是每个非主干区域都符合桩域的要求,符合桩域的条件如下。

(1) 非主干区域。

(2) 通过 ABR 连接到主干区域,该区域位于自治系统的外围。

(3) 不能配置任何虚连接。

(4) 不能含有 ASBR,因为 ASBR 导入的外部路由信息不能在桩域内发布。

以上条件必须全部符合,非主干区域才可以配置成桩域。桩域适合很少几个外部路由和许多区域间路由的情况。根据桩域使用默认路由代替自治系统外部路由的思想,除了AS 外部路由,也可以将桩域外的所有域间路由信息用默认路由替代,那么这个区域称为完全桩域,它和桩区域有同样的配置条件,完全桩域适合较少的外部路由与域间路由的网络。

【例 10-13】 桩域配置示例(网络拓扑如图 10-37 所示)。

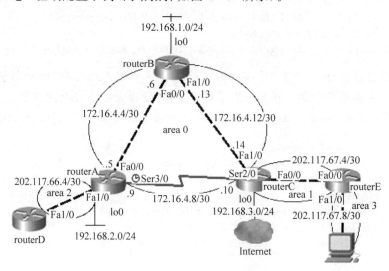

图 10-37　OSPF 桩域网络拓扑

本案例是在例 10-12 的基础上适当修改,假设 routerC 的 loopback 0 接口所连接的网络(192.168.3.0/24)是自治系统的外部路由。routerD 与 routerA 之间的接口构成了区域 2,区域 2 符合桩域/完全桩域的所有条件,首先该区域是非主干区域,其次通过 routerA 这个边界路由器接入区域 0,而且位于自治系统外围,没有其他域通过区域 2 连接到主干区域,最后该区域内没有 ASBR,自治系统外部路由没有通过该区域导入。在 ABR 路由器上通过 area area-id stub [no summary]命令可以将一个符合条件的区域配置成为桩域/完全桩域,[no summary]参数是可选的,如果带上该参数,那么就将区域配置成为完全桩域,否则则为桩域。

首先查看 routerD 的路由表信息,其中,本 AS 内的网络信息均添加进 routerD 的路由表中,对于区域 2 以外的路由信息,都是用 IA 表示。路由内容如下。

```
routerD>show ip route

Gateway of last resort is not set
     202.117.66.0/30 is subnetted, 1 subnets
C       202.117.66.4 is directly connected, FastEthernet1/0
     202.117.67.0/30 is subnetted, 2 subnets
O IA     202.117.67.8 [110/5] via 202.117.66.5, 00:22:51, FastEthernet1/0
O IA     202.117.67.4 [110/4] via 202.117.66.5, 00:24:56, FastEthernet1/0
     172.16.0.0/30 is subnetted, 3 subnets
O IA     172.16.4.8 [110/65] via 202.117.66.5, 00:26:03, FastEthernet1/0
O IA     172.16.4.12 [110/3] via 202.117.66.5, 00:26:03, FastEthernet1/0
O IA     172.16.4.4 [110/2] via 202.117.66.5, 00:26:03, FastEthernet1/0
     192.168.1.0/32 is subnetted, 1 subnets
O IA     192.168.1.1 [110/3] via 202.117.66.5, 00:26:03, FastEthernet1/0
     192.168.2.0/32 is subnetted, 1 subnets
O IA     192.168.2.1 [110/2] via 202.117.66.5, 00:26:03, FastEthernet1/0
     192.168.3.0/32 is subnetted, 1 subnets
O IA     192.168.3.1 [110/4] via 202.117.66.5, 00:26:05, FastEthernet1/0
```

对 routerC 上的 loopback 0 所连的虚拟网络做出适当修改,使得 192.168.3.0/24 为 AS 外部路由,可以使用 redistribute 命令(路由重分布)将路由重新导入 AS 即可。这样 AS 系统内的动态路由协议就认为重分布命令导入的路由信息是外部路由。具体配置过程如下。

```
routerC(config)#router ospf 1
// 取消 routerC 对 loopback 0 接口所连虚拟网络的通告,否则该网络为内部路由
routerC(config-router)#no network 192.168.3.0 0.0.0.255 area 0
// routerC 环回接口连接的是直连虚拟网络,将该网络络重分布进 AS 系统内
routerC(config-router)#redistribute connected subnets
```

在区域边界路由器 routerA 和内部路由器 routerD 上将 area 2 配置为根域,配置过程如下。

```
routerA(config)#router ospf 1
routerA(config-router)#area 2 stub              //配置 area 2 为根域
routerD(config)#router ospf 1
routerD(config-router)#area 2 stub              //配置 area 2 为根域
```

当路由器上新的链路状态数据库更新完毕后,再次查看 routerD 路由表。看到所有 AS 内部路由都完整保存着,但外部网络信息 192.168.3.0/24 已经不在路由表中了,取而代之 的是一条 OSPF 协议生成的静态路由。如果外部路由信息量比较大的话,桩域可以有效节 省区域内路由表空间,提高查询效率。routerD 路由表内容如下。

```
routerD > en
routerD # show ip route

Gateway of last resort is 202.117.66.5 to network 0.0.0.0

        202.117.66.0/30 is subnetted, 1 subnets
C       202.117.66.4 is directly connected, FastEthernet1/0
        202.117.67.0/30 is subnetted, 2 subnets
O IA    202.117.67.8 [110/5] via 202.117.66.5, 00:21:41, FastEthernet1/0
O IA    202.117.67.4 [110/4] via 202.117.66.5, 00:21:41, FastEthernet1/0
        172.16.0.0/30 is subnetted, 3 subnets
O IA    172.16.4.8 [110/65] via 202.117.66.5, 00:21:41, FastEthernet1/0
O IA    172.16.4.12 [110/3] via 202.117.66.5, 00:21:41, FastEthernet1/0
O IA    172.16.4.4 [110/2] via 202.117.66.5, 00:21:41, FastEthernet1/0
        192.168.1.0/32 is subnetted, 1 subnets
O IA    192.168.1.1 [110/3] via 202.117.66.5, 00:21:41, FastEthernet1/0
        192.168.2.0/32 is subnetted, 1 subnets
O IA    192.168.2.1 [110/2] via 202.117.66.5, 00:21:41, FastEthernet1/0
O*IA 0.0.0.0/0 [110/2] via 202.117.66.5, 00:21:45, FastEthernet1/0
```

【例 10-14】 完全桩域配置示例(网络拓扑如图 10-37 所示)。

本案例的网络拓扑结构与例 10-13 一致,area 2 不仅符合桩域的条件,而且该区域内只 有一个网段:202.117.66.4/30。本区域到主干区域或 AS 外网的路由都要经过 routerA 转 发,所以对于 area 2 而言,其没有必要知道其他区域和 AS 外网的路由状态,所以符合完全 桩域的要求。基本配置过程省略,完全桩域配置过程类似桩域配置,在声明区域时,只需对 完全桩域的边界和内部路由器添加参数<no-summary>即可。配置命令如下。

```
routerA(config) # router ospf 1
routerA(config-router) # area 2 stub no-summary
//添加了配置参数,区域 2 成了完全桩域

routerD(config) # router ospf 1
routerD(config-router) # area 2 stub no-summary
//添加了配置参数,区域 2 成了完全桩域
```

将区域 2 配置为完全桩域后,查看 routerD 路由表变化情况。其中,在完全桩域内,除 了直连网段外,无论是 AS 内部还是外部的所有远端网络路由信息全部以一条默认路由代 替,如下所示。

```
routerD # show ip route
Gateway of last resort is 202.117.66.5 to network 0.0.0.0

        202.117.66.0/30 is subnetted, 1 subnets
C       202.117.66.4 is directly connected, FastEthernet1/0
O * IA 0.0.0.0/0 [110/2] via 202.117.66.5, 00:00:24, FastEthernet1/0
```

4）准桩区域

最初的 OSPF 协议设计有一个拓扑结构限制,除了主干区域外,OSPF 协议只允许完全和主干相连的区域以及桩/完全桩域。然而,有些区域虽然类似于桩区域,但它同时还与某个使用其他路由选择协议的外部端网络共享路由信息。比如,一个网络在区域内使用 OSPF 协议,但在域外的某个端网络上应用 RIP,那么 RIP 网络的外部路由以一种受限制的方式导入 OSPF 协议区域(路由重分布)。将这种重分布外部路由的非主干区域称为非桩区域(Not-So-Stubby Area,NSSA),因为它是一个包含导入外部路由的 ASBR(AS 边界路由器)的桩区域。

NSSA 的一个重要特性就是主干区域上的外部路由不会被传播进本区域(但 AS 内的路由可以被传播进 NSSA),由于这个原因,NSSA 的操作很像桩区域,它和桩域的根本区别在于 NSSA 允许有 ASBR 的存在,而且 NSSA 内的 ASBR 可以将接收的外部路由在本区域内传播,但限制主干区域传播来的外部路由。

NSSA 对于控制连接到 AS 的其他外部网络很有用,可以使用静态路由或通过重分布导入所选的路由,这样防止了 AS 内部网络从其他网络得到不正确的路由选择信息。

【例 10-15】 NSSA 配置示例(网络拓扑如图 10-38 所示)。

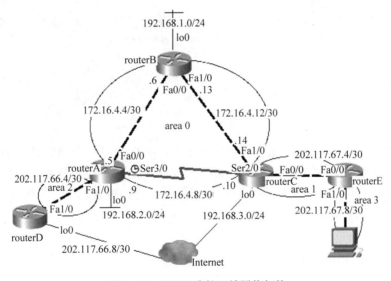

图 10-38　OSPF 准桩区域网络拓扑

本案例在例 10-14 的基础上做了适当修改,在 area 2 的区域路由器 routerD 上多配置了一个环回接口 loopback 0,其 IP 与掩码为:202.117.66.9/30。本案例假设 routerD 通过 loopback 0 接口连接到 Internet,与 Internet 直连的网段为 202.117.66.8/30,这样就形成了如图 10-38 所示的拓扑结构。routerD 负责连接外网和 AS 内的区域 2,这样 routerD 就起到了一个 ASBR 的角色。此时 area 2 已经不适合桩域/完全桩域的配置条件了,因为本区域内已经有了 ASBR,但其他配置条件还符合,这样区域 2 符合 NSSA 的条件。由 routerD 导入的外部路由可以在 area 2 内传播,也可以通过边界路由器 routerA 分发传播到其他区域。但是禁止了其他区域传播的 AS 外部路由(routerC 相连的网段:192.168.3.0/24),同时将区域外路由使用一条默认路由代替。

首先在 routerD 上添加一个环回接口，同时配置 area 2 为 NSSA。配置 NSSA 的方法同桩域类似，凡是属于或者连接该区域的所有路由器都必须配置，使得这些这些路由器知道所连接的区域是 NSSA。配置命令如下。

```
routerD#conf t
Enter configuration commands, one per line. End with CNTL/Z.
// 创建一个环回接口，并且配置 IP 和掩码，假设该接口和 AS 外部网络相连
routerD(config)#interface loopback 0
routerD(config-if)#ip address 202.117.66.9 255.255.255.252
routerD(config-if)#exit
routerD(config)#exit
// 由于配置了环回接口，所以 routerD 的路由标识要发生改变，使用该命令可以不重启
// 路由器就让 OSPF 配置生效
routerD#clear ip ospf process
Reset ALL OSPF processes? [no]: y
routerD#
routerD(config)#router ospf 1
routerD(config-router)#area 2 nssa no-summary
// 在 routerD 上配置区域 2 为非桩域
//将 routerD 所连接的外部直连路由导入 AS 内部，假设通过该直连网络连接到 AS 外部
routerD(config-router)#redistribute connected subnets

routerA(config)#router ospf 1
routerA(config-router)#no area 2 stub
routerA(config-router)#area 2 nssa no-summary  //在 routerA 上配置区域 2 为非桩域
routerA(config-router)#exit
```

配置完后，检查 routerD 路由表有无变化，因为 routerD 是一个 ASBR，其连接的区域 2 是 NSSA，同时又引入了外部路由网络。由于 NSSA 区域将其他区域的路由使用默认路由代替，而且不传播本区域外的外部路由，所以 routerA 的路由表除了直连网络外，只有一条默认路由，路由表内容如下。

```
routerD#show ip route
Gateway of last resort is 202.117.66.5 to network 0.0.0.0

     202.117.66.0/30 is subnetted, 2 subnets
C       202.117.66.8 is directly connected, Loopback0
C       202.117.66.4 is directly connected, FastEthernet1/0
O * IA 0.0.0.0/0 [110/2] via 202.117.66.5, 00:01:26, FastEthernet1/0
```

检查 routerA 路由表的变化，该路由器是一个 ABR，同时连接了主干区域和准桩区域 2，那么其路由表同时有这两个区域各自传播的 AS 外部路由信息，它们分别是：N2 类型（NSSA 外部路由类型）和 E2 类型（OSPF 外部路由类型）。routerA 路由表内容如下。

```
routerA#show ip route
Codes: C - connected, S - static, I - IGRP, R - RIP, M - mobile, B - BGP
       D - EIGRP, EX - EIGRP external, O - OSPF, IA - OSPF inter area
       N1 - OSPF NSSA external type 1, N2 - OSPF NSSA external type 2
```

E1 - OSPF external type 1, **E2 - OSPF external type 2, E - EGP**

i - IS-IS, L1 - IS-IS level-1, L2 - IS-IS level-2, ia - IS-IS inter area

* - candidate default, U - per-user static route, o - ODR

P - periodic downloaded static route

Gateway of last resort is not set

    202.117.66.0/30 is subnetted, 2 subnets

O N2   **202.117.66.8 [110/20] via 202.117.66.6, 00:00:35, FastEthernet1/0**

N2 - OSPF NSSA external type 2

C   202.117.66.4 is directly connected, FastEthernet1/0

    202.117.67.0/30 is subnetted, 2 subnets

O IA   202.117.67.8 [110/4] via 172.16.4.6, 00:15:19, FastEthernet0/0

O IA   202.117.67.4 [110/3] via 172.16.4.6, 00:15:19, FastEthernet0/0

    172.16.0.0/30 is subnetted, 3 subnets

C   172.16.4.8 is directly connected, Serial3/0

O   172.16.4.12 [110/2] via 172.16.4.6, 00:15:19, FastEthernet0/0

C   172.16.4.4 is directly connected, FastEthernet0/0

    192.168.1.0/32 is subnetted, 1 subnets

O   192.168.1.1 [110/2] via 172.16.4.6, 00:15:19, FastEthernet0/0

C   192.168.2.0/24 is directly connected, Loopback0

O E2 192.168.3.0/24 [110/20] via 172.16.4.6, 00:15:20, FastEthernet0/0

检查 routerB 路由表的变化,该路由器是一个主干区域内部路由器,那么其路由表不仅有主干区域传播的 AS 外部路由信息,而且有 area 2 通过边界路由传播来的 NSSA 外部路由。

注意: NSSA 外部类型路由传播进其他区域时,边界路由器会将 N2 类型路由转换为 O2 类型。

routerB 路由表内容如下。

routerB > show ip route

Gateway of last resort is not set

    202.117.66.0/30 is subnetted, 2 subnets

O E2   **202.117.66.8 [110/20] via 172.16.4.5, 00:00:09, FastEthernet0/0**

E2 - OSPF external type 2

O IA   202.117.66.4 [110/2] via 172.16.4.5, 00:16:58, FastEthernet0/0

    202.117.67.0/30 is subnetted, 2 subnets

O IA   202.117.67.8 [110/3] via 172.16.4.14, 00:17:08, FastEthernet1/0

O IA   202.117.67.4 [110/2] via 172.16.4.14, 00:17:08, FastEthernet1/0

    172.16.0.0/30 is subnetted, 3 subnets

O   172.16.4.8 [110/65] via 172.16.4.14, 00:17:08, FastEthernet1/0

                [110/65] via 172.16.4.5, 00:17:08, FastEthernet0/0

C   172.16.4.12 is directly connected, FastEthernet1/0

```
C        172.16.4.4 is directly connected, FastEthernet0/0
C     192.168.1.0/24 is directly connected, Loopback0
      192.168.2.0/32 is subnetted, 1 subnets
O        192.168.2.1 [110/2] via 172.16.4.5, 00:17:09, FastEthernet0/0
O E2 192.168.3.0/24 [110/20] via 172.16.4.14, 00:17:09, FastEthernet1/0
```

经过各个区域路由器的检查,路由信息已经完全收敛。最后,使用 traceroute 命令测试 routerD 和 routerC 这两个自治系统边界路由器间的路由工作状况,测试结果显示网络工作正常,结果如下。

```
routerD# traceroute 192.168.3.1

Type escape sequence to abort.
Tracing the route to 192.168.3.1

  1 202.117.66.5 76 msec 140 msec 96 msec
  2 172.16.4.6 216 msec 188 msec 192 msec
  3 172.16.4.14 264 msec 272 msec *
```

3. OSPF 邻居认证

OSPF 协议支持基于接口的报文身份认证,认证 OSPF 协议相邻路由器的身份,以保证报文来自经认证的邻居路由器,防止未授权的邻居向自己传递包含虚假路由的信息。

OSPF 协议支持以下两种认证方式。

(1) 在相邻路由器之间明文认证。

(2) MD5 算法密文认证。

OSPF 邻居身份认证方式类似于 RIP 的身份认证。当采用明文认证时,认证密码在链路上以明文方式传送,用数据包嗅探器就可以轻易地捕获 OSPF 的认证分组,并解码出没有加密的密码。如果使用密文认证,则路由器只在链路上传送密码的消息摘要或哈希值,而不传送密码本身,只有接收的路由器配置了正确的认证密码,认证才能通过。当接口采用 MD5 密文认证时,除了认证密码外,还要指定认证字键值(key-id),每个 key-id 是一个 1～255 的整数,与 MD5 认证密码配合使用。默认情况下,路由器接口不对报文进行认证。在配置对报文进行认证时,其明文认证密码的最大长度为 8 个字符,而 MD5 认证密码的最大长度为 16 个字符。

注意:同一网段上的相邻路由器的接口配置的报文认证方式、认证密码以及 key-id 都必须一致,否则认证会失败。

相邻路由器明文认证的设置步骤如下。

(1) 在区域中配置认证路由器启动区域明文认证,使用的命令是:

```
area < area-id > auth
entication
```

(2) 在接口上输入明文形式的密码,使用的命令是:

```
ip ospf authentication-key < password >
```

其中,参数<password>为明文认证密码。

相邻路由器 MD5 密文认证的设置步骤如下。

(1)在区域中配置认证路由器启动 MD5 区域认证,使用的命令是:

area <area-id> authentication

(2)在接口上输入 MD5 认证的密码和认证键值,使用的命令是:

area <area-id> authentication message-digest

其中,<key-id>为 MD5 认证方式的认证字键值,<key>为 MD5 认证密码。

【例 10-16】 OSPF 协议邻居验证示例(如图 10-39 所示)。

本案例中 routerA 与 routerB 通过串行链路进行 MD5 加密邻居认证,而 routerB 和 routerC 之间通过以太网进行明文邻居认证。

首先,对 routerA、routerB 和 routerC 的接口分别进行基础配置,配置过程如下。

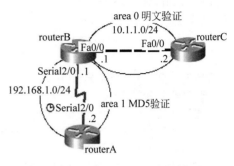

图 10-39 OSPF 协议验证网络拓扑

```
routerA♯config t
routerA(config)♯interface Serial2/0
routerA(config-if)♯ip address 192.168.1.2 255.255.255.0
routerA(config-if)♯clock rate 2015232          // routerA 为 DCE,配置串行速率
routerA(config-if)♯no shutdown
// 在 routerA 上的 Serial2/0 接口上输入 MD5 认证的密钥和认证键值,其中密钥为 cisco
routerA(config-if)♯ip ospf message-digest-key 1 md5 cisco


routerB♯config t
routerB(config)♯int Serial2/0
routerB(config-if)♯ip address 192.168.1.1 255.255.255.0
routerB(config-if)♯no shu
// 在 routerB 上的 s2/0 接口上输入 MD5 认证的密码和认证键值,密码要与 routerA 的保
// 持一致
routerB(config-if)♯ip ospf message-digest-key 1 md5 cisco
routerB(config-if)♯exit
routerB(config)♯interface Fa0/0
routerB(config-if)♯ip address 10.1.1.1 255.255.255.0
routerB(config-if)♯no shu
// Fa0/0 接口上输入明文验证密码,密码为 cisco1,与 routerA 的明文验证密码保持一致
routerB(config-if)♯ip ospf authentication-key cisco1
routerB(config-if)♯exit


routerC(config)♯interface FastEthernet0/0
routerC(config-if)♯ip address 10.1.1.2 255.255.255.0
```

```
routerC(config - if) ♯ no shutdown
// Fa0/0 接口上输入明文验证密码,密码为 cisco1,与 routerB 的明文验证密码保持一致
routerC(config - if) ♯ ip ospf authentication - key cisco1
routerC(config - if) ♯ exit
```

其次,三台路由器分别配置 OSPF 协议,并且启动邻居验证机制。配置过程如下。

```
routerA(config) ♯ router ospf 1
routerA(config - router) ♯ network 192.168.1.0 0.0.0.255 area 1
routerA(config - router) ♯ area 1 authentication message - digest
// 在区域 1 启动 MD5 验证
routerA(config - router) ♯ exit

routerB(config) ♯ router ospf 1
routerB(config - router) ♯ network 192.168.1.0 0.0.0.255 area 1
routerB(config - router) ♯ network 10.1.1.1 0.0.0.255 area 0
routerB(config - router) ♯ area 1 authentication message - digest
// 在区域 1 启动 MD5 验证
routerB(config - router) ♯ area 0 authentication      // 在 area 0 启动明文验证

routerC(config) ♯ router ospf 1
routerC(config - router) ♯ area 0 authentication      // 在区域 0 启动明文验证
routerC(config - router) ♯ network 10.1.1.0 0.0.0.255 area 0
```

最后,使用网络协议分析捕获软件 Wireshark 在 routerB 的 Serial2/0 和 Fa0/0 接口分别捕获 OSPF 的 hello 数据包并分析其内容,其中,MD5 加密认证的 hello 数据包内容如图 10-40 所示。

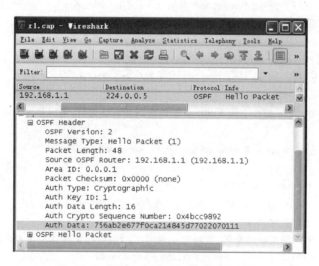

图 10-40　MD5 认证的 hello 数据包内容

MD5 加密的 hello 数据包内容显示认证键值为 1,认证内容是 MD5 加密过的哈希值,从中无法获得用户的密码信息。但比较 MD5 加密邻居认证,OSPF 协议的明文邻居认证安全性就差很多,明文认证的 hello 数据内容中清楚地显示认证数据(即明文密码)为 cisco1。

明文认证的 hello 数据包内容如图 10-41 所示。

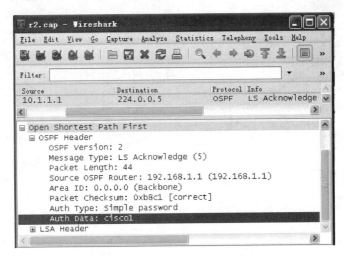

图 10-41 明文认证的 hello 数据包内容

10.10 访问控制列表配置

10.10.1 实验目的

访问控制列表(ACL)是应用到路由器接口的指令列表,用来控制进出的数据包。该列表是由一系列 permit(允许)和 deny(拒绝)语句组成的有序的集合,通过匹配报文中的信息与访问控制列表参数可以过滤发进和发出的信息包的请求,实现对路由器和网络的安全控制。ACL 是根据网络中每个数据包所包含的信息和内容决定是否允许该信息包通过指定的接口,可以让网络管理员以基于数据报文的源 IP 地址、目的 IP 地址和应用类型的方式来控制网络中数据的流量及流向,通过接口的数据包都要按照访问控制列表的规则进行从上到下的顺序比较操作,直到符合规则被允许通过,否则被拒绝丢弃。

10.10.2 实验要求

(1) 掌握标准 ACL 的配置。
(2) 理解标准 ACL 在接入控制中的运用。
(3) 理解扩展 ACL 在接入控制中的运用。

10.10.3 实验内容和步骤

1. 基于标准访问控制列表的应用

【例 10-17】 标准访问控制列表配置示例(网络拓扑如图 10-42 所示)。

两台交换机 switchA 为三层交换机,网络内共划分了两个 VLAN,分别为 VLAN100

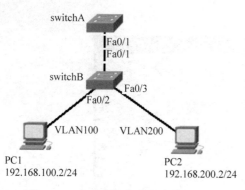

图 10-42　标准访问控制列表示例拓扑

与 VLAN200,其中,PC1 属于 VLAN100,PC2 属于 VLAN200。两台交换机通过 Trunk 端口 Fa0/1 相连,使得 VLAN100 与 VLAN200 可以通信。在 swithcB 配置标准访问控制列表,使得 PC1 与 PC2 不能通信,但 PC1 能访问 switchA。

1) 交换机的基本配置

划分 VLAN100 与 VLAN200,并且开启 switchA 的三层交换功能。主要配置内容如下。

```
// switchB 上划分 VLAN100 与 VLAN200,并且将 PC1 与 PC2 分别划分进 VLAN1
swithB(config)♯vlan 100
swithB(config-vlan)♯exit
swithB(config)♯vlan 200
swithB(config-vlan)♯exit
swithB(config)♯int range Fa0/2
swithB(config-if)♯switchport access vlan 100
swithB(config-if)♯exit
swithB(config)♯int Fa0/3
swithB(config-if)♯switchport access vlan 200
swithB(config-if)♯exit
swithB(config)♯exit
%SYS-5-CONFIG_I: Configured from console by console
swithB♯conf t
//将 Fa0/1 接口链路配置成 trunk 链路,封装协议为 IEEE 802.1q 标准
swithB(config)♯int Fa0/0
swithB(config-if)♯switchport trunk encapsulation dot1q
swithB(config-if)♯switchport mode trunk
swithB(config-if)♯switchport trunk allowed vlan all
swithB(config-if)♯end
swithB♯write
Building configuration...
[OK]

switchA(config)♯int Fa0/1
//将 Fa0/1 接口链路配置成 trunk 链路,封装协议为 IEEE 802.1q 标准
switchA(config-if)♯switchport trunk encapsulation dot1q
switchA(config-if)♯switchport mode trunk
switchA(config-if)♯switchport trunk allowed vlan all
switchA(config-if)♯exit
//switchA 上划分 VLAN100 与 VLAN200
switchA(config)♯vlan 100
switchA(config-vlan)♯exit
switchA(config)♯vlan 200
switchA(config-vlan)♯exit
switchA(config)♯int vlan100
```

```
% LINK - 5 - CHANGED: Interface Vlan100, changed state to up
% LINEPROTO - 5 - UPDOWN: Line protocol on Interface Vlan100, changed state to
switchA(config - if)# ip address 192.168.100.1 255.255.255.0
switchA(config - if)# no shu
switchA(config - if)# exit
switchA(config)# int vlan200

% LINK - 5 - CHANGED: Interface Vlan200, changed state to up
% LINEPROTO - 5 - UPDOWN: Line protocol on Interface Vlan200, changed state to up
switchA(config - if)# ip address 192.168.200.2 255.255.255.0
switchA(config - if)# exit
switchA(config)# exit
% SYS - 5 - CONFIG_I: Configured from console by console
switchA# write
Building configuration...
[OK]
```

2）配置标准访问控制列表

```
switchB# conf t
Enter configuration commands, one per line. End with CNTL/Z.
switchB(config)# ip access - list standard test        // 定义一个名称标准访问控制列表 test
switchB(config - std - nacl)# deny host 192.168.200.2  // 第一条拒绝 PC2 数据源
// 第二条允许所有访问,因为默认最后一条为拒绝所有访问
// 如果无此条,将拒绝所有访问
switchB(config - std - nacl)# permit any
switchB(config - std - nacl)# exit
switchB(config)# int Fa0/1
switchB(config - if)# ip access - group test in
switchB(config - if)# end
switchB#
01:04:22: % SYS - 5 - CONFIG_I: Configured from console by console
```

3）结果测试

首先在 PC1 上执行 ping 命令,测试到 PC2 的连通性,请求数据包被 ACL 阻止,执行结果如下。

```
Pc1# ping 192.168.200.2

Type escape sequence to abort.
Sending 5, 100 - byte ICMP Echos to 192.168.200.2, timeout is 2 seconds:
.....
Success rate is 0 percent (0/5)
```

随后在 PC1 上执行 ping 命令测试到 switchA 的连通性,连通正常,结果如下所示。

```
Pc1# ping 192.168.200.1
Type escape sequence to abort.
Sending 5, 100 - byte ICMP Echos to 192.168.200.1, timeout is 2 seconds:
!!!!!
Success rate is 100 percent (5/5), round - trip min/avg/max = 1/1/1 ms
```

2. 基于扩展访问控制列表的应用

对于标准访问控制列表,由于不能根据目的地址判断是否需要访问控制,因此需要与应用位置配合完成访问控制列表的实施。而扩展列表可以依据众多的条件筛选受控数据,可以应用在任何端口,只要出入方向设置合理,即可以完成最基本的目标。建议实施扩展访问控制列表的时候,在所有应用选择都可以满足的基本前提下,选择距离源地址较近的端口进行入口控制。

【例 10-18】 扩展访问列表配置示例(网络拓扑如图 10-43 所示)。

路由器 router 连接两个 Telnet 服务器,PC1 所在的网络为内网,为了内网的安全,现在需要 PC1 可以远程登录到 PC2 上,而 PC2 却不能远程登录到内网的 PC1。

图 10-43 扩展访问列表配置示例拓扑

1) 基本配置

对路由器 Fa0/0 和 Fa1/0 接口配置 IP 地址,PC1 和 PC2 开启 Telnet 远程登录服务(依据操作系统而方法不同),本案例中使用两台路由器代替 PC1 和 PC2,基本配置过程请参阅5.2 节。

基本配置结束后,使用 PC1 远程登录到 PC2,由于 Telnet 服务使用的是 TCP,查看TCP 三次连接过程,开启 Wireshark 软件,捕获 TCP 连接报文。TCP 连接的三次握手过程中,第一次握手是 PC1 先向 PC2 发送连接请求,请求报文标识位 SYN 置 1,具体内容如图 10-44 所示。

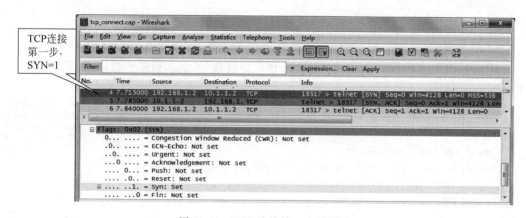

图 10-44 TCP 连接第一步示例图

第二次握手是 PC2 对 PC1 的连接请求发送确认报文,确认报文的标识位 SYN 与 ACK位置 1,标识位如图 10-45 所示。

第三次握手是 PC1 对 PC2 确认报文的确认,该报文的标识位 ACK 置 1,此步骤结束后,TCP 连接正式建立。报文标识如图 10-46 所示。

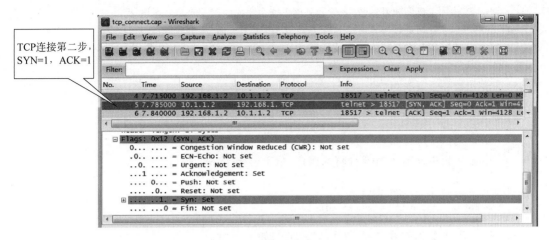

图 10-45　TCP 连接第二步示例图

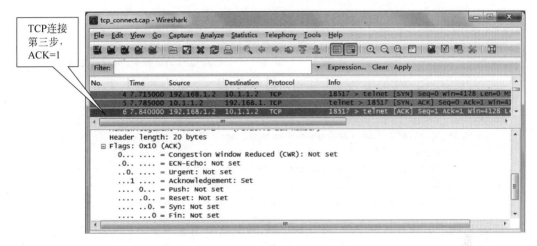

图 10-46　TCP 连接第三步示例图

2）配置扩展 ACL 访问控制列表

为了能够保证 PC1 对 PC2 的远程登录（TCP），而 PC2 却无法远程登录到内网的 PC1，可以在扩展 ACL 语句的最后，加上 established 反向映射参数，它可以用作 TCP 的单向访问控制。从图 10-44～图 10-46 看出，PC1 发给 PC2 的第一个数据段中 ACK 位没有置位，通过这一点就可以判断 PC1 在向 PC2 发起连接。扩展 ACL 中的 established 参数可以根据数据段中是否对 ACK 置位来对分组进行过滤（没有 ACK 置位的不符合 established 条件）。

只有主动发起 TCP 连接的报文没有 ACK 置位，没有 established 的访问列表对权限的控制是双向的，但当使用 established 参数后，PC1 用 TCP 访问 PC2 时，所有 PC2 到 PC1 的数据都会有 ACK（回应）。所以可以设置带 established 参数的扩展访问控制列表，只允许带有 ACK 的 TCP 报文通过，没有 ACK 的报文（即主动发起 TCP 连接）不通过，这样就实现了单向 TCP 访问控制。

主要配置内容如下。

// 建立扩展访问控制列表，只允许 TCP 并且任何主机可以访问内网，

// 但由于添加了反向映射参数,意味着外网不能主动向内网发起 TCP 连接,而
// 内网可以向外网进行 TCP 连接通信
router (config)♯ access - list 101 permit tcp any 192.168.1.0 0.0.0.255 established

//将访问控制列表规则应用到 Fa1/0 入口方向
Router(configure)♯ int Fa1/0
Router (configure - if)♯ ip access - group 101 in

3）结果测试

在 router 上开启调试 IP 数据包,观察 ACL 工作情况。

Router♯ debug ip packet detail
IP packet debugging is on (detailed)

首先在 PC1 上远程登录到 PC1,登录结果如下所示。

pc1♯ telnet 10.1.1.2
Trying 10.1.1.2 ... Open
User Access Verification
Password: // 输入远程登录密码
pc2 >   //显示 PC2 标识,远程登录成功

router 的调试结果显示数据报文被路由器转发,显示结果如下所示。

Router♯
 *Jun 11 09:35:41.603: CEF: CEF switched to FastEthernet0/0
 *Jun 11 09:35:41.839: CEF: Try to CEF switch 10.1.1.2 from FastEthernet0/0
 *Jun 11 09:35:41.839: CEF: CEF switched to FastEthernet1/0
 *Jun 11 09:36:11.623: CEF: CEF switched to FastEthernet0/0
 *Jun 11 09:36:11.863: CEF: Try to CEF switch 10.1.1.2 from FastEthernet0/0

最后在 PC2 上远程登录 PC1,登录被拒绝,登录结果如下所示。

pc2♯ telnet 192.168.1.2
Trying 192.168.1.2...
% Destination unreachable; gateway or host down   // 登录被 ACL 拒绝
pc2♯

因为本案例配置的 ACL 只允许 ACK=1 的报文通过,而 PC2 首先发起 TCP 连接的报文中 ACK=0,只有 SYN=1,不符合 ACL 匹配条件从而匹配最后一条默认地拒绝所有规则,所以数据报文被 ACL 阻止,调试结果如下所示。

Router♯
 *Jun 11 09:42:33.227: IP: s = 10.1.1.2 (FastEthernet1/0), d = 192.168.1.2, len 44, access denied
 *Jun 11 09:42:33.231:   TCP src = 15885, dst = 23, seq = 3750065866, ack = 0, win = 4128 SYN
 *Jun 11 09:42:33.235: IP: tableid = 0, s = 10.1.1.1 (local), d = 10.1.1.2 (FastEthernet1/0), routed via FIB
 *Jun 11 09:42:33. 235: IP: s = 10. 1. 1. 1 (local), d = 10. 1. 1. 2 (FastEthernet1/0), len 56, sending
 *Jun 11 09:42:33.239: ICMP type = 3, code = 13

3. 基于时间的访问控制列表的应用

Cisco 路由器新增加了一种基于时间的访问控制列表,它首先要定义一个时间范围,然后在原来的访问列表的基础上应用它。可以根据一天中的不同时间或者根据一星期中的不同日期控制网络数据包的转发。

【例 10-19】 基于时间的访问控制列表示例(网络拓扑如图 10-43 所示)。

一个学校的校园网 IP 为 192.168.1.0/24,学期中上课时间不允许上网,中午和晚上允许上网,晚上十一点以后不能上网,早上 6:00 至 8:00 可以上网。学期为 3 月至 7 月和 9 月至次年 1 月,从星期一到星期五上午 8:00 至 11:40 和下午 2:00 至 6:00 为上课时间。

主要配置内容如下。

```
// 定义一个时间范围 student-time4
Router(config)#time-range student-time4
// 绝对时间段是 2010 年 3 月 1 日上午 8 点到 2010 年 7 月 31 日下午 6 点
Router(config-time-range)#absolute start8:00 1March 2010 end 18:00 July 31 2010
//定义绝对时间段 student-time4 内的周一至周五的时间范围
Router(config-time-range)#periodic weekdays 8:00 to 11:40
Router(config-time-range)#periodic weekdays 14:00 to 18:00
Router(config-time-range)#periodic weekdays 23:00 to 6:00
Router(config-time-range)#exit
// 定义一个时间范围 student-time5
Router(config)#time-range student-time5
// 绝对时间段是 2010 年 9 月 1 日上午 8 点到 2011 年 1 月 31 日下午 6 点
Router(config-time-range)#absolute start8:00 1September2010 end 18:00 January 31 2010
//定义绝对时间段 student-time4 内的周一至周五的时间范围
Router(config-time-range)#periodic weekdays 8:00 to 11:40
Router(config-time-range)#periodic weekdays 14:00 to 18:00
Router(config-time-range)#periodic weekdays 23:00 to 6:00
Router(config-time-range)#exit
// 定义扩展访问列表 No-to-Internet
Router(config)#ip access-list extended No-to-Internet
// 指定拒绝网络访问的时间段
Router(config-ext-nacl)#deny ip any any time-rang student-time4
Router(config-ext-nacl)#deny ip any any time-rang student-time5
Router(config-ext-nacl)#permit ip any any
// 将时间控制列表规则应用到 Fa0/0 入口方向上
Router(config)#interface Fa0/0
Router(config-if)#ip access-group No-to-Inter-net in
```

Student-time4 是阻止 3 月到 7 月星期一到星期五上午 8:00 至 11:40,下午 2:00 至 6:00 和晚上 11:00 到第二天早上 6:00 内部网络的任何外出流量。Student-time5 是阻止 9 月到次年 1 月星期一到星期五上午 8:00 至 11:40,下午 2:00 至 6:00 和晚上 11:00 到第二天早上 6:00 内网的任何外出流量。

10.11　地址转换配置

10.11.1　实验目的

Internet 面临的最紧迫的两个问题是 IP 地址短缺和路由的可扩展性,为此开发了 IPv6,但在正式实施之间,使用网络地址转换(Network Address Translation,NAT)的解决方案被广泛采用。NAT 是用来进行 IP 地址的转换,该技术提供了一种隐藏在网络内部本质的方法,即通过利用一个外部地址来向外部世界表现内部的网络寻址。为了连接到 Internet,必须采用一个注册的合法地址,通过 NAT 来完成内部专用地址或局部地址到外部全局地址的映射。NAT 还可以起到服务器负担均衡的作用。一般情况下,为用户提供服务可能需要多个服务器,为了使用户感觉多个服务器就像只有一个服务器一样,采用网络地址转换将多个单独的主机地址映射为由网络的其余部分所使用的一个虚地址。

10.11.2　实验要求

(1) 理解 NAT 地址转换的机制,掌握 NAT 的工作原理。
(2) 掌握静态 NAT(及 NAT 端口映射)、动态 NAT(地址池)、PAT 的配置。

10.11.3　实验内容和步骤

【例 10-20】　静态与动态 NAT 示例(网络拓扑如图 10-47 所示)。

某单位利用 routerB 连接一个内部专用网,内部网使用的是私有网络地址 192.168.1.0/24,同时 routerB 又是本单位与 ISP 的边界路由,通过 Fa0/0 与 ISP 的路由器 routerA 相连,ISP 提供给该单位 4 个公网 IP 地址:202.117.66.1/24、202.117.66.3/24、202.117.66.4/24 与 202.117.66.5/24。其中,routerB 的 Fa0/0 接口使用一个 IP,其余三个 IP 分配给单位的内部网络使用。使用 NAT 转换技术,使得内部专用网络可以连通到 ISP 的路由器从而连接到 Internet。

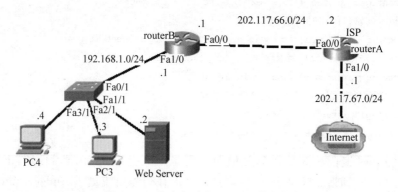

图 10-47　静态与动态 NAT 网络拓扑

1．配置静态简单转换

因为单位内部有一台 Web 服务器对外网提供 WWW 服务,所以该服务器经过 NAT 转换后的内部全局地址应该固定,所以对该服务器的 NAT 转换应该采用静态分配,将 202.117.66.3/24 分配给该服务器,这样通过 ISP 的 DNS 系统建立全局 IP 与域名的映射关系,可以向外部网络提供 WWW 服务。

1) 路由器和计算机的基本配置

此过程可参照第 5 章内容。routerA 主要配置过程如下。

```
Router#conf t
Enter configuration commands, one per line. End with CNTL/Z.
Router(config)#hostname routerA
routerA(config)#int Fa0/0
routerA(config-if)#ip address 202.117.66.2 255.255.255.0
//配置 routerA 的 Fa0/0 接口 IP
routerA(config-if)#no shu
routerA(config-if)#exit
*May 27 23:33:46.539: %LINK-3-UPDOWN: Interface FastEthernet0/0, changed state to up
routerA(config)#
routerA(config)#int Fa1/0
//配置 routerA 的 Fa1/0 接口 IP,此操作可省略
//实验室环境下 Internet 云图可用 PC 代替
routerA(config-if)#ip address 202.117.67.1 255.255.255.0
routerA(config-if)#no shu
*May 27 23:34:18.203: %LINK-3-UPDOWN: Interface FastEthernet1/0, changed state to up
*May 27 23:34:18.207: %ENTITY_ALARM-6-INFO: CLEAR INFO Fa1/0 Physical Port Administrative
State Down
*May 27 23:34:19.203: %LINEPROTO-5-UPDOWN: Line protocol on Interface FastEthernet1/0,
changed state to up
routerA(config-if)#exit
```

routerB 的主要配置过程如下。

```
Router(config)#hostname routerB
routerB(config)#int Fa0/0
routerB(config-if)#ip address 202.117.66.1 255.255.255.0
routerB(config-if)#no shu
routerB(config-if)#exit
routerB(config)#
*May 27 23:39:50.291: %LINK-3-UPDOWN: Interface FastEthernet0/0, changed state to up
*May 27 23:39:50.295: %ENTITY_ALARM-6-INFO: CLEAR INFO Fa0/0 Physical Port Administrative
State Down
*May 27 23:39:51.291: %LINEPROTO-5-UPDOWN: Line protocol on Interface FastEthernet0/0,
changed state to up
routerB(config)#int Fa1/0
routerB(config-if)#ip address 192.168.1.1 255.255.255.0
routerB(config-if)#no shu
routerB(config-if)#exit
```

2）配置静态转换

```
// 将内部本地地址与内部全局地址建立静态转换关系
routerB(config)# ip nat inside source static 192.168.1.2 202.117.66.3
routerB(config)#
* May 27 23:44:43.799: % LINEPROTO - 5 - UPDOWN: Line protocol on Interface NVI0, changed state to up
routerB(config)# int Fa0/0
routerB(config-if)# ip nat outside                 // 将 Fa0/0 接口标记为连接外部网络
routerB(config-if)#
routerB(config-if)# exit
routerB(config)# int Fa1/0
routerB(config-if)# ip nat inside                  // 将 Fa1/0 接口标记为连接内部网络
routerB(config-if)# end
```

3）查看 NAT 转换内容

```
routerB# show ip nat translations
Pro Inside global     Inside local      Outside local      Outside global
--- 202.117.66.3      192.168.1.2       ---                ---
```

可以看到内部全局地址 202.117.66.3 和内部本地地址 192.168.1.2 已经建立了转换关系，静态转换配置成功。

4）测试并调试地址转换内容

在 routerB 通过 debug ip nat detail 命令调试并且查看 NAT 转换详情，在 Web 服务器上使用 ping 命令测试到 routerA 的 Fa0/0 的连通性，测试成功。显示的 NAT 转换信息如下所示。

```
routerB# debug ip nat detail
* May 27 23:48:47.883: NAT: i: icmp (192.168.1.2, 0) -> (202.117.66.2, 0) [1]
* May 27 23:48:47.883: NAT: s = 192.168.1.2 -> 202.117.66.3, d = 202.117.66.2 [1]
* May 27 23:48:49.875: NAT*: i: icmp (192.168.1.2, 0) -> (202.117.66.2, 0) [2]
* May 27 23:48:49.875: NAT*: s = 192.168.1.2 -> 202.117.66.3, d = 202.117.66.2 [2]
* May 27 23:48:51.843: NAT*: i: icmp (192.168.1.2, 0) -> (202.117.66.2, 0) [3]
* May 27 23:48:51.843: NAT*: s = 192.168.1.2 -> 202.117.66.3, d = 202.117.66.2 [3]
* May 27 23:48:51.967: NAT*: o: icmp (202.117.66.2, 0) -> (202.117.66.3, 0) [3]
* May 27 23:48:51.967: NAT*: s = 202.117.66.2, d = 202.117.66.3 -> 192.168.1.2 [3]
* May 27 23:48:52.263: NAT*: i: icmp (192.168.1.2, 0) -> (202.117.66.2, 0) [4]
* May 27 23:48:52.263: NAT*: s = 192.168.1.2 -> 202.117.66.3, d = 202.117.66.2 [4]
<省略!>
```

从加粗部分可以看到，192.168.1.2 向 202.117.66.2 发出 ICMP 请求包通过 routerB 时，routerB 将 192.168.1.2 地址转换为 202.117.66.3 后再发送给目的地址。目的地址的 ICMP 相应包是发给 202.117.66.3 的，但 routerB 会将相应包目的地址转换为 192.168.1.2 这个内部本地地址后再发送给 Web 服务器。

2. 配置动态简单转换

单位内部网络还有 PC3 和 PC4 两台计算机，当然也可以采用静态转换技术。不过 PC3 与 PC4 只是内网中普通的客户机，这样的客户机一般数量较多，如果采用静态转换，需要一对一得手工分配,不方便管理。所以对于不需要固定全局 IP 的客户机而言,可以配置成动态 NAT 转换。

1) 定义一个将要分配全局地址的地址池

```
// 定义全局地址池,名字为 nat_pool,地址池中起始地址为 202.117.66.4,
// 终止地址为 202.117.66.5,地址池中的地址随机转换内部本地地址
routerB(config)♯ ip nat pool nat_pool 202.117.66.4 202.117.66.5 netmask 255.255.255.0
```

2) 定义标准访问列表

```
//定义一个标准访问列表 nat_pool_acl
routerB(config)♯ ip access - list standard nat_pool_acl
//允许 192.168.1.0 内部本地地址可以转换成本地全局地址
routerB(config - std - nacl)♯ permit 192.168.1.0 0.0.0.255
routerB(config - std - nacl)♯ exit
//将访问列表(nat_pool_acl)的控制规则应用在地址池(nat_pool)中,
//并且建立动态源地址转换.
routerB(config)♯ ip nat inside source list nat_pool_acl pool nat_pool
```

3) 标记内网和外网接口

```
routerB(config)♯
* May 27 23:58:38.127: ipnat_add_dynamic_cfg_common: id 1, flag 5, range 1
* May 27 23:58:38.127: id 1, flags 0, domain 0, lookup 0, aclnum 0, aclname nat_pool_acl,
mapname idb 0x00000000
* May 27 23:58:38.127: poolstart 202.117.66.4 poolend 202.117.66.5
routerB(config)♯ int Fa0/0
routerB(config - if)♯ ip nat outside          // 将 F0/0 接口标记为连接外部网络
routerB(config - if)♯ exit
routerB(config)♯
* May 27 23:59:00.787: ip_ifnat_modified: old_if 1, new_if 1in
routerB(config)♯ interface Fa1/0
routerB(config - if)♯ ip nat inside          // 将 F1/0 接口标记为连接内部网络
routerB(config - if)♯ exit
routerB(config)♯ exit
```

4) 测试与调试

在 PC4 上使用 ping 命令测试到 202.117.66.2 的连通性,测试成功。此时,通过 debug ip nat detailed 命令调试和查看地址转换信息。从粗体部分看出,192.168.1.4 发往 202.117.66.2 的 ICMP 请求包中的源地址被动态转换为 202.117.66.4;反之,在发往源地址 (202.117.66.4)的响应包通过 routerB 时,202.117.66.4 这个本地全局地址也被转换成为 192.162.168.1.4 内部本地地址,内容如下。

```
routerB♯ debug ip nat detailed
IP NAT detailed debugging is on
routerB♯
* May 28 00:02:46.195: NAT * : i: icmp (192.168.1.4, 1) -> (202.117.66.2, 1) [5]
* May 28 00:02:46.199: NAT * : i: icmp (192.168.1.4, 1) -> (202.117.66.2, 1) [5]
* May 28 00:02:46.199: NAT * : s = 192.168.1.4 -> 202.117.66.4, d = 202.117.66.2 [5]
* May 28 00:02:46.303: NAT * : o: icmp (202.117.66.2, 1) -> (202.117.66.4, 1) [5]
```

```
* May 28 00:02:46.303: NAT *: s = 202.117.66.2, d = 202.117.66.4 -> 192.168.1.4 [5]
* May 28 00:02:46.539: NAT *: i: icmp (192.168.1.4, 1) -> (202.117.66.2, 1) [6]
* May 28 00:02:46.539: NAT *: s = 192.168.1.4 -> 202.117.66.4, d = 202.117.66.2 [6]
* May 28 00:02:46.571: NAT *: o: icmp (202.117.66.2, 1) -> (202.117.66.4, 1) [6]
* May 28 00:02:46.571: NAT *: s = 202.117.66.2, d = 202.117.66.4 -> 192.168.1.4 [6]
<省略!>
```

通过 show ip nat translations 命令查看转换内容,动态 NAT 转换已经开始,如下所示。

```
routerB# show ip nat translations
Pro Inside global      Inside local      Outside local      Outside global
--- 202.117.66.3       192.168.1.2       ---                ---
icmp 202.117.66.4:0    192.168.1.4:0     202.117.66.2:0     202.117.66.2:0
--- 202.117.66.4       192.168.1.4       ---                ---
```

3. 配置地址重载(地址伪装)

本案例中,假设单位的多余全局 IP 被 ISP 收回,只留有两个全局 IP:202.117.66.1 和 202.117.66.3。因为 202.117.66.3 全局 IP 被静态分配给 WWW 服务器,内部网中所有客户机需要重用 202.117.66.1 一个 IP 连接到 Internet。要达到这个效果,就需要对内部全局地址 202.117.66.1 配置地址重载。

1)清除动态地址转换项

使用 no 反操作清除原来配置的动态简单转换,命令如下。

```
routerB(config)# no ip nat pool nat_pool 202.117.66.4 202.117.66.5 netmask 255.255.255.0
```

2)添加地址重载转换地址池

```
//该地址池与动态简单转换地址池配置一致,本例中只用了一个 IP:202.117.66.4
routerB(config)# ip nat pool nat_pool 202.117.66.1 202.117.66.1 netmask 255.255.255.0
```

3)定义标准访问列表

```
//定义一个标准访问列表 nat_pool_acl
routerB(config)# ip access-list standard nat_pool_acl
//允许 192.168.1.0 内部本地地址可以转换成本地全局地址
routerB(config-std-nacl)# permit 192.168.1.0 0.0.0.255
routerB(config-std-nacl)# exit
//将访问列表(nat_pool_acl)的控制规则应用在地址池(nat_pool)中,
//并且建立地址重载转换,与动态转换命令比较多使用了一个参数 overload.
routerB(config)# ip nat inside source list nat_pool_acl pool nat_pool overload
```

注意:由于本例中地址池就一个 IP,即 routerB 的 Fa0/0 接口地址,所以也可以不定义地址池,将访问列表(nat_pool_acl)的控制规则直接应用在 Fa0/0 接口上建立地址重载转换。所以本例可使用 PAT(Port Address Translation)命令替换。

```
routerB(config)# ip nat inside source list nat_pool_acl interface Fa0/0 overload
```

4）标记内网和外网接口

```
routerB(config)# int Fa0/0
routerB(config-if)# ip nat outside        // 将 F0/0 接口标记为连接外部网络
routerB(config-if)# exit
routerB(config)# interface Fa1/0
routerB(config-if)# ip nat inside         // 将 F1/0 接口标记为连接内部网络
```

5）测试

在 PC3 和 PC4 上分别执行 ping 命令测试到 202.117.66.2 的连通性，测试通过。通过查看转换地址内容，看到 192.168.1.3 和 192.168.1.4 两个内部本地地址被转换成为 202.117.66.1 这个内部全局地址，从而达到了地址复载的效果。转换内容如下所示。

```
routerB# show ip nat translations
Pro Inside global        Inside local       Outside local        Outside global
icmp 202.117.66.1:7      192.168.1.3:7      202.117.66.2:7       202.117.66.2:7
icmp 202.117.66.1:3      192.168.1.4:3      202.117.66.2:3       202.117.66.2:3
```

总结：网络地址转换就是将一个 IP 地址用另一个 IP 地址代替。尽管最初设计网络地址转换的目的是为了增加在专用网络中可使用的 IP 地址数，但是它有一个隐蔽的安全特性，如内部主机隐蔽等，保证了网络一定的安全。网络地址转换主要用在以下两个方面。

（1）网络管理员希望隐藏内部网络的 IP 地址。这样，互联网上的主机无法判断内部网络的情况。

（2）内部网络的 IP 地址是无效的。这种情况主要是因为现在的 IP 地址不够用，要申请到足够多的合法 IP 地址很难办到，因此需要转换 IP 地址。

在上面两种情况下，内部网对外面是不可见的，Internet 不能访问内部网，但是内部网主机之间可以相互访问。

4. 配置 TCP 负载分担

上面介绍了配置地址重载，即多个内部本地地址复用一个或多个全局地址。同理，NAT 也提供了 TCP 负载分担功能，即将一个全局地址转换成多个内部本地地址，这些本地地址均分配给 TCP 的网络服务器，那么就可以只使用一个全局地址实现多个服务器共同工作，从而达到了 TCP 负载分担的效果。

【例 10-21】 配置 TCP 负载分担示例（网络拓扑如图 10-48 所示）。

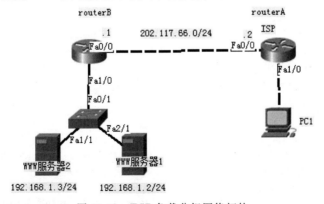

图 10-48　TCP 负载分担网络拓扑

　　某单位利用 routerB 连接一个内部专用网,内部网使用的是私有网络地址 192.168.1.0/24,同时 routerB 又是本单位与 ISP 的边界路由,通过 S2/0 与 ISP 的路由器 routerA 相连,ISP 只提供给该单位一个公网 IP 地址 202.117.66.1/24,而该单位内部使用服务器集群技术,一台 FTP 服务器,另外一台为镜像服务器,共同对外提供网络服务。使用 NAT 转换技术,使得外部网络可以通过一个全局地址 202.117.66.1 访问到内部网络的两台网络服务器。

　　1) 基本配置

　　对 routerA 和 routerB 进行基本配置,主要配置过程如下。

```
Router(config)#hostname routerA
routerA(config)#int Fa0/0
routerA(config-if)#ip add
routerA(config-if)#ip address 202.117.66.2 255.255.255.0
routerA(config-if)#no shu

Router(config)#hostname routerB
routerB(config)#int Fa0/0
routerB(config-if)#ip add
routerB(config-if)#ip address 202.117.66.1 255.255.255.0
routerB(config-if)#no shu
routerB(config-if)#exit
routerB(config)#int Fa1/0
routerB(config-if)#ip address 192.168.1.1 255.255.255.0
routerB(config-if)#no shu
```

　　2) 定义一个将要分配内部本地地址的地址池

```
// 定义本地地址池,名字为 nat_pool,地址池中起始地址为 192.168.1.2,
// 终止地址为 192.168.1.3,地址池中的地址随机转换本地全局地址:202.117.66.1.
routerB(config)#ip nat pool nat_pool 192.168.1.2 192.168.1.3 netmask 255.255.255.0
```

　　3) 定义标准访问列表

```
//定义一个标准访问列表 nat_pool_acl
routerB(config)#ip access-list standard nat_pool_acl
//允许 202.117.66.1 全局地址可以转换成本地地址
routerB(config-std-nacl)#permit 202.117.66.1 0.0.0.255
routerB(config-std-nacl)#exit
//将访问列表(nat_pool_acl)的控制规则应用在地址池(nat_pool)中,
//并且建立目标地址转换,注意类型为 rotary,即依次进行目标转换,
//达到 TCP 负载分担的效果.
routerB(config)#ip nat inside destination list nat_pool_acl pool nat_pool type rotary
```

　　4) 标记内网和外网接口

```
routerB(config)#int Fa0/0
routerB(config-if)#ip nat outside          // 将 F0/0 接口标记为连接外部网络
routerB(config-if)#exit
routerB(config)#interface Fa1/0
routerB(config-if)#ip nat inside           // 将 F1/0 接口标记为连接内部网络
```

5）测试

由于 NAT 技术的负载分担只是针对 TCP，所以测试时需要用 telnet 命令（使用 TCP）进行测试，首先在 routerB 上使用 dubug ip nat translations 命令开启调试，然后在 routerA 上分别两次 Telnet 到 202.117.66.1，观察到当有 Telnet 连接时，routerB 分别对 202.117.66.1 进行了 NAT 转换（见粗体部分），第一次转换成 192.168.1.2，第二次转换成 192.168.1.3，从中可以看出当把多台使用 TCP 的网络服务器配置为镜像服务器，利用 NAT 技术可以实现 TCP 负载分担。测试结果如下所示。

```
routerB#
* May 31 15:26:19.655: % SYS-5-CONFIG_I: Configured from console by console
routerB#
* May 31 15:26:40.259: NAT*: o: tcp (202.117.66.2, 42458) -> (202.117.66.1, 23) [44396]
* May 31 15:26:40.263: NAT*: o: tcp (202.117.66.2, 42458) -> (202.117.66.1, 23) [44396]
* May 31 15:26:40.263: NAT*: s=202.117.66.2, d=202.117.66.1->192.168.1.2 [44396]
* May 31 15:26:42.239: NAT*: o: tcp (202.117.66.2, 42458) -> (202.117.66.1, 23) [44396]
* May 31 15:26:42.239: NAT*: s=202.117.66.2, d=202.117.66.1->192.168.1.2 [44396]
* May 31 15:26:46.259: NAT*: o: tcp (202.117.66.2, 42458) -> (202.117.66.1, 23) [44396]
* May 31 15:26:46.259: NAT*: s=202.117.66.2, d=202.117.66.1->192.168.1.2 [44396]
* May 31 15:26:54.275: NAT*: o: tcp (202.117.66.2, 42458) -> (202.117.66.1, 23) [44396]
* May 31 15:26:54.279: NAT*: s=202.117.66.2, d=202.117.66.1->192.168.1.2 [44396]

* May 31 15:27:34.635: NAT*: o: tcp (202.117.66.2, 17216) -> (202.117.66.1, 23) [46257]
* May 31 15:27:34.639: NAT*: o: tcp (202.117.66.2, 17216) -> (202.117.66.1, 23) [46257]
* May 31 15:27:34.639: NAT*: s=202.117.66.2, d=202.117.66.1->192.168.1.3 [46257]
* May 31 15:27:36.663: NAT*: o: tcp (202.117.66.2, 17216) -> (202.117.66.1, 23) [46257]
* May 31 15:27:36.663: NAT*: s=202.117.66.2, d=202.117.66.1->192.168.1.3 [46257]
* May 31 15:27:40.875: NAT*: o: tcp (202.117.66.2, 17216) -> (202.117.66.1, 23) [46257]
* May 31 15:27:40.875: NAT*: s=202.117.66.2, d=202.117.66.1->192.168.1.3 [46257]
* May 31 15:27:48.535: NAT*: o: tcp (202.117.66.2, 17216) -> (202.117.66.1, 23) [46257]
* May 31 15:27:48.535: NAT*: s=202.117.66.2, d=202.117.66.1->192.168.1.3 [46257]
* May 31 15:27:54.239: NAT: expiring 202.117.66.1 (192.168.1.2) tcp 23 (23)
```

参 考 文 献

1. Tanenbaum A S. Computer Networks，Fifth Edition. Prentice-Hall Inc. ，2005.

2. Comer D E. Computer Networks and Internet. Prentice-Hall Inc. ，1998.

3. 施晓秋.计算机网络技术[M]2 版. 北京：高等教育出版社，2006.

4. 唐俊勇，肖锋，容晓峰. 路由与交换型网络基础与实践教程[M]. 北京：清华大学出版社，2010.

5. 高传善，毛迪林，曹袖. 数据通信与计算机网络[M]. 2 版. 北京：高等教育出版社，2005.

6. 张泉方，陈火根.计算机网络实用教程[M]. 北京：中国水利电力出版社，2004.

7. 蔡皖东.计算机网络技术[M]. 北京：科学出版社，2003.

8. 冯博琴，陈文革.计算机网络[M]. 2 版. 北京：高等教育出版社，2004.

9. 谢希仁.计算机网络[M]. 北京：电子工业出版社，2003.

10. 王全民，柴实生，李丽珍.计算机网络教程[M]. 北京：科学出版社，2003.

11. 周明天，王文勇. TCP/IP 网络原理与技术[M]. 北京：清华大学出版社，1997.

12. 刘兵，刘冬，左爱群，等. 计算机网络基础与 Internet 应用[M]. 北京：中国水利电力出版社，2003.

13. 李成忠. 计算机网络原理与设计[M]. 北京：高等教育出版社，2003.

14. 曾兴元. 局域网工程师手册——对等网——组建管理维护[M]. 北京：海洋出版社，2001.

15. 骆耀祖，刘东远，等. 网络系统集成与工程设计[M]. 北京：电子工业出版社，2005.

16. 孙卫佳. 网络系统集成技术与实训[M]. 北京：电子工业出版社，2005.

17. 胡金初. 计算机网络[M]. 北京：清华大学出版社，2004.

图书资源支持

感谢您一直以来对清华版图书的支持和爱护。为了配合本书的使用，本书提供配套的资源，有需求的读者请扫描下方的"书圈"微信公众号二维码，在图书专区下载，也可以拨打电话或发送电子邮件咨询。

如果您在使用本书的过程中遇到了什么问题，或者有相关图书出版计划，也请您发邮件告诉我们，以便我们更好地为您服务。

我们的联系方式：

地　　址：北京市海淀区双清路学研大厦 A 座 714

邮　　编：100084

电　　话：010-83470236　010-83470237

客服邮箱：2301891038@qq.com

QQ：2301891038（请写明您的单位和姓名）

资源下载：关注公众号"书圈"下载配套资源。

资源下载、样书申请

书 圈

获取最新书目

观看课程直播